普通高等教育规划教材

荒漠化与防治教程

赵景波 罗小庆 邵天杰 主编

中国环境出版社·北京

图书在版编目（CIP）数据

荒漠化与防治教程/赵景波，罗小庆，邵天杰主编. —北京：中国环境出版社，2014.2
ISBN 978-7-5111-1421-1

Ⅰ. ①荒… Ⅱ. ①赵… ②罗… ③邵… Ⅲ. ①沙漠化—防治—高等学校—教材 Ⅳ. ①P941.73

中国版本图书馆 CIP 数据核字（2014）第 011172 号

国审字（2014）第 340 号

出 版 人　王新程
责任编辑　沈　建　王海冰
责任校对　尹　芳
封面设计　彭　杉
封面图片　赵景波

出版发行　中国环境出版社
（100062　北京市东城区广渠门内大街 16 号）
网　　址：http://www.cesp.com.cn
电子邮箱：bjgl@cesp.com.cn
联系电话：010-67112765（编辑管理部）
010-67113412（教材图书出版中心）
发行热线：010-67125803，010-67113405（传真）
印　　刷　北京市联华印刷厂
经　　销　各地新华书店
版　　次　2014 年 2 月第 1 版
印　　次　2014 年 2 月第 1 次印刷
开　　本　787×1092　1/16
印　　张　18.5
字　　数　448 千字
定　　价　36.00 元

序　言

荒漠化与防治是根据社会发展和社会需要而兴起的新兴学科，是环境科学专业的重要专业课。学习该课程对认识荒漠化发生的原因、发生动力与机制及影响因素有重要作用，对掌握荒漠化防治技术、措施、原理有重要作用，对改善生态环境、遏制荒漠化的扩展和促进农牧业发展有重要实际意义。

环境科学研究的内容包括两个大的方面，一是城市环境的污染研究与防治，二是生态环境退化的研究与防治。目前，我国的环境科学专业开设的有关城市环境污染与防治方面的课程很多，而开设生态环境退化与防治方面的课程很少，这是需要加强的。特别是在荒漠化问题非常突出的我国西北地区，加强荒漠化与防治方面的课程是非常必要的。

虽然荒漠化一词早在1949年就已经正式提出，但在国内外还很少见到出版的《荒漠化与防治》教材。过去出版的相近教材仅有孙保平教授编写的《荒漠化防治工程学》，这是侧重于荒漠化工程治理的教材。目前还未见有侧重于荒漠化发生理论内容的教材。本教材主要收集和利用了前人的研究成果和资料，也体现了编者研究的新成果。教材既注意收集国际荒漠化研究的新成果，又紧密结合我国实际，增添具有我国特色的内容。教材主要根据荒漠化动力进行荒漠化的分类，同时也考虑我国的实际，将我国南方石灰岩地区的石漠化和亚热带湿润地区的红土退化分别列为一章，以促进我国南方土地退化的治理。教材侧重于荒漠化发生的理论内容，兼顾荒漠化防治的技术与措施。教材内容全面，系统性强，深浅兼顾，重点突出，便于学习掌握，希望能为我国荒漠化防治人才的培养、为农牧业发展和生态环境保护起到良好作用。

本教材是以荒漠化动力类型的介绍为主线，分析提出了各类荒漠化发生的第一动力和第二动力，还包括了本书编者提出的生物动力荒漠化类型。教材各章附有思考题和主要参考文献，便于学习时参考，利于读者对有关问题开展深入研讨。本书为本科生教材，也可作为研究生和研究人员及环境管理工作者的参考书。

本教材内容共分十章，其中第一章、第三章第一节至第八节、第五章、第六章第一节至第四节、第八章第一节至第三节和第九章由赵景波编写，第二章、第四章、第六章第五节和第八章第四节由罗小庆编写，第三章第九节至第十一节、第七章和第十章由邵天杰编写，全书由赵景波教授统稿。协助编写工作的还有陈宝群、楚纯洁、岳应利、张慧慧、白小娟、白君丽、马晓华。

由于时间紧迫和编者水平所限，书中在内容选取和问题分析等方面会存在一定的不足之处，希望读者批评指正。

赵景波

2013 年 10 月于西安

目 录

第一章 绪论 1

第一节 荒漠化的概念 1

第二节 荒漠化的分布 4

第三节 荒漠化类型 8

第四节 荒漠化发生原因 13

第五节 荒漠化的危害 17

第六节 荒漠化与防治研究的内容 19

第七节 荒漠化与防治和相关学科的关系 21

第二章 荒漠化地区的自然环境 26

第一节 荒漠化地区的气候 26

第二节 荒漠化地区的土壤 29

第三节 荒漠化地区的植被 33

第四节 沙漠化地区的水分循环与水分平衡 38

第五节 荒漠化地区的地质与地貌 41

第六节 荒漠化地区的水文与水资源 47

第三章 风蚀沙漠化与防治 56

第一节 风力作用与沙丘移动 56

第二节 风蚀沙漠化的分布和人为成因类型 68

第三节 草地沙漠化的动力 70

第四节 沙漠化发生机理 73

第五节 草地风蚀沙漠化的等级和地表景观 76

第六节 沙漠化的危害 82
第七节 风蚀沙漠化防治的原理 85
第八节 防治风蚀与风积的工程技术 89
第九节 防治风蚀沙漠化的植被技术 99
第十节 风沙区防护林体系 108
第十一节 沙地造林树种和密度 111

第四章 水蚀荒漠化与防治 120
第一节 土壤水蚀分布和类型 120
第二节 水蚀荒漠化的水动力作用 122
第三节 水动力侵蚀类型 125
第四节 影响水蚀的因素 130
第五节 水蚀荒漠化的等级和地表景观及危害 137
第六节 防治水蚀荒漠化的工程技术 140
第七节 防治水蚀荒漠化的植被技术 159

第五章 蒸发盐渍荒漠化与防治 169
第一节 土壤盐渍化的分布和形成过程 169
第二节 盐渍土的形成条件和动力 174
第三节 盐渍化的类型与等级 179
第四节 土壤盐渍化的危害 182
第五节 盐渍化的防治措施 184

第六章 石漠化与防治 196
第一节 石漠化的概念与石漠化分布 196
第二节 石漠化发生动力和条件 201
第三节 石漠化的等级与景观 207
第四节 石漠化的危害 209
第五节 石漠化治理技术与措施 211

第七章 亚热带湿润红土区的土地退化与防治 220
第一节 湿润红土区土地退化的分布与类型 220
第二节 湿润红土区土地退化动力及影响因素 223
第三节 湿润红土区土地退化的等级和景观 225
第四节 湿润红土区土地退化防治措施 229

第八章 冻融荒漠化与防治 234
第一节 冻融荒漠化分布和影响因素 234
第二节 冻融荒漠化发生的动力 236
第三节 冻融荒漠化的等级与危害 239
第四节 冻融荒漠化的防治措施 242

第九章 生物动力荒漠化与防治 246
第一节 放牧生物动力土质荒漠化 246
第二节 人为动力荒漠化 249
第三节 生物动力荒漠化治理技术与措施 257

第十章 荒漠化监测与评价 263
第一节 荒漠化监测 263
第二节 荒漠化评价 277

第一章 绪 论

荒漠化(Desertification)是当前危及人类生存的重大环境问题和自然灾害之一，自1977年联合国荒漠化会议以来，荒漠化问题已引起了国际社会的广泛关注。1992年联合国环境与发展大会通过了《21世纪议程》，把防治荒漠化列为国际社会优先采取行动的领域，充分体现了当今人类社会保护环境与可持续发展的新思想。1994年签署的《联合国防治荒漠化公约》，体现了国际社会对防治荒漠化的高度重视。土地荒漠化所造成的生态环境退化和经济贫困，已经成为21世纪人类面临的最大威胁。

我国是世界上受荒漠化危害最严重的国家之一，经过长期努力，我国荒漠化防治工作成效显著，但是荒漠化加剧扩展的趋势却始终没有得到有效控制，严重制约着荒漠化地区乃至我国人口、资源与环境的可持续发展。只有遏制荒漠化扩展，改善生态环境，才能进一步提高我国在国际社会中的影响力和参与度，因此，对荒漠化的研究与治理刻不容缓。

第一节 荒漠化的概念

一、国际对荒漠化概念的认识

国际上提出Desertification（荒漠化）有60余年的历史，对这一概念有100多个定义。在学术界就 Desertification 及其定义问题曾存在很大分歧，争论焦点主要集中在如下几个方面：① 荒漠化一词从学术角度上来看，有无存在的必要性。② 关于荒漠化的空间尺度，大多数国内外学者都认为荒漠化主要发生在干旱、半干旱和部分半湿润区，一些学者则提出还应包括荒漠区或极端干旱区，还有少数人则提出应包括湿润地区，即荒漠化可能发生在地球上的任何地区。③ 关于荒漠化的判别标准，Ludwig 认为荒漠化是指特定气候区域内土地退化的过程，Hare 认为荒漠化是土地退化的最终结果，Balling 认为荒漠化既是其过程也是其结果。④ 关于荒漠化的成因，大多数学者认为人类活动应该看作是有史以来对荒漠化影响最大的因子，但干旱在土地退化中起什么作用，荒漠化发展趋势的判定等问题还未得到广泛的统一。

荒漠化的研究历史可以追溯到1921年，Bovill 通过对萨那加河干涸原因的考察得出撒哈拉荒漠南缘人类居住环境的恶化是“荒漠入侵”的结果。美国科学家 Lowdermilk1935年在其著作《人造荒漠》一书中也曾指出，人类放牧及耕作破坏了植被，导致了荒漠边缘从真正的荒漠地带向非荒漠地带扩展。这均是早期人类进行荒漠化研究的雏形。

Desertification 一般认为最早是由法国科学家 Aubreville 提出的。1949 年，他在研究非洲撒哈拉沙漠以南赫尔地区的生态问题时指出，这一地区的热带森林界限后退了 360～400 km，是由于滥伐和火烧造成的，他首次将热带森林逐渐演变为热带草原，最终变成类似荒漠景观的环境退化过程称为 Desertification。

1972 年，在斯德哥尔摩“人类环境问题”大会上，科学家们采用 Desertification 来表征土地退化，尤其是以土壤和植被退化为主的环境变化，并成立了联合国环境规划署（UNEP）作为全球荒漠化防治的领导机构，至此，Desertification 问题开始在全球范围内引起了广泛关注。

1975 年，Lamprey 对 Sahel 沙漠边缘的沙漠移动进行了量化。根据实地调查结果和航空照片，Lamprey 断言撒哈拉沙漠南缘在过去的 17 年中，向南扩展了 90～100 km，并且还在以 5.5 km/a 的速度继续向南扩展。这一结论受到国际社会的广泛认可，曾被一些国际组织和一些国家政府的官方文件多次引用，UNEP 也将荒漠化称为“流沙的移动”。

1976 年，Rapp 等把荒漠化定义为“在干旱和半干旱或年平均降水量在 600 mm 以下的半湿润地区，由于人类影响或气候变化，引起沙漠扩展的过程”。

1977 年 8 月 29 日至 9 月 9 日，联合国在肯尼亚首都内罗毕召开了联合国荒漠化会议，目的是确立 Sahel 国家荒漠化引起的社会和经济问题的防治措施，大会给出的荒漠化定义是“荒漠化是土地生物潜力的下降或破坏，并最终导致类似荒漠景观条件的出现”。Desertification 的这一定义作为第一个荒漠化定义被联合国正式采纳。

1977 年联合国荒漠化会议之后，关于荒漠化的概念在国际学术界引起了激烈的争议，为此 UNEP 曾专门设立“联合国环境规划署荒漠化涵义综述及其意义”的研究项目，由肯尼亚内罗毕大学的 Odingo 主持。此后，联合国环境规划署和粮农组织在研究荒漠化评价和制图方法时，提出了对荒漠化的修改定义：“荒漠化是气候和/或土壤干燥地区，经济、社会及自然等多重因素作用下的综合结果，它打破了土壤、植被、大气和水分之间的自然平衡，继续恶化将导致土地生物潜能的衰减或破坏、生存环境劣化、荒漠景观增多”。

1984 年，联合国环境规划署（UNEP）第十二届理事会上，在荒漠化防治行动计划（PACD）中，荒漠化定义进一步被扩展：“荒漠化是土地生物潜能衰减或遭到破坏，最终导致出现类似荒漠的景观。它是生态系统普遍退化的一个方面，是为了多方面的用途和目的而在一定时间谋求发展，提高生产力，以维持人口不断增长的需要，从而削弱或破坏了生物的潜能，即动植物的生产力。”

1991 年，UNEP 在防治荒漠化第八次顾问会议上对荒漠化的定义进行了修订和补充，指出“荒漠化是在干旱、半干旱和半湿润地区由于人类的不利影响引起的土地退化。”

1992 年 6 月 3—14 日在巴西里约热内卢召开的联合国环境与发展大会上把荒漠化定义为：“荒漠化是由于气候变化和人类活动等因素所造成的干旱、半干旱和半湿润地区的土地退化。”这一定义基本为世界各国所接受，并作为荒漠化防治国际公约制定的思想基础而被列入《21 世纪议程》。

1993—1994 年，国际防治荒漠化公约政府间谈判委员会（INCD）经多次反复讨论，最后于 1994 年 10 月在巴黎签署的《联合国关于在发生严重干旱和/或荒漠化的国家特别是在非洲防治荒漠化的公约》（以下简称《公约》）中对荒漠化更详细地定义为荒漠化是指包括气候变异和人类活动在内的种种因素造成的干旱、半干旱和亚湿润干旱地区的土地退化。其中“干旱、半干旱和亚湿润干旱地区”是指年降水量和潜在土壤水分蒸发散比值在0.05～0.65的地区，干旱区的为0.05～0.20，半干旱区的为0.21～0.50，半湿润区的在0.51～0.65，不包括极区和副极区。该定义明确了以下3个问题：①“荒漠化”是在包括气候变化和人类活动在内的多种因素的作用下引起和发展的；②“荒漠化”发生在干旱、半干旱及半湿润区，这就给出了荒漠化产生的背景条件和分布范围；③“荒漠化”是发生在干旱、半干旱及半湿润地区的土地退化，将荒漠化置于宽广的全球土地退化的框架内，从而界定了其区域范围。《公约》还对与荒漠化有关的“土地”“土地退化”作了定义，“土地”指具有陆地生物生产力的系统，由土壤、植被、其他生物区系和在该系统中发挥作用的生态及水文过程组成；“土地退化”是指由于使用土地或由于一种营力或数种营力结合致使干旱、半干旱和亚湿润干旱地区雨浇地、水浇地或草地、牧场、森林和林地的生物或经济生产力和复杂性下降或丧失，包括风蚀和水蚀致使土壤物质流失，土壤的物理、化学和生物特性或经济特性退化及自然植被长期丧失。在《公约》的第15条中又指出，“列入行动方案的要点应有所选择，应适合受影响国家缔约方或区域的社会经济、地理和气候特点……”这表明对荒漠化的认识还需要结合本国区域的特点和实际。

二、国内对荒漠化概念的认识

我国荒漠化就其研究的内容而言，可以追溯到20世纪三四十年代。自1977年联合国荒漠化会议以来，我国有关科研机构和生产部门对荒漠化逐渐重视起来，但限于当时的科研水平，仅将研究的重点和大部分力量投入到沙质荒漠化（简称沙漠化）的研究中。

1994年以前，由于传统或习惯的原因，Desertification在我国被译为沙漠化，荒漠化在我国仅仅被作为沙质荒漠化的定义。国内大多数学者根据自身理解提出了沙质荒漠化的概念，但在对其概念内涵的具体认识上尚有分歧。

朱震达在1981年和1984年认为沙漠化是在干旱、半干旱（包括部分半湿润）地区脆弱的生态系统条件下，由于人为过度的经济活动，破坏生态平衡，使原非沙漠的地区出现了以风沙活动为主要特征的类似沙质荒漠环境的退化，使生物生产量显著降低，导致可利用土地资源的丧失。

吴正1991年认为朱震达提出的沙漠化概念指征明确、范围具体、便于实用，比较符合我国实际情况，但是也有一些地方不够严谨。他认为，沙漠化比较确切的定义应该指在干旱、半干旱和部分半湿润地区，由于自然因素或受人为活动的影响，破坏了自然生态系统的脆弱平衡，使原非沙漠地区出现了以风沙活动为主要标志的类似沙漠景观的环境变化过程，以及在沙漠地区发生了沙漠环境条件的强化过程。简而言之，沙漠化就是沙漠的扩张过程。

朱震达1991年根据UNEP关于荒漠化的评估，结合我国实际情况，提出了土地荒漠化的更完善的概念，即土地荒漠化是在脆弱的生态条件下，由于过强的人为活动、经济开发、资源利用与环境不相协调下出现类似荒漠景观的土地生产力下降的环境退化过程。这一概念的提出，突破了我国学术界关于荒漠化即是沙漠化的局限，是我国荒漠化研究的飞跃，为我国与国际荒漠化研究的接轨奠定了基础。

我国政府 1994 年采纳了《联合国防治荒漠化公约》中的荒漠化定义，以满足我国执行防治荒漠化公约的需要，至此，我国对荒漠化的认识与国际社会达到了统一。

国内部分学者近年来提出了湿润地区荒漠化的概念，并认为湿润地区的荒漠化并不包含所有存在侵蚀作用的退化土地，而是专指人为侵蚀作用导致的出现了类似荒漠境况的退化土地。根据其形成营力和景观差异，大致可以分为流水作用导致的以侵蚀劣地及石质坡地为标志的荒漠化和风力作用导致的以风蚀地及流动沙丘为标志的荒漠化两种类型。中国湿润地区土地荒漠化呈斑点状分布于丘陵山区或河、湖、海滨的冲积平原区。其中，红色砂岩风化壳上发育的荒漠化土地主要分布在四川盆地、湘中、浙西丘陵和谷地；第四纪红色土风化壳上发育的荒漠化土地主要分布于江西、湖南、湖北西部及浙江、广西、福建等局部地区；花岗岩风化壳上发育的荒漠化土地分布于广东、福建、湖南及广西东南部、江西南部一带；石灰岩风化壳上发育的荒漠化土地主要分布在四川、贵州、云南、广东和广西、湖南，又称石漠化土地。但按国际荒漠化定义，湿润地区的生态系统退化不是荒漠化，可称之为土地退化。

三、荒漠化与土地退化的关系

一般说来，土地退化包括的范围广，如南方湿润地区的生态系统退化，一般不称作荒漠化，可以称为土地退化。虽然在荒漠化土地出现之前就开始了植被与土壤的退化，但一般所称的土地退化是指达到了轻度荒漠化标准的生态系统退化。只有达到轻度或更严重荒漠化指标的土地退化才能称作荒漠化。尽管如此，轻度荒漠化的出现标准也是人为划分的，而在轻度荒漠化出现之前实质上也出现了明显的土地退化，所以土地退化较荒漠化的概念包括的内容广。在我国西南石灰岩地区，土地退化被称作石漠化，与北方地区的荒漠化也存在差异。

在有些文献中，可以见到草原退化和草地退化。因为草地退化的概念包括了土壤退化与草原植被退化，所以草地退化比草原退化包括的内容广。草原退化是指草原植被的退化，没有包括地或土壤的退化，仅是草地退化的一个方面。因为草原退化几乎都伴随着土壤的退化，所以草地退化是更全面准确的概念。

第二节　荒漠化的分布

一、世界荒漠化分布

土地荒漠化是现今世界十大环境问题之一，它在世界各大洲均有分布，主要发生于亚洲、非洲和拉丁美洲的发展中国家，全球有 100 多个国家和地区、1/5 的世界人口、1/4 的耕地受到荒漠化的威胁。据联合国环境规划署估计，全球受荒漠化影响的土地面积达 5 400 万 km^2，相当于全球陆地总面积的 47%，并以 5 000～7 000 km^2/a 的速度在扩展，严重地影响着人们的生存环境和社会经济的持续健康发展。全球各大洲的荒漠化面积和强度等级存在很大差别（表 1-1，图 1-1），这是各大陆自然环境差异和人类活动强弱不同决定的。荒漠化土地占荒漠化潜在发生地区总面积的比例往往被作为衡量一个国家或地区荒漠化发展严重程度的重要指标。从表 1-1 可以看出，在各大洲发生土地退化的面积中，北美洲荒漠化土地占其荒漠化潜在发生地区面积的 74.1%，非洲和南美洲各约占 73%，亚洲占 70%，大洋洲和欧洲则最低，分别为 53.6%和 44.9%。

在全球范围内，荒漠化集中发生在两个地区，一是在南北纬 15°～35°的副热带地区，由于受副热带高压带影响形成荒漠，以非洲和大洋洲最为典型。二是在北纬 35°～50°的温带内陆区，该区域的荒漠主要分布在中亚、蒙古和我国西北，地处欧亚大陆，夏季在青藏高原的阻隔下，雨量稀少，冬季在冷空气控制下，干燥寒冷。

表 1-1 全球各大洲荒漠化面积分布（孙保平，2000）

全球与大洲	荒漠化潜在发生地区面积/10^3 km^2	荒漠化面积/10^3 km^2	百分比/%	荒漠化程度/10^3 km^2			
				轻度荒漠化	中度荒漠化	重度荒漠化	极度荒漠化
全球	39 789	27 455	69.0	4 273	4 703	1 301	75
亚洲	20 086	14 000	69.7	1 567	1 701	430	5
非洲	13 698	10 000	73.0	1 180	1 272	707	35
欧洲	2 213	994	44.9	138	807	18	31
大洋洲	1 632	875	53.6	836	24	11	4
北美洲	1 072	795	74.1	134	588	73	—
南美洲	1 088	791	72.7	418	311	62	—

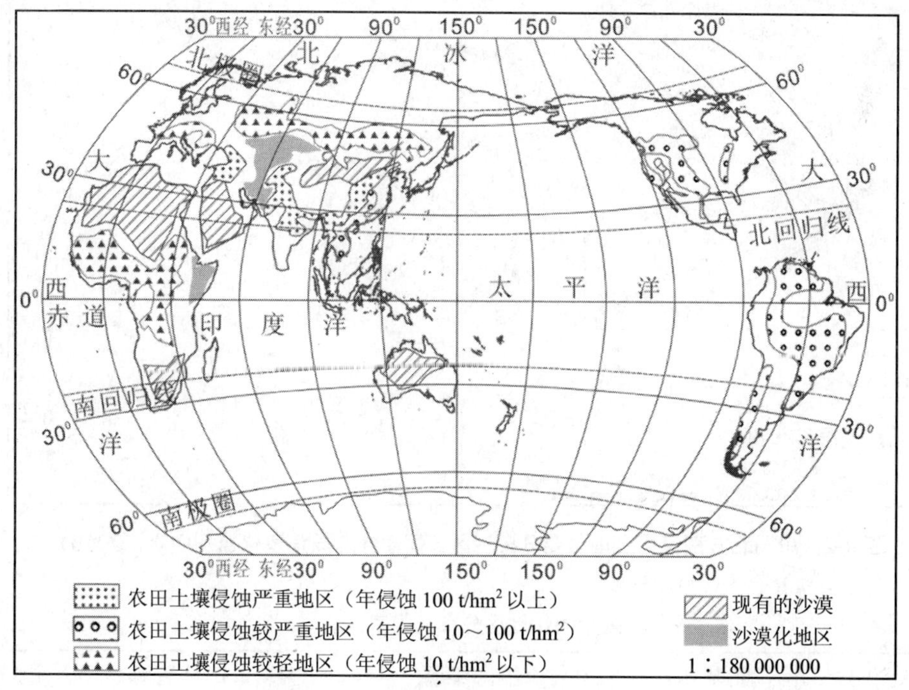

图 1-1 世界土壤侵蚀和荒漠化分布

二、中国荒漠化分布

（一）荒漠化分布地区

我国荒漠化潜在发生范围即年降水量和潜在土壤水分蒸发散比值为0.05～0.65的地区总面积为332.0万km²，占陆地面积的34.6%。在此范围内实际已经发生荒漠化的地区位于东经74°～119°、北纬19°～49°，经度横跨45°、纬度纵跨30°。本区主体的南界大体自大兴安岭西麓、锡林郭勒高原北部向南穿过阴山山脉和黄土高原北部，向西至兰州南部沿祁连山向西，然后向南绕过柴达木盆地东部，抵达青藏高原西南部，主要包括西北、华北北部、东北西部及西藏西北部地区（图1-2）。分布于新疆、内蒙古、西藏、青海、甘肃、河北、宁夏、陕西、山西、山东、辽宁、四川、云南、吉林、海南、河南、天津、北京18个省（自治区、直辖市）的508个县（市、旗）。其中新疆、内蒙古、西藏、甘肃、青海5个省（自治区），荒漠化面积分别为107.12万km²、61.77万km²、43.27万km²、19.21万km²和19.14万km²，5个省（自治区）荒漠化土地面积占全国荒漠土地总面积的95.48%，其余13个省（自治区、直辖市）占4.52%（表1-2）。

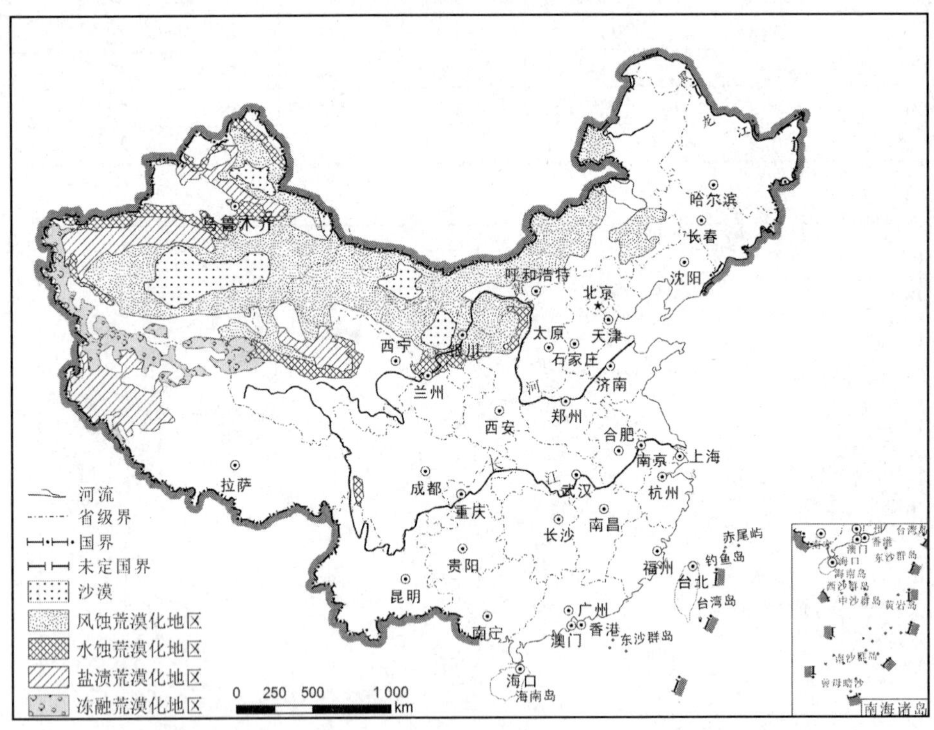

图1-2 中国北方荒漠化土地主要分布地区（国家林业局荒漠化监测中心，2010）

表1-2 中国荒漠化地区分布（国家林业局，2011）

省/自治区	新疆	内蒙古	西藏	甘肃	青海	其余13个省
面积/万km²	107.12	61.77	43.27	19.21	19.14	11.86
占比/%	40.83	23.54	16.49	7.32	7.30	4.52

我国荒漠化分布与世界的分布一样，也是主要分布在干旱与半干旱地区，年降水量小于 400 mm 的地区是荒漠化的最主要分布区（图 1-3）。我国荒漠化发展最快、危害最严重的有以下两类地区。一是位于我国北方半干旱和半湿润区的农牧交错带，东起大兴安岭，穿过内蒙古东部和东南部、河北北部、山西和陕西以及甘肃东部，一直到青海东北部，包括四大沙地，即科尔沁沙地、毛乌素沙地、呼伦贝尔沙地和浑善达克沙地，大部分位于内蒙古，如内蒙古乌盟后山等。二是我国北方干旱区沿内陆河分布或位于内陆河下游的绿洲地区，主要分布在新疆、甘肃和内蒙古西部，如塔里木河下游的“绿色走廊”地带、黑河下游的额济纳绿洲、石羊河下游的民勤绿洲等。

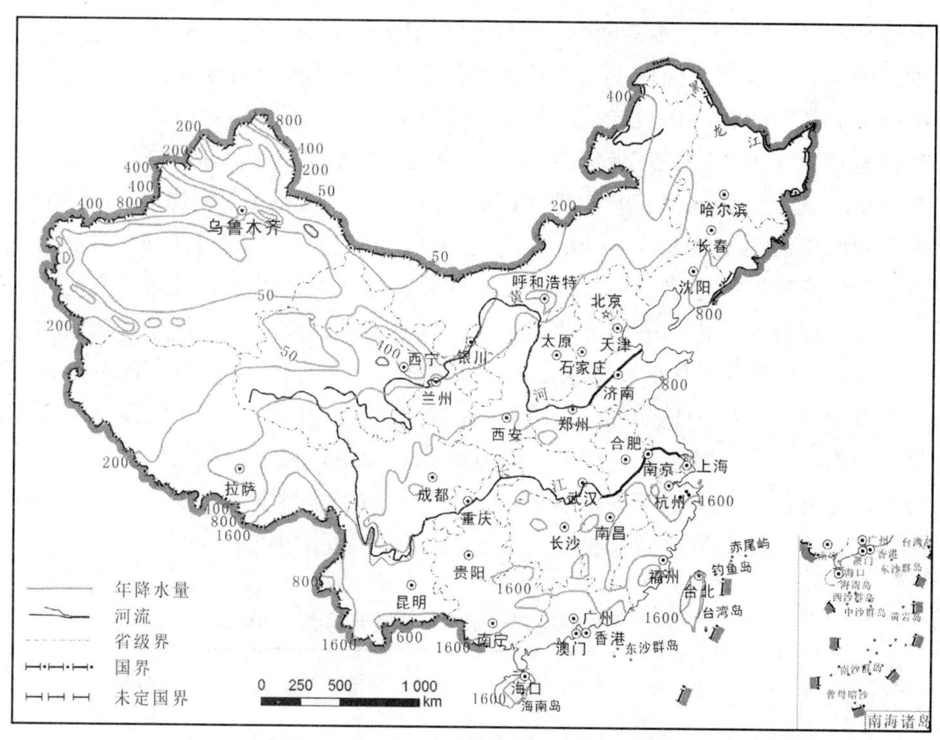

图 1-3 我国中北部降水量与干旱区分布（刘明光，2010）

（二）荒漠化分布面积

根据《中国荒漠化和沙化状况公报》，截至 2009 年年底，我国荒漠化土地总面积为 262.37 万 km^2，占国土总面积的 27.33%，占荒漠化地区总面积的 79.0%，远远高于全球 69.0%的平均水平。其中 115.86 万 km^2 分布在干旱地区，97.16 万 km^2 分布在半干旱地区，49.35 万 km^2 分布在半湿润地区，这 3 个地区分别占 44.16%、37.03%和 18.81%。

据调查，20 世纪 50 年代以来我国荒漠化一直在加速扩展。以影响范围广、危害最为严重的风蚀荒漠化为例，50 年代末期到 70 年代中期平均扩展速度为 1 560 km^2/a，70 年代中期至 80 年代中期增至 2 100 km^2/a，至 90 年代中期已经达到 2 460 km^2/a，相当于每年损失掉一个中等县的土地面积。

第三节 荒漠化类型

我国荒漠化分布广泛，成因复杂，类型多，发展程度高，参照不同的划分依据有不同的类型。

按土地利用类型划分，我国有荒漠化耕地 7.7 万 km^2，占耕地总面积的 40.1%；荒漠化草地 105.2 万 km^2，占草地总面积的 56.6%；荒漠化林地 0.1 万 km^2；其余的荒漠化土地植被盖度低于 5%，主要为沙漠和戈壁。

按发展程度分，有重度荒漠化土地 103.0 万 km^2，中度荒漠化土地 64.1 万 km^2，轻度荒漠化土地 95.1 万 km^2，分别占荒漠化土地总面积的 39.3%、24.4%和 36.3%。

按动力类型看，我国荒漠化土地中有风蚀荒漠化土地 160.7 万 km^2，约占我国北方荒漠化土地面积的 69.8%；水蚀荒漠化土地 20.5 万 km^2，约占我国北方荒漠化土地面积的 7.8%；盐碱荒漠化土地 23.3 万 km^2，约占我国北方荒漠化土地面积的 8.9%；冻融荒漠化土地 36.3 万 km^2，占我国北方荒漠化土地面积的 13.8%。南方的石质荒漠化土地 12.96 万 km^2，其他原因引起的荒漠化土地 8.44 万 km^2（表 1-3）。本书按照动力因素划分荒漠化类型。本书编者赵景波研究表明，生物不仅是以往认识的荒漠化影响因素，而且是荒漠化的直接动力。因此，本书在前人动力类型划分的基础上，提出了生物动力荒漠化一章新的动力类型（表 1-3），明确了盐碱荒漠化的动力为蒸发——水分上移。虽然表 1-3 中的水蚀荒漠化包括了南方亚热带地区的红土荒漠化，但通常认为南方湿润地区的生态系统退化应该称之为土地退化，而不应称之为荒漠化。因为水蚀荒漠化或土地退化包括的气候性质、土壤母质及水动力强弱差异很大，所以在后述的荒漠化动力各章中，将水蚀荒漠化分为黄土水蚀荒漠化、红土水蚀土地退化和水蚀荒漠化（石灰岩区）3 章进行介绍。

表 1-3 中国荒漠化类型（据林年丰补充修改，2003）

荒漠化类型		形成机制	主要分布地区
类型	亚类		
风蚀荒漠化	沙质荒漠化	滚动、悬浮运动	中国北方、局部滨海带
	砾质荒漠化	滚动、强烈风蚀	新疆西北部、内蒙古北部
	岩石荒漠化	剧烈风蚀	西北干旱盆地边缘
水蚀荒漠化	黄土水蚀荒漠化	暴雨和突发性迳流侵蚀	西北黄土高原
蒸发盐渍荒漠化	盐渍荒漠化	灌溉、蒸发	新疆、内蒙古、黄淮海地区等
	盐质荒漠化	与母岩、土壤母质有关	塔里木、准噶尔、柴达木盆地及松嫩平原
	碱质荒漠化	与母岩、母质和苏打作用有关	松嫩平原、黄淮海局部地区
亚热带水蚀红土退化		大雨和阵发性迳流侵蚀	南方红土丘陵区
冻融荒漠化		冻融作用	青藏高原的高海拔地区
水蚀石荒漠化	河谷滩地石漠化	化学物理综合作用，溶蚀、侵蚀	桂、滇、黔岩溶地区
	山地坡面石漠化	化学物理综合作用，溶蚀、侵蚀	桂、滇、黔岩溶地区
生物动力荒漠化	土质荒漠化	牛羊啃食，人类直接的生产活动	内蒙古草原牧区和煤矿等矿产开发地区
	碎石荒漠化		

注：生物动力荒漠化据赵景波与罗小庆（2012）。

一、风蚀荒漠化

风蚀荒漠化是在极端干旱、半干旱和部分半湿润地区，由于人类不合理的经济活动与自然资源环境不相协调，破坏了脆弱的生态平衡，使原非沙漠地区出现了以风沙活动为主要标志的类似沙漠的景观，导致土地生产力下降、土地资源丧失的环境退化过程，包括沙质荒漠化、砾质荒漠化和岩石荒漠化 3 个亚类。除风蚀荒漠化之外，在沙漠边缘有时也有沙丘活动引起的风积沙漠化。

（一）风蚀荒漠化的分布与程度

我国风蚀荒漠化土地面积约为 160.7 万 km^2，占我国北方荒漠化土地面积的 69.8%，占国土总面积的 16.7%，是各类型荒漠化土地中面积最大、分布最广，危害最为严重的一种，集中分布在干旱、半干旱地区，在半湿润地区也有零散分布。其中分布在干旱区的面积为 87.6 万 km^2，占风蚀荒漠化土地总面积的 54.5%；分布在半干旱区的面积为 49.2 万 km^2，占风蚀荒漠化土地总面积的 30.6%；半湿润地区分布有 23.9 万 km^2，占风蚀荒漠化土地总面积的 14.9%。

干旱地带的风蚀荒漠化土地主要分布在一些沙漠边缘的绿洲附近及内陆河中下游沿岸，分布形式为各不相连的小片状，在分布图上呈不连续的斑点状形式。半干旱地区的荒漠化主要分布地区有以下 3 类：① 沙质草原；② 固定沙地及沙丘草场；③ 草原牧区。半干旱区的荒漠化地区包括内蒙古自治区中部与东部、河北、山西和陕西的北部，是中国风蚀荒漠化扩大最显著的地区，在气候干旱和人为过度活动的作用下，一般经 15～20 年时间就使原来的草原环境退化成类似沙漠的环境。半湿润地带的荒漠化土地主要呈斑点状分布在嫩江下游、松花江中游平原上，在黄淮海平原和滦河下游平原也有分布。

按行政区划分，风蚀荒漠化土地主要分布在中国北方的新疆、甘肃、青海、宁夏、内蒙古、陕西、山西、河北、辽宁、吉林、黑龙江等 11 个省（自治区），其中的 97.8%分布于新疆（42.0%）、内蒙古（34.2%）、甘肃（9.5%）、西藏（7.0%）和青海（5.1%）5 个省、自治区。

风蚀荒漠化中，轻度荒漠化面积为 44.0 万 km^2，中度为 25.0 万 km^2，重度为 91.7 万 km^2，分别占总面积的 27.4%、15.6%和 57.0%。轻度风蚀荒漠化主要分布在半干旱、半湿润区和干旱区东部的巴丹吉林沙漠及腾格里沙漠以东的地区，其中连续分布区大体在东经 108°～119°。中度风蚀荒漠化呈不连续分布，较为集中地分布在准噶尔盆地和内蒙古中北部的半干旱和干旱地区，半湿润地区则分布较少。重度风蚀荒漠化主要分布在干旱区，在腾格里沙漠、巴丹吉林沙漠及其以西，新疆准噶尔盆地以北、以东及南疆、西藏西北地区，为大片连续分布，而在半干旱地区则分布较少，半湿润地区几无分布。

（二）风蚀荒漠化的成因

就中国风蚀荒漠化的发生、发展来看，主要还是在脆弱的生态环境下由于人类不合理的活动造成的。在成因类型中，以过度樵采破坏植被所造成的荒漠化土地为主，占 32.7%；草原过度放牧次之，占 30.1%；草原及固定沙地农垦又次之，占 26.9%；水资源利用不当及工矿交通建设中不重视环境保护而造成的风蚀荒漠化土地分别占9.6%和0.7%。

二、水蚀荒漠化

水蚀荒漠化是以降水和重力作用为自然营力叠加在人类不合理活动条件下的土地退化，以水土流失为主要特征，主要分布在半湿润地区，其次分布在半干旱地区，少部分分分布在干旱地区。

（一）水蚀荒漠化的分布与程度

我国北方温带水蚀荒漠化土地总面积20.5万km^2，占北方荒漠化土地总面积的7.8%，其中63.9%分布在半湿润地区，27.4%分布在半干旱区，8.7%分布在干旱区。主要分布于西北黄土高原北部一些河流的中上游和山麓地带。此外，在我国东南红土丘陵区、西南云贵高原和第四纪沉积盆地的边缘地带也有水蚀土地退化发生，在石灰岩地区的水蚀土地退化称为石漠化，非石灰岩地区的土地退化称为红漠化，多发生在水土流失最严重的地区。

在水蚀荒漠化的土地中，轻度、中度、重度、极重度和剧烈各等级水蚀的面积分别为82.95万km^2、52.77万km^2、17.20万km^2、5.94万km^2和2.35万km^2，分别占水蚀荒漠化土地总面积的51.4%、32.7%、10.7%、3.7%和1.5%。水蚀面积中，轻度和中度面积所占比例较大，达到84.1%，而极重度以上面积所占比例较小，只占5.1%。其程度的分布明显地表现出与土壤质地有紧密的相关性，黄土高原北部与鄂尔多斯高原过渡的晋陕蒙三角区，分布着大面积抗蚀力极弱的沙质土壤，加之人口密度大、垦殖指数高，导致这一地区成为我国水蚀荒漠化最为严重的地区，土壤侵蚀模数高达2万～3万t/（km^2·a）。轻度或中度水蚀荒漠化主要发生在新疆西北部几个外流河的中上游和西辽河上游。

（二）水蚀荒漠化的成因

具有水蚀的地形和物质条件，人口密集、垦殖指数高是我国水蚀荒漠化发生的主要原因，下文将分别讨论我国不同地区水蚀荒漠化的成因。

黄土高原是我国也是世界上水土流失最严重的地区，水蚀荒漠化在该地区表现得非常明显，主要是由于其处于湿润半湿润地区向干旱半干旱地区过渡、平原向高原过渡的地带，黄土土质疏松，夏季暴雨频繁，生态环境脆弱。加之在人口增长的压力下，破坏植被、过度开垦和非法采矿等不合理的人类活动的作用下，导致水土流失愈演愈烈，地表破碎，沟壑纵横，荒漠化迹象明显。

我国东南丘陵地区的红色荒漠化（红漠化）也是水蚀荒漠化典型的表现之一。在我国南方的红壤丘陵地区，由于人口压力剧增，陡坡种植、毁林开荒等不合理的经济活动使脆弱的生态环境遭到严重破坏，地表的红壤不断被流水侵蚀，几乎冲刷殆尽，致使红色母岩裸露，地表出现大片劣地，土地生产力逐渐丧失，严重的地区寸草不生，就像一片红色的荒漠。如浙江常山大塘溪，因人口急剧增加，导致坡地开垦和植被破坏，使该地区44.5%的土地成为劣地，其中26.8%的土地成为全部丧失利用价值的严重荒漠化土地。

此外，由于多年的不合理耕种，加上暴雨造成土壤侵蚀，我国东北地区也成了水蚀严重的地区。其黑土地正在逐年变薄，土地退化也较严重。据调查显示，目前吉林省厚度在

20～30 cm 的薄层黑土面积已占黑土总面积的 25%，厚度小于 20 cm 的“破皮黄”黑土占 12%左右，完全丧失黑土层的“露黄”黑土占 3%，土壤质量急剧下降，给当地的农业生产造成了无法估量的损失，对我国国民经济的发展造成了重大影响。

三、蒸发盐渍荒漠化

为了反映盐渍化的动力，本书将盐渍化称之为蒸发盐渍化。盐渍荒漠化也称为盐碱荒漠化，此种荒漠化是水、盐共同驱动的一种荒漠化类型，是在自然与人为因素作用下盐碱成分在土壤中超量富集而形成的荒漠化类型，其动力是蒸发——水分的向上运动。盐碱荒漠化可分为盐质荒漠化和碱质荒漠化。

（一）蒸发盐碱荒漠化的分布与程度

我国盐碱荒漠化土地总面积为 23.3 万 km^2，占荒漠化土地总面积的 8.9%。集中连片分布于塔里木盆地周边绿洲以及天山北麓山前冲积平原、河西走廊、河套平原、银川平原、华北平原及黄河三角洲等地。

盐碱荒漠化的程度，以干旱区最为严重，半干旱区居中，半湿润地区则相对较轻。例如柴达木盆地、罗布泊地区和塔里木盆地北缘的轮台、库车、阿瓦提、若羌及阿拉善以及吐鲁番盆地等地的分布以重度盐碱化为主，北疆的石河子等地则以中度盐碱化为主，而东部半湿润区的华北平原、黄河三角洲地带大多以轻度盐碱化为主。

（二）蒸发盐碱荒漠化的成因

一般认为，盐碱荒漠化形成的主要原因是在灌溉农业发达和地下水位埋深浅带的低洼地区，大量引水灌溉，大水漫灌，而不注重排水系统的建设，造成地下水水位不断上升，盐分在土壤表层大量积累，导致农业减产甚至绝收。本书编者研究得出，盐碱化还有另一种更为普遍的原因，这就是在干旱地区长期的灌溉并在较强蒸发作用下，灌溉水中的盐碱沉淀造成的。在这种情况下，地下水位埋深很大，盐碱化的发生和地下水无关。特别是干旱地区用矿化度较高的水分灌溉，更容易引起盐碱化。

四、水蚀石漠化

石质荒漠化简称石漠化，是分布在桂、滇、黔三省（区）石灰岩岩溶地区的一种特殊景观，也是该区的一个严重的生态环境问题。它是在岩溶地区的自然背景下，由于人类的活动使土壤遭受严重的侵蚀，基岩大面积裸露，生态系统被破坏，生产力下降，土壤退化甚至丧失的过程。虽然石漠化的动力也是以水为主，但可溶的石灰岩或成土母质不利于土壤的形成，对石漠化的发生也起到了很大作用，所以一般与其他水蚀荒漠化分开，独立列为一章。

（一）石漠化的分布与程度

我国石漠化主要发生在以云贵高原为中心，北起秦岭山脉南麓，南至广西盆地，西至横断山脉，东抵罗霄山脉西侧的岩溶地区。截至 2011 年年底，岩溶地区石漠化土地总面积为 1 200.2 万 hm^2，占岩溶土地面积的 26.5%，占区域国土面积的 11.2%，涉及湖北、湖南、广东、广西、重庆、四川、贵州和云南 8 个省（区、市）463 个县 5 575 个乡，集中分布在贵州、云南和广西 3 个省（自治区）。贵州省石漠化土地面积最大，为 302.4 万 hm^2，占石漠化土地总面积的 25.2%，云南、广西、湖南、湖北、重庆、四川和广东石漠化土地面积分别为 284.0 万 hm^2、192.6 万 hm^2、143.1 万 hm^2、109.1 万 hm^2、89.5 万 hm^2、73.2 万 hm^2 和 6.4 万 hm^2，各占石漠化土地总面积的 23.7%、16.0%、11.9%、9.1%、7.5%、6.1%和 0.5%。虽然西南岩溶石山地区 8 个省（市、区）均有不同程度的石漠化发生，但石漠化主要发生在黔、滇、桂 3 省（自治区），占石漠化总面积的 64.9%。

按流域划分，石漠化地区主要分布于长江流域和珠江流域。其中长江流域分布面积最大，石漠化土地面积为 695.6 万 hm^2，占石漠化土地总面积的 58.0%；珠江流域次之，为 426.2 万 hm^2，占 35.5%；其他依次为红河流域 57.0 万 hm^2，怒江流域 14.7 万 hm^2，澜沧江流域 6.7 万 hm^2，分别占石漠化总面积的 4.8%、1.2%和 0.5%。

我国岩溶地区轻度石漠化土地面积为 431.5 万 hm^2，占石漠化土地总面积的 36.0%；中度石漠化土地面积为 518.9 万 hm^2，占 43.1%；重度石漠化土地面积为 217.7 万 hm^2，占 18.2%；极重度石漠化土地面积为 32.0 万 hm^2，占 2.7%。表明该区以轻度和中度石漠化为主，两者合计占 79.1%。

（二）石质荒漠化的成因

石灰岩作为不利的成土母质导致的土层浅薄是石漠化易于发生的物质条件，人类不合理的生产活动是石漠化发生的主要因素，较丰富而集中的降水是石漠化发生的水动力来源，起伏较大的山地、丘陵是石漠化水蚀动力较强的驱动因素。

五、冻融荒漠化

冻融荒漠化是指在昼夜或季节温差较大的地区，在气候变异或人为活动的影响下，岩体或土壤由于剧烈的热胀冷缩而出现结构被破坏，造成植被减少，土壤质量下降的土地退化。是一种特殊的荒漠化类型，其分布地区一般生物生产力较低，除我国温度较低的高原之外，世界上其他地区或国家少见。

（一）冻融荒漠化的分布与程度

冻融荒漠化土地在我国的分布面积为 36.3 万 km^2，占荒漠化土地总面积的 13.8%，主要分布在青藏高原的高海拔地区。

我国冻融荒漠化程度以轻、中度为主，分别占 49.0%和 50.7%，重度仅占 0.3%。由于该类荒漠化分布在人口稀少地区，对人们的生产与生活影响较小。

（二）冻融荒漠化的成因

青藏高原是我国冻融荒漠化的主要分布区，独特而脆弱的生态环境使青藏高原具备了冻融荒漠化形成、发育的物质基础和动力条件。随着西部大开发的大力推进，西藏地区铁路、公路系统日趋完善，与此同时，也产生了一系列的环境问题。一方面，在修建交通道路时，部分地段为了赶进度，省成本，忽视了对沿线生态环境的保护；另一方面，交通的发展吸引了更多的游客，部分地区的游客远远超过了当地环境的承载力，严重破坏了生态环境。此外，无序的非法采矿更是加大了生态破坏的速度，局部地区的冻融荒漠化已触目惊心。

六、生物动力等荒漠化

包括人类的生产活动作为直接动力产生的荒漠化和放牧牛羊作为直接动力产生的荒漠化。过去通常把人为生产活动以及放牧都作为荒漠化发生的影响因素，没有认识到生物其实也是直接的动力。关于生物动力荒漠化的特点与分布将在后面第九章详细介绍。

此外，还有由土壤污染等产生的荒漠化，总面积为 8.44 万 km^2，占荒漠化总面积的 3.2%。

第四节　荒漠化发生原因

荒漠及荒漠化是在地球特定的表面环境中存在的一种自然景观，是人为强烈活动与脆弱生态环境相互影响、相互作用的产物，是人地关系矛盾的结果。在学术界，由于不同学者根据本国的具体情况所选取的研究角度不同，对荒漠化发生原因的认识从一开始就存在较大的分歧。第一种观点认为，气候变干是荒漠化的主要原因，人类活动产生的冲击是次要的。第二种观点认为，人类不合理的经济活动是荒漠化形成的主要原因，气候变化是次要原因。第三种观点认为，荒漠化是气候和人类活动共同作用的结果，持此观点的学者较多，但其中大部分人认为，自然和人为因素在荒漠化过程中的驱动作用很难区分。

一、荒漠化的自然原因

（一）地质环境因素

中国干旱、半干旱及半湿润地区深居大陆腹地，远离海洋，处在西伯利亚、蒙古高压反气旋的中心，山脉纵横交错，是我国荒漠化最严重的地区，其地质环境的基本格局具有明显的继承性，在早白垩纪晚期和第三纪早期（1.3 亿～0.25 亿 aBP）就已基本形成。尤其是青藏高原的隆起对水汽的阻隔，使得这一地区成为全球同纬度地区降水量最少、蒸发量最大、最为干旱脆弱的环境地带。上新世中晚期（12～2 MaBP）青藏高原平均海拔仅 1 000 m 左右，冬季在 30°N 附近（西藏拉萨）有一个弱高压。上新世末期以来以青藏高原为中心的广大地区强烈上升。中更新世（1 MaBP）青藏高原平均海拔已达约 3 000 m，使冬季的弱高压加强，其中心移到 40°N，位于塔里木盆地南缘的若羌附近，导致西北地区的干旱加剧，塔克拉玛干沙漠的面积显著扩大。在晚更新世和全新世中期，青藏高原及周围地区整体隆升，高原面平均海拔达到了 4 000 m 左右，中国的季风环流系统随之形成，原来的冬季高气压中心再次得到加强，并移到 55°N，接近于现代的西伯利亚—蒙古高气压位置。从冬季高气压中心向四周劲吹的干冷的大陆季风，受到青藏高原的顶托，在 97°E 附近分别形成西北风和东北风。前者吹向东南，影响中国东部气候；后者吹向西南，直到塔克拉玛干沙漠。到了近代，青藏高原隆升到海拔 5 000 m，使蒙古高压进一步加强，使西北、华北地区的气候更为干旱少雨，在 80°～125°E 形成一条干旱—半干旱—半湿润的气候带，为我国荒漠的进一步发展提供了条件。

（二）气候因素

气候因素不仅对荒漠化的形成、发展有重要作用，而且对全球环境变化也会产生深远影响。末次冰期极盛期结束后气候逐渐变暖，开始了全新世的温湿期，9～5 kaBP 为全新世的高温高湿期，与末次冰期极盛期相比较，该时期冻土带面积大大缩小，在东北已退缩到 49°N 以北，青藏高原冻土仅限于很小的范围（37.5°～32°N，78°～97.5°E）。在中全新世（5 ka BP）的高温高湿期结束后，气候向干冷方向变化，导致东北地区的冻土带再次南扩，其边界从 50°N 移至 47°N，现代中国北方的生态环境恶化。

从表 1-4 中可以看出 5 kaBP 以来的气候变化对现代荒漠化的影响。表 1-4 显示，我国北方地区当代的气候环境虽然好于 18～15 kaBP 的末次冰期极盛期，但较 9～5 kaBP 的中全新世高温、高湿期的气候环境要恶化许多，这乃是当今中国北方生态环境脆弱、易于发生荒漠化的重要原因。

表 1-4　中国近 2 万年来气候与植被类型的演化（林年丰等，2001）　　单位：万 hm^2

分带	冻土带		干旱荒漠		干旱半干旱草原		温带湿润半湿润草原		亚热带森林，热带雨林	
时代	面积	%	面积	%	面积	%	面积	%	面积	%
18～15 kaBP	392.63	40.90	286.21	29.80	127.56	13.29	72.82	7.59	80.83	8.42
9～5 kaBP	80.85	8.42	174.39	18.17	242.98	25.31	139.39	14.58	321.79	33.52
现代	227.61	23.71	208.39	21.71	137.79	14.35	149.65	15.59	179.04	18.65

20 世纪 50 年代以来，我国北方干旱、半干旱及半湿润地区的部分区域气候大多呈现暖干化，这种变化促进了荒漠化的发展。以松嫩平原为例，该区西部自 19 世纪 50 年代以来气温上升 0.6～1.0℃，降水量减少了 77 mm，蒸发量增加 55 mm。通过美国 Landsat 卫星的观测，发现在 1989—2001 年的 12 年间，松嫩平原西部、南部盐碱荒漠化的面积增加了 28.54 万 km^2，占原有面积的 20.63%，年增长率为 1.78%。

近 50 年来，虽然气候因素对荒漠化的发展起到了促进作用，但不是决定作用。以半干旱地带草原农垦区较为集中的内蒙古商都县为例，虽然在同一气候条件下，地表物质均以砂质沉积物为主，但荒漠化的发展程度有很大差异，商都西井子在 20 世纪 60 年代初期沙质荒漠化面积占该地总面积的 41.3%，经过“文革”时期草原大开垦后至 1978 年增加至 57.8%，1978 年以后由于采取人为措施调整土地利用结构并采取防风沙措施，到 80 年代后期大大减少，沙漠化面积由 57.8%下降到 22.7%。

二、荒漠化的人为原因

人类活动已成为当代影响全球变化和荒漠化的一个重要因素，人类不仅是荒漠化的主要动因，也是荒漠化的受害者。我国是荒漠化比较严重的国家之一，几乎 90%的荒漠化是人为因素引起的，且人为因素起到了决定作用。关于荒漠化的人为成因，目前比较统一的认识是在气候暖干化的大环境背景下，一方面由于人口激增对生态环境持续产生压力；另一方面是由于人类活动不当，对土地资源、水资源等自然资源不合理使用，导致地表植被覆盖破坏，使荒漠化地区的环境不断恶化，最终加速荒漠化的发展，主要表现为滥垦、滥牧、滥樵、滥采、滥用水资源等粗放掠夺式的经营方式。

（一）人口较快增长的原因

在我国，人口的快速增长是荒漠化形成与发展的重要诱导因素，荒漠化地区人口增长速度明显高于其他地区，人口的快速增长导致很多地区人口密度严重超标。联合国环境规划署提出，半干旱地区的最大人口承载量为 24 人/km^2，而我国荒漠化地区大多远远超过了这个标准。比如陕西榆林地区人口密度为 73 人，米脂县 177 人，神木 154.6 人。

人口压力导致食物、燃料等基本生活资料的需求增长，土地压力不断增加，使人口数量超过生态环境的容量，造成资源的过度利用，最终导致生态环境的破坏，陷入“越垦越荒，越荒越穷，越穷越垦，荒漠化不断加剧”的恶性循环。内蒙古商都县人口增长的实例（表 1-5）可以充分说明人口增长与荒漠化发展之间的关系。

表 1-5 20 世纪内蒙古商都县人口增长与荒漠化发展的关系

年代	人口/万人	耕地面积/万 hm^2	沙质荒漠化土地占耕地面积比例/%
30 年代末	8.6	6.93	—
40 年代末	16.2	9.82	5.4
80 年代末	32.2	21.95	32.4

资料来源：中国荒漠化/土地退化防治研究课题组，1998。

（二）人类对自然资源的不合理利用

人口增长和经济发展使土地承受的压力过重，过度放牧、过度开垦、乱砍滥伐和水资源不合理利用等使土地退化，森林被毁，气候逐渐干燥，最终导致荒漠化加速扩展和蔓延，这是我国现代荒漠化扩展的内在原因。我国北方与南方地区土地荒漠化的人为成因存在一定差异，下面分别进行讨论。

风力作用为主的北方地区，土地荒漠化的人为成因类型见表 1-6。

表 1-6 中国北方土地荒漠化人为成因类型（朱震达，1999）

成因类型	占风荒漠化土地面积/%	成因类型	占风蚀荒漠化土地面积/%
过度放牧	30.1	水资源利用不当	9.6
过度农垦	26.9	工矿交通建设	0.7
过度樵采	32.7	—	—

过度放牧又叫草原超载，是指由于单纯追求经济效益而增加牲畜头数，使草场负荷量增大，超过天然草地承载能力的放牧活动，是草地退化的主要原因。它一方面使牧草植株

变矮变稀，豆科、禾本科等优良牧草减少，毒草增多。另一方面也由于长期大量过度的牲畜践踏，使地表结构受到破坏，覆盖度降低，呈现出零星分布的裸露地表，造成风蚀沙化。以内蒙古呼伦贝尔草原为例，由于超载放牧、草原利用不合理等原因，截至 2007 年，草原荒漠化面积达 2 万 km^2，占可利用草场面积的 21%。

过度农垦是荒漠化成因中另一个值得重视的问题，指在不具备垦殖条件又无防护措施的情况下在干旱、半干旱及半湿润地区进行的农业种植活动，它有以下两种方式。① 随着人口增长，人均粮食占有量不断下降，农牧民在粮食单产较低的生产条件下为增加粮食产量盲目开荒。② 有组织地开荒。其特点是前者规模较小，但量大、面广，数量难以估计。从 20 世纪 50 年代到 70 年代，由于过分强调"以粮为纲"，我国西北地区出现过 3 次大规模开荒，开垦草地在 6.67 万 km^2 以上，影响范围从最北部的呼伦贝尔到科尔沁、浑善达克、毛乌素直至青海共和。开垦后，由于缺乏防护，表土受到风蚀或沙埋，单产急剧下降，只好撂荒。撂荒地由于植被遭到破坏，在风力作用下很快发生沙化，形成植被严重退化的沙漠化景观。

过度樵采同样是荒漠化的主要因素，包括滥樵和滥采两种形式。滥樵是指荒漠化地区缺乏燃料，由于经济水平低下、交通不便，煤炭购进困难，农牧民便连根挖掘大片的天然植物作为主要燃料，使地表植被和土壤遭到彻底破坏，在风力作用下大面积固定、半固定沙地变成流沙。荒漠化地区现有薪炭林面积 2.47×10^3 km^2，每年能提供 5.94×10^6 kg 薪柴，仅占实际薪柴需求总量 4.189×10^7 kg 的 14.2%，缺额巨大。如果缺额完全来自天然植被，则每年约需破坏灌木草原 2.36×10^5 km^2，相当于该地区草原总面积的 9%。以科尔沁草原库伦旗北部额勒顺为例，1 340 户的居民每年薪柴所需数量相当于破坏 92.7 km^2 的灌木林。滥采是指农牧民为了增加副业收入，无计划、无节制地掏挖药材、挖菜等资源植物，而草原上的甘草、黄芪、柴胡等中草药大部分是以其根入药，因而采集它们就要连根挖起，而且大部分采集者在挖根后会留下一个深坑和一堆松土，为风蚀提供了大量沙源。据计算，挖 1 kg 甘草就要破坏 5 m^2 以上的草地。宁夏东南盐池、塔里木盆地边缘、河西走廊边缘诸绿洲周围及内蒙古鄂托克前旗毗邻地区荒漠化的形成发展都与滥采有关。

荒漠化地区滥用水资源主要表现为地表用水缺少上、中、下游统筹安排，过度开采地下水，用水浪费。滥用水资源造成的荒漠化土地的扩大，在干旱地带的内陆河沿岸表现非常显著，塔里木盆地中一些内陆河下游古城的废弃，大部分就与水资源利用不当有关。如新疆塔里木河沿岸，随着中上游地段农业开发用水，特别是在 20 世纪 70 年代初期修建大西海子水库以后，使其下游阿拉干以南河段水量显著减少，甚至断流，地下水位自 20 世纪 50 年代的深 3～5 m，下降到 80 年代初期的 8～10 m。随着水分条件的变化，天然植被生长衰退，大面积胡杨林枯死，加之人为过度的樵采活动，致使地表裸露，荒漠化面积扩大。

草原地区机动车辆任意行驶所造成的道路沿线荒漠化也很明显，以内蒙古苏尼特左旗为例，每平方千米范围内道路荒漠化所占面积一般在 10%～20%。沙质草原上任意行驶的道路，沿线往往出现裸露的带状流沙地表及风蚀地表。

水蚀作用为主的南方丘陵山区，土地退化的人为成因类型见表 1-7。

表 1-7 中国南方丘陵山区土地荒漠化人为成因类型（朱震达，1999）

成因类型	占水蚀荒漠化土地面积/%	成因类型	占水蚀荒漠化土地面积/%
陡坡开垦	40	不合理的农林耕作措施	18
过度采伐森林及过度樵采	37	工矿交通建设和环境污染	5

陡坡开垦是造成丘陵山区水蚀荒漠化的主要因素，特别是在大于 25°的陡坡上开荒种地，在同样条件下比 20°以下的流失量增加近 1 倍。过度采伐森林及过度樵采也是丘陵山区水蚀荒漠化发生的重要原因，工业用植物燃料如砖窑用柴，也是造成植被破坏促使荒漠化发展的一个方面。以江西赣州地区 2 万余个砖瓦窑为例，全年需木柴 2.16 亿 kg，每年得砍伐 15 年生成林约 9 km^2。

20 世纪 80 年代以来在工矿开发、建材开采及城镇基本建设过程中，由于忽视环境保护造成生态破坏而发展成为土地荒漠化的实例也屡见不鲜，其面积已达 2 万 km^2。这种迅速发展的趋势是当前土地荒漠化防治中的一个新问题，应予以重视。

综上所述，我国荒漠化的形成是气候干旱和人类活动共同作用的结果，但时间尺度不同，两者所起的作用是不同的。人类进入文明社会以前，气候因素是主要也是唯一的驱动因素，荒漠化以百年乃至千年的尺度演变。19 世纪下半叶以来的现代时期，特别是近 50 年来，人类活动逐渐演变为荒漠化的主要驱动力，往往以十年尺度来衡量荒漠化程度。

第五节 荒漠化的危害

荒漠化及其引发的土地沙化被称为“地球溃疡症”，已成为严重制约我国社会经济可持续发展的重大环境问题，据中、美、加国际合作项目研究，我国近 4 亿人口受到荒漠化的影响，每年由于荒漠化造成的直接经济损失达 540 亿元，平均每天损失 1.5 亿元，间接经济损失则是直接经济损失的 2～8 倍，甚至达到 10 倍以上。荒漠化的危害主要表现在以下几个方面。

一、对土地资源的不利影响

荒漠化对土地资源的影响主要表现以下两个方面。① 荒漠化破坏土地资源，使可利用土地面积减少。荒漠化使耕地、草场、林地等可利用土地资源生产力丧失，沦为沙地，我国已有荒漠化耕地 8×10^6 hm^2。② 荒漠化使土壤肥力降低。据估算，全国每年因风蚀损失土壤有机质、氮素和磷素达到 5.59×10^7t，折合化肥约 2.68 亿 t，价值近 170 亿元。

二、对植被与环境的危害

荒漠化造成森林锐减，天然植被大量死亡。荒漠地区的植物在极端的自然条件（干旱缺水，冬严寒夏酷暑，昼夜温差大，日照强，风蚀沙埋，土壤粗粒化，多盐碱、石膏等）

和长期进化过程中，成功地发展了许多适应机制（包括生态的、生理的、形态结构的、行为的、遗传的，等等），其中许多野生植物是防治荒漠化生物措施的重要植物资源。荒漠植物中包含许多有较高经济价值的种类，例如，许多荒漠草本和小半灌木是营养丰富的牧草，不少种类具有药用价值。据调查，仅中国的沙漠地区（包括部分沙地）就有药用植物356种，其中常用的103种。荒漠生态系统在固定流沙、减弱风蚀、改善环境方面起着不可替代的作用，荒漠生态系统的破坏将导致环境的恶化。由于滥樵、滥采、滥垦等不合理的人类活动以及由此而造成的荒漠化的迅速扩展，荒漠化地区的植物资源遭受剧烈摧残，生物多样性急剧减少，如荒漠植物三叶甘草、盐桦已经灭绝。在我国草原地区，由于人为破坏和土地沙化，许多昔日曾经广泛分布的中药材如麻黄、甘草、黄芪、防风、柴胡、远志、苁蓉和锁阳等数量也日趋减少，有些濒临灭绝。荒漠化引起植被退化，进而导致土壤退化，反过来又影响植物、动物的生存与发展，这样形成的恶性循环过程，使生物群落的密度、多样性等向着坏的方面演替。

由于荒漠化不断扩展，沙尘暴越来越频繁，不仅对环境造成极大破坏，而且给生产建设和人民的生命财产带来重大损失。如1993年5月甘肃河西发生的“5•5”特大沙尘暴造成了严重破坏和损失，此次沙尘暴从西向东波及新疆、甘肃、宁夏、内蒙古等4个省（自治区），横跨75°～110°E，影响范围达223万km^2，占干旱与半干旱区面积的69.69%，估计经济损失达11.89亿元。荒漠化还导致地下水位降低，湖泊干涸。20世纪50年代末，甘肃河西黑河流域的东、西居延海面积分别为35.5 km^2和267 km^2，并分别于1961年和1992年干涸，“湍漭不息”的居延海从此成为历史。内蒙古额济纳旗先后有12处湖泊、16处泉水、4个沼泽干涸，造成人畜饮水困难，一部分牧民沦为“生态难民”，四处迁徙。位于河西石羊河下游的民勤绿洲地下水位以0.5～1.0 m/a的速度下降，地下水矿化度达4～6 g/L，使7万余人、12万头牲畜饮水发生困难，2万hm^2以上的农田弃耕，农民迁居。

三、对农业和牧业生产的危害

荒漠化对农业生产的影响表现为一方面使耕地面积减少，每年因此损失的粮食超过3×10^9 kg，约相当于750万人一年的口粮。新中国成立以来，全国共有6.67×10^3 km^2耕地变成沙地，平均每年丧失耕地149 km^2。另一方面荒漠化引起土壤质量下降导致粮食单产不断降低。如位于坝上地区的河北省丰宁县20世纪60年代粮食产量为1 335 kg/hm^2，70年代为1 275 kg/hm^2，80年代为900 kg/hm^2，90年代仅为450 kg/hm^2左右，干旱年份甚至只有150 kg/hm^2左右，群众称“种一坡，拉一车，打一簸，煮一锅”。

荒漠化加速草原退化，导致牧草质量下降。根据荒漠化普查，荒漠化地区共有退化草地1.05×10^6 km^2，由于草地退化每年少养活绵羊5 000多万只。新中国成立以来，共有2.35万km^2草地变成流沙，平均每年减少520 km^2。内蒙古自治区1983年有退化草地2.1×10^5 km^2，1995年发展到3.9×10^5 km^2，可利用草地退化面积以大约每年2%的速度增加。素以水草丰美著称的呼伦贝尔草原和锡林郭勒草原，退化草原面积比率分别为23%和41%，退化最为严重的鄂尔多斯高原草场退化面积已达68%。此外，受荒漠化影响，畜产品产量随牧草产量和质量的降低而下降。如内蒙古乌审旗绵羊体重由20世纪50年代的平均25 kg/只降至60年代的20 kg/只，到80年代又降至15 kg/只左右；同期山羊体重由 15 kg/只降至 9 kg/只左右。

四、对生活设施和建设工程的危害

荒漠化引发环境破坏、生态平衡失调，导致自然灾害频繁发生，流沙常常掩埋生活设施，危及人类的生命、财产安全。例如河西走廊的重要城镇民勤早在古代曾被流沙埋没，城郊 20 多个村庄近 2 000 年来大部分陆续被迫迁移，不得不重新选址建成现在的民勤镇。再如黄河下游地区，河道内泥沙淤积，河床不断抬高，造成河堤多次溃决，泛滥成灾，使两岸人民饱受流离失所之苦。

在工程建设方面，荒漠化破坏交通、水利等生产基础设施，制约经济腾飞。交通线路因荒漠化危害而发生阻塞、中断、停运、误点等事故时有发生，荒漠化使许多道路的造价和养护费用增加，通行能力减弱。我国荒漠化地区铁路总长 3 254 km，发生沙害地段 1 367 km，占 42%，其中危害严重地段为 1 082.5 km。1979 年 4 月 10 日一次沙尘暴就使南疆铁路路基风蚀 25 处，沙埋 67 处，受害总长 39 km，积沙量 4.5 万 m^3，桥涵积沙 180 处，南疆铁路因此中断行车 20 天，造成直接经济损失 2 000 余万元。因风沙磨损钢轨，使磨损速率增加 5～10 倍。公路沙害也非常严重，我国受荒漠化危害的公路近 3 万 km，水蚀冲断、流沙埋压经常发生。荒漠化对民航运输也有很大影响，如 1988—1992 年，西藏的贡嘎机场因沙暴、扬沙、浮尘等风沙天气每年造成民航运输直接经济损失达 72 万元。

荒漠化还常常对水利设施造成严重破坏。风成沙直接影响水利工程设施，受风沙流和沙丘前移的影响，泥沙侵入水库、埋压灌渠，使水库、渠道难以发挥正常效益。据调查，晋陕蒙接壤区库容大于 50 万 m^3 的 46 座水库的总库容已被淤积 37.3%，建于 1977 年的陕西省神木县瓦罗水库设计库容为 626 万 m^3，1988 年时被淤满成为淤泥坝，并淹没了 20 万 hm^2 川地。青海龙羊峡水库，因受荒漠化影响进入库区的总泥沙量每年有 3 130 万 m^3，仅此一项每年造成的损失就有近 4 700 万元。同时，泥沙大量进入河道后，还使河床淤高，构成河堤溃决的严重隐患。在黄河多年平均年输沙量的 16 亿 t 中，就有 12 亿 t 以上来自与荒漠化有关的地区。荒漠化地区共有灌溉渠道 12.6 万 km，经常受风沙危害的有 5.1 万 km，占 40.5%。

此外，荒漠化还对输电线路、通讯线路和油（气）管线等产生严重威胁，有时甚至危及人身安全，造成重大事故。

第六节 荒漠化与防治研究的内容

一、研究荒漠化发生动力和原因

虽然关于荒漠化发生的动力类型已经基本清楚了，但是对于一个具体地区，荒漠化动力类型可能没有确定，需要研究确定一个地区的具体动力类型或多种动力类型以及不同亚区的动力差异。为了揭示荒漠化发生的根源，常常需要研究和区分荒漠化的第一动力和第二动力，如土地开垦造成的沙漠化的第一动力是人为动力，第二动力是风力。

荒漠化发生的原因有多种，不同地区差异很大，需要针对具体地区开展荒漠化发生原因的研究。荒漠化发生的原因包括两大方面，一是自然原因，二是人为原因。自然原因包括气温升高、蒸发与蒸腾加强、降水减少、风力加强、地形低洼或海拔高度大、地表物质组成较粗或为可溶盐等原因。人为原因包括农牧业生产、滥伐、过度放牧、挖药材、开发矿产资源、工程建设等原因。同一地区有时存在两个或多个原因，需要研究确定主要原因和次要原因，确定各原因所起作用大小。在发生的原因中，表现的是各因素的作用，因此有些原因就是影响因素。今后的研究要加大深度，要尽可能定量评价不同原因所起作用的大小。

二、研究荒漠化发生的过程与机制

在类似荒漠的景观出现之前，草地就发生了一系列的退化，最后出现类似荒漠的景观。根据退化过程的不同，通过研究可以划分不同的退化阶段。为了揭示荒漠化的发生过程，给荒漠化防治提供理论指导，研究荒漠化出现之前的植被与土壤退化特点和过程是很必要的。荒漠化发生机制是多种因素的联合作用，研究荒漠化发生机制，既要研究荒漠化发生之前的发生动力和控制因素、影响因素和作用的方式，又要研究荒漠化出现之后的植被、地表物质组成变化、作用的因素与方式。不同自然环境地区荒漠化过程与机制不同，需要针对不同地区开展研究。目前对荒漠化发生过程和机制的研究还不够，需要开展深入研究。

三、进行荒漠化的监测与评价

荒漠化监测一是包括对处于退化阶段而没有达到类似荒漠景观的土地的监测，二是对出现了荒漠化景观的土地的监测，三是对荒漠化治理工程的环境效益的监测。监测结果可为土地退化防治提供科学依据，并为荒漠化评价提供数据和指标。荒漠化监测内容较多，可以根据需要选择监测指标。土壤监测的内容通常包括厚度、结皮、粒度、pH 值、含盐量、有机质、营养元素等。植被监测一般包括植被类型、组成、盖度、生物量、指示植物等。水文方面有水质、地下水位、土壤含水量等。地质方面包括基岩露头与类型、侵蚀、切割程度等。气象气候监测包括日照时数、温度、湿度、风速、降水量、蒸发量等。此外还有社会经济方面的监测内容。

荒漠化的评价包括荒漠化现状评价、荒漠化灾害评价、荒漠化发展速率评价和荒漠化发展趋势评价，具体内容与要求见本教材第十章。

四、研究荒漠化的防治技术与措施

目前已有许多荒漠化防治技术，主要包括植被技术和工程技术两大类。虽然这两大类技术有许多是成熟并可以根据不同地区的自然条件直接利用的，但还需要研究这两大类技术中尚未开发的新技术，特别是要研究不同技术的集成。此外，随着科学技术的发展，还要注意加强研究效果更好的新技术，如利用基因工程培育用于荒漠化治理的适应性更强的植物，利用新材料进行防风固沙和减少水土流失。

荒漠化研究和监测的最终目的是为荒漠化防治提供科学依据，但荒漠化的治理还要利用已有治理技术进行具体的治理。荒漠化治理主要是利用植被技术和工程技术进行治理。在风蚀沙漠化地区，植被技术是主要的，必要时采取植被与工程相结合的技术。在水蚀荒漠化地区，植被与工程技术的作用都很重要，但最终还要通过恢复植被才能达到改善生态环境的目的。对于具体一个地区而论，要根据该地区的具体自然地理与气候条件，采取最合适的技术，必要时采取多种技术并用的措施。要做到采用的技术能够适合于治理地区的实际，就要进行实验试点，在实验试点成功的基础上，最后实施治理技术的推广。实验试点过程也只有 3～5 年的时间，这样短的时间不能用于确定恢复植被的生态效益，所以对于恢复的植被，要充分认识其生态特点，科学预测其在植被恢复地区的适应性。

五、开展荒漠化植被治理工程的评价

荒漠化治理的植被工程是否符合当地的实际，最终要根据工程实施后的生态环境效益来评价。因此，在恢复植被的工程实施之后，要进行生态效益的监测，根据监测结果评价其生态效益的好与差。需要注意的是，恢复初期的处于幼龄时期的植被消耗水分较少，生长情况通常较好，这时还难以说明生态效益是否好。恢复的植被能否最终适宜在当地生长或生态效益是否良好，一般要根据树木达到中龄时的生态效益来评价。中龄林消耗水分达到了最高阶段，如这时的植被生长正常或良好，其生态效益通常较好，带来的水土保持作用和对土壤发育的促进作用明显。因此，生态工程的生态效益的监测与评价要进行 7～10 年的时间。监测与评价的主要内容包括土壤的水分含量、植物生长情况、土壤粒度组成、有机质含量、土壤元素和土壤结构等指标。

第七节 荒漠化与防治和相关学科的关系

荒漠化与防治与许多学科存在联系，主要与生态学、水土保持学、自然地理学、气候学、地貌学、植物学和土壤学等密切相关。

一、荒漠化与防治和生态学的关系

荒漠化是生态系统的退化并达到了崩溃阶段。荒漠化发生过程是生态系统的退化过程，荒漠化的结果是脆弱或较脆弱生态系统的严重破坏和类似荒漠生态系统的形成，导致了生态系统的更替。荒漠化过程中的植被退化是生态系统中生产者等物质组成与物质循环的变化，动物与微生物的变化是消费者与分解者的变化。生态学的原理也是荒漠化与防治的主要依据。

二、荒漠化与防治和水土保持学的关系

荒漠化与防治和水土保持学有十分密切的关系，两者内容有许多交叉。荒漠化与防治主要研究和治理已经荒漠化的土地资源，这与水土保持存在不同。水土保持学中防治生态退化的技术措施也是防治荒漠化的重要措施，水土保持技术和原理常常可用于水蚀荒漠化的治理。水土保持的技术措施包括两个大的方面，一是植被措施，二是工程措施，这两种措施也是水蚀荒漠化防治中的主要措施。由此可见，荒漠化与防治和水土保持学有非常直接的重要的关系。

三、荒漠化与防治和自然地理学的关系

荒漠化与防治和自然地理学有密切关系。荒漠化的发生与自然地理环境密切相关，自然降水少、蒸发量大、植被稀疏、风力作用强是荒漠化发生的主要自然因素。自然地理环境的变化影响荒漠化发生的强弱，自然地理环境的差异甚至决定了荒漠化发生的动力。干旱地区的风力、半湿润与湿润地区的水力、高寒地区的冻融作用力就是由自然地理环境决定的。不难看出，荒漠化与防治和自然地理学有非常重要的关系。

四、荒漠化与防治和土壤学的关系

荒漠化伴随着土壤物理和化学成分的严重退化甚至导致土壤的消失，研究退化过程中土壤成分的变化能够认识荒漠化与土地退化发生的阶段。不同土壤分布地区，荒漠化的结果存在一定的不同。在气候条件相同的情况下，土壤厚度小的地区易于发生荒漠化，沙质成分含量较多的土壤易于发生沙漠化，黏土含量多的土壤分布区易于发生土质荒漠化，而砾石与碎石含量多的土壤易于发生砾漠化，土层薄的基岩地区易于发生岩漠化，土壤厚度大的黄土高原水蚀荒漠化地区易于发生土质荒漠化。通过改变土壤的性质，增加土壤孔隙度，能够减弱荒漠化的发生。由此可知，荒漠化与防治和土壤学有密切关系。

五、荒漠化与防治和气候学的关系

荒漠化主要发生在干旱与半干旱地区，这是降水较少的较为干旱的气候条件决定的。荒漠化的发生也与自然气候的变化有密切关系，气候变干会引起荒漠化加剧，并且引起的荒漠化面积扩大。一次强沙尘暴活动能够很快使得沙地南缘的土地变为沙地。因此，研究气候变化能够分析判断荒漠化的发展趋势与进程，能够揭示一个地区荒漠化的发生或荒漠化的减弱是否是气候造成的。

六、荒漠化与防治和地貌学的关系

地貌影响外动力作用的强弱，影响物质的侵蚀与堆积，对荒漠化产生很大影响。如沙

漠化一般发生在较平坦地区，而干旱的山区与丘陵地区易于发生岩漠化，低洼水分聚集地区易于发生盐渍化，湿润的石灰岩山区易于发生石漠化，南方湿润山区与丘陵区易发生红土退化，通过改变地形和地貌，可以防治某些荒漠化的发生。上述表明，荒漠化与防治和地貌学有密切关系。

七、荒漠化与防治和植物学的关系

荒漠化的发生主要表现之一是植被的退化，具体表现为植物组成的减少和植物成分的变化，在植被组成大量减少的同时，还伴随着少部分适应干旱环境的植物组成的出现。根据植物成分的变化，可以识别荒漠化发生的强度和阶段。荒漠化最主要的治理措施是恢复植被的措施，要达到恢复植被和防风固沙的目的，就需要研究植物对干旱环境的适应性，选择适应近似荒漠条件的植物成分。因此，荒漠化与防治和植物学有密切关系。

参考文献

[1] 朱震达，刘恕. 中国北方地区的沙漠化过程及其治理区划. 北京：中国林业出版社，1981.

[2] 朱震达，刘恕. 关于沙漠化的概念及其发展程度的判断. 中国沙漠，1984，4（3）：2-8.

[3] 朱震达，刘恕，邸醒民. 中国的沙漠化及其治理. 北京：科学出版社，1989：4-109.

[4] 朱震达. 中国沙漠、沙漠化、荒漠化及其治理的对策. 北京：中国环境科学出版社，1999.

[5] 兹龙骏. 中国的荒漠化与防治. 北京：高等教育出版社，2005.

[6] 吴正. 浅议我国北方地区的沙漠化问题. 地理学报，1991，4（3）：267-274.

[7] 张希彪，王东. 陇东黄土高原农牧交错带土地荒漠化驱动因子的定量分析. 土壤通报，2013，44（2）：296-301.

[8] 《中国生物多样性国情研究报告》编写组. 中国生物多样性国情研究报告. 北京：中国环境科学出版社，1998：71-81.

[9] 赵性存. 中国沙漠铁路工程. 北京：中国铁道出版社，1988：1-126.

[10] 熊康宁，李晋，龙明忠. 典型喀斯特石漠化治理区水土流失特征与关键问题. 地理学报，2012，67（7）：878-888.

[11] 丁乾平，王小军，尚立照. 甘肃省水蚀荒漠化土地动态变化及防治对策. 中国水土保持，2013（8）：29-31.

[12] 孙保平. 荒漠化防治工程学. 北京：中国林业出版社，2000：31-33.

[13] 林年丰，汤洁. 第四纪环境演变与中国北方的荒漠化. 吉林大学学报（地球科学版），2002，33（2）：183-191.

[14] 梅再美，熊康宁. 贵州喀斯特山区生态重建的基本模式及其环境效益. 贵州师范大学学报（自然科学版），2000，18（4）：9-17.

[15] 林年丰，汤洁. 中国干旱半干旱区的环境演变与荒漠化的成因. 地理科学，2001，21（1）：24-29.

[16] 管孝艳，王少丽，高占义，等. 盐渍化灌区土壤盐分的时空变异特征及其与地下水埋深的关系. 生态学报，2012，32（4）：1202-1210.

[17] 周道玮，李强，宋彦涛，等. 松嫩平原羊草草地盐碱化过程. 应用生态学报，2011，22（6）：1423-1430.

[18] 《中国荒漠化（土地退化）防治研究》课题组. 中国荒漠化（土地退化）防治研究. 北京：中国环境科学出版社，1998.

[19] 赵景波，邵天杰，侯雨乐，等. 巴丹吉林沙漠高大沙山区含水量与水分来源探讨. 自然资源学报，2011，26（4）：694-702.

[20] 赵景波，张冲，董治宝，等. 巴丹吉林沙漠高大沙山粒度成分与沙山形成. 地质学报，2011，85（8）：1389-1398.

[21] 赵景波，曹军骥. 青海湖流域土壤水与土壤水库研究. 北京：科学出版社，2012.

[22] UNCOD. Desertification：Its causes ane consequences. Oxford：Pergamon Press，1977：1-10.

[23] CCICCD. China Country Paper to Combat Desertification. Beijing：China Forestry Publishing House，1996：18-31.

[24] Pandi Zdruli，Marcello Pagliai，Selim Kapur，et al. Land Degradation and Desertification. Netherlands：Springer. 2010.

[25] Aubreville A. Climate，forest desertification dee 'Afrique tropicals. Socd' editions geographiques et coloniales，Paris，1949：350-352.

[26] Houerou H N，Rapp A. The process of desertification and its assessment. Journal of Desert Research，1976，4（3）：9-11.

[27] Luca Salvati，Sofia Bajocco. Land sensitivity to desertification across Italy：Past，present，and future. Applied Geography，2011，31：223-231.

[28] G Van Luijk，Cowling C，M J P M Riksen. Hydrological implications of desertification：Degradation of South African semi-arid subtropical thicket. Journal of Arid Environments，2013，91：14-21.

[29] Charmaine Mchunu，Vincent Chaplot. Land degradation impact on soil carbon losses through water erosion and CO_2 emissions. Geoderma，2012，177-178：72-79.

[30] Ilan Stavi，Rattan Lal. Variability of soil physical quality and erodibility in a water-eroded cropland. Catena，2011，84（3）：148-155.

[31] Massimo Conforti，Gabriele Buttafuoco，Antonio P. Leone，et al. Studying the relationship between water-induced soil erosion and soil organic matter using Vis–NIR spectroscopy and geomorphological analysis：A case study in southern Italy. Catena，2013，110：44-58.

[32] Paolo DOdorico，Abinash Bhattachan，Kyle F Davis，et al. Global desertification：Drivers and feedbacks. Advances in Water Resources，2013，51：326-344.

[33] Farshad Amiraslani，Deirdre Dragovich. Combating desertification in Iran over the last 50 years：An overview of changing approaches. Journal of Environmental Management，2011，92：1-13.

[34] N Warner，Z Lgourna，L Bouchaou，et al. Integration of geochemical and isotopic tracers for elucidating water sources and salinization of shallow aquifers in the sub-Saharan Drâa Basin，Morocco. Applied Geochemistry，2013，34：140-151.

[35] Tal Svoray，Peter M Atkinson. Geoinformatics and water-erosion processes. Geomorphology，2013，183（1）：1-4.

[36] Giorgio Ghiglieri，Alberto carletti，Daniele pittalis，et al. Analysis of salinization processes in the coastal carbonate aquifer of Porto Torres（NW Sardinia，Italy）. Journal of Hydrology，2012，432-433：43-51.

[37] Di Sipio E，Re V，Cavaleri N，et al. Salinization processes in the Venetian coastal plain（Italy）：a general

overview. Procedia Earth and Planetary Science，2013，7：215-218.

[38] Mark Altaweel，Chikako E. Watanabe，et al. Assessing the resilience of irrigation agriculture：applying a socialeecological model for understanding the mitigation of salinization. Journal of Archaeological Science，2012，39：1160-1171.

[39] Rubab F. Bangash，Ana Passuello，María Sanchez-Canales，et al. Ecosystem services in Mediterranean river basin：Climate change impact on water provisioning and erosion control. Science of The Total Environment，2013，458-460（1）：246-255.

[40] A Yakirevich，N Weisbrod，M Kuznetsov，et al. Modeling the impact of solute recycling on groundwater salinization under irrigated lands：A study of the Alto Piura aquifer，Peru. Journal of Hydrology，2013，482：25-39.

思考题

1. 什么是荒漠化、沙漠化、盐渍化、石漠化、土漠化、岩漠化？
2. 叙述国内外荒漠化分布的特点。
3. 试述荒漠化的动力类型和动力作用方式。
4. 试述荒漠化发生的第一动力和第二动力及其相互关系。
5. 论述盐渍土形成的两种不同模式及其与气候的联系。
6. 论述典型干旱区与半湿润区沙漠化发生原因、条件与动力差异。
7. 试述荒漠化造成的危害和灾害。
8. 分析荒漠化与防治和生态学、水土保持科学的关系。

第二章　荒漠化地区的自然环境

荒漠化地区包括的范围非常广，不仅包括典型荒漠化发生的干旱与半干旱地区，而且有的研究者认为还包括南方亚热带湿润地区。尽管亚热带湿润地区不是荒漠化的典型地区，但确实存在土地退化，甚至是较为严重的土地退化。如果考虑到亚热带湿润地区的土地退化，那么荒漠化地区涉及的自然环境的类型就很多了。本章主要包括干旱和半干旱荒漠化发生地区的自然环境以及密切相关的部分荒漠地区的自然环境，不包括亚热带湿润石漠化地区和红土退化地区的自然环境。

第一节　荒漠化地区的气候

一、荒漠化地区的降水量

荒漠是极端干旱气候的产物，荒漠化的扩展和缩小受气候干湿变化的控制。因此，由于气候的变化，荒漠化的形成和发展也是不可避免的自然过程。

我国荒漠化地区气候干燥，降水较少，降水量呈现出两大特点。一是随着距海里程的增加降水量从东向西递减（新疆西部除外），愈向内陆，减速愈快。在我国荒漠化的东部地区年平均降水量为300～450 mm，中部地区年平均降水量为150～300 mm，西部绿洲荒漠化地区年平均降水量为30～150 mm。大部分荒漠化地区的年降水量低于400 mm，即使在高山或高原地区也很少有年降水量超过600 mm的记录，大大低于北半球同纬度的平均降水量。这些地区不仅是我国降水最稀少的地方，也是北半球同纬度最干旱的地区。在温都尔庙—百灵庙—鄂托克旗—定边一线以东的干旱地区，盛夏可受到夏季风的一些影响，雨水稍多，年降水量为200～400 mm。该线以西的广大干旱地区，年降水量不足200 mm，准噶尔盆地年降水量为100～200 mm，巴丹吉林沙漠在100 mm以下，塔里木盆地中、东部降水更少。二是高山、高原与盆地交错分布的西部沙区，如新疆南北盆地及柴达木沙区，都是由四周向中央递减，以沙漠腹地最为干旱。在塔克拉玛干沙漠和柴达木盆地中心，年平均降水量多在 30 mm 以下。尤其是吐鲁番盆地中的托克逊年平均降水量一般小于10 mm，是全国现有降水量最低的地区。1968年，这里仅有2个降水日，6月和8月各有1个降水日，降水量分别为0.4 mm和0.1 mm，均为无效降水，全年只有0.5 mm。

我国荒漠化地区东部与西部不同降水量的分布形势，不仅与地形息息相关，也与形成降水的环流系统的不同有着密切关系。东部地形平坦，夏季受东亚季风环流的影响较大，降水略多，而西部地形复杂，山地与盆地交错分布，受北支西风和高原季风的交替控制，很少受带来降水的夏季风的影响，导致降水少。

我国荒漠化地区不仅降水少，而且很不稳定，降水量的年际变化和年内变化很大。通常降水量愈少的地方变率（又称变差系数）愈大，平均年变率东部沙区为25%～40%，西部多在40%以上，甚至超过50%。局部极端干旱地区可以连续一年甚至几年滴雨不降，塔里木盆地东南部的若羌县曾出现12年没有降雨的记录。雨量的季节分配也极不均匀，夏秋季几乎集中了全年雨量的70%以上，而冬季降水极少，大部分沙区降水都不足10 mm，仅占全年降水的10%以下。夏季降水又往往集中在少数几天之内，有时一两天的暴雨就相当于半年的雨量。在南疆地区，全年70%～80%的雨量在一天中降落，有时甚至造成特大暴雨和洪水灾害。但一般而言，沙区一次降水能够达到10～15 mm的情况不多，由于蒸发旺盛，小的降雨容易顷刻间就蒸发殆尽，对农作物和牧草的生长几乎不起作用，雨水的保证率非常低。

降水量不足且降水又极不稳定，使我国荒漠化地区旱涝无常，特别是旱灾频繁，生态环境脆弱，易于发生荒漠化。

二、荒漠化地区的蒸发量

我国荒漠化地区也多是一些蒸发极为强烈的区域，多年平均蒸发量多在2 000 mm以上，个别地区达4 000 mm，超过降水量的十几倍，甚至几百倍。从湿润系数（年降水量与年蒸发量之比）看，东北的海拉尔达0.25，而南疆的若羌只有0.008，表现出越往西北部越干燥的特征。

蒸发量是根据蒸发仪来确定的水面蒸发量。由于蒸发筒的体积较小，周围温度比湖泊等地表大水体的温度要高，这使得根据蒸发筒确定的蒸发量比实际湖面等大型水体表面蒸发量要小许多。据杨小平教授最近的研究，沙漠水面蒸发量一般为1 000 mm左右，比过去认识的要小1倍多。

还需要特别指出的是，由于水面蒸发量通常小于沙漠地区的实际蒸发量，认识到这一点对研究沙区水循环和水分平衡十分重要。沙漠水分大多埋藏在沙层深处，而沙层受蒸发影响的深度很小，一般小于0.5 m，所以沙层中的水分被蒸发的很少。沙区地面的湖泊面积占沙层旱地面积的比率十分小，这决定了沙漠地区的实际蒸发量并不大。沙层的入渗率很高，利于大气降水向地下水的转化。

三、荒漠化地区的风

我国荒漠化地区风力强劲，风能资源丰富，大部分地区年平均风速为3～4 m/s，大部分沙区每年超过4～5 m/s（相当于3～4级风）的起沙风可达250～300次，尤其是春季和初夏季节，几乎天天都有这样的风。我国沙区风速在地域分布上具有北大南小的特点，向北逐渐增强，以中蒙、中俄、中哈等国界附近的风速最强，风沙日多在75～150 d/a以上。尤其是一些山隘、峡谷风口地带，风力特大，形成特大风区。素有“风库”之称的甘肃安西，全年 8 级（瞬间风速 17 m/s）以上的大风日数超过 80 天（最多年份 105 天），人们形容这里是“一年一场风，从春刮到冬”。新疆准噶尔盆地东端的阿拉山口，8 级以上大风年平均 164 天，最高风速 55 m/s，年平均风速 7 m/s，这 3 项记录均超过安西，居全国之首，被称为“第一大风口”，民间歌谣称“阿拉山口有风精，五级六级不算风，七级八级是小风，十级大风也普通”，连附近的艾比湖都有“风湖”之称。准噶尔盆地西部的准噶尔盟的大风更是著名，全年有 165 天出现大风，最大风速超过 40 m/s，能把直径 2～3 cm 的砾石吹起。以“陆地风库”著称的吐鲁番盆地，一年中 95%以上时间都有大风，11、12 级飓风也时有出现。在博格达山与巴里坤之间的七角井垭口，由于地形狭长且与主风向一致，具有加大风速的“狭管效应”，形成闻名于世的“百里风区”，“轮台九月风夜吼，一川碎石大如斗，随风满地石乱走”就是这里刮大风时的生动写照。

沙区风的季节分布，东西部有较大差异。东部沙区冬、春、秋季均有强劲的风，且强度的变化幅度较大，只有夏季风力较弱。西部尤其是风口地区，多大风，主要集中在春季，且变化不大。

沙区风力强大，加上地表大部分为疏松的沙物质，极易形成暴风、扬沙和沙尘暴等灾害性天气，以致“对面闻声不见人，白天屋内要点灯”，特别在植被稀疏的流沙地区更是频繁。如巴丹吉林沙漠南侧的金昌市、腾格里沙漠西南的民勤绿洲，一年之中就有 130 多天处在风沙弥漫之中。沙尘暴一般出现的时间并不长，但危害极大，在农田里风蚀深度可达数厘米，携带的沙子能淹埋农田、渠道、铁路、公路，造成一些次生灾害（如停电、停水）。

强劲的风力对松散土层产生剥蚀和吹扬作用，为沙漠、戈壁、风蚀沙地的形成提供了很强的动能，也是易于发生风蚀沙漠化的原因之一。强劲而持续时间长的风也为沙区可再生能源和新能源的开发利用提供了丰富的风能资源。

四、荒漠化地区的温度

我国荒漠化地区的温度变化表现为冷热剧变的特点，年平均气温变化在-4～10℃，递变趋势基本是随纬度的增加、海拔高度的上升而降低，等温线大都被高山、高原分割成条块相间、不规则的闭合圈状或半闭合带状。

本区日温差变化异常剧烈，各地平均昼夜温差在 10～20℃，最大可达 35～40℃，比同纬度的东北和华北地区都大，一天之中好像经历了一年四季的寒暑变化。群众中流传的“早穿皮袄午穿纱，围着火炉吃西瓜”，就是对这种气候特点简洁而生动的总结。中国科学院治沙队 20 世纪 50 年代末考察巴丹吉林沙漠时，在沙面上曾测得 80℃的高温，可以“蒸”熟埋入沙中的鸡蛋，而夜间气温则降至 10℃以下，日较差达 70℃以上。

冬、夏气温差异较大也是沙区温度变化特征之一，夏季酷热短促，冬季严寒漫长。夏季由于陆地的强烈增温，深居内陆的沙区往往成为炎热中心，最热月 7 月的平均气温，除东部少数几个草原区和柴达木荒漠区为 14～18℃外，大部分沙区可达 20～28℃。其中吐鲁番盆地最热月均温高达 33℃，夏季 6—8 月 3 个月的平均气温都在 30℃以上，极端最高气温曾达 48.9℃，极端最高沙面温度竟达 82.3℃，干热程度居全国之首，远远超过长江流域著名的三大“火炉”，有“火洲”之称。而最冷月 1 月的平均气温，除少部分地区为-8～

−6℃之外，大部分地区在−20～−10℃，极少数地区如甘肃、新疆交界区可达−25℃。准噶尔盆地东北边缘的富蕴极端最低气温竟低至−51.5℃，是全国气温的最低记录。受大陆性气候的影响，沙区平均气温年较差一般在30～50℃，如塔克拉玛干沙漠腹地为36.3℃，巴丹吉林沙漠超过40℃，吐鲁番高达41.3℃，比热带沙漠地区的阿斯旺（年较差18.9℃）高出22.4℃。该区气温年较差随纬度的增加而增大，最大在东北部沙区，其极端气温年较差为60～70℃，如甘肃河西沙区，年平均气温6.5～8.3℃，极端最高气温达42.5℃，极端最低气温−31.6℃，全年最大温差可达70℃以上。

五、荒漠化地区的日照与热能

虽然我国荒漠化地区的纬度较高，受不到太阳光的垂直照射，但因空气干燥，云量少，与同纬度地区相比较，日照百分率是最高的，在60%～80%。年日照时数为2 800～3 400 h，属于全国的高值区，一年中有30%～40%的时间接受着太阳光的照射，有利于太阳能资源的开发。其中以内蒙古西部、新疆东部、柴达木盆地和河西走廊地区最多，在3 400 h左右，内蒙古东部和东北平原西部则最少，为2 800 h。

我国大部分沙区年总辐射量大致在5 000～6 500 MJ/（m^2·a），仅次于青藏高原，远远高于我国其他地区。在太阳辐射的地区分布上，总的来说有由东到西呈增加的趋势，但东部沙区由南到北逐渐增加，西部沙区却由南向北逐渐递减。高值区出现在2个地方，一个是南疆塔克拉玛干沙漠，总辐射量在6 000～6 500 MJ/（m^2·a），另一个出现在内蒙古高原西北部的额济纳旗一带，总辐射量在6 500～7 000 MJ/（m^2·a）。在太阳辐射的时间分布上，夏季最多，在1 800～2 400 MJ/（m^2·a），冬季最少，只有600～1 000 MJ/（m^2·a），春秋季介于其中，而春季略大于秋季。

热量资源是人类生产及生活所必需的资源，地球上的热量主要来自太阳辐射。但在农业生产实践中，对热量资源的评价并不用辐射强度，而是用温度。我国沙区东、西部温度分布形势略有差异，东部沙地等值线大致为东北—西南走向，年平均气温较低，一般在0～4℃。西部沙地等值线大多围绕内陆盆地呈闭合状，年均气温则较高，多在4～12℃，其中塔里木盆地最高，在12℃以上。≥10℃的积温，除内蒙古东部的呼伦贝尔、乌珠穆沁和河北坝上等几个地区在1 700～2 500℃外，大部分地区在2 800～4 500℃，其中新疆塔里木盆地为3 500℃左右，吐鲁番盆地最高达到5 000℃或以上。

第二节　荒漠化地区的土壤

我国荒漠化地区国土面积辽阔，土壤类型多样，为农林牧综合利用与生态环境保护提供了较优越的自然条件。区内主要土壤类型除草原土壤、半荒漠土壤和荒漠土壤等地带性土壤之外，还在长期的自然与人为作用影响下，特别是由于土地的不合理利用，造成了非地带性土壤的广泛发育。

一、地带性土壤

荒漠化地区的土壤和其他地区一样，是在母质、气候、生物、地形等成土因素综合作用下，经历一定的成壤过程形成的。但不同地带因受不同气候、植被、地形、母质、地球化学过程等的综合作用形成了各种不同类型的水平和垂直地带性土壤。

荒漠化地区的土壤经度地带性分布规律显著，由于南北具有3个不同的热量带，地带性土壤形成了温带土壤系列、暖温带土壤系列及青海高寒的柴达木盆地区含盐多的土壤系列。且从东到西由草原黑钙土、栗钙土、半荒漠棕钙土向荒漠灰漠土、灰棕漠土及棕漠土过渡。在内蒙古高原及鄂尔多斯高原中北部相邻地区分布有黑钙土带—栗钙土带—棕钙土带—灰棕漠土带。沙区南部温度较高的内蒙古南部、晋北、陕北及南疆等暖温带地区形成了暖温型的土壤带，即褐土带—黑垆土带—灰钙土带。在南疆极端干旱少水气候条件下形成了棕色荒漠土、龟裂性土和残余盐土等。虽然柴达木盆地东部地带性土壤为棕钙土、中西部为灰棕荒漠土，但由于高盆地独特的干旱、寒冷、雨量稀少等自然条件，土壤剖面中缺乏淋溶过程，盐分、黏粒下移微弱，盐分的上升却很明显，各类土壤中盐分的含量很高，且有大面积的盐土出现，是一类在干旱寒冷气候条件下形成的含盐量很高的土壤系列。现将几种主要的地带性土壤做以下简要介绍。

（一）草原土壤

草原土壤主要包括黑钙土、栗钙土和灰钙土。黑钙土带主要位于呼伦贝尔高原大兴安岭西麓山前丘陵地区，向南延伸至冀北围场及其坝上沙区，在科尔沁沙地东部与东北平原西部的黑钙土相连。栗钙土广布于内蒙古高原中部、鄂尔多斯高原东半部及大兴安岭南侧、西辽河流域中西部一带，并由其顺延到河北坝上中西部5县及晋西北沙区中西部、陕北西部、宁夏南部草原区、甘肃河西走廊东部祁连山山前平原和环县等地，面积广阔，是地带性土类中分布广泛的土类，对应的系统分类为钙积干润均腐土、简育干润均腐土及简育干润雏形土。中国灰钙土主要分布在甘肃东部、新疆伊犁谷地。灰钙土分布地区的地形为起伏的丘陵，以及由洪积—冲积扇组成的河谷山前平原及河流高阶地等，成土母质以黄土状物质为主。灰钙土是暖温带荒漠草原区弱淋溶的干旱土，剖面中下部常出现石膏淀积层与可溶盐淀积层。灰钙土剖面构型与棕钙土近似，但干旱程度稍低，淋溶略强，且因多发育在黄土母质上，土层通常较深厚。

黑钙土和栗钙土分布区分别发育有草甸草原及典型草原植被，为较好的草场，存在的主要问题是利用过度，引起草场沙漠化。另外，由于不合理的农垦及粗放的耕作制度，引起土地生产力下降。为了持续利用，应严禁开垦，控制载畜量，合理放牧。

（二）半荒漠土壤

棕钙土带位于栗钙土带西侧，北与蒙古的棕钙土带相接，南界与灰钙土相连，主要分布在内蒙古高原西部、黄河河套、鄂尔多斯高原中西部、柴达木盆地东部以及新疆北部额尔齐斯河平原、乌伦古平原和布克谷地。此外，在华家岭以西的黄土高原、河西走廊东段、祁连山与贺兰山以及新疆伊犁谷地两侧的山前平原也有分布。该土类上发育有荒漠草原植被，大部分土地不能用于旱作农业，属于无灌溉即无农业生产的地区，主要适宜于放牧，是良好的小畜基地。土地利用应注意防治水土流失、防止过牧，可以选择低洼地段，开发地下水，发展井灌，建立小型分散的人工饲草、饲料基地。

（三）荒漠土壤

荒漠土带占据沙区西部荒漠区，这一类的土地一般无农业利用价值，少量可以牧用，或作石膏、盐矿开采地，包括灰漠土、灰棕漠土及棕漠土。其中，棕色荒漠土与灰棕荒漠土是温带荒漠与暖温带荒漠分界的标志之一，其界线根据有关土壤剖面资料等确定为甘肃玉门的三十里井，其东为灰棕荒漠土，其西以棕色荒漠土为主。

灰漠土往往与棕钙土呈组合分布，其剖面形态分化比较明显，由浅棕色或褐棕色的腐殖质层和灰白色的钙积层与母质层组成。地表多沙砾化，在未沙砾化地段，土壤表面发育微弱的多角形裂缝和薄的假结皮，其上着生地衣，称为干旱表层。

灰棕漠土大多分布在塔里木盆地北部和西部、准噶尔盆地西部山前平原和东部戈壁、阿拉善高平原西部和河西走廊西部山前平原。地面为黑色砾幕，土表有1～2 cm厚的孔泡结皮，结皮下发育鳞片状结构，再下为厚薄不等的铁染色雏形层或泛红色石膏层，其下转为杂色石膏层，石膏聚积物呈粗纤维状或蜂窝状镶嵌在砾石之间，或附着在砾石背面。石膏层以下无盐积层，但多盐积现象。

棕漠土大多分布在哈密—吐鲁番盆地、噶顺戈壁、河西走廊最西端和柴达木盆地西部的山前倾斜平原或戈壁地区以及上述地区的干旱山区等。另外，在其他有残余盐积或第三纪地层出露的干旱地区亦有零星分布。剖面厚度常不到50 cm，但土层分异较明显。最表层多形成厚1～3 cm的含孔泡结皮，其下为厚2～6 cm呈块状结构的红棕色紧实层，再下为颜色各异、形态不同的石膏层或出现石膏现象，再下为厚达10～30 cm的盐积层或盐磐。

二、非地带性土壤

长期的自然与人为影响，特别是土地的不合理利用，导致大部分荒漠化地区的典型地带性土壤已面目全非，取而代之的是广泛发育的非地带性土壤，多属风沙土类型，包括流动风沙土、半固定风沙土、固定风沙土及草甸风沙土4种类型。它在我国三大自然地理区（西北干旱区、东部季风区、青藏高原区）都有分布，但主要分布在北纬35°～50°，东经75°～125°的内陆盆地和高原区，形成一条东起松嫩平原，横贯东北、华北和西北地区，西迄塔里木盆地，宽约600 km的断续弧形沙漠带。

（一）流动风沙土

流动风沙土主要分布在新月形沙丘、沙丘链及复合型沙山等活动沙丘的表层。植被极为稀疏，只零星地生长黄柳、羊柴、沙蒿、沙米、沙竹、沙拐枣、三芒草、芦苇等。土壤剖面除干沙层和湿沙层的界限明显外，没有风化特征。干沙层厚度5～15 cm，呈浅黄棕色，下为稍湿润和湿润的黄棕色沙层。土壤机械组成主要为0.05～0.25 mm大小的颗粒，占50%以上，分选好时可达99%以上。小于0.01 mm的物理性黏粒的含量在6%以下，有机质含量很低，在0.012%～0.023%。草原地带的流动风沙土不含碳酸钙，半荒漠和荒漠地带的流动风沙土含有一定数量的碳酸钙，加盐酸后有起泡反应。易溶性盐分含量不高，一般不超过 0.1%，仅少数盐渍化的流动风沙土 2 m 深度范围土层平均的总盐量可达 0.4%。严格来讲，流动风沙土不是土壤。

（二）半固定风沙土

主要有两种类型，一种为流动风沙土上发育的半固定风沙土，一种为植物丛沙堆发育的半固定风沙土。其特点是沙丘波状起伏或呈堆状，植被盖度 15%～30%，地面有薄的结皮，结构略紧，剖面略有风化，有机质染色层较明显。半固定风沙土所受成壤作用也很弱，土壤特点也不明显。按碳酸钙和易溶盐含量分为普通半固定风沙土、碳酸盐半固定风沙土及盐渍化半固定风沙土。

1. 普通半固定风沙土。分布在东部的草原地区，包括科尔沁沙地、浑善达克沙地、呼伦贝尔沙地、毛乌素沙地及库布齐沙漠的东段。土壤上层有机质含量为 0.25%～0.8%，全氮含量为 0.1%左右，无碳酸钙存在，易溶性盐分含量甚微，生长植物有油蒿、小叶锦鸡儿等。

2. 碳酸盐半固定风沙土。发育在半荒漠气候条件下，呈块状分布在棕钙土地带，如库布齐沙漠和毛乌素沙漠西段、腾格里沙漠东段等。土壤中碳酸盐未被淋溶，加盐酸后起泡反应明显，碳酸钙表聚可达 1.5%以上，土壤有机质和全氮含量较普通半固定风沙土低，但易溶性盐分含量则比普通半固定风沙土高，生长植物有油蒿、柠条、沙竹等。

3. 盐渍化半固定风沙土。形成于荒漠条件下，多为风成沙中含盐或残余盐渍化所形成，分布在乌兰布和沙漠以西的地区，常出现在沙漠边缘或河流沿岸及湖盆周围。典型特征是土壤中除含有丰富的碳酸钙外，其易溶性盐分的积累可达 0.2%以上，只适宜一些耐盐植物生长。有机质含量较碳酸钙盐半固定风沙土低，生长植物有梭梭、柽柳、胡杨等。

（三）固定风沙土

同半固定风沙土一样，也有两种类型。在东部地区，地形波状起伏，俗称“坨子地”“巴拉”，在西部地区，呈沙堆状态，俗称“沙包”“沙疙瘩”。植被有乔木、灌木和草本，盖度在 30%以上。地面结皮较厚，有机质含量增高，土层变紧，已经固定成团块状结构，不再被风吹蚀和搬运。固定风沙土所受成壤作用较半固定风沙土略强，但仍较弱，具有一定的土壤特点。按碳酸钙和易溶性盐分含量分为普通固定风沙土、碳酸盐固定风沙土和盐渍化固定风沙土。

1. 普通固定风沙土。分布在草原地区，有机质含量在 0.7%～1.6%，易溶性盐分含量不到 0.1%，一般不含碳酸盐。组成的植物群丛有樟子松群丛、小叶锦鸡儿、油蒿群丛、臭柏群丛、麻黄、黑格栏、闭穗群丛等。

2. 碳酸盐固定风沙土。分布在半荒漠地区，有机质含量在 1.0%以下，碳酸钙含量可达到 2.4%～3.4%，加盐酸起泡反应强烈，易溶性盐分含量虽较普通固定风沙土高，但未达到盐渍化的程度。生长植物有油蒿、柠条、针茅、白草等。

3. 盐渍化固定风沙土。主要分布在荒漠地区，多由残余盐渍化或风积沙中含盐形成。沙丘下面多半覆盖有洪积和冲积的黏质或壤质土壤，整个剖面颗粒大小一致，小于 0.01 mm 粒径的颗粒占 20%左右。碳酸钙含量高，易溶性盐分含量在 0.2%以上，达到了盐渍化的程度，有些土层中存在碱化现象，有机质含量为0.5%左右。生长植物有梭梭、柽柳、胡杨等。

（四）草甸风沙土

分布在地下水位高、土壤水分充足的地段。发育于地下淡水或弱矿化水存在的情况下，地形多为沙丘间低地，植被为草甸草本或灌木。这种土壤有较明显的生草层或枯枝落叶层，结构较紧密，植物根系多，土壤表层细土粒增加，随着土壤的发育易溶性盐分含量增加，生草层之下的黄棕色细沙中有锈斑、黑色斑块和半灰色斑块。根据泥炭层的有无，草甸风沙土又分为沼泽风沙土和泥炭沼泽风沙土。草甸风沙土所受成壤作用比上述3种风沙土强，土壤特点较为明显。

第三节　荒漠化地区的植被

由于我国荒漠化地区地域广阔，跨越的自然带多，地形复杂，影响因子多且相互交叉作用，所以植被类型复杂多样，包括乔木植被、灌木植被、草本植被、低湿地植被、沙地植被、高寒植被以及各种人工植被。我国荒漠化地区的植被可分为9个植被型和28个植被亚型（表2-1），分布的地带性和非地带性都十分明显。

表2-1　中国荒漠化地区主要植被型和亚型的分布（王涛，2002）

植被型	植被亚型	分布地域	主要群系
针叶林	1. 山地针叶林	大兴安岭中西段、阴山、贺兰山、祁连山和天山	油松等
	2. 沙地针叶林	呼伦贝尔沙地、松嫩沙地、科尔沁和浑善达克沙地	樟子松等
落叶阔叶林	3. 山地落叶阔叶林	阴山山地垂直带中部阳坡和中下部阴坡	黑桦等
	4. 沙地落叶阔叶林	同沙地针叶林	辽东栎等
	5. 荒漠河岸落叶阔叶林	塔里木河、党河、黑河等内陆河下游沿岸及三角洲	胡杨
灌丛与半灌丛	6. 山地灌丛	阴山、贺兰山、祁连山、天山山地	锦鸡儿属等
	7. 沙地灌丛	呼伦贝尔沙地、松嫩沙地、科尔沁沙地、浑善达克沙地、毛乌素沙地、河东沙地、黄淮海沙地、雅鲁藏布江宽谷沙地	沙地柏、沙柳、沙棘等
	8. 盐生灌丛	塔里木盆地、准噶尔盆地、柴达木盆地、河西走廊、阿拉善等地的轻度—重度盐渍化土地	柽柳、苏枸杞、白刺等
	9. 荒漠河岸灌丛	同荒漠河岸落叶阔叶林	柽柳属
	10. 沙地半灌丛	呼伦贝尔沙地、松嫩沙地、科尔沁沙地、浑善达克沙地、毛乌素沙地、河东沙地和腾格里、乌兰布和沙漠	差巴嘎蒿、油蒿等
草原	11. 草甸草原	松嫩平原东部、内蒙古高原东部、河北坝上东部和陕北东部、天山垂直带	贝尔加针茅、羊草等
	12. 典型草原	东北平原西部、内蒙古高原和鄂尔多斯高原大部、陕北、晋西北及部分山地垂直带	大针茅、针茅、羊茅等
	13. 荒漠草原	内蒙古高原和鄂尔多斯高原西部、北疆、祁连山北坡和天山南北坡垂直带下部	沙生针茅、戈壁针茅等
	14. 高寒草原	祁连山、阿尔金山和天山的高山和亚高山带	紫花针茅等
	15. 沙质草原	东部湿润—半湿润—半干旱区各沙地	芦苇、白草

植被型	植被亚型	分布地域	主要群系
荒漠	16. 典型荒漠	阿拉善高原和河西走廊中西部、东疆、柴达木盆地、塔里木盆地和准噶尔盆地非覆沙的准平原地带	梭梭、白梭梭、等
	17. 草原化荒漠	阿拉善高原东部、河西走廊中东部、乌兰布和沙漠和腾格里沙漠外缘、南北疆山地山麓及丘陵	沙冬青、柠条锦鸡儿等
	18. 沙生荒漠	河西走廊、柴达木盆地、塔里木盆地和准噶尔盆地的沙漠和沙质地段	蒙古沙拐枣、油蒿等
	19. 盐化荒漠	干旱和极干旱荒漠区的轻度—重度盐渍化土地	盐穗木等
	20. 高寒荒漠	祁连山、阿尔金山和天山接近雪线的高山地带	垫状蚤缀等
草甸	21. 高寒草甸	阴山、祁连山、天山森林带以上的高山区	蒿草属等
	22. 典型草甸	沙区各山地森林的林缘、各河流沿岸、湖盆滩地、泉边及其他地下水位较浅的地段	芦苇、无芒雀麦等
	23. 盐生草甸	沙区中西部半干旱、干旱地区已盐渍化的河流沿岸、湖盆滩地及人工绿洲内部的未利用土地	芨芨草、骆驼刺等
沼泽	24. 沼泽	沙区各地的常年积水和土壤过湿生境	香蒲等
先锋性植被	25. 沙地先锋植物群聚	流动沙地、固定沙地的风蚀破口、严重沙漠化土地	白沙蒿、籽蒿等
人工植被	26. 人工林与人工灌丛	沙区各地营造的各种防护林	多种杨树等
	27. 人工和改良草地	沙区草原和山地草原区及农牧交错区和绿洲农业区	沙打旺等
	28. 耕作植被	以大青山—西桌子山—贺兰山—乌鞘岭为界，以西为绿洲灌溉农业，以东为雨养农业	多种果蔬、作物等

一、地带性植被

地带性首先表现在水平分布上，以降水和干燥度变化为主导的经向变化和以温度为主导的纬向变化共同作用，形成大的植被地带。由东向西的序列表现为：松嫩沙地处于温带草原区域中的温型森林草原地带，呼伦贝尔、科尔沁、浑善达克等沙地及其周围地区处于温带草原区域中的温型典型草原地带，阴山以南的库布齐沙漠东半部、毛乌素沙地处于暖温型典型草原地带，乌兰察布—乌拉特草原为中温型荒漠草原地带，库布齐沙漠西半部和宁夏河东沙地处于暖温型荒漠草原地带，贺兰山、乌鞘岭、东祁连山一线往西进入温带荒漠地区，其中乌兰布和、腾格里、巴丹吉林、河西走廊西部等沙漠及柴达木盆地沙漠至北疆古尔班通古特沙漠及其周围地区处于中温型荒漠地带，东疆、南疆的库姆塔格和塔克拉玛干沙漠及其周围地区处于暖温型荒漠地带，西藏的沙漠和沙地处于高寒植被区，其中阿里、那曲地区的沙漠、沙地处于高寒草原地带，雅鲁藏布江和那曲流域河谷沙地处于高原温性灌丛草原地带。但总的来说，我国荒漠化地区主要以温带荒漠植被和温带草原植被 2 大类为主，其次有森林草原植被。

（一）温带荒漠植被

由于荒漠化发生后会出现类似荒漠的植被，所以需要介绍荒漠地区的植被组成与特点。西部荒漠地区植物区系主要由超旱生、旱生的灌木、半灌木和小乔木组成。盐生薄肉质、微型叶或无叶。从植物形态特征看，这类植物植株矮小，叶片细小或退化成棒状、刺状甚至无叶，多绒毛，植株细胞小，气孔多关闭，具有一系列减少水分蒸腾的结构特点。从植物生理特征上看，抗大气干旱、抗生理干旱和耐极端高温能力强。从植物生态特征看，多为广温性植物，耐年际、月际、昼夜极端变温的能力强。这些植物形成的荒漠植被结构简单，层次稀疏，多数群落的盖度在 10%～15%，流动沙丘上的植被盖度常为 1%左右，相应的群落生物生产力也很低。荒漠地区主要的植物群系有下列几种。

1. 梭梭荒漠植物群系。在我国荒漠地区分布十分广泛，主要生长在准噶尔盆地、塔里木盆地、阿拉善高原和柴达木盆地，享有“荒漠森林”之称。植被盖度在壤质土上为 30%～50%，固定或半固定沙丘上为 10%～30%，砾石戈壁上在 10%以下。

2. 膜果麻黄荒漠植物群系。分布在内蒙古的阿拉善高原、甘肃的河西走廊、青海的柴达木盆地等。株高通常不足 1 m，盖度小于 10%。

3. 沙拐枣荒漠植物群系。分布范围广，东起腾格里沙漠和巴丹吉林沙漠，西至塔里木盆地东北部。为沙旱生灌木，高 110～115 m，群落结构十分简单，总盖度小于 10%。

4. 红砂荒漠植物群系。是荒漠戈壁分布最广的地带性植被，东起鄂尔多斯西部，经阿拉善、河西走廊、柴达木盆地，西至准噶尔和塔里木盆地，分布中心在准噶尔盆地。红砂是一种超旱生盐生的矮小半灌木，高度一般为 0.2～0.4 m，群落结构比较简单，盖度介于 5%～20%。

5. 沙冬青荒漠植物群系。分布在乌兰布和沙漠、狼山与贺兰山前的荒漠平原中，是草原化荒漠地区的特有植被，也是阿拉善特有的常绿灌木荒漠。植株高 1 m 左右，耐旱。

此外，还有盐穗木群系、籽蒿和沙竹群系、垫状驼绒藜高寒荒漠群系、胡杨河岸林群系、柽柳灌丛群系、白刺灌丛群系及盐生草甸植物群系等。

（二）温带草原植被

我国荒漠化地区的温带草原是欧亚草原的一个组成部分，集中分布于 51°～35°N，南北跨 16 个纬度，从东北平原到湟水河谷，东西绵延 2 500 km。在松辽平原、内蒙古高原、黄土高原呈连续带状分布，一小部分分布于新疆北部的阿尔泰山地区，通过蒙古草原区与内蒙古高原的草原区相连。青藏高原的高寒草原主要分布在 4 000 m 以上的山地和高原，植物区系主要由耐寒的旱生、中生的多年生和一年生草本植物组成。从东到西可分为草甸草原、典型草原、荒漠草原 3 类，组成的植物种也由中湿生向旱生过渡。

1. 草甸草原。草甸草原带是最湿润的类型，多分布在东北平原和内蒙古东北部森林和阜原的中间地带。建群种为中旱生或广旱生的多年生草本植物，经常混生大量中生或旱生植物。它们主要是杂草类，其次是根茎禾草，典型旱生丛生禾草仍起一定作用，但一般不占优势，草原旱生小层片几乎不起作用。

2. 典型草原。典型草原分布在内蒙古高原、鄂尔多斯高原、东北平原西南部及黄土高原东西部。由典型旱生或广旱生植物组成，以丛生禾草为主。群落组成中，大针茅群系、本氏针茅群系、羊草丛生禾草群系占最大优势。

3. 荒漠草原。荒漠草原分布于内蒙古中部及宁夏一带，是最旱生的类型。建群种以强旱生丛生小禾草与真旱生小半灌木为主。草原植被的典型代表群系有大针茅群系、克氏针茅群系、羊草丛生禾草群系、本氏针茅群系、戈壁针茅群系、短花针茅群系、沙生针茅群系等，其中戈壁针茅群系最具典型代表意义。

（三）森林草原植被

森林草原植被分布在森林与草原的过渡地带，在陕北和内蒙古等地有分布。下面以陕北森林草原植被为例进行介绍。陕北黄土高原上森林草原的乔木种类皆系华北、秦岭和黄土高原森林区的旱中生成分，由于水分不足，故只能在森林草原地带形成草原矮生疏林。陕北的森林草原有下列几种类型。

1. 落叶阔叶疏林草原。陕北森林草原区，除河谷可形成较茂密高大的乔木林外，一般林木生长稀疏矮小，其内散生一些旱中生和旱生灌木，草本多以旱生种类占优势，次要成分中含有一定数量的中生植物。目前这类群落几乎全被破坏，除局部地区外，乔木大多呈残遗的个体存在。主要包括下面 5 种类型。

（1）杨树疏林草原。该疏林草原中自然分布于陕北森林草原区的杨树主要是河北杨、小叶杨和山杨。该类型在这里大多分布在沟谷中，常见灌木有旱中生的酸刺、黄蔷薇和丁香等。半灌木有百里香、冷蒿。草本成分在 30 种以上，常见者有分枝亚葱、多根葱、苦荬、长芒草、地稍瓜、阿尔泰紫菀、毛叶石刁柏、黄鼠草、狼巴巴草、细叶远志等。除狼巴巴草、黄鼠草和阿尔泰紫菀外，其他均为旱生种类，常无明显的优势种。

（2）榆树疏林草原。该类疏林草原多分布在沟坡上，其内散生有扁核木、酸刺等。半灌木和草本有达乌里胡枝子、百里香、冷蒿、长芒草以及华委陵菜、二裂委陵菜等。

（3）山杏疏林草原。此类疏林草原由旱中生山杏和草本植物组成。该类型是陕北森林草原地区的重要类型，也是陕北黄土丘陵沟壑区的重要水土保持植物和木本油料植物。

（4）杜梨疏林草原。杜梨疏林草原主要分布于白玉山和横山分水岭至佳县一线的南部。

（5）大果榆疏林草原。大果榆是旱中生灌木状小乔木。在燕山北麓丘陵、阴山以南的低山丘陵都可形成矮生疏林，本区过去分布比较普遍，现在仅局部地区残存小的林片，林下常混生少量酸枣、灌木铁线莲等旱中生灌木。半灌木和草本成分中荚蒿、宿根早熟禾等常占优势。

2. 常绿针叶疏林草原。主要有下面几种类型。

（1）油松疏林草原。油松为喜温针叶树，在华北山地及秦岭常与栎类形成松栎混交林。由于松具有耐旱性，因而在东部形成油松疏林草原，目前仅在神木和府谷有较大面积分布。一般生长稀散，密度最大者每公顷 70 株左右，其内常混生有侧柏、杜松等乔木。灌木较少，常见有黄蔷薇、笑厌花、矮锦鸡儿等。草本植物盖度多小于 10%，经常出现的有茭蒿、铁杆蒿、北柴胡、细叶远志和长芒草等。

（2）侧柏疏林草原。侧柏是华北森林区较喜温的针叶树种，具有强的耐旱能力，它和油松在陕北森林草原的东部成为主要乔木树种，两者的分布区也近似，但它比油松分布的立地条件更差，常常占据着 35°以上的陡坡立崖或严重侵蚀的裸崖空间。该类型的总盖度为 15%～50%，侧柏分盖度 10%～20%。在北部常形成 3～5 m 高的稀疏矮林，在南部高达 10 m 左右。灌木优势度较大的有黄蔷薇、三裂绣线菊、河朔荛花，半灌木和草本优势度最大者是荚蒿、铁杆蒿，其盖度为 4%～20%，其他次要成分尚有灌木铁线莲、百里香、糙隐子草、知母、北柴胡、细叶远志、草木樨状紫云英、二色棘豆等。

（3）杜松矮疏林草原。该类型分布范围与侧柏和油松疏林草原基本一致，在神木和府谷地区有时与后两者复合出现，常见于砂质或裸岩陡坡。群落总盖度小于 50%，杜松分盖度为 20%～25%，高 2～4 m。灌木有黄蔷薇、矮锦鸡儿、笑厌花等。草本优势度较大者为百里香、长芒草，次要成分常见有牡蒿、铁杆蒿、多根葱、茵陈蒿、黄鼠草等。

3. 灌木草原。灌木草原是森林草原区的一个特殊植物群落类型，分布于水分条件不足、乔木不能生长的地方，如丘顶梁脊、干旱向阳陡坡以及水蚀严重的地方。森林草原区的灌木草原与草原区的灌丛化草原不同，前者多由旱中生灌木组成，后者则由草原或荒漠草原中的旱生灌木组成。由后一类灌木组成的灌木草原虽在森林草原区也可出现，但不占优势，且多为次生的。本区灌木草原的面积愈向西部和北部愈多。

旱中生灌木草原。灌木多属旱中生，半灌木和草本成分以旱生种类占优势，次要成分中中生种类常占一定数量。

① 紫丁香灌木草原。分布于整个森林草原地区，多出现在 35°～50°的阴坡或半阴坡，群落总盖度 35%～70%，紫丁香分盖度 4%～20%，高 3～5 m。其他灌木偶见矮锦鸡儿和三裂绣线菊。半灌木和草本优势度较大者有铁杆蒿和艾蒿，次要成分有宿根早熟禾、大针茅、阿尔泰紫菀、多根葱、毛叶石刁柏等。伴生种类有唐松草、土三七、筷子芥、北柴胡、纤毛鹅冠草、甘草等，这些次要成分的分盖度大多小于 1%。

② 黄蔷薇灌木草原。黄蔷薇是喜温耐旱中生灌木，分布在黄土高原和华北夏绿阔叶林区。在陕北森林草原上主要分布于东部，多在阴坡或半阴坡的砂质或岩石裸露地上。总盖度 20%～50%，黄蔷薇分盖度 5%～15%，高 1～2 m。偶尔也见耐旱中生植物，如榆和笑厌花，荒漠草原区的矮锦鸡儿少数个体侵入。半灌木和草本成分以旱生半灌木为优势，有时以铁杆蒿和百里香共同构成优势，其分盖度常在 10%以上，有的则以菱蒿与铁杆蒿占优势。次要成分除达乌里胡枝子外，主要是在森林草原和草原区广泛分布的旱生和旱中生杂类草，如薄雪草、黄鼠草、小花鬼针草、青兰、苍耳、牡蒿、厚穗冰草夕、华委陵菜、北柴胡、碱地蒲公英等，旱生草原禾草仅见长芒草、糙隐子草，典型草原植物有蒙古芯巴，流沙地先锋植物有沙珍棘豆。

③ 酸枣灌木草原。酸枣是旱中生具刺灌木，为华北及秦岭低山丘陵地区的优势植物，其个体在陕北森林草原地区广泛分布。这类灌木草原按主要草本植物的不同可分为不同类型。酸枣疏散矮小，分盖度常在 10%以下，高 0.3～0.4 m，有时可见到灌木铁线莲侵入。半灌木和草本主要是茵陈蒿和达乌里胡枝子，其次是艾蒿、青兰、长芒草、铁杆蒿、知母、糙隐子草、艾蒿、茜草、阿尔泰紫菀等。

④ 酸刺灌木草原。酸刺是分布于华北和西北地区的旱中生灌木，在秦岭及其以北的黄土区更为普遍。在森林破坏后它常形成次生灌丛。在森林草原地区，它不但是疏林草原的灌木成分，而且能在乔木不能生长的地方形成稳定的灌木草原。组成该类型的半灌木和草本种类主要是茭蒿、铁杆芨和达乌里胡枝子，次要成分有长芒草、扁穗鹅冠草、草木樨状紫云英、阿尔泰紫菀等。

⑤杠柳灌木草原。杠柳系旱中生灌木，除西部白玉山高地外，本区普遍出现，但形成群落者不多。由于其繁殖体容易迁移和定居，所以常在河谷阶地和平缓坡地的弃耕地上形成稀疏的群落。群落形成的初期主要是狗尾草、扁穗鹅冠草、宿根早熟禾、黄鼠草等旱中生草本植物，继之达乌里胡枝子、菱蒿、铁杆芨等半灌木侵入，并形成以这些半灌木为优势的灌木草原。草本成分常见者有阿尔泰紫菀、苍耳、茵陈蒿、细叶远志、粗糙紫云英等。

除上述旱中生灌木草原之外，还有以锦鸡儿为灌木成分的旱生灌木草原。由上可见，组成陕北森林草原的主要类型是疏林草原与灌木草原。由于本区自东南向西北气温和降雨量逐渐降低，所以东南部以疏林草原占优势，西北部以灌木草原占优势。同时又因在丘陵沟壑地形条件下，同一空间水、热和空气运动的差异，所以疏林草原分布在下部，灌木草原分布在上部。

二、非地带性植被

非地带性植被有两种类型，一是沿内陆河和湖泊沿岸与河滩分布的湿生、水生植被及荒漠河岸植被，二是沙地植被。沙地土壤的理化性状与地带性土壤相比有较大的不同，因而沙地植被与相应的地带性植被相比具有以下 4 个特点。① 组成和结构简单，一年生植物较多，季相上受一次性降水影响较大，容易遭到破坏，但采取人为措施治理之后较易恢复。② 在半干旱区和部分干旱区，沙地植被比周围地带性植被偏于中生，建群种的生活型高出半个至一个等级。③ 在半湿润区，沙地植被比地带性植被又偏于旱生。④ 极端干旱的沙漠，其植被仅见于有地下水溢出的丘间低地，其余沙质地面植被很少或无植被。

第四节　沙漠化地区的水分循环与水分平衡

过去的教材和专著中，对沙漠地区和沙漠化地区的水循环和水分平衡介绍较少，这是由于过去在这方面的研究较少和缺少有关资料。讨论沙漠与沙漠化地区水分平衡和循环对认识这种地区的水文现象和水资源利用有非常重要的作用。

一、沙层中的水分含量与来源

（一）干沙层与湿沙层中的水分含量

根据沙层含水量的多少，可将沙层分为干沙层与湿沙层。实际上干沙层仅分布在 30 cm 深度之上，厚度很小，很少超过 50 cm。干沙层之下是湿沙层，湿沙层厚度大，从数米到数百米不等，也就是说沙漠地区的沙层主要是湿沙层。根据本书编者对巴丹吉林沙漠和腾格里沙漠含水量的研究和前人的研究可知，沙层中的含水量通常较低，一般在 0.2%～6.0%，并且通常低于 2%，偶尔有大于 5%的重力水出现。在干沙层中，含水量很低，一般低于 0.3%。在不同季节和不同地貌部位，干沙层分布深度有一定差别。平坦沙地和低洼沙地上的干沙层分布深度较小，斜坡和沙丘顶部干沙层分布深度略大（表 2-2）。湿沙层中含水量较高，一般在 1%～3%，含量高的可达 5%左右。

表 2-2　巴丹吉林与腾格里沙漠 2008 年旱季干沙层分布深度（据赵景波等，2012）　单位：cm

地貌位置	30°斜坡	25°斜坡	平坦高地	15°斜坡	洼地
巴丹吉林诺尔图干沙层分布深度	35	32	25	22	12
腾格里中卫干沙层分布深度	33	30	20	18	10

（二）沙层中水分存在形式

土壤中的水分分为薄膜水和重力水。对于粉砂为主的黄土来说，含水量小于20%的水分为薄膜水，大于20%的水分为重力水。沙层的持水性弱，沙层中的水分含量一般很低。根据相关研究，沙层中的含水量大于5%的水分才是重力水，低于5%的水分是薄膜水。由于沙层中的水分一般低于3%，偶尔可以达到5%左右，所以沙层中的水分一般都是薄膜水。在沙漠化的地区，由于降水量比沙漠区多，所以沙漠化地区的沙层中的水分含量偏高，常有3%～5%的高含量薄膜水出现，甚至有时含有1%～2%的重力水。根据沙层中含水量的多少，可以划分薄膜水的等级和确定薄膜水对地下水的补给动力强弱（表2-3）。

表2-3　包气带沙层水分含量与运移动力划分（据赵景波等，2012）

沙层水分运移动力划分	水分运移极强动力	水分运移强动力	水分运移中等动力	水分运移弱动力	水分运移极弱动力
沙层含水量/%	＞5	4～5	3～4	2～3	＜2
水分类型	重力水	极高含量薄膜水	高含量薄膜水	低含量薄膜水	极低含量薄膜水
补给类型	极强补给	强补给	较强补给	弱补给	极弱或无补给
占据厚度	约2 m或更大	约2 m或更大	约2 m或更大	约2 m或更大	可大可小

（三）沙层中的水分来源

沙层水分的来源可能有以下3种：① 大气降水通过入渗进入深部的沙层中。虽然沙漠地区降水很少，但有时会出现较为集中的降水，可以通过入渗为沙层水分提供来源，这种水分的来源也是沙漠地区沙层水分最普遍的来源。沙漠与沙漠化地区地表物质主要由细砂和中砂构成，细砂通常多于中砂。由于细砂和中砂构成的沙层入渗率很高，一般是土壤入渗率的10倍甚至20倍（表2-4），沙层的高入渗率非常利于大气降水向沙层水和地下水转化。② 沙层水分来自凝结水。沙漠地区夜间温度低，大气中的水蒸气会在沙层表层凝结，也可能入渗进入沙层的深部，甚至成为地下水的来源。由于沙层表面凝结水会受到白天强烈蒸发的影响，凝结水能否为深部沙层补给水分还有待研究。③ 来自外围地区地下水的流入。这种水可能通过地下的断层，从远距离流向较低洼的沙漠地区和沙漠化地区。

表2-4　沙层与土壤入渗率（据赵景波等，2011，2012）　单位：mm/min

层位	实验点a	实验点b	实验点c	实验点d	实验点e	实验点f	实验点g
腾格里沙漠沙层	14.4	15.0	19.2	21.0	12.6	13.2	16.2
陕西洛川土壤	1.13	1.01	0.85	1.21	1.50	1.35	1.52

二、沙漠化地区的水循环

沙漠化地区的水分循环包括大气降水及其入渗、沙层蒸发、植被蒸腾和可能出现的地表径流。人们一般把自然界的水循环分为正常循环和异常水循环2种类型。在气候湿润地区，大气降水通过地表蒸发、植物蒸腾、径流损失之后，还有剩余的水分通过土壤渗入地下深处，并成为地下水的补给来源。入渗达到地下水的大气降水通过泉的形式出露于斜坡地表，之后流入沟谷与河流，最后通过河流汇入海洋。同时一部分大气降水形成地表径流，地表径流通过流入沟谷与河流，也通过河流汇入海洋。这种类型的水循环一般称为正常水循环。然而在细粒土壤分布的半干旱和干旱地区，由于降水量较少，大气降水经过地表土壤蒸发、植物蒸腾与径流损失之后，已经没有剩余的水分渗入地下，大气降水不能成为地下水的补给来源。这种类型的水循环常被称为异常水循环。

按照上述水循环类型的划分，沙漠化地区一般为干旱区，降水量少，应该是水循环异常的地区。但是沙漠化地区的地表一般没有细粒土壤分布，地表为沙层覆盖，沙层入渗率很高（表 2-4），利于大气降水转变成为地下水。同时沙漠化地区植物稀少，蒸腾消耗水分很少，也利于大气降水转化称为地下水。沙层受蒸发影响的深度一般只有 30 cm 左右（表 2-2），比粉砂土受蒸发影响深度为 2 m 左右小很多，所以沙层蒸发消耗的水分也很少，沙层入渗率很大（表 2-4），不利于形成地表径流，利于大气降水的集中入渗。这些因素都非常利于大气降水向地下水的转化。由此可见，沙漠化地区水分循环较为特别，以蒸发与蒸腾以及地表径流形式的水循环很弱，垂向的入渗循环很强，这就造成了沙漠化地区和沙漠地区水循环多是正常水循环类型。

三、沙漠化地区的水分平衡

一个地区的水分平衡是指水分的收支平衡，水分收入量大于支出量为正平衡，收入量与支出量相等为平衡，收入量小于支出量为负平衡。如果一个地区的大气降水通过土壤蒸发、植物蒸腾和地表径流消耗之后，仍有剩余的水分渗入地下，这一地区的水分就为正平衡，没有水分渗入地下则为负平衡。

沙漠区和沙漠化地区降水量少，蒸发强烈，即使按照杨小平近年的最新研究结果，这类地区的水面年蒸发量也为 1 000 mm 左右，蒸发量是年平均降水量的 10～20 余倍，足以表明这样的地区是蒸发量远大于降水量的地区。在这样的气候区应该是沙层水分为强烈负平衡的地区，但本书编者的研究得出，在极端干旱的巴丹吉林沙漠地区和沙漠化地区沙层水分一般为正平衡。干旱地区沙层水分正平衡是令人难以相信的，必定有其内在的原因，非常有必要讨论沙层水分出现正平衡的原因，这对揭示沙漠和沙漠化地区水资源来源和沙漠地区较多湖泊发育的原因有特别重要的作用。

根据前面关于沙漠化地区水循环的分析可知，沙漠和沙漠化地区沙层水分为正平衡的原因有以下 4 个：① 由沙漠区和沙漠化地区沙层入渗率高决定的。本书编者的入渗实验表明，细砂为主的沙漠区沙层稳定入渗率为 12.6～21.0 mm/min（表 2-4），是一般土壤入渗率的 10～20 余倍。高的入渗率能够使大气降水较快地渗入地下，使其免受蒸发作用的消耗。由于沙层的渗透性很强（表 2-4），较集中的一次降水能够很快入渗到达 30 cm 以下，能够避免蒸发作用的消耗，这对沙层中的水分具有非常好的保护作用。② 沙层入渗率高不利于地表径流的形成，促进了大气降水的入渗。③ 由沙层受蒸发作用影响深度小决定的。本教材编者和前人研究表明，沙层蒸发作用影响深度一般为 30 cm 左右（表 2-2）。如我国乌兰布和沙漠、古尔班通古特沙漠、库布齐沙漠和毛乌素沙地沙层水分研究表明，这些地区干沙层的厚度一般为 20 cm 左右，分布深度大的一般也不大于 40 cm 深度（表 2-2），这证明沙层受蒸发影响的深度很小，能够使得 40 cm 深度以下沙层水分免受蒸发作用的消耗。与黄土高原地区粉砂为主的黄土受蒸发影响深度一般为 2 m 左右相比，沙层受蒸发影响的深度仅是黄土类土壤的 1/5。④ 沙漠化地区植物稀少，蒸腾消耗水分少，利于沙层水分成为正平衡。沙漠化地区水分的正平衡是造成沙漠区地下水资源较丰富和有众多湖泊发育的重要原因。

第五节　荒漠化地区的地质与地貌

一、地质构造与新构造

新构造运动对我国荒漠化地区的作用主要体现在以下 3 个方面：① 在东部太平洋板块和西南部印度次大陆板块碰撞力的共同挤压下，包括我国在内的东亚以及亚洲大陆整体向西北方向移动，各地现在的纬度约比更新世早期和中期平均向北移动 4°～6°，气候由暖湿转向干冷。② 青藏高原及其外围山地断续抬升与扩大，使我国荒漠化地区低洼、闭塞的地势愈趋明显。因此，在夏季，因高原山体的屏障作用以及青藏高原热低压向四周形成气流下沉运动的影响，阻碍低纬湿空气向北输送，使本区更趋干旱。在冬季，由于高原山体的屏障作用以及青藏高原冷高压的形成，有利于高纬干冷空气在此聚集，使西伯利亚—蒙古高压及其反气旋风系对本区的影响逐步加强。③ 鄂尔多斯高原和黄土高原间歇性的整体断块抬升，以黄河为基准的侵蚀面随之降低，引起直接或间接注入该区河流的高原水系侵蚀作用强烈发展，这些水系的下切侵蚀促使高原更多沟谷系统的形成，地表湖沼水体日趋疏干，地下水位逐渐下降，结果气候变得干冷，地表切割更破碎，含沙地层大量出露并几经流水冲刷、分选、停积，为风的吹蚀、搬运与堆积提供了有利条件。

二、沉积物与地层

（一）沉积物来源

荒漠的形成，特别是沙漠的形成，除了干旱少雨的气候条件外，还必须有丰富的沙源。换言之，丰富的沉积物来源是沙漠形成的物质基础。根据对我国荒漠化地区第四纪古地理材料的分析以及沙物质特征的综合研究，我国荒漠化地区的沉积物来源可以概括为下列 4 种。

1. 河流冲积物。分布地区包括塔克拉玛干沙漠、古尔班通古特沙漠和库布齐沙漠的大部分，乌兰布和沙漠的北部，柴达木盆地东部夏日哈—铁圭间的柴达木河中游地区及西辽河科尔沁沙地等。

2. 河湖沉积物。主要出现在巴丹吉林沙漠、腾格里沙漠、毛乌素沙地和浑善达克沙地的大部分，乌兰布和沙漠的西南部，罗布泊以西的库鲁克库姆，准噶尔盆地西北部的玛纳斯—达巴松诺尔湖盆地区和西部艾比湖地区的沙漠及河西走廊的部分沙漠。

3. 洪积、冲积物。主要分布在塔里木盆地中阿尔金山北麓的若羌、且末之间的雅克托克库姆和且末、于田间昆仑山北麓的沙丘，柴达木盆地中西起格孜湖、东至乌图美仁一带昆仑山北麓的沙丘，巴丹吉林沙漠的东南部和雅玛利克沙漠、海里沙漠，乌兰布和沙漠位于贺兰山、狼山—巴音乌拉山山前地区的沙丘。

4. 基岩风化产物。包括毛乌素沙地北部分布在鄂尔多斯中西部干燥剥蚀高地和高地伸入东南洼地的梁地上的沙丘，塔克拉玛干沙漠的麻扎塔格以北和北民丰隆起地区，准噶尔盆地三个泉子干谷以北的阔布北—阿克库姆和额尔齐斯河下游的塔孜库姆、库姆塔格沙漠，吐鲁番盆地鄯善附近的库姆塔格沙漠的中部，腾格里沙漠的东北部和浑善达克沙地的西部等地区。

（二）地层沉积相

中国沙区依其地理位置、干旱程度及沙漠固定程度等的异同，可划分为以下 4 个主要沉积亚区，各沙区地层沉积相组合特点亦不相同。

1. 东部沙区。指中蒙国境线经狼山—贺兰山—乌鞘岭—都兰—青海湖—扎陵湖一线以东沙地。受现代夏季风降水影响，又称季风区沙地。地处温带半湿润森林草原、半干旱干旱草原和干旱荒漠草原，沙地以固定、半固定沙丘为主，流动沙丘面积相对较小。较多表现为古风成沙与古土壤（沙质的或粉沙质的棕褐色土、黑垆土）沉积组合，两者互为叠覆，其中常见沙质和粉沙质黄土。地层沉积相组合在河谷、湖沼等低洼区为风成沙-河湖相-古土壤互层沉积，在沙漠/黄土边界带为风成沙-黄土-古土壤互层沉积。在河湖相和古土壤中常有融冻褶皱和沙楔伴生。此外，本区脊椎动物化石、软体动物化石以及古人类及其文化遗存较其他沙区常见，主要分布于河湖相地层中，古风成沙地层中亦有所见，尤其在鄂尔多斯高原毛乌素沙地东南隅的萨拉乌苏河流域更为常见。

2. 中部沙区。弱水以东、临河—乌海—银川—中宁一线之黄河以西、河西走廊及其以北的沙地称为中部沙区。以流动沙丘为主，兼有一定比例的固定、半固定沙丘。受我国现代夏季风降水的北界多雨带影响，有两个显著特点，一是沙丘高大，二是湖沼众多。该区的地层沉积相组合以腾格里沙漠和巴丹吉林沙漠为代表。在低洼区域多表现为古风成沙与河湖相沉积互为叠覆的组合形式，后者中常可见到众多钙质的甚至完全钙化了的植物根管。在沙漠深部的河湖相中软体动物化石屡有所见。而在某些地点的河湖相，如巴丹吉林沙漠东缘的查格勒布鲁，在距地表以下 20 m 的冲沟断面上的湖成土状堆积内，除了分布有众多的水生软体动物化石介壳外，还有大量的植物枝叶残体。本区脊椎动物化石零星分布，目前仅在巴丹吉林沙漠西缘古日乃乡一带的略胶结的古风成沙中发现破碎的鸵鸟蛋片，在该地具有钙化的植物根管的沼泽相中发现马的牙齿化石。中部沙区东半部的腾格里沙漠，不仅可以看到古风成沙与河湖相互为叠覆，还可见其与古土壤和钙质淋溶淀积层交互沉积发育，但此种情况多见于腾格里沙漠的东南角地带，古土壤自此向西北逐渐尖灭。由于露头所限，目前见到的古土壤均系全新世。

3. 西部沙区。指包括昆仑山、阿尔金山在内的青藏高原北部地区及两山以北和天山以南的沙漠。主要处于温带、暖温带极端干旱荒漠生物带，除河湖附近及地下水位较高地区存在固定、半固定沙堆或绿洲外，广大地区以流动沙丘占绝对优势。古土壤层甚少发育，只有在高海拔的昆仑山北坡的黄土层中才偶有所见。至于古风成沙丘、湖泊沉积和冲洪积砾石层，就其总体分布而言，以古风成沙丘的面积最大，其次为湖相沉积，而冲洪积砾石层则仅受限于沙漠边沿及其外缘的山麓地带。地层沉积相组合以塔克拉玛干沙漠为代表。在沙漠内部的流沙地带表现为风成沙连续堆积，丘间地或河湖地区表现为风成沙-冲洪积粉沙、亚黏土或风成沙-枯枝落叶互层沉积，冲洪积粉沙、亚黏土与沙带呈不整合接触。在南缘的亚沙土和黄土带，表现为以极细沙为主、粗粉沙次之的亚沙土和以粉沙为主的黄土连续堆积。在沙带和亚沙土带之间的戈壁带表现为冲洪积砾石-亚沙土或风成沙互层沉积，戈壁面中常有石膏多边形发育。与东部沙区相比，该区缺乏明显的古土壤和钙质淋溶淀积层。

西部沙区风成相与其他成因相或者成因相同但岩性不同构成的组合，在柴达木地区表现不明显，而在塔里木盆地的广大区域范围却屡见不鲜，呈如下特点。

（1）古风成沙与冲洪积-湖积成因的黏土-粉沙互为叠覆，主要发生在塔里木河、孔雀河泛滥平原、库姆塔格沙漠西北近罗布泊湖区和塔克拉玛干沙漠腹地大型复合型沙丘链之间的风蚀洼地及过去的古河干道流域。

（2）古风成沙与冲洪积的黏土质粉砂、极细砂、细砂互为叠覆，发生在塔克拉玛干沙漠腹地及以南的叶城—于田—若羌戈壁—绿洲之间的区域。在冲洪积层中，有时可以见到成簇的软体动物化石介壳。

（3）古风成沙与冲洪积的中粗砂互为叠覆，发生在叶城—于田—若羌戈壁—绿洲带现代的河流区域。

（4）风成的亚沙土与冲洪积、冲坡积的沙砾互为叠覆，发生在叶城—于田—若羌戈壁—绿洲以南的亚沙土分布区。

（5）风成黄土与细粒黄土及其与风成的亚沙土互为叠覆，发生在昆仑山北麓海拔 2 600～2 800 m 的亚沙土带和黄土带之间的界限位置。

（6）风成黄土与软体动物化石层互为叠覆，目前仅见于克里雅河近源头的昆仑山北坡。

4. 西北部沙区。指天山以北、阿尔泰山以南沙区。地处温带干旱荒漠，以固定、半固定沙丘为主。地层沉积相组合以古尔班通古特沙漠为代表，无论是沙漠内部还是外缘地区基本与东部沙区相似，仅古土壤发育程度稍差。在第四纪的主要时期均具有风成的亚沙土堆积，并与河湖相、古土壤呈相互叠覆，即不仅有厚层风成的沙土堆积，亦有古土壤发育。中国科学院新疆资源开发综合考察队等 1994 年在古尔班通古特沙漠南缘沙湾县鹿角湾记录的黄土-古土壤序列，含 5 层黄土（L_0、L_1、L_2、L_3、L_4）和 4 层古土壤（S_0、S_1、S_2、S_3），二者相互叠覆。此外他们还在沙湾以南的大山北麓的新源等地发现不仅有沙湾存在的 L_1～L_4 沉积，且在 L_4 之下还有 S_4 和 L_5 露头。

三、荒漠化地区的地貌

我国荒漠化地区，纬度偏北。除东北平原西部的松嫩沙地、科尔沁沙地海拔较低，在 100～300 m 外，其他大部分沙漠、沙地深居内陆，远离海洋，并地势高亢，分布在海拔 1 000 m 以上的高原。虽然沙漠与沙地分布广，但主要分布在 14 块高平原、台地、缓起伏准平原或山前冲积、洪积平原与湖盆镶嵌之地。大地貌是以山地与高原为骨架，由东部的大兴安岭，中部的阴山山脉、燕山山脉、晋西北的吕梁山余脉管涔山等与贺兰山、桌子山、六盘山、祁连山、阿尔金山、昆仑山、喀喇昆仑山及新疆东北部的北塔山、阿尔泰山，横亘新疆中部的天山，北疆西北部和准噶尔西部山地等形成一条条弧形山脉，大致成东西向或南北向切割大地，并蜿蜒于高原的东、中、西南边缘，截然地划分为内蒙古高原、鄂尔多斯高原、新疆台地及由山前断陷作用形成的嫩江两岸平原、西辽河平原、河套平原、河西走廊、塔里木盆地、准噶尔盆地等区域。由东向西呈现平原与下陷盆地或山地、高平原与下陷的高湖盆镶嵌排列的成带分布。

（一）三大高原和两大盆地

由于青藏高原的隆起，中国大的地貌单元可分为三级台阶。第一级台阶为青藏高原，平均海拔 4 000 m。第二级台阶东以大兴安岭、太行山为界，平均海拔 1 000 m。第三级台阶位于第二级台阶以东，由低平原和丘陵组成。中国荒漠化地区基本分布在第二级台阶上，以秦岭为界，将该级台阶分为南北两部分。北部基本上是由两大高原（内蒙古高原、鄂尔多斯高原）和两大盆地（准噶尔盆地、塔里木盆地）及其周围的山地组成。两大高原和两大盆地是中国荒漠化土地的主要分布区域。青藏高原是冻融荒漠化分布的主要地区。

中国沙区东部地貌的总特征是以高原型地貌为基础，它以内蒙古高原、鄂尔多斯高原等为主体，南连黄土高原北部、东北部，西南与青藏高原的东北部相接，四大高原在甘肃中、南部相接壤。

著名的亚洲中部蒙古高原东南部及其周边地带，在我国统称为内蒙古高原。阴山山脉作为高原的“脊梁”，把整个高原分成两大部分，山脉以北为狭义上的内蒙古高原，以南为鄂尔多斯高原。

1. 青藏高原。以海拔高度大、山脉雄伟著称，并有宽谷和高原盆地发育。

（1）雄伟的山脉。青藏高原东宽西窄，为高大山脉环抱。其南北两侧为高耸的山脉，雄伟陡峭，向内地势和缓降低。其东部岭谷相间排列，切割深度很大，西部地势高亢，冰川雪山绵延，颇具极地景色。高原内部排列着众多大致呈东西走向的山脉，自北而南依次是阿尔金山—祁连山、昆仑山、喀喇昆仑山—唐古拉山、冈底斯山—念青唐古拉山和喜马拉雅山—横断山脉，这些纵横延展的巨大山系构成了青藏高原地貌的骨架，在这些巨大山系之间分布着次一级的山脉、高原、宽谷和盆地。

（2）宽谷、高原和盆地。青藏高原地貌具有网格状结构特征，在山体构成的网格之间分布着宽谷、高原和盆地。沿喜马拉雅北麓，东起羊卓雍湖盆区向西过雅鲁藏布江上游，至阿里地区西南部，长达千余千米的地带分布着大量湖盆，其海拔多为 4 500 m 左右。湖盆周围的山地和丘陵多是喜马拉雅北麓古夷平面经过后期切割的产物，有些还受到古冰川的影响。

藏南谷地系指雅鲁藏布江流域中游谷地，西起萨葛，东至米林派乡，长达 1 200 余千米，包括多条河流的中下游谷地，谷地高度自西向东从 4 500 m 降低至 2 800 m，谷地发育明显受到地质构造的控制。藏南谷地的最大特点是宽谷与窄谷和峡谷相间成串珠状地貌。共有 3 个宽谷段即米林宽谷、山南宽谷和日喀则宽谷，它们均发育于浅变质岩带上。地貌组合为宽平的河床、广泛分布的河漫滩和不连续的河流阶地以及冲、洪积台地。河谷一般宽 5 km 左右，大支流交汇处可达 10～20 km。

藏北高原主体位于昆仑山和冈底斯山之间，东西长约 2 000 km，南北宽 700 km，平均海拔 4 500～5 000 m，高原形态较完整，地面辽阔坦荡，湖泊星罗棋布。其中，南部集中分布着许多湖泊，如纳木错、色林错等，湖盆宽谷大多在海拔 4 400～4 700 m 的高度范围内，构成完整的高原面，同时也是山地、丘陵的侵蚀基准面。藏北高原的北部青南高原包括青海省南部、甘肃省南部和四川省西北部，地势自西北向东南逐渐倾斜，平均海拔 4 000 m 左右，其上分布着许多平行的山岭，大多起伏和缓，相对高差不大，只有在边缘地区，河流下切增强，高原面破碎。

柴达木盆地是青藏高原北部的“低地”，呈不等边三角形，海拔 2 600～3 000 m。盆地内极端干旱，特殊的外营力对盆地内的地貌形成有很大影响。盆地的基本轮廓形成于中生代，新生代以来受喜马拉雅运动的影响，盆地西部上升，地表以剥蚀为主；东部沉降堆积了巨厚的第四纪沉积物，致使盆地地势西北高东南低。盆地西部第三系地层受构造运动的影响，形成了许多东西向的短轴背斜，大量岩石裸露，成为形态低缓的丘陵，丘陵间是宽谷和小盆地。此外，由于盆地西部是新构造运动的和缓隆升区，河流一出山口就潜入地下，形成潜流汇入盆地，湖积平原广布，并有大量盐沼和盐土分布其上。盆地西北部还有垄岗状风蚀丘和风蚀劣地，是雅丹地貌发育的地区。

2. 内蒙古高原。内蒙古高原是指大兴安岭以西、阴山山脉以北的广大地区。海拔在 600～1 500 m，地势从东南边缘山地向西北缓慢倾斜，至中蒙边界附近的高原中心，海拔仅 600～700 m。高原面平坦开阔，从东北向西南绵延 2 000 多千米。浑圆状的低矮丘陵与盆地、层状高平原呈带状镶嵌排列，是该区地貌的基本特征。内蒙古高原按地貌组合从东到西可分为呼伦贝尔高原、锡林郭勒高原、乌兰察布高原和阿拉善高原。

呼伦贝尔高原由大兴安岭西麓的山前丘陵与高平原组成，海拔在 400～600 m，地势自东南向西北微微倾斜。高原中部地面波状起伏，底部沉积着深厚的沙层和沙砾石层，上覆较薄的沙黄土，风沙地形呈带状分布，表现出沙地、洼地沼泽、湖泊相间分布的特点。

锡林郭勒高原位于大兴安岭以西，海拔 800～1 600 m。地势总趋势是从南往北倾斜，东、北、南三面有丘陵隆起。高原面开阔，面上多大小不等的干谷、河床和洼地，具有波状起伏的地形特点。其中东北部的乌珠穆沁盆地、西部的阿巴嘎熔岩台地及南部的浑善达克沙地都占有很大面积。

乌兰察布高原位于集二铁路线（集宁—二连浩特）以西，海拔 900～1 200 m。高原被许多大的浅洼地、河谷和古湖盆所切割，呈现出洼地和高平原镶嵌分布的特点。南部的阴山北麓有丘陵和盆地分布，中部为层状高平原，北部在中蒙边界有低山残丘。

阿拉善高原位于贺兰山以西，主要由剥蚀山地丘陵与山间堆积盆地错综排列而成。阿拉善南部边缘为巴丹吉林沙漠和腾格里沙漠，东北边缘为乌兰布和沙漠。

3. 鄂尔多斯高原。鄂尔多斯高原的海拔在 1 200～1 600 m，是一块近似方形的台状高原，其西、北、东三面被黄河环绕，南接晋陕黄土高原。其内部地貌也有明显的区域差异。北部为库布齐沙漠，东部为丘陵沟壑，南部是毛乌素沙地，西部和中部由起伏和缓的梁面和风蚀凹地组成波状地形。地表风沙地貌最广泛，呈波状起伏。

中国沙区西部被两个巨大的内陆盆地所占据，分别是被天山分割的新疆北部的准噶尔盆地和南部的塔里木盆地。

4. 塔里木盆地。塔里木盆地是我国最大的内陆盆地，外貌呈不规则的菱形，位于天山和昆仑山之间，四周为高山环绕。东部虽有海拔较低的疏勒河谷通向河西走廊，为古代丝绸之路主要通道，但河西走廊海拔高于罗布泊洼地，盆地的水系不能外流，所以属于大型的全封闭性的内陆盆地。盆地的地势西高东低，向北微倾。南北最宽 520 km，东西最长 1 400 km。地质构造上，塔里木盆地是稳定的台块或古陆台，周围被许多深大的断裂所限制，中间为隆起部分，盆地西部平原中有几处凸起的孤峰残丘。塔里木盆地的自然景观具有环状特征。边缘是连接山地的砾石戈壁，中央是辽阔的沙漠，戈壁和沙漠之间是冲积扇和冲积平原，有绿洲分布。塔里木河位于盆地北部，水向东流，是盆地地势的最好指示。塔里木河以南的广大地域是著名的塔克拉玛干沙漠，面积约 33 万 km^2，是我国最大的沙漠，也是世界第二大流动沙漠，沙漠覆盖了昆仑山山前冲洪积平原和古塔里木河冲积平原两部分。

5. 准噶尔盆地。准噶尔盆地位于阿尔泰山和天山之间，盆地南北宽约 450 km，东西长约 700 km，面积 18 万 km^2，其中沙漠占约 30%。西侧为准噶尔西部山地，由一系列海拔 2 000～3 000 m 的山地组成，有几处海拔较低的缺口，如额尔齐斯河河谷、额敏河谷、阿拉山口，水分含量较多的西风气流通过这些缺口，为盆地周围山地带来降水。东侧为北塔山，是阿尔泰山向东的延伸部分。盆地的地势向西倾斜，北部略高于南部。西南部的艾比湖旧湖面海拔 189 m，是准噶尔盆地的最低点。

准噶尔盆地的地貌形态大致可分为 3 个平原区。北部为阿尔泰山南麓山前平原，北起阿尔泰山南麓，南抵沙漠边缘，包括额尔齐斯河以北的倾斜平原、额尔齐斯河与乌伦古河之间的冲积平原及乌伦古河以南的冲积平原，主要特点是新生代地层薄，风蚀作用强，有大片风蚀洼地，土层较薄。中部为古尔班通古特沙漠，是我国第二大沙漠，以固定和半固定沙丘占优势，流动沙丘约占 3%。南部是天山北麓山前平原，南起天山北麓，北至沙漠南缘，土层从南向北逐渐增厚，南部砾石戈壁主要用作春、秋草场，北部细土区为重要灌溉农业区。

在地质构造上，准噶尔盆地是古陆台，陆台地块在加里东时期就已存在，核心部分可能属于寒武系。盆地下的古生代地层早已被巨厚的中、新生代的沉积物所覆盖。中生代地层是以砂岩为主的陆相沉积，覆盖在古生代基底上，沉积层厚度从北向南逐渐增加，北部厚约 700 m，南部增至 3 000～4 000 m，含有煤和石油。新生代地层亦向南增厚，北部约不到 450 m，南部山前凹陷的中心达 5 000 m。其中第四纪沉积可分三带：第一带为沿天山北麓的山前凹陷带，新生代沉积物厚 500 m。第二带位于中部，新生代沉积物厚约 100 m。第三带位于北部，为相对上升带，新生代沉积物厚仅几米，其下即为第三纪地层组成的剥蚀平原。第四纪沉积物的上述变化，反映了该区新构造运动很明显。

（二）围绕沙区的山地

围绕我国沙区的山地以天山、阿尔泰山、阴山和大兴安岭最为著名，山地的封闭是沙漠形成、存在和周围土地沙漠化的必要条件。

1. 天山。天山是欧亚大陆最雄伟的山系之一，横亘在新疆中部准噶尔盆地和塔里木盆地之间，其西端止于吉尔吉斯斯坦共和国，在我国境内止于乌恰县境克孜河北岸。天山东西长约 2 500 km，南北宽 100～400 km 不等，总面积约 24.4 万 km^2。天山山系由几条近乎东西走向的平行山脉组成，山脉之间宽度不一，乌苏至轮台间的山地较紧凑，分支较少，被称为天山山系的山结或山汇，由此向东、西方向，山脉均成束展开，山与山之间有开阔的盆地和谷地分布。按山脉的构成，天山可分为北天山、中天山和南天山三个山系。

2. 阿尔泰山。阿尔泰山山系位于准噶尔盆地的北部，全山系从西北向东南，在中、俄、蒙三国边境绵亘达 2 000 余千米。我国境内阿尔泰山属中段南坡，山体长约 500 千米，山麓海拔 500 m 左右，山脊海拔一般在 3 000 m 以上，从西北向东南逐渐降低。西北部有最高峰友谊峰，海拔 4 374 m，到北塔山附近降为 3 200 m，再向东南消失在戈壁荒漠之中。阿尔泰山山体最早出现于加里东运动，后经长期侵蚀，夷为准平原。喜马拉雅运动时期再度急剧上升，但各地上升高度不同，造成若干阶梯状地形。从新疆东北国境山脊线向西南到额尔齐斯河谷，明显有四级阶梯，这种层状结构是阿尔泰山重要的地貌特征。

3. 阴山。阴山山脉地处内蒙古高原中部，是内蒙古高原和鄂尔多斯高原的分界线，山脉的两侧极不对称，南坡面对平原，山岭形态极巍，北部缓缓没入内蒙古高原，山岳形态很不显著。阴山大部分海拔高度在 1 500～1 800 m，与南部的河套平原相差近千米，由东到西包括大青山、乌拉山和狼山，各山之间不相连续，山间缺口成为交通要道。阴山山脉地下蕴藏着丰富的矿产资源，山脉北侧的白云鄂博的铁矿和稀土矿，在全国乃至世界都占有一定的地位。

4. 大兴安岭。大兴安岭山脉为北北东走向，北起中俄边境的漠河，南延至赤峰附近，与东西走向的燕山山脉相连，南北延伸 1 000 多千米，北部宽度达 300 km，南部宽度只有 100 多千米。多数山峰海拔在 1 000～1 400 m。山体由燕山期中酸性火山岩组成，山顶浑圆，山脊线不明显，山峰间有许多山口和横谷，致使两侧的第四纪河湖相沙层特征相近。大兴安岭常作为我国半干旱区和半湿润区的界限。

第六节　荒漠化地区的水文与水资源

荒漠化地区的水资源是由降水、森林和山地冰雪消融所形成的地表水与地下水组成的统一体系。

一、河流水文与水资源

西北沙区降水稀少，蒸发强烈，地表组成物质疏松，易于渗漏，因此地表水比较贫乏。除有若干过境的河流外，多数河流不能直接注入海洋，而是消失在大漠深处，或者在尾闾形成湖泊，属内陆河流。据资料统计，我国沙漠地区约有河流 480 多条，年径流量约 2 097.64 亿 m^3。由于地理位置、地形、水源补给条件的不同，内陆河流在水系发育、分布方面极不平衡。内蒙古内陆流域地形平缓，补给来源主要依靠夏季降水，河流稀少、短促，存在大面积的无流区。甘新内陆流域气候虽然干燥，但地形起伏较大，在天山、昆仑山、祁连山等高山冰雪融水补给下，发育了一些比较长的内陆河流，如石羊河、黑河和疏勒河等。柴达木盆地的独特地形和高寒气候，使流域内分布着从盆地四周向中心汇聚的若干短小河流，并在盆地中广布着盐湖和沼泽。

（一）干旱地区河流水文

尽管我国干旱地区河流稀少，除新疆北部的额尔齐斯河等外，其余均为内陆河，但正是这些长短不一的河流，这些宝贵的水资源，才孕育了大片人工的和天然的绿洲，给广大的干旱内陆地区带来了勃勃生机，在沙漠地区农业、经济发展中扮演着重要的角色。

西北内陆干旱地区由于高山环绕盆地的地形特点，在山区发育有众多的山溪河流，通过山口流进内陆盆地。若以出山口河道统计，西北内陆干旱地区包括北疆的额尔齐斯河在内，共有大小内陆河流 748 条，其中新疆 561 条，青海盆地 91 条，河西走廊 55 条，内蒙古高原 41 条。这些河流大部分是流程短、水量小的河流，年径流量小于 1 亿 m^3 的河流条数占 70%以上，径流量占内陆河总径流量不到 20%；大于 10 亿 m^3 的大型内陆河流仅有 21 条，占河流总数的 30%，但其径流总量却占内陆河总径流资源的 50%以上。

干旱区的河流在地区分布上极不均匀（表 2-5）。就各省区而言，新疆的地表径流资源数量最大，为 884.3 亿 m^3，占干旱区地区径流总量的 50%。但按南北疆地区的面积平均，北疆单位面积的河川径流量高出南疆地区 3 倍，并且在北疆内有 70%以上的地表径流分布在其西部和北部，面积较大的准噶尔盆地仅有 127.5 亿 m^3 河川径流汇集。南疆地区地表径流主要分布在天山西段，而南疆东部广大的区域，如罗布泊、吐鲁番盆地、哈密盆地等仅有不到南疆地区径流的 5%，是干旱地区地表水量贫乏的地区。

表 2-5 中国干旱地区河流分级统计表（王涛，2002）

地区	≥10 亿 m^3		≥5 亿 m^3		≥1 亿 m^3		全部	
	河流条数	径流量/亿 m^3	河流条数	径流量/亿 m^3	河流条数	径流量/亿 m^3	河流条数	径流量/亿 m^3
北疆地区	9	267.6	13	295.2	45	363.1	378	439.4
南疆地区	9	264.2	15	303.9	39	353.5	183	444.9
青海盆地	2	22.2	3	25.7	21	51.1	91	94.5
河西走廊	1	15.9	3	33.2	15	50.9	55	70.4
内蒙古高原	0	0	0	0	1	1.2	41	10.3
总计	21	569.9	34	658.0	121	819.8	748	1 059.5

青海内陆盆地总的地表径流 94.5 亿 m^3。在柴达木盆地，加上新疆境内汇入的地表径流有 4.15 亿 m^3。青海湖盆地相对比较丰富，有 19.3 亿 m^3。在青藏高原上的可可西里盆地里，河川径流资源 25.3 亿 m^3。

甘肃河西走廊地区地表径流为 70.4 亿 m^3，东部石羊河流域为 15.9 亿 m^3，中部黑河流域为 38.1 亿 m^3，西部疏勒河流域为 16.4 亿 m^3，与降水分布相似。随着上游用水越来越多，各河下游萎缩，流入下游的地表水锐减，造成下游严重的生态问题。国家目前已注意这一问题，在上游大力推行节水农业，以保证下游的生态用水。

内蒙古阿拉善荒漠地区几乎无地表径流。西端巴丹吉林沙漠以西仅有 4.5 亿 m^3 径流，由黑河汇入下游额济纳河。东部贺兰山区仅有 0.24 亿 m^3 地表径流向腾格里沙漠汇流。在贺兰山以东的内蒙古高原内流区，受降雨补给流程短的河流和湖泊，年径流量为 10.0 亿 m^3。

我国干旱区的河川径流年内分配，主要取决于径流的补给特征，整个干旱区河流补给类型齐全，有纯雨水补给、地下水补给、降水补给、季节积雪融水补给、高山冰雪融水补给及地下水补给等类型。以径流补给分配为主要划分标准，可分为以下 9 种类型。

1. 阿尔泰类型。包括阿尔泰山及塔城地区，主要河流有额尔齐斯河、乌伦古河、哈巴河、额敏河等。河流以春汛为主，补给来源主要为季节积雪融水，汛期出现在每年 4—6 月。

2. 伊犁类型。包括新疆伊犁河流域的地区，境内有库克苏河、哈什河、巩乃斯河、匹里青河等支流。河流以夏汛为主，春汛也较突出，汛期长达 4 个月之久。

3. 天山北坡类型。范围为新疆天山北坡除伊犁河以外的广大山地河流，主要河流有玛纳斯河、古尔图河、奎屯河、博尔塔拉河、开垦河、四棵树河、呼图壁河等 30 多条大小河流。河流以夏汛为主，但降水集中程度远不如西昆仑类型，在春季有时也有微弱的季节积雪融水和河冰融水所形成的汛水。

4. 天山南坡类型。包括天山南坡众多河流，主要有阿克苏河、库车河、塔里木河等数十条河流。河流汛期集中于夏季，春季一般无明显洪水。

5. 帕米尔类型。主要有新疆帕米尔地区的叶尔羌河、盖孜河、克孜河等。虽然河流以夏汛为主，但在春季的 5 月份，也有 20 多天左右的春汛。

6. 西昆仑类型。包括塔里木盆地南缘昆仑山北坡的众多河流，主要有玉龙喀什河、喀拉喀什河、且末河、若羌河等 43 条河流。河流夏汛单峰突出，汛期为 6—8 月，占年径流量的 70%～80%或更多，为我国常年有水河流所罕见的类型。

7. 东昆仑类型。包括青海湖柴达木盆地南缘的格尔木、那棱格勒、乌图美仁及察汗乌苏诸河。虽然河流主要是夏汛，但集中程度较低，四季径流量分配相对比较均匀。

8. 祁连类型。主要有发源于祁连山北坡的石羊河、黑河、疏勒河三大水系的 56 条河流和南坡的大、小哈尔腾河、塔塔凌河等。河流夏汛水量占优势，东段诸河流春季有起伏不大的春汛。

9. 青海湖内陆类型。仅限于青海湖内陆流域，集水面积较小而且径流量的日变化起伏较大。河流汛期集中于夏季，集中程度较高。

（二）半干旱地区河流水文

半干旱地区水系包括黄河流域、辽河流域、内蒙古高原、鄂尔多斯高原的内陆河流和湖泊，前 3 个外流河具有大型河流特征。

半干旱区境内没有高大山脉的分布，没有迎风坡的降水及山岳冰雪融水的补给，不论是单位面积的年降水总量还是河川径流总量，都比西北干旱地区要小，因此成为河网密度最小的地区。河流也比较短小，长度一般不及 400 km，流域面积也较小。河流从山地或丘陵发源后，一进入平原，就逐渐成为蜿蜒曲折无明显河槽的河流。洪水期间河水可以溢出两岸，终端形成许多内陆湖泊、湿地，有些河流则消失在草原和荒漠中。由于河流短小，集水面积不大，河流切割深度浅，所以地下水在河川径流补给来源中所占的比例很小，一般不及全年径流量的 10%。进入冬春季枯水期后，又正值河川的封冻期，因此一年中普遍有 2～3 个月时间的断流。半干旱区的许多河流多属时令河，即季节性河流。这些河川径流也多与我国南方的大多数河流不同，除了雨水补给和地下水补给外，还有季节性积雪融水补给，但雨水仍是河川径流的主要补给源，一般占年径流的 60%以上。

（三）半湿润地区河流水文

半湿润地区气候具有过渡性，河流水文亦表现出干旱与湿润的过渡型特征。由于气候与水文系统的不稳定，河流水文对环境变化的响应也非常敏感，在这种特定的自然地理背景影响下，半湿润带的河流具有年径流变率大、平原地区径流系数小、径流集中于夏季、河流输沙量大的特点。在黄土高原地区，由于构造运动上升明显，加之黄土物质松散，形成强烈的侵蚀。由于受夏季风降水的影响，河流流量的季节变化大，夏秋季河流水位高，流量大，冬春季河流水位低，流量小。

（四）青藏高原高寒地区河流水文

青藏高原地处中纬度，平均海拔在 4 000 m 以上，四周环绕着高大山系，总面积约 138 万 km^2。由于地势较高，面积巨大，气候寒冷，形成了独特的自然环境。形成的河流可划分为内流水系和外流水系，内流水系又分为藏南内流水系和藏北羌塘高原内流水系，大多以湖泊为归宿，外流水系有太平洋水系和印度洋水系。

1. 内流河水系。总面积约 61 万 km^2，其中藏北内流水系总面积 58.56 万 km^2。广大内流水系区域内降水量少，蒸发旺盛，地表径流少。区内较大的河流有汇入色林错的扎加藏布、扎根藏布，有汇入班公错的麻嘎藏布，有汇入扎日南木错的措勤藏布。藏北内流水系河流均集中于东南部，且大多为常流水河流。藏南内流水系以羊卓雍错—普莫雍错—哲古错流域面积最大，为 9 980 km^2；其次是玛旁雍错—拉昂错流域，面积 8 700 km^2。

内流河水源补给来自雨水、冰雪融水和地下水。大、中河流一般为混合型补给。位于藏东高山峡谷区的金沙江、澜沧江和怒江，从西北向东南流，跨越不同的气候带，补给类型也有所差异。

2. 外流河水系。青藏高原有“五洲水塔”之称，除了黄河与长江之外，东南亚和南亚的一些国际性大河也在这里形成。

青藏高原发育的太平洋水系主要有黄河、长江的上游—金沙江及湄公河的上游—澜沧江。高原段流域面积总和为 22.4 万 km^2。印度洋水系位于青藏高原南部，是本区外流水系的主体，众多的河流分属恒河、布拉马普特拉河、印度河及依洛瓦底江、萨尔温江等国际大河，除怒江经云南流到邻国外，其余河流均自西藏自治区流出国境。

二、湖泊水文与水资源

我国荒漠化地区湖泊众多，大小湖泊约 1 000 个，总面积 1.7 万 km^2，占全国湖泊总面积的 20%以上，水资源储量约为 2 130 亿 m^3，主要分布在内陆河流域和东部沙漠的丘间低地，是该区径流向内陆盆地汇聚，在地质、地貌适宜的条件下潴积形成的。其中，面积大于 1 km^2 的湖泊有 400 多个，面积大于 1 000 km^2 的有青海湖、博斯腾湖、察尔汗盐湖和呼伦湖，面积较大的有布伦托海、鄂陵湖、乌兰乌拉湖、哈拉湖等，还有近几十年已经干涸的罗布泊、居延海、玛纳斯湖等（表 2-6）。这些湖泊一般较浅，多为咸水湖或盐湖，矿化度较高，淡水资源仅为 179.8 亿 m^3，是沙区水资源的一个重要组成部分。由于气候和地形等条件的差异，各大沙漠中湖泊的分布很不均衡，浑善达克沙漠有湖泊 110 个，巴丹吉林沙漠有 144 个，腾格里沙漠 422 个，柴达木沙漠 100 个。我国沙区的湖泊与海洋隔绝，处于封闭或半封闭状态的内陆盆地中，为内陆湖，一些大中型湖泊往往成为内陆盆地水系的最后归宿。在干旱气候条件下，地表径流补给不丰，蒸发量超过湖水的补给量，湖水不断浓缩，最后发育成闭流型的咸水湖或盐湖。

表 2-6　中国沙区主要湖泊分布与特征（王涛，2002）

湖名	所在省（自治区）	地理位置		湖面高程/m	面积/km^2	水深/m		容积/亿 m^3	备注
		N	E			最大	平均		
青海湖	青 海	36°40'	100°23'	3 190.0	4 568.0	19.2	18.4	753.0	最大咸水湖
罗布泊	新 疆	40°20'	90°15'						现已干涸
呼伦湖	内蒙古	48°57'	117°23'	545.5	2 315.0	8.0	5.7	131.9	
纳木错	西 藏	30°40'	90°30'	4 718.0	1 920.0	6.5	2.8	64.3	
色林错	西 藏	31°50'	89°00'	4 530.0	1 640.0				最高的湖
查尔汗盐湖	青 海	36°20'	92°40'	2 677.0	1 600.0				最大盐湖
博斯腾湖	新 疆	41°59'	86°49'	1 048.0	1 001.0	15.7	9.7	77.4	
扎日南木错	西 藏	31°00'	85°30'	4 630.0	985.0				
当惹雍错	西 藏	31°05'	86°36'	4 535.9	825.6				
布伦托海	新 疆	47°13'	87°18'	479.0	730.0	12.0	7.9	58.5	
羊卓雍错	西 藏	29°00'	90°40'	4 441.0	687.0	59.0	23.6	160.0	
赛里木湖	新 疆	44°36'	81°11'	2 671.0	646.0	85.6	50.0	232.0	
鄂陵湖	青 海	34°56'	97°43'	4 268.7	610.7	30.7	17.6	107.7	
乌兰乌拉湖	青 海	34°50'	90°30'	4 834.0	540.4				
贝尔湖	内蒙古	47°48'	117°42'		608.5		9.0	54.8	中蒙界湖
哈拉湖	青 海	38°18'	97°35'	4 078.0	593.2	65.0	26.0	161.1	
阿雅克库木	新 疆	37°35'	87°20'	3 809.0	587.0				
昂拉仁错	西 藏	31°35'	83°00'	4 689.0	560.0				
松花湖	吉 林	43°25'	127°00'	261.0	550.0	75.0	19.6	108.0	
扎陵湖	青 海	34°55'	97°15'	4 293.2	526.0	13.1	8.9	46.7	
塔若错	西 藏	31°10'	84°10'	4 545.0	520.0				
米提江木错	藏、青	33°25'	90°20'	4 749.0	460.0			73.8	
班公错	西 藏	33°44'	78°50'	4 241.0	412.5	41.3	17.9	202.7	
玛旁雍错	西 藏	30°40'	81°30'	4 587.0	412.0	81.8	49.2	111.0	
托索湖	青 海	35°17'	98°33'	4 082.0	253.0	100	23.5	75.0	
居延海	内蒙古	42°21'	100°42'						已干涸
乌梁素海	内蒙古	49°55'	108°49'	1 019.0	250.0				
达里诺尔	内蒙古	43°15'	116°30'	1 226.0	238.0	13.0	6.7	5.8	
吉力库勒	新 疆	46°50'	87°10'	462.0	172.6	12.8	8.7	2.75	
艾西曼湖	新 疆	41°50'	80°40'	131.0	149.6	3.5	1.8	5.3	
黄旗海	内蒙古	40°51'	112°17'	43.0	114.0	10.0	4.6		
库尔查干湖	内蒙古	43°25'	114°50'		108.9	5.0	1.3		

三、地下水资源

沙漠地区独特的地形和地质构造条件为地下水的贮存提供了良好的条件。在盆地特别是靠近巨大山体的山麓地带，沉积了深厚的松散沙砾物质，当发源于山区靠降水和冰雪融水补给的河流出山口后，河水除一部分蒸发消耗外，大部分都渗漏到松散的地层中，以地下水的形式贮存起来。据估算，我国沙区地下水储量约 1 300 亿 m^3，现已在古尔班通古特沙漠、塔克拉玛干沙漠、柴达木盆地沙漠、巴丹吉林沙漠等找到了大面积地下水库。地下水的埋藏深度各处不一，在风积沙丘和岩石戈壁中地下水较少，埋藏较深；在冲积、湖积滩地中较多，埋藏也较浅。

（一）山前平原地下水

山前平原地下水主要分布在巨大盆地靠近大山体的山麓前缘。这些山前平原往往是由于河流携带着大量的碎屑物质在山前沉积成冲洪积扇及扇群而形成的。在山前平原的水平方向上，沉积物和地下水存在以下 3 个分带。第一带是最上部的洪积和坡积的卵石层，以洪积物为主，多为透水地层。第二带为新老洪积扇组成的扇群，以洪积和冰水沉积的卵砾石层和冲洪积沙砾层构成山前平原的主体，是良好的地下水蓄水体，蕴藏着丰富的地下水资源。第三带是山前平原的前缘，由含细粒的冲洪积物沙层和冲积沙层、亚沙土层组成，间或有湖相沉积地层分布，粒度细，组成多层含水层结构，是潜水向承压水过渡的区域。在山前平原地下水中，有 60%～90%是由地表水转化而来的。

（二）山间盆地和谷地地下水

干旱区地下水另一个贮存区是山间谷地和盆地。这些盆地和谷地多系构造成因，并且受到新构造运动的制约，特别在广大的山前平原和主体山脉间有第三系或中生界山前构造阻挡，构成了一系列山间盆地和河流谷地。在这些山间盆地和谷地的前缘分布着规模不等的山前平原，其中间还有河谷穿越，堆积有第四季冰川和冰水相沉积。这些沉积层颗粒粗大，蓄水能力极强，常在洪水期大量蓄水，在枯水期又大量排出，起到了地下水调节库的作用，使穿越山间盆地和谷地的河流终年有水，所以在这些山间盆地和谷地也形成了丰富的地下水。

（三）湖盆洼地地下水

在湖盆洼地，主要通过河道渗漏、地下径流、山前平原的溢出泉和一部分人工引灌的地表水渗漏补给地下水。同时，因地域广阔，周围地区暴雨临时性径流也有断续补给，使这些湖盆洼地里保有一部分地下水资源，有的甚至还有地质历史时期的丰水期保存下来的部分“古封存水”或“化石水”。

（四）沙漠潜水

我国沙漠面积广大，自西北向东主要的沙漠有塔克拉玛干沙漠、古尔班通古特沙漠、库姆塔格沙漠、巴丹吉林沙漠、腾格里沙漠、柴达木盆地沙漠、河西走廊沙漠等，总面积达 58.1 万 km^2。这些沙漠多为流动沙丘、半固定沙丘和固定沙丘，间有一些残丘、戈壁、湖盆和低湿地等，还有几百平方米至上千平方米的丘间低地，这些丘间低地形态多为黏质土组成的光板地、龟裂地，有利于接受大气降水并补给沙漠潜水。虽然沙区年降水量大都在 100 mm 以下，但因干旱地区降水量多以暴雨形式降落，一次降水量大，可达 10～50 mm，沙层本身又具有较强的入渗能力，非常利于降水连同冰雪融水的快速入渗，形成潜水贮藏在地下。同时因沙漠多分布于地势低洼的盆地中，河水、山前平原的地下径流和附近山地临时径流容易补给沙漠，甚至可延伸至沙漠腹地的丘间低地，形成沙漠潜水。

（五）深层承压水

我国沙区的地形和地质条件非常有利于承压水的形成，普遍在山前平原下部第四系松散层中存在较浅的自流水层。大量资料证明，在许多大型盆地和断陷凹地的第三系及中生界地层中，也埋藏着深层自流水。

沙区地下水的开发利用，缓和了地表水不足的问题，同时也解决了季节用水不平衡的矛盾，在极端缺水的沙漠地区，地下水是一个非常重要的水源。近年来，由于河流中、下游分布着大大小小的绿洲和兴建的一些水库，拦截大量水流，使下游流量不断减少，甚至干涸断流，地下水补给严重受阻，而人类过度开采利用地下水，又导致地下水位下降，贮量急剧减少，沙区植被枯亡，土地严重荒漠化。因此，沙区水资源的利用要合理开采地下水，实施节水技术，节约用水。

参考文献

[1]　孙保平. 荒漠化防治工程学. 北京：中国林业出版社，2000：23-25.

[2]　王涛. 中国沙漠与沙漠化. 石家庄：河北科学技术出版社，2002：7-110.

[3]　中国科学院《中国自然地理》编辑委员会. 中国自然地理（气候）. 北京：科学出版社，1984：11-27.

[4]　马清霞，王星晨，高志国. 锡林郭勒草原荒漠化气候因素分析. 北方环境，2011，23（12）：31-34.

[5]　许端阳，李春蕾，庄大方，等. 气候变化和人类活动在沙漠化过程中相对作用评价综述. 地理学报，2011，66（1）：68-76.

[6]　高全洲，董光荣，李保生，等. 晚更新世以来巴丹吉林沙漠南园地区沙漠演化. 中国沙漠，1995，15（4）：345-352.

[7]　杨培岭. 土壤与水资源学基础. 北京：中国水利水电出版社，2005：83-88.

[8]　张登山. 青海共和盆地土地沙漠化影响因子的定量分析. 中国沙漠，2000，20（1）：59-62.

[9]　李绍良，陈有君. 锡林河流域栗钙土及其物理性状与水分动态的研究. 中国草地，1999（3）：71-76.

[10]　佟乌云，陈有君，李绍良，等. 放牧破坏地表植被对典型草原地区土壤湿度的影响. 干旱区资源与环境，2000，14（4）：55-60.

[11]　邵新庆，石永红，韩建国，等. 典型草原自然演替过程中土壤理化性质动态变化. 草地学报，2008，16（6）：566-571.

[12]　佟长福，史海滨，李和平，等. 呼伦贝尔草甸草原人工牧草土壤水分动态变化及需水规律研究. 水资源与水工程学报，2010，21（6）：12-14.

[13]　王力，卫三平，王全九. 黄土丘陵区燕沟流域农林草地土壤水库充失水过程模拟. 林业科学，2011，

47（1）：29-35.

[14] 赵景波，曹军骥，孟静静，等. 青海湖西侧石乃亥附近土壤水分研究. 水土保持学报，2010，24（5）：114-125.

[15] 张扬，赵世伟，侯庆春，等. 云雾山草地植被恢复过程土壤水库特性及影响因素. 水土保持学报，2009，23（3）：201-205.

[16] 马义娟，钱锦霞，苏志珠. 晋西北地区气候变化及其对土地沙漠化的影响. 中国沙漠，2011，31（6）：1585-1589.

[17] 李红超，孙永军，李晓琴. 黄河中游地区荒漠化变化特征及影响因素. 国土资源遥感，2013，25（2）：143-148.

[18] 高全洲，董光荣，邹学勇，等. 查格勒布鲁剖面晚更新世以来东亚季风进退的地层记录. 中国沙漠，1996，16（2）：112-119.

[19] 高尚玉，陈渭南，靳鹤龄，等. 全新世中国季风区西北缘沙漠演化初步研究. 中国科学（B 辑），1993，23（2）：202-208.

[20] 李保生，董光荣，祝一志，等. 末次冰期以来塔里木盆地沙漠、黄土的沉积环境与演化. 中国科学（B 辑），1993，23（6）：644-651.

[21] 李保生，董光荣，丁同虎，等. 塔克拉玛干沙漠东部风沙地貌中的几个问题. 科学通报，1990，35（23）：1815-1818.

[22] 中国科学院新疆资源开发综合考察队，《新疆第四纪地质与环境》编委会. 新疆第四纪地质与环境. 北京：中国农业出版社，1994：11-27.

[23] Yang X P，Ma N，Dong J，et al. Recharge to the inter-dune lakes and Holocene climatic changes in the Badain Jaran Desert，western China. Quaternary Research，2010，73：10-19.

[24] Yang X P，Scuderi L，Paillou P，et al. Quaternary environmental changes in the dry lands of China-A critical review. Quaternary Science Reviews，2011，30：3219-3233.

[25] Li Baosheng，Yan Mancun，Barry B. Miller，et al. Late Pleistocene and Holocene palaeoclimate records from the Badain Jaran Desert. China Current Research，1998，15：129-131.

[26] Paolo Dorico，Abinash Bhattachan，Kyle F Davis，et al. Global desertification：Drivers and Feedbacks. Advances in Water Resources，2013，51：326-344.

[27] Lihua Yang，Jianguo Wu. Knowledge-driven institutional change：An empirical study on combating desertification in northern china from 1949 to 2004. Journal of Environmental Management，2012，110：254-266.

[28] Luca Salvati，Sofia Bajocco. Land sensitivity to desertification across Italy：Past，present，and future. Applied Geography，2011，31：223-231.

[29] Zhang Y，Liu J S，Xu X. The response of soil moisture content to rainfall events in semi-arid area of Inner Mongolia. Procedia Environmental Sciences，2010，2：1970-1978.

[30] I Rodiguez Iturbe. Ecohydrology：Ahydrologic perspective of climate soil vegetation dynamics. Water Resource Research，2000，36（1）：3-9.

[31] B Venkatesh，Nandagiri Lakshman，B K Purandara. Analysis of observed soil moisture patterns under different land covers in Western Ghats，India. Journal of Hydrology，2011，397：281-294.

[32] Sonia I Seneviratne，Thierry Corti，Edouard L. Davin，et al. Investigating soil moisture-climate

interactions in a changing climate：A review. Earth-Science Reviews，2010，99：125-161.

[33] Hongsong Chen，Mingan Shao，Yuyuan Li. Soil desiccation in the Loess Plateau of China. Geoderma，2008，143：91-100.

[34] Anne Holsten，Tobias Vetter，Katrin Vohland，et al. Impact of climate change on soil moisture dynamics in Brandenburg with a focus on nature conservation areas. Ecological Modelling，2009：2076-2087.

思考题

1. 荒漠化地区的气候特点是什么？
2. 三种温带草原植被组成和分布区气候特点是什么？
3. 论述沙漠化引起的水循环与水分平衡的变化。
4. 简述草原土、荒漠土的类型与特点。
5. 分析干旱地区的河流水文变化特点和原因。
6. 试述干旱地区松散沉积物特点与成因。
7. 叙述干旱地区主要地貌类型和特点及成因。
8. 分析荒漠化地区风的特点与产生原因。

第三章　风蚀沙漠化与防治

风蚀沙漠化是指以风为主要侵蚀营力造成的土地退化。主要是指在干旱多风的沙质地表条件下，由于人为过度活动的影响，在风力侵蚀和搬运作用下，使土壤及细小颗粒被磨蚀、剥离、搬运、沉积，造成地表出现以风沙活动为主要标志的土地退化。

我国是世界上受沙化危害严重的国家之一。目前全国荒漠化土地达 262 万 km^2，其中风蚀沙化土地为 160.74 万 km^2，占全国荒漠化土地面积的 61.3%，占国土面积的 16%。全国沙化土地主要分布在我国北方广大的干旱和半干旱地区以及部分半湿润地区。其中，我国北方农牧交错带、草原区、大沙漠的边缘地区是风蚀沙化最为严重的地区。“沙患”严重影响人民生活、制约经济与社会发展，已成为中华民族的心腹之患。尽管我国的风蚀荒漠化防治已取得了很大成效，局部地区生态环境得到很大改善，但沙化土地治理的速度远赶不上沙化的速度，“局部好转、整体扩大”的趋势仍未得到根本的改变，加强对风蚀荒漠化的研究与治理仍是当前迫在眉睫的任务。

第一节　风力作用与沙丘移动

风力作用过程包括风对土壤物质的分离、搬运和沉积 3 个过程或 3 种作用。

一、风力侵蚀作用

风力侵蚀是指土壤颗粒或砂粒在气流冲击力作用下脱离地表，以及随风运动的砂粒在打击岩石表面过程中，使岩石碎屑剥离出现擦痕和蜂窝的现象，简称为风蚀。在典型干旱的荒漠化地区，风力一般是主要的外动力。

（一）风力侵蚀方式

风力侵蚀作用包括吹蚀和磨蚀两种方式。

1. 吹蚀作用。风将地面的松散沉积物或基岩上的风化产物吹走，从而使地表物质遭受破坏的作用称吹蚀。风的吹蚀能力是摩阻流速的函数，风速超过起沙风速愈大，吹蚀能力愈强，两者之间的关系可用下式表示：

$$D = f(v_0) \tag{3-1}$$

式中，D —— 侵蚀动力，N；

v_0 —— 蚀床面上的摩阻流速，m/s。

吹蚀仅对比较松散的地表（如尘土和流沙构成的地表）起比较大的作用。并且吹蚀过程一般不能持续太长的时间，因为地表物质的抗侵蚀能力有一定的差异，当地表最容易吹蚀的部分（颗粒）被吹蚀后，地面的微地形条件、颗粒组成、水分条件等随之发生了微妙的变化，变得不利于风蚀。

2. 磨蚀作用。风沙流以其所含砂粒作为工具对地表物质进行碰撞、冲击和摩擦，或者在岩石裂隙和凹坑内进行旋磨的作用称磨蚀作用。

磨蚀强度用单位质量的运动颗粒从被蚀物上磨掉的物质的量来表示。对于一定的砂粒与被蚀物，磨蚀强度是砂粒的运动速度、粒径及入射角的函数。研究表明，磨蚀度随磨蚀物颗粒速度 V_p 按幂函数增加，幂值变化范围为 1.5～2.3；砂粒粒径对磨蚀强度影响不大，当磨蚀物平均直径由 0.125 mm 增加到 0.175 mm 时，磨蚀度只有轻微的增加；入射角 α 为 10°～30°时，磨蚀度最大。通常情况下，沙质磨蚀物要比土质磨蚀物的磨蚀强度大。

风对土壤颗粒成团聚体的侵蚀过程是一个复杂的物理过程，特别是当气流中挟带了砂粒而形成风沙流后，侵蚀更复杂。

（二）砂粒的启动

风是砂粒运动的直接动力，气流对砂粒的作用力为：

$$P = \frac{1}{2} C \rho V^2 A \tag{3-2}$$

式中，P —— 风的作用力，N；

C —— 与砂粒形状有关的作用系数；

ρ —— 空气密度，kg/m^3；

V —— 气流速度，m/s；

A —— 砂粒迎风面面积，m^2。

上式表明，风的作用力随风速的增大而增大。当风速作用力大于砂粒惯性力时，砂粒即被起动。把风作用于沙质地表时，使砂粒沿地表开始运动所必需的最小风速，称为起动风速，又称临界摩阻速度。所有风速超过起动风速的风，都叫起沙风。

地面砂粒被风起动的过程和物理机制是十分复杂的，根据风洞试验和高速摄影判断，当风速增大到接近起动风速时，单颗砂粒在风的拖曳力、砂粒的自身重力、上升力和冲击力作用下，有些就开始振动或前后摆动。直到风速达到起动风速之后，有些砂粒就开始沿沙面滚动或滑动，在高速摄影中还可以看到砂粒的滚动与滑动相互交替，滚动与滑动的砂粒有一个活动基面，砂粒的运动受阻或受到其他运动砂粒的冲击就会骤然起跳。

颗粒起动有两种形式，即流体起动和冲击起动，早在 20 世纪 40 年代就对此有一定的研究，因此对应的起动风速，有流体起动值和冲击起动值之分。如果砂粒的运动完全出于风对沙面砂粒的直接推动作用，使砂粒开始起动的临界风速称为流体起动值。若砂粒的运动主要是由于跃移砂粒的冲击作用，其起动的临界风速则称为冲击起动值。

拜格诺根据风和水的起沙原理相似性及风速随高程分布的规律，得出起动风速理论公式，其表达式为：

$$V_t = 5.75A\sqrt{\frac{\rho_s - \rho}{\rho} \cdot gd} \cdot \lg\frac{y}{k} \tag{3-3}$$

式中，V_t—— 任意高度处的起动风速值，m/s；

A—— 风力作用系数；

ρ_s、ρ—— 分别为砂粒和空气的密度，kg/m^3；

d—— 砂粒粒径，mm；

y—— 任意点高程，m；

k—— 粗糙度。

从上式可以看出，起动风速的大小与砂粒的粒径大小、地面粗糙度等有关。一般砂粒愈大，地面越粗糙，植被覆盖度越大，起动风速也愈大。

地表不同的沙尘颗粒具有不同的起动风速，起动风速与砂粒粒径的平方根成正比，土壤颗粒愈粗，起动风速愈大（表 3-1）。不过由于受附面层的掩护和表面吸附水膜的黏着力的作用，极小砂粒不易起动，起动风速反而更大，当粒径 d<0.1 mm 时，上述的平方根定律就不复存在。据实验测定，在 0.04～0.40 mm 的颗粒最容易遭受风蚀而起动。

表 3-1 不同粒级颗粒的起动风速（卢琦等，2001）

粒径/mm	0.1～0.25	0.25～0.5	0.5～1.0	1.0～1.25	1.25～2.5	2.5～5.0	5.0～10.0	10.0～20.0
风速/(m/s)	5.2	7.3	8.7	16.0	21.1	27.8	36.7	48.5

不同的地表状况因其粗糙度不同，对风的扰动作用也不同，相应的起动风速也不相同。地面越粗糙，起动风速越大。流动沙丘在风速达到 5 m/s 时就可起沙，半固定沙地在 7～10 m/s 时起沙，而砂砾戈壁为 11～17 m/s 才能起沙扬尘，其起沙量随风速的增大而增加（表 3-2、表 3-3）。

表 3-2 不同地表条件下砂粒的起动风速（王涛，2002）

地表状况	流动沙丘	半固定沙地	砂砾戈壁
起动风速/（m/s）	5	7～10	11～17

表 3-3 不同风速条件下地表起沙量（王涛，2002） 单位：kg/（hm^2·h）

风速/（m/s）		10	15	20	25
起沙量	流动沙丘	1.7×10^7	5.5×10^7	11.3×10^7	18.1×10^7
	半固定沙地	1.2×10^6	3.8×10^6	3.7×10^6	12.3×10^6
	砂砾戈壁	120	230	370	530

此外，沙子本身的含水率对起动风速也有明显的影响。在砂粒粒径相同时，沙子本身的含水率高，沙子黏滞性和团聚作用增强，起动风速也相应增大。

（三）影响风蚀的因素

1. 自然因素对风蚀的影响。风力侵蚀量的大小、强弱除与风力有关外，主要还与土壤抗蚀性、气候、地表糙度、地块长度及植被覆盖度等因子有关。

（1）土壤抗蚀性。土壤抵抗风蚀的性能主要取决于土粒质量及土壤质地、有机质含量等。风力作用时，受作用力的单个土壤颗粒（团聚体或土块）的质量或大小足够大，则不能被风吹移、搬运；若颗粒质量很小，则极易被风吹移。因此，常把粗大的颗粒称为抗蚀性颗粒，把轻细的颗粒称为易蚀性颗粒。抗蚀性颗粒不仅不易被风吹移，还能保护风蚀区内的易蚀性颗粒不受风蚀。由此可见，土壤中抗蚀性颗粒的含量多少，能够指示土壤抗蚀性的强弱。在持续风力的作用下，任何表面相对平滑的地表都会随风蚀过程而变得粗糙不平，从而造成地表细微起伏。

抗蚀性颗粒的机械稳定性会影响风蚀的进一步发展。若抗蚀性颗粒或团聚体较大，在风沙流的冲击和磨蚀作用下，仅被分离成较大的颗粒或不易分离，表示颗粒稳定性高；相反，易分离的颗粒稳定性差。颗粒稳定性与土壤质地、有机质含量有关。

因为质地较粗的沙土中缺少黏粒物质，不能将沙粒胶结成较大的颗粒，而黏土稳定性差，特别是冻融作用和干湿交替使其破碎，所以沙土和黏土是最易被风蚀的土壤。切皮尔的分析表明，当土壤中黏粒含量约27%时，最有利于抗风蚀性团聚体或土块的形成；小于15%时，很难形成抗风蚀的团聚结构。粗砂和砾石很难被风移动，有助于提高土壤的抗蚀性。

我国干旱区风成沙的粒度成分，以细砂（0.25～0.10 mm）为主，其次为极细砂和中砂，粉砂与粗砂含量很少。半干旱风沙区，受风沙的侵蚀和埋压，地带性土壤发育很弱，且与风成沙相间分布。毛乌素沙区各地带性土壤的粒度分析表明，表层土壤中黏粒含量均在10%以下。这样的土壤质地很难形成抗风蚀的结构单位，因而干旱和半干旱风沙区的土壤抗风蚀性很弱。

土壤有机质能促进土壤团聚体的形成并提高其稳定性，不利于风蚀作用的进行，因而，在生产中常通过增施有机肥及植物秸秆来改良土壤结构，提高抗风蚀能力。

（2）地表土垄。由耕作过程形成的地表土垄，能够通过降低地表风速和拦截运动的泥沙颗粒来减缓土壤的风蚀。阿姆拉斯特等研究了不同高度土垄的作用得出，当土垄边坡比为1∶4、高为5～10 cm时，减缓风蚀的效果最好；低于这个高度的土垄对降低风速和拦截过境土壤物质效果不明显；当土垄高度大于10 cm时，在其顶部产生较多的涡旋，摩阻流速增大，加剧了风蚀的发展。

（3）降雨。降雨使表层土壤湿润而降低风蚀。降雨还通过促进植物生长从而间接地减少风蚀。特别是在干旱地区，这种作用更加明显。由于植物覆盖是控制风蚀最有效的途径之一，作物对降雨的这种反应也就显得特别重要。降雨还有促进风蚀的一面。原因是雨滴的打击破坏了地表抗蚀性土块和团聚体，并使地面变平坦，从而提高了土壤的可蚀性。一旦表层土壤变干，将会发生更严重的风蚀。但总的说来，降雨对降低风蚀具有很重要的作用。

（4）土丘坡度。对于短而较陡的坡，坡顶处风的流线密集，风速梯度变大，使高风速层更贴近地面。这就使坡顶部的摩阻流速比其他部位都大，风蚀程度也较严重。切皮尔计算出的不同坡度土丘顶部及坡上部相对于平坦地面的风蚀量（表 3-4），表明坡顶风蚀量较坡上部显著高。

表 3-4 坡面上相对平坦地面的风蚀量（孙保平，2000）

坡度/%	相对风蚀量/[kg/（hm^2·a）]		坡度/%	相对风蚀量/[kg/（hm^2·a）]	
	坡顶	坡上部		坡顶	坡上部
0～1.5（平坦）	100	100	6.0	320	230
3.0	150	130	10.0	660	370

（5）裸露地块长度。风力侵蚀强度随被侵蚀地块长度的增加而增加，在宽阔无防护的地块上，靠近上风的地块边缘，风开始将土壤颗粒吹起并带入气流中，接着吹过全地块，所携带的吹蚀物质也逐渐增多，直到饱和。把风开始发生吹蚀至风沙流达到饱和需要经过的距离称饱和路径长度。对于一定的风力，它的挟沙能力是一定的。当风沙流达到饱和后，还可能将土壤物质吹起带入气流，但同时也会有大约相等重量的土壤物质从风沙流中沉积下来。

尽管一定的风力所携带的土壤物质的总量是一定的，但饱和路径长度随土壤可蚀性的不同而变化。土壤可蚀性越高，则所需饱和路径长度越短。切皮尔和伍德拉夫的观测表明，当距地面 10 m 高处风速约 18 m/s 时，对于无结构的细沙土，饱和路径长度约为 50 m，而对结构体较多的中壤土，则饱和路径在 1 500 m 以上。若风沙流由可蚀区域进入受保护的地面时，蠕移质和跃移质会沉积下来，而悬移质仍可能随风飘移；风沙流再进入另一可蚀性区域时，又会有风蚀发生。

（6）地表类型。地表性质不同，在同等风力吹蚀下出现的风蚀量差别很大。原生草地由于有植被覆盖的保护作用，表面结持力大，风蚀量较小。固定沙地的地表结皮厚，且有一定数量植被生长，在 4～12 级风条件下各吹蚀 10 min 的总风蚀量也只有 0.5 kg。和固定沙地相比较，半固定沙地的植被生长少，抗风蚀能力弱，风蚀量是固定沙地的近 3 倍。而流动沙地地表裸露，质地松散且无植被生长，其风蚀量高达 273.95 kg，分别是固定沙地和半固定沙地的约 547 倍和 192 倍。这表明原生草地及固定、半固定沙地地表一旦遭受人为破坏，下伏风成沙一经翻出地表，其性质就完全与现代流沙相同，地表风蚀就会迅速发展。土壤有机质能促进土壤表层植被的生长及土壤团聚体的形成并提高其稳定性，不利于风蚀发展，所以可通过增施有机肥及植物秸秆来改良土壤结构，改变地表类型，提高抗蚀能力。

（7）植被覆盖度。增加地面植被覆盖是降低风的侵蚀性最有效的途径。在相同风速下，地表抗风蚀能力随植被盖度增加而增强。当植被盖度在 20%以下时，抗风蚀极限风速在 7～8 m/s，且随盖度的增加而增加。当植被盖度在 20%～60%时，抗风蚀极限风速在 8.0～8.7 m/s，且随盖度的增加抗风蚀极限风速增大缓慢。当盖度大于 60%时，抗风蚀极限风速迅速增大。因此，保护和建立人工植被是增加土壤抗风蚀能力的重要措施。

（8）挟沙风。在同一风速下，净风和挟沙风作用于同一土壤引起的风蚀量有明显差异，后者是前者的 4.36～72.9 倍。这是因为在净风吹蚀下土壤表面主要受风的剪切应力的作用，其大小主要与风速大小有关。而在挟沙风中，除了有净风对土壤表面的剪切应力外，还有运动沙粒对土壤表面产生的直接撞击力的影响。因此，在风蚀地区设法切断上风向沙源，避免流沙对地表的直接冲击，也是减小土壤风蚀的重要环节。

2. 人类生产活动对土壤风蚀的影响，主要体现在以下几方面。

（1）土地翻耕。在各种等级风力吹蚀下，翻耕与未翻耕土壤的风蚀量在 7 级风以下时差别较小，在 7 级风以上时相差悬殊，翻耕地总风蚀量相当于未翻耕地的 14.8 倍，这是因为翻耕土地彻底破坏了表层土壤结构，降低了其结持力。由此可见，无防护措施的开垦和不适宜的翻耕是加剧农田土壤风蚀的重要原因。

（2）樵采。沙区群众有在荒地或戈壁滩上打柴和挖药材（樵采）的习惯，樵采后的地表形成一个个小坑，在风力作用下加剧了原地表的风蚀强度。实验研究得出，风蚀量随樵采面积的增大而急剧增大，当樵采面积为 10%时，总风蚀量只有 0.4 kg，当樵采面积为 100%时，风蚀量猛增到 9.12 kg，相当于 10%风蚀量的 22.8 倍。由此可见，过度樵采会带来严重的土壤风蚀问题，所以尽量控制樵采，能减少土壤风蚀。

（3）牲畜践踏。牲畜对土壤践踏的程度与自身重量、行动速度、践踏密度等有关。遭践踏的土壤的总风蚀量相当于未被践踏土壤的 1.144 倍，即践踏后的土壤风蚀速度加快了 14.4%，如果草场牲畜超载或放牧不合理，其加速值将更大。因此，滥牧也是加剧草场土壤风蚀的重要因素。

二、风力搬运作用

风携带各种不同粒径的砂粒，使其发生不同形式和不同距离的位移，称为风的搬运作用。风的搬运作用表现为风沙流的形式。

（一）砂粒运动形式

依风力强弱和搬运颗粒粒径的大小不同，风沙流中砂粒的运动形式有悬移、跃移、蠕移和存在于蠕移和跃移之间的方式（振动）4 种运动形式（图 3-1）。

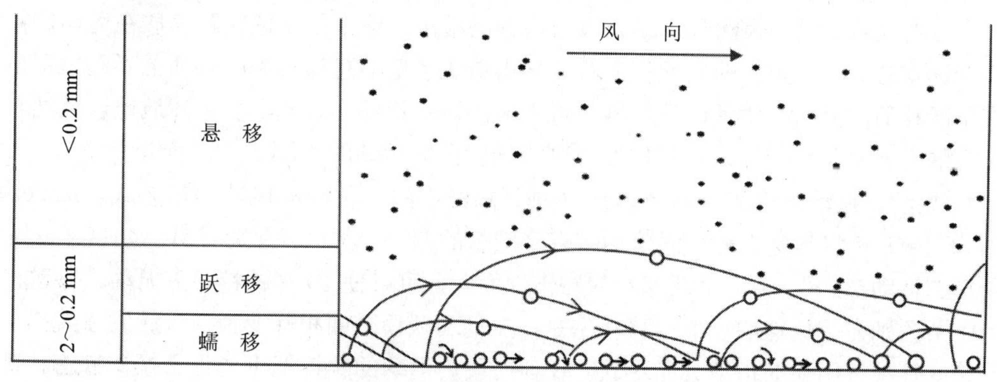

图 3-1　风力搬运的基本形式（杨景春，1985）

1. 悬移。砂粒起动后，沙土颗粒保持一定时间悬浮于空气中，并以与气流相同的速度向前运移，称为悬移运动，悬移运动的砂粒称为悬移质。一般而言，粒径小于 0.1 mm 甚至小于 0.05 mm 的粉砂和黏土颗粒才能发生悬移运动，但风速愈大，能悬移的颗粒粒径就愈大。悬浮沙量在风蚀总量中所占比例很小，一般不足5%，甚至在1%以下，但多是含有大量土壤养分的黏粒及腐殖质。由于其体积小质量轻，在空气中的自由沉速很小，一旦被风扬起就不易沉落，就可以长距离搬运，所以悬移质搬运距离最长。颗粒悬浮的距离和颗粒粒径的关系有比较明确的关系，一般认为大于50 μm的颗粒漂浮几十千米后如果风速减小就会降落，而粒径在20～30 μm的粉砂可以漂浮300 km以上的距离，小于15 μm的颗粒漂浮更远，甚至在空中停留。例如，中国西北粉砂不但可从西北地区悬移到江南，甚至可悬浮到日本。

2. 跃移。砂粒在风力作用下脱离地表进入气流后，从气流中获得动量而加速前进，在空中掠过一条很短的弹性轨道，又在自身的重力作用下以很小的锐角（10°～16°）落向地面。由于空气的密度比砂粒的密度小得多，砂粒在运动过程中受到的阻力较小，降落到沙面时有相当大的动能。因此，不但下落的砂粒有可能反弹起来，继续跳跃前进，而且由于它的冲击作用，还能使其降落点周围的一部分砂粒受到撞击而飞溅起来，造成砂粒的连续跳跃式运动。砂粒的这种运动方式称为跃移，跃移运动的沙土颗粒称为跃移质。

跃移是砂粒运动的最主要形式，在风沙流中跃移沙量可以达到运动沙量总重量的1/2甚至3/4。粒径为0.1～0.15 mm的砂粒最易跃移。在沙质地表上跃移质的跳跃高度一般不超过30 cm，而且有一半以上的跃移质是在近地表5 cm的高度内活动，而在戈壁或砾质地面上，砂粒的跃起高度可达到1 m以上。跳跃砂粒下落时的角度一般保持在10°～16°，它的飞行距离与跃起高度成正比。

3. 蠕移。由于一些跃移运动的砂粒在降落时不断冲击地面，使地表面的较大砂粒受冲击后缓慢滑动或滚动称为蠕移，蠕移运动的砂粒称为蠕移质。呈蠕移运动的砂粒都是粒径在0.5～2.0 mm的粗砂，其含量可以占到总沙量的20%～25%。在某一单位时间内蠕移质的运动可以是间断的。

造成蠕移质运动的力可以是风的迎面压力，也可以是跃移砂粒的冲击力。观测表明高速运动的砂粒在跃移中通过对沙面的冲击，可以推动6倍于它的直径或200倍于它的重量的粗砂粒。随着风速的增大有一部分蠕移质也可以跃起成为跃移质，从而产生更大的冲击力。可见在风沙运动中，跃移运动是风力侵蚀的根源。这不仅表现在跃移质在运动砂粒中所占的比重最大，更主要的是跃移砂粒的冲击造成了更多悬移质和蠕移质的运动。正是因为有了跃移质的冲击，才使成倍的砂粒进入风沙流中运动。因此，防止沙质地表风蚀和风沙危害的主要着眼点应放在如何控制或减少跃移砂粒运动的方面。

4. 振动。振动是近年来对风沙运动研究总结出的一种新的风沙运移方式。Anderson和Haff 1988年将其定义为“降落的带有高能量的颗粒击溅而发生移动或低角度跳跃运动的颗粒的运动形式”。当一个跃移颗粒冲击地面时，可以使10个颗粒发生振动。振动和蠕移的主要区别在于这些颗粒的运移状态是在振动和跃移之间相互变换，与跃移方式的主要区别是其速率呈明显的指数分布形式。任何时段内运动的颗粒都可能处于振动状态，其颗粒数和粒子的冲击速度以及剪切速度构成函数关系。

综上所述，风对地表松散碎屑物搬运的方式以跃移为主（其比例为70%～80%），蠕移次之（约为20%），悬移很少（一般不超过10%）。对某一粒径的砂粒来说，随着风速的增大，可以从蠕移转化为跃移，从跃移转化为悬移，反之，也是一样。

（二）风沙流及其结构特征

风沙流是气流及其搬运的固体颗粒（砂粒）的混合流。它的形成依赖于空气与沙质地表两种不同密度物理介质的相互作用，是风对沙输移的外在表现形式。风沙流搬运的沙量在搬运层内随高度的分布状况称为风沙流结构，其特征对于风蚀风积作用的研究及防沙措施的制定有着重要意义。

1. 砂粒粒径随高度的分布特征。风沙流中砂粒粒径大小与高度的关系，一般是距离地表愈近，粗粒愈多，运动方式以跃移和蠕移为主；离地表愈高，细粒愈多，主要为悬移。风沙流中砂粒的大小随高度的分布见表 3-5。

表 3-5　风沙流中砂粒粒径随高度的分布特征（孙保平，2000）

高度/cm	粒径/%		高度/cm	粒径/%	
	＞0.1 mm	＜0.1 mm		＞0.1 mm	＜0.1 mm
1	20.96	79.04	6	7.92	92.08
2	18.25	81.75	7	4.49	95.51
3	12.8	87.2	8	2.19	97.81
4	10.55	89.45	9	2.02	97.98
5	8.72	91.28	10	1.75	98.25

2. 含沙量随高度的分布特征。风沙流中的含沙量随高度分布不均。总的来说，含沙量随高度呈指数关系递减，高度愈低含沙量愈高。Butterfield 1991 年的风洞实验数据表明，79%的沙物质在 0.018 m 的高度之下运动。Chepil 观测到 90%的风蚀物质在 31 cm 高度内被输送，尤其集中在近地面 0～10 cm 的气流层中（约占 80%），表明风沙运动是一种近地面的物质搬运过程（表 3-6）。

颗粒沿高度的分布早在 20 世纪 50 年代已经有所研究，Zingg 1953 年给出其分布形式为：

$$Q_z = \left(\frac{b}{z+a}\right)^{1/n} \tag{3-4}$$

式中，Q_z —— 高度为 z 时的输沙量，kg；

b —— 与颗粒粒径和剪切速度构成函数关系的常数；

z —— 高度，m；

a —— 参考高度，m；

n —— 指数。

表 3-6　在风速 9.8 m/s 条件下不同高度风沙流中含沙量的分布（兹纳门斯基等）

高度/cm	0～10	10～20	20～30	30～40	40～50	50～60	60～70
沙量/%	79.32	12.3	4.79	1.5	0.95	0.74	0.40

3. 含沙量随风速的变化。风沙流中含沙量不仅随高度变化，也随风速而变化，当风速显著超过起沙风速后，风沙流中的含沙量急剧增加。风速愈大，在地表 10 cm 内含沙量的绝对值也愈大，两者成指数关系：

$$S = e^{0.74v} \tag{3-5}$$

式中，S —— 绝对含沙量，kg/m^3；

v —— 风速，m/s；

e —— 常数（e=2.718）。

表明风沙流的含沙量随风力的大小而改变，风力越大，风沙流的含沙量越高。

（三）风沙流的固体流量

气流在单位时间通过单位宽度或单位面积所搬运的沙量叫做风沙流的固体流量，也称为输沙率。计算输沙率不仅有理论意义，而且是合理制定防止工矿和交通设施不受风沙掩埋的措施的主要依据。

影响输沙率的因素很复杂，它不仅取决于风力的大小、砂粒粒径、形状和其比重，而且也受砂粒的湿润程度、地表状况及空气稳定度的影响，所以要精确表示风速与输沙量的关系是较困难的。到目前为止，在实际工作中对输沙率的确定一般仍多采用集沙仪在野外直接观测，然后运用相关分析方法，求得特定条件下的输沙率与风速之间的关系。

三、风力堆积作用

风沙流在运动过程中，当风速减小、遇到障碍物或地面结构及下垫面性质改变时，都能使砂粒沉降和堆积，称风力堆积作用。经历风搬运再堆积的物质叫风积物。

（一）沉降堆积

在气流中悬浮运行的砂粒，当风速减弱，沉速大于紊流漩涡的垂直风速时，就要降落堆积在地表，称为沉降堆积。砂粒沉速随粒径增大而增大，粒径愈大，其沉速愈大，粒径愈小，沉速愈小（表 3-7）。

表 3-7　砂粒直径与沉速的关系（孙保平，2000）

砂粒直径/mm	0.01	0.02	0.05	0.06	0.1	0.2	2
沉速/（cm/s）	2.8	5.5	16	50	167	250	500

（二）遇阻堆积

风沙流运行时，遇到障阻，使砂粒堆积起来，称遇阻堆积。风沙流因遇障阻速度减慢，而把部分砂粒卸积下来，也可能全部（或部分）越过和绕过障碍物继续前进，在障碍物的背风坡形成涡流（图 3-2）。

风沙流在运行过程中，遇到了湿润或较冷的气流会被迫上升，这时部分砂粒不能随气流上升而沉积下来。两股风沙流相遇，在风向几乎平行的条件下，也会发生干扰，降低风速，减小输沙能力，从而使部分砂粒降落下来。在风沙流经常发生的地区，粒径小于 0.05 mm 的砂粒悬浮在较高的大气层中，遇到冷湿气团时，粉粒和尘土成为雨滴的凝结核会随降雨大量沉降，成为气象学上的尘暴或降尘现象。

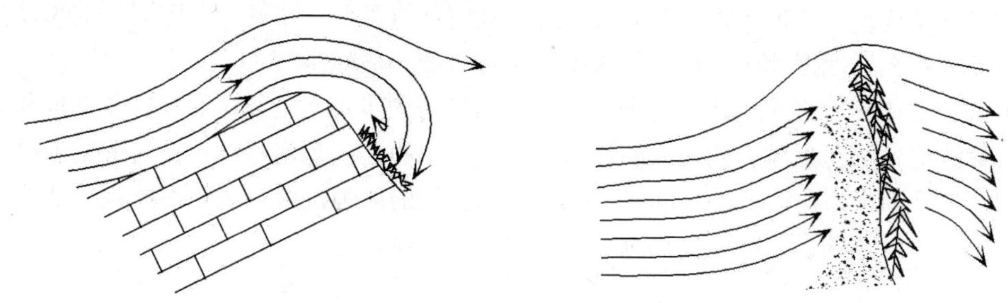

图 3-2　风沙的遇阻堆积（孙保平，2000）

四、沙丘的移动

沙漠中各种类型的沙丘都不是静止和固定不变的，而是运动和变化的。沙丘的移动是通过砂粒在迎风坡风蚀、背风坡堆积而实现的。

（一）沙丘的移动方式

沙丘移动的方式取决于风向及其变化，可分为下列 3 种方式（图 3-3）。

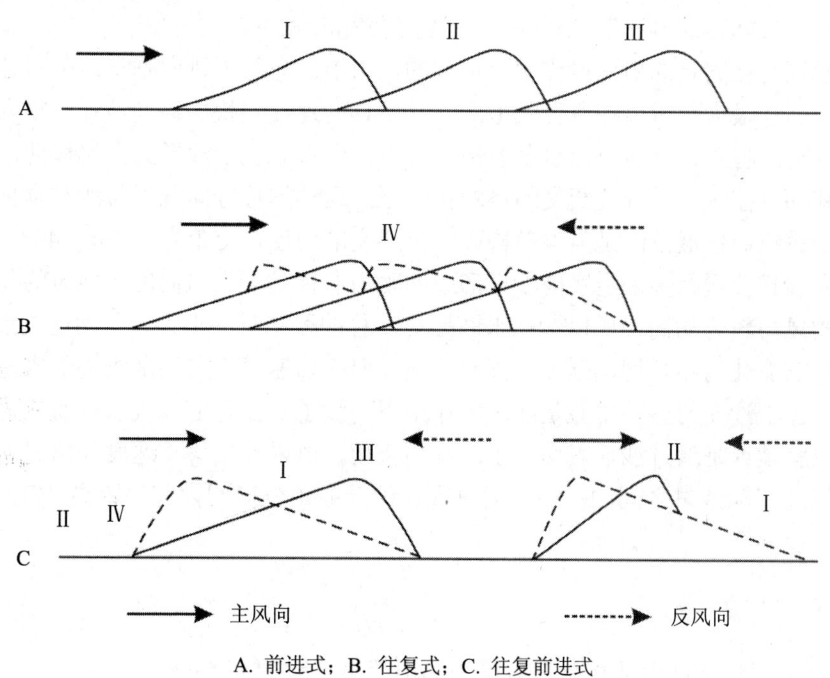

A. 前进式；B. 往复式；C. 往复前进式

图 3-3　沙丘移动的 3 种方式（严钦尚等，1985）

第一种是前进式，即在单一的风向作用下终年保持向某一方向移动。如我国新疆塔克拉玛干沙漠中的沙丘，在单一的西北风作用下，均以前进式向东南运动为主，或稍微有往复摆动方式的前移。

第二种是往复式，即在风力大小相等而风向相反的两个方向风力作用下产生的往复移动，沙丘将停在原地摆动或仅稍向前移动，这种情况一般较少。

第三种是往复前进式，即在两个风向相反而风力大小不等的情况下呈往复向前移动。如毛乌素沙地冬季在主风向西北风的作用下，沙丘由西北向东南移动；在夏季受东南季风的影响，沙丘则产生向西北的运动。但是由于东南风的风力一般较弱，不能完全抵偿西北风的作用，所以总的说来，沙丘仍是缓慢地向东南移动。

（二）沙丘的移动速度

沙丘的移动与风和沙丘本身的高度、地表水分以及植被条件等很多因素有关，其中以风的影响为最大。

风向及其变化对沙丘移动速度有一定的影响。观测资料表明，单一风向作用下沙丘移动速度要比多风向作用下快。这是因为风要使沙丘向前移，一定要把沙丘塑造成有利于它作用的形态，即沙丘的迎风坡和风向相一致。任何具有一定的力和一定方向的风，沙丘都应有与其相适应的剖面形态和平面形态，当有与沙丘原有形态不相适应的风作用于沙丘时，首先要重新调整和改造原来的沙丘形态，使其和新的风向、风力相适应，以利于风的活动，为有效搬运砂粒创造条件。因此，在多方向风的地区，每当风向发生变换时，开始风的能量被大量消耗于为适应于新风向的沙丘形态形成过程中，从而大大减少了用于推动沙丘移动的“实际有效风速”，沙丘移动速度必然相应减少。

横向沙丘是在固定的单向风作用下形成的，由于走向与主风向垂直，在同等风力条件下有效作用面积最大，所以在各种类型的沙丘中移动速度最快。纵向沙丘除横向移动外，还有纵向移动的特点，以新月形沙垄为例，它不仅沿着垂直于沙脊的方向移动，还沿着脊线的方向移动。在两个以锐角相交的风的作用下，运动的总方向既不与沙垄垂直，也不单纯地沿着沙垄纵向伸展，而是与沙垄构成一个斜交的角度，交角介于 25°～40°，因此移动速度比横向沙丘要慢得多。金字塔沙丘形成的动力条件是无主风向的多向风的作用，且各个方向风的风力较为均衡，所以沙丘来回摆动，总的移动量并不大，移动速度最慢。

风向及其变化对沙丘运动速度固然有影响，但移动速度主要还是取决于风速和沙丘本身的高度。由于沙丘的移动主要是在风力作用下，沙子从沙丘迎风坡吹扬而在背风坡堆积的结果，也就是说是通过沙丘表面沙子的位移实现，所以沙丘移动速度与风速的关系实质上也就是风速和输沙量之间的关系。据研究，沙丘在单位时间内前移距离（D）可用下式和图 3-4 表示：

$$D = \frac{Q}{rH} \tag{3-6}$$

式中，Q —— 单位时间内通过单位宽度的全部沙量，kg/（m·a）；

H —— 沙丘高度，m；

r —— 沙子容重，kg/m^3。

由该式可知沙丘移动的速度和输沙量成正比，与沙丘高度成反比。

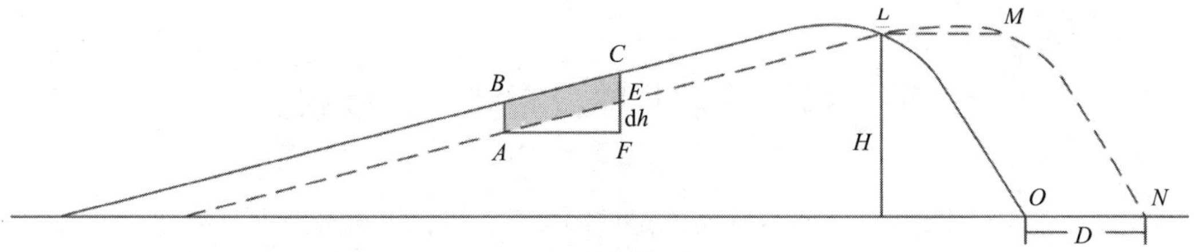

图 3-4　沙丘移动的几何图解（严钦尚等，1985）

沙丘移动速度除了主要受风力和沙丘本身高度的影响外，还与沙丘的水分含量、植被状况及下伏地貌条件等多种因素有关。沙子处于湿润状态时，它的黏滞性和团聚作用加强，不易被吹扬搬运，因而提高了沙子的起动风速，所以移动速度比干燥时小。沙丘上生长了植物以后，增加了其粗糙度而大大削弱近地表层的风速，减少了沙子被吹扬搬运的数量，从而使沙丘移动速度大大减缓，甚至停止移动，所以植物固沙是治理沙漠的重要措施。沙丘下伏地面的起伏能限制沙丘移动的速度，在平坦地区沙丘的移动速度较起伏地区快。

在实际工作中，通常采用野外插标杆、重复多次地形测量、多次重合航片的量测等方法，确定各个地区沙丘移动的速度。根据各地沙丘年平均移动速度的大小，可将沙漠地区沙丘移动强度分为下面 4 种类型。

1. 慢速类型。沙丘平均年前移距离小于 1 m，塔克拉玛干沙漠内部、巴丹吉林沙漠中部和库姆达格沙漠一些大沙山地区的沙丘属于这一类型。

2. 中速类型。沙丘平均年前移值在 1～5 m，塔克拉玛干沙漠西部和中部，巴丹吉林沙漠中沙山以外的沙丘链地区，腾格里沙漠大部分，乌兰布和沙漠大部与东部及河西走廊一些绿洲附近的沙丘属于这一类型。

3. 快速类型。沙丘平均年前移值在 6～10 m。塔克拉玛干沙漠南部一些绿洲附近的沙丘，河西走廊民勤绿洲附近，毛乌素沙地东南，腾格里及巴丹吉林沙漠中一些低沙丘，库布齐沙漠东部及科尔沁沙地西部的一些沙丘属于这一类型。

4. 特别快速类型。沙丘平均年前移值在 20 m 以上，如塔克拉玛干沙漠西南及东南边缘的低矮新月形沙丘属于这一类型。

（三）沙丘的移动方向

沙丘移动的方向取决于起沙风的风向，移动总方向与大于起沙风的年合成风向大体一致，但不完全重合，二者之间有一夹角。例如，新疆莎车阿瓦提地区沙丘移动的总方向平均为南 50°东，而起沙风的年合成风向是北 40°西。皮山地区沙丘移动的总方向平均为南 70°东，而起沙风的年合成风向是北 70°西。

根据气象资料，我国沙漠地区风沙移动主要受东北风和西北风两大风系的影响。新疆塔里木盆地的塔克拉玛干沙漠的东部、北部和中部及东疆、甘肃河西走廊西部等地的沙丘，在东北风的作用下从东北向西南移动，其他各地的沙丘移动方向都是在西北风作用下由西北向东南移动。

第二节　风蚀沙漠化的分布和人为成因类型

在风蚀荒漠化土地中，沙漠化是分布最广的类型，风蚀土质荒漠化和砾漠化以及岩漠化很少。沙漠化是全球面临的一个重大环境问题，是原非沙漠地区出现以风沙活动为主要标志的类似沙漠景观的环境变化过程，其实质是风作用于沙质地表而产生的土壤风蚀、风沙流、风沙沉积、沙丘前移及粉尘吹扬等一系列风沙地貌过程。因此，风力是沙漠化过程中最主要的作用营力，它不仅将风化碎屑中的细小颗粒和松散沉积物中的砂粒搬运到很远的地方，堆积成各种风积地貌，而且能侵蚀坚硬的岩石或大石块，形成各种风蚀荒漠化景观。风蚀荒漠化主要发生在干旱、半干旱地区，特别是沙漠外围地区，还有一部分布在大陆冰川的边缘，植被稀少的海岸地带、湖岸地带和河谷地区。因为风蚀沙漠化土地中主要是草地荒漠化，耕地和林地荒漠化所占面积很少，所以下面主要介绍草地沙漠化。

一、我国草地与风蚀退化现状

我国是世界第二大草地资源大国，草地面积为 39 892 万 hm^2，仅位居澳大利亚之后。我国的草地面积占全国总面积的 42.05%。为耕地面积的 3.12 倍，林地面积的 2.28 倍，是我国土地、森林、草地、矿产、水、海洋这六大自然资源之一。我国的天然草地以西藏自治区草地面积最大，全区有 7 084.68 万 hm^2，占全国草地面积的 21.40%；接下来草地面积大的依次是内蒙古自治区、新疆维吾尔自治区和青海省，以上四省区草地面积之和占全国草地面积的 64.65%。草地面积达 1 000 万 hm^2 以上的省区还有四川省、甘肃省、云南省；其他各省区草地面积均在 1 000 万 hm^2 以下。截至目前，在我国近 4 亿 hm^2 的天然草原中，有 90%的可利用草原已有不同程度退化，并且正以每年 200 万 hm^2 的速度扩张，草原生产力不断下降，草原生态环境持续恶化，其中严重退化草原近 1.8 亿 hm^2。天然草原面积每年减少 65 万～70 万 hm^2。草原质量不断下降，直接威胁到国家生态安全。20 世纪 80 年代以来，北方主要草原分布区产草量平均下降幅度为 17.6%，下降幅度最大的荒漠草原达 40%左右，典型草原的下降幅度约为 20%。产草量下降幅度较大的省（自治区）主要是内蒙古、宁夏、新疆、青海和甘肃，分别达 27.6%、25.3%、24.4%、24.6%和 20.2%。

草原沙漠化是一个世界性问题，据世界资源研究所 1987 年估计，目前全世界 60%以上的草原已严重退化。我国草地资源的开发利用已有上千年的悠久历史。但至今仍是以传统草原畜牧业为主的经营方式，通过利用天然草地资源放牧草食家畜获得畜产品为特征。从古至今畜牧业发展基本是被动顺应自然，受自然生态条件制约。在长期的牧业发展中，在人少畜少草多的优势条件下，过去由于草地利用比较少，才使得草地能够延续和发展至今。但是，人类生产活动和发展政策对自然资源的影响非常大，尤其是人类农耕文明的发展，更是对草地资源的状况产生了深刻的影响。随着人类文明程度的提高，对草地资源的认识也发生了深刻的变化。人们已经认识到草地退化的根本原因是人类不合理的开发、利用导致的。

草地沙漠化是土地荒漠化中最严重的一种，是沙漠化土地的主要组成部分。草地沙漠化或荒漠化是由于人为干扰和自然变化所导致的草地生态系统逆行演替的过程及其结果。

二、我国风蚀沙漠化的分布

朱震达等研究表明，我国沙漠化土地东起沿海，西至内陆西北高原盆地，从南部的海南岛直至最北部的三江平原、呼伦贝尔均有不同程度的分布（表 3-8），总面积约 35.88 万 km^2（包括潜在沙漠化土地和已经沙漠化土地），占全国陆地总面积的 3.74%，占我国耕地和草地总面积 7.7%，涉及北京、内蒙古、黑龙江、吉林、辽宁、河北、山东、河南、陕西、山西、宁夏、甘肃、青海、新疆、西藏、广西、广东、福建、江西、海南、台湾等 21 个省、直辖市、自治区。

表 3-8　中国沙漠化土地的分布（据朱震达修改，1999）

分布地区	面积/km^2	分布地区	面积/km^2
极端干旱荒漠地带		半干旱与干旱草原地带	
贺兰山西麓山前平原	1 888	呼伦贝尔	8 065
腾格里沙漠南缘	640	吉林西部	7 886
弱水下游	3 480	科尔沁草原	45 810
阿拉善中部	20 465	河北坝上	12 665
河西走廊	6 692	锡林郭勒及察哈尔草原	64 549
柴达木盆地	7 920	后山地区（乌盟）	7 895
准格尔盆地	9 054	前山地区（乌盟）	784
塔里木盆地	36 913	晋西北及陕北	27 578
合计	87 052	鄂尔多斯（伊克昭盟）	33 040
半湿润和湿润地带		后套及乌兰布和北部	2 432
三江平原	672	乌兰察布草原北部及狼山以北	21 374
嫩江下游	5 065	宁夏中部及南部	10 247
黄淮海平原中部和北部	5 576	青海共和盆地	12 669.9
江西南昌及鄱阳湖沿岸	266.7	雅鲁藏布江谷地	3 000
我国沿海地区	1 755	合计	257 994.9
海南岛	431.1	总计	358 812.7
合计	13 765.8		

其中大致可分为下面 3 个分布区。① 半湿润森林草原和湿润的森林地带沙漠化分布区。包括我国东部三江平原、嫩江下游、黄淮海平原中部和北部、江西南昌及鄱阳湖沿岸、近 3 000 km 的沿海地带、海南岛和台湾地区等，面积约为 13 763.8 km^2。② 半干旱草原及干旱荒漠草原地带沙漠化分布区。包括贺兰山至乌鞘岭、都兰以东，白城、康平一线以西，彰武、多伦、商都、横山、景泰一线以北，国境线以南的呼伦贝尔、科尔沁草原、鄂尔多斯、青海共和盆地等，面积约为 257 994.9 km^2。③ 干旱荒漠地带沙漠化分布区。包括贺兰山、乌鞘岭、都兰一线以西的贺兰山西麓山前平原、阿拉善中部、腾格里沙漠南缘、弱水下游、河西走廊、柴达木盆地、准噶尔盆地、塔里木盆地等广大地区，面积约为 87 052 km^2。上述表明，干旱与半干旱地区是我国沙漠化土地的主要分布区。

三、草地风蚀沙漠化的人为成因类型

在我国北方草地沙漠化的人为成因包括过度樵采、过度放牧和过度农垦 3 种类型，其中过度樵采引起沙漠化面积占第一位，过度放牧引起的沙漠化面积占第二位，过度农垦造成的沙漠化面积占第三位（表 3-9）。盲目扩大开垦草地、扩大农作物面积常常会出现水资源的不足，造成农地弃耕，经过风蚀，使土壤物质粗化，出现沙漠化。牲畜业发展的规模要根据当地草地资源的承载力来确定，超过当地草地资源载畜量的畜牧业常常会导致草地严重退化，进而出现沙漠化。过度樵采造成了植被盖度降低和植物根系固沙作用的减小，也破坏了土壤的结构，从而引起沙漠化。在我国北方现代沙漠化土地中，94.5%是人为因素所致。可见，人为不合理活动已成为现代荒漠化发生发展的主导因素，见表 3-9。

表 3-9 我国北方现代沙漠化土地成因（朱震达，1999）

成因类型	占北方沙漠化土地百分比/%	成因类型	占北方沙漠化土地百分比/%
过度农垦沙漠化土地	23.3	水资源利用不当沙漠化土地	8.6
过度放牧沙漠化土地	29.3	工矿交通城镇建设造成的沙漠化土地	0.8
过度樵采沙漠化土地	32.4	风力作用下沙丘前进入侵	5.5

第三节 草地沙漠化的动力

一、草地沙漠化的风动力

草原地区是我国现代沙漠化强烈发展的地区。历史上屡次出现由于过度开垦使草原发生沙漠化的过程。19 世纪中末期开垦草原的高潮并伴随着草原地区人口的持续增长，决定了草原地区沙漠化的持续发展。一个多世纪的开垦，在草原南区和东部形成了一个从牧业经济向农业经济过渡的特殊经济区域——农牧交错区。自然条件的不稳定性和脆弱性在土地经营方式发生变革时显得异常突出，使得沙漠化从潜在变成强烈发展的现实。

风蚀沙漠化地区是塑造地貌的主要营力，对沙漠化的形成与发展，以及地表形态的塑造都起着主要的作用。我国出现草地风蚀沙漠化的地区风力都较强，全年平均风速一般在 3.3～5.5 m/s，春季平均风速一般在 4.0～6.0 m/s，超过临界起沙风（≥5 m/s）的风速每年出现的日数在 200～310 天，大部分地区出现 8 级以上的大风 20～80 天。在时间的分布上，以春季为主，一般占 30%左右，尤其是 8 级以上的大风主要集中在这个季节，占全年大风日数的 40%～70%。春季也是这些地区降水稀少的季节，如乌兰察布草原沙漠化发展的地区，春季降水仅占全年降水量的 8%～13%。因此，频繁的大风及其与干旱季节在时空分布上的一致性，使干旱的沙质地表的沙层容易被风力吹扬，为沙漠化的形成和发展提供了强大的动力。

二、草地沙漠化的生物动力

人及其相关的放牧等活动可以是沙漠化的影响因素，也可以是沙漠化的直接动力。在人及其他动物直接造成沙漠化的条件下，这时就不是沙漠化的影响因素了，而是导致沙漠化的动力。如人为严重破坏了植被，造成土地裸露，可出现类似荒漠化的景观，牛羊也可以过度啃食草原植被而导致类似荒漠景观的出现。

生物动力包括人为相关的直接开发活动和过度放牧。这种动力发生在风力作用之前，本书编者称其为沙漠化的第一动力。认识第一动力对揭示沙漠化的动力发展是很有必要的，但作为沙漠化命名的动力则是第二动力或最终动力。草原沙漠化的第二动力是风力，所以风力是草原沙漠化命名的动力。

（一）人类开垦草地产生的动力

清代初期，东北地区包括科尔沁、锡林郭勒草原都被看作满旗的“龙兴之地”，在热河到辽宁南部曾设“柳条边”封锁，不许农民出关开垦。“康乾盛世”以后，随着人口激增，人均占有耕地数量骤减，为了满足新增人口的粮食需求，在落后的生产技术条件下，清政府不得不改变不许出关的政策，一改禁垦为有意识的“放垦”。清朝末期山东、河北、山西、陕西一带失去土地的农民“闯关东”“走西口”都达到了一定的规模，不断扩大耕地范围，垦殖大量非宜农地，尤其是许多优质天然草场因此而遭到破坏，极大地加剧了土壤风蚀。到了民国初年，中原连年军阀混战，更出现了向北方草原南部移民的高潮，河北省坝上和内蒙古察哈尔草原发生了从传统的牧业地区向农垦地区转变。西方地区的一些传教士和一些商号也在草原出租土地，实施招垦。20 世纪 30 年代，农垦地已深入内蒙古乌兰察布草原，20 世纪 50 年代开垦的四子王旗供济堂已深入草原 140 km，20 世纪 50 年代末、60 年代初中期和 70 年代又展开了 3 次草原开垦高潮。如果说过去对草原的开垦只是自发的临时性的“游农”式开垦活动，50 年代以后的开垦则是有组织的、有先进农具（拖拉机）的大规模开垦。

由于自然气候的积温不足、生长期短和缺乏灌溉水源，新开垦的草原只能一年一熟，采用传统的扣翻式犁具耕作，耕、耙、种集中在春天进行。春天正是我国北方的大风和干旱季节，机具扰动干松的土壤使土壤严重风蚀，极易加剧沙漠化。据调查，在乌兰察布草原南部和察哈尔草原，一场风可使新翻土地损失 2 mm 厚的土壤，一个风季损失 5 mm 厚的土壤。

人为的垦殖活动，为风力的吹蚀、搬运和堆积创造了有利条件，使沙质草原的原始景观发生了显著变化。因此，草原农垦是草原沙漠化的第一动力。可以认为，草原农垦的历史也是草原沙漠化的历史。以内蒙古乌兰察布草原南部的商都县为例，该县在 1885 年以前系草原牧区，没有农业开垦，尚未有沙漠化土地出现。而在 1885—1915 年的 30 年中开始出现小规模的农垦，但因垦区面积很小，且零星分布，所以沙漠化不明显。在 1915 年设置了商都招垦局，开始大规模的移民开垦，旱作农地在草原上普遍发展，逐渐连成整片。随着时间的推移，暴露在风力作用下的农田出现以土壤风蚀、粗化和斑点状流沙为主要标志的沙漠化土地景观。20 世纪 30 年代至 40 年代初该区继续实行放荒招垦的政策，人口由

5 万增至 8.6 万，耕地由 750 万～1 050 万 hm^2 增至 2 205 万 hm^2，草原牧区景观逐渐被旱作农田景观所取代，大量草原植被遭破坏，加速了沙漠化的发展，破坏了土地生产力，造成旱作农田大面积弃耕，不得不进一步开垦草原，导致草场面积逐渐缩小。

（二）人类的滥樵与挖取药材动力

我国许多地区尤其是草原地区的燃料基本还是以天然植被为主，樵采也成为这些地区沙漠化发展的第一动力之一。樵采破坏了天然植被，导致以固定沙丘活化和沙质草原风蚀为特征的土地沙漠化过程极为突出。如内蒙古科尔沁沙地库伦旗北部额勒顺乡，1 340 户居民每年柴薪所需的数量相当于 208.5 hm^2 灌木林。挖掘沙区草药也是有的地区沙漠化的第一动力，挖掘药材能直接消耗绿色植物群体，使之失去再生机能，造成生态系统物质及能量的转化中断，为风蚀流沙的出现创造了有利条件。

（三）工矿开发、城市化及道路建设动力

草原城镇、工矿和居民点的建设加速了对天然植被的破坏，这也是沙漠化的重要第一动力。这样的建设形成了以草原城镇、工矿和居民点为中心的沙漠化圈。如内蒙古苏尼特左旗贝勒庙 20 世纪 50 年代的沙漠化还不很显著，但到了 70 年代末由于人口的增加、频繁的人为活动加速了沙漠化的进程，使沙漠化的面积从原来的 3%扩大到了 25%。

在沙质草原上，机动车辆任意行驶所造成的沙漠化也很显著，也是造成沙漠化的第一动力。如过去从苏尼特左旗到锡林郭勒盟的干线公路都不固定，线路都是司机自己碾压出来的。在内蒙古高原的草原上，行政村之间的道路曾是牧人的牛车任意压出来的。沙质草原上任意行驶的道路，沿线常出现带状的裸露沙地，在微凹陷的地段还会出现条带状风蚀地。近年来所建的公路及迎风方向地段的取土坑往往在风力作用下，沙层被吹扬，形成沿线不连续分布的沙漠化点。道路沿线的沙漠化是锡林郭勒草原、呼伦贝尔草原等地沙漠化过程中的一大特点。

（四）过度放牧牛羊产生的动力

草场严重超载，牛羊对草原造成严重破坏，也是风力作用之前的沙漠化的第一动力。长期以来，内蒙古自治区及西北地区各草场严重超载（表 3-10），使得草场植被减少，草场退化，导致风蚀加剧，造成草场沙漠化。

表 3-10　中国北方草场历年载畜情况（万只羊单位）（董玉祥等，1995）

省（自治区）	内蒙古	甘肃	宁夏	青海	新疆
1950 年载畜量	2 447.30	1 746.46	292.43	1 851.46	2 309.41
1959 年载畜量	5 189.20	2 222.78	472.36	1 817.00	3 307.12
1969 年载畜量	6 431.60	2 580.73	566.32	3 713.80	3 897.63
1979 年载畜量	6 800.60	2 975.53	597.19	4 379.18	4 350.47
1990 年载畜量	6 460.14	3 563.34	689.25	4 669.80	5 609.60
合理载畜量	4 837.00	1 511.84	288.47	3 625.45	3 621.78
1990 年的超载率/%	33.56	135.70	138.93	28.81	54.89
退化草场占可利用草场比/%	41.00	44.00	97.00	20.00	19.00

以内蒙古草原的农牧交错带为例，近年来，由于单纯追求增加牲畜头数而使草场负荷过重，锡林郭勒草原西乌珠穆沁旗在1949年每平方千米草场仅有9.6头牲畜，而到了20世纪60年代末期增加到了69.8头。特别在旗、县或区、乡交界的地方，草场过度放牧尤为严重。超负荷的草原内植株变得低矮，覆盖度变得稀疏，呈现出零星分布的裸露地表。

在牲畜的反复啃食、大量践踏下，表层结皮破碎，形成许多裸露沙地，成为风力吹扬的突破口，致使草地退化，沙漠化严重发展。这种由于过牧导致的沙漠化过程在水井周围表现得更为明显，一般在水井周围500 m的半径范围内原生植被受到破坏，呈现出流沙或沙砾质的粗化地面，在500～1 000 m半径范围内，仅生长不适口的杂草，成为沙漠化的发生圈。过牧所造成的沙漠化景观除了出现在水井和放牧点周围之外，还分布在一些丘间小湖周围。因为湖泊周围牲畜大量践踏使得一些固定沙丘活化，成为流沙，当流沙出现以后，风蚀就以流沙为中心发展，形成风蚀坑，呈现出固定沙丘中流沙斑点状分布的特征。随着这一过程的延续，风蚀坑深度逐渐加大，裸露沙面扩大，草原就出现严重退化。

在草原土地沙漠化过程中，过度农垦往往与过度放牧相互影响，二者关系密切。过度农垦使草原面积缩减，而长期以来实行的只追求发展牲畜头数，忽视效益的“头数牧业”，又使得草原牲畜迅速增加，草原超载严重，草场严重退化，产草量减少，草场反过来更加超载，草、畜和土地陷入反复的恶性循环之中。

第四节　沙漠化发生机理

气候变异和人类活动是荒漠化过程中两项主要的作用因素。从时间上看，气候变化和自然环境的演变过程是缓慢的，但一旦人类活动参与了这一过程，则会激发并加速荒漠化发展，并在较短的时间内造成较大的环境破坏和质的蜕变。

一、人类生产系统对沙漠化的作用机制

据兹龙骏研究，可以利用因果反馈回路分析揭示沙漠化或荒漠化的内在机制。沙漠化发生过程是由人类生产系统与其环境间的反馈作用机制控制的。在系统内，根据作用效果，可分为正反馈作用和负反馈作用两类机制。正反馈回路呈自我加强作用，负反馈回路呈自我调节作用。因此，整个系统的行为产生“稳定”与“增长”之间的相互转化。当负反馈回路的自我调节作用强于正反馈回路的自我加强作用时，系统就呈现稳定状态，沙漠化过程得到调节而使沙漠化土地趋于自我恢复，反之，系统呈现无限“增长”或“衰退”状态，沙漠化程度进一步加强或面积继续扩张。因果反馈回路分析是认识沙漠化或荒漠化过程内在机制的重要手段，在理论和实践上具有重要意义。

人类活动是沙漠化发展的直接原因，主要表现在以下3个方面：① 人口增长给生产性土地带来巨大压力并引发许多社会经济问题；② 土地利用不合理，如过度放牧，毁林开荒和不适当的农林利用对生态系统造成不利影响；③ 水资源利用不当带来的生态退化问题。西北地区三次大规模毁林开荒共破坏草地667万hm^2，毁林18.7万hm^2，造成了生态环境的大破坏，后果十分严重。

人类生产系统主要包括种植业、畜牧业、林业、工矿交通和人口等子系统。

（一）种植业对沙漠化的影响机制

图 3-5 是一个农业生产对荒漠化影响的正反馈回路。人口增加需要更多的粮食，如果粮食产量不能满足人口增加的需求，就迫使人们通过扩大垦殖面积或采取掠夺式经营来提高总产量，其结果导致生态的恶化，土地生产力下降。如果继续扩大耕地面积而超过了当地水资源允许的限度，就会造成荒漠化的发生。这是荒漠化过程中的正反馈作用机制。

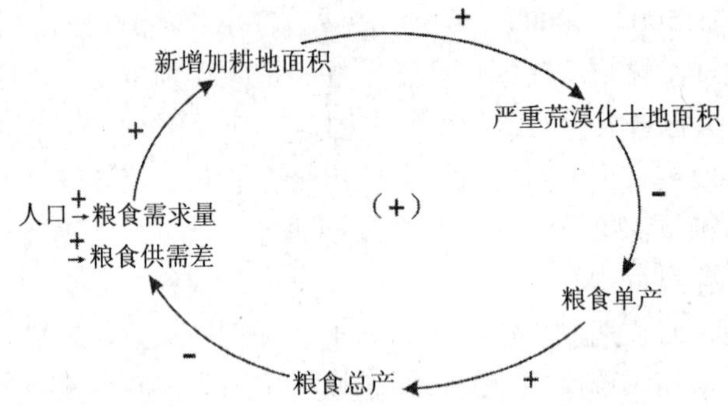

图 3-5　种植业对荒漠化的正反馈（兹龙骏，1998）

图 3-6 是一个农业生产对沙漠化影响的负反馈回路。在农田面积一定的情况下，如果粮食生产不能满足需求，可以通过增加化肥、农机、灌溉和品种改良等措施提高粮食产量满足需求，而不是通过扩大土地面积解决所需粮食问题。如果采取这些措施，可使系统内的自然资源得到合理的开发和利用，这样就不会发生土地沙漠化或使土地沙漠化得到治理和恢复。

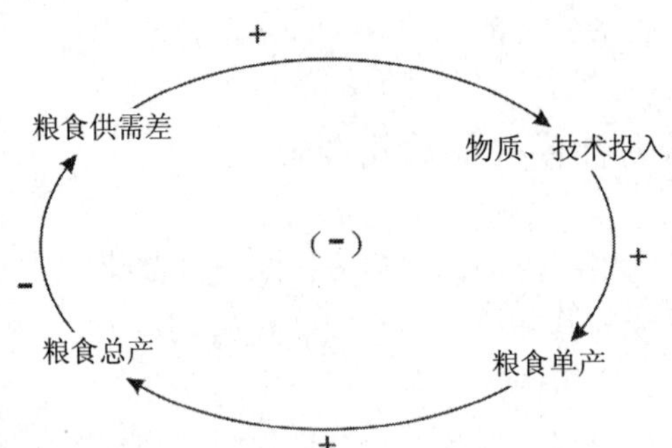

图 3-6　种植业对荒漠化的负反馈（兹龙骏，1998）

（二）畜牧业对沙漠化的影响机制

图 3-7 为畜牧业对沙漠化或荒漠化影响的正反馈回路。牧民为提高经济收入，盲目增加牲畜头数，造成超载放牧，破坏了系统的自我调节机制，从而加速了沙漠化或荒漠化进程。相反，也可以通过人为合理控制畜牧业发展，并保护草场，培育草场，增加草产量，使畜牧业发展对沙漠化影响出现负反馈，这样就不会造成超载放牧沙漠化。

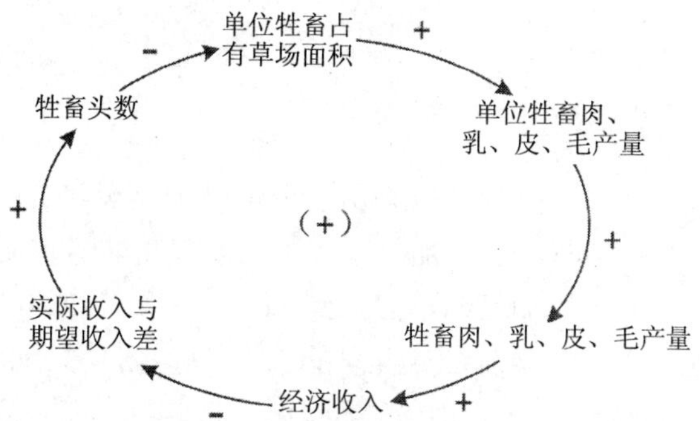

图 3-7 畜牧业对沙漠化的正反馈（兹龙骏，1998）

（三）林业对沙漠化的影响机制

图 3-8 是林业对沙漠化影响的负反馈回路。如果盲目扩大造林面积，由于林地面积不断增加，林地所需灌溉水量增加，在水资源短缺的情况下，由于灌溉用水不足就会导致部分林木缺水死亡。此外，在干旱区的内陆河流域由于河流上游拦截用水，造成下游严重缺水，地下水位下降，也会导致大面积天然植物枯死。如果合理进行人工造林，就可以防止沙地扩大和促使生态环境恢复，可以提高生物生产力，改善生态环境和发展林业生产，增加农牧业经济收入，形成造林正反馈。

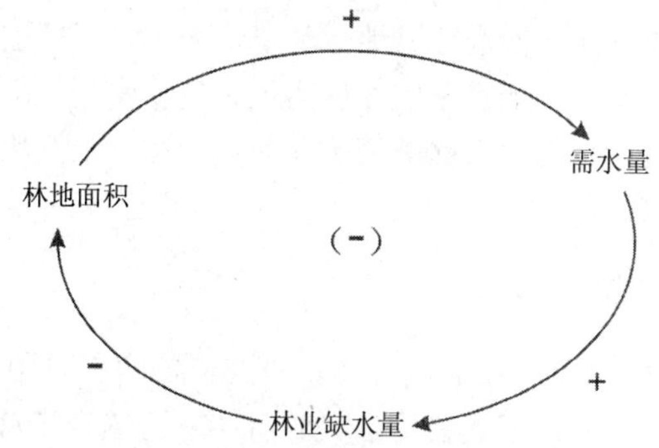

图 3-8 林业对沙漠化的负反馈（兹龙骏，1998）

综上所述，应用生物控制理论对沙漠化过程中人类生产系统与其环境间的反馈作用机制进行系统分析，可为沙漠化防治提供理论依据。

二、气候变化对沙漠化的作用机制

沙漠化不仅受到人类活动的强烈影响，而且也受到全球气候变化的影响。我国的沙漠化或荒漠化地区由于青藏高原的隆起而向北推移，分布在中纬度干旱、半干旱和半湿润地区，沙漠、戈壁、沙漠化土地横贯我国西北、华北和东北西部，这里是受全球气候变化影响最大的地区。从历史时期的沙漠演变来看，在气候变化和人类活动的双重作用下，沙漠也存在扩展和缩小的变化过程，在一段时间内气候因素起着重要作用。沙漠的出现并不只是气候变化的结果，但沙漠一旦出现了，就可以通过对凝结核、辐射平衡、地表反射率等的影响反过来作用于气候，而使气候进一步变干。

（一）全球气候变化对沙漠化的影响

这里所讨论的气候变化是指工业化以来由于大量燃烧煤炭和石油，使大气中CO_2等温室气体的浓度增加，这些温室气体的增加对于大气增暖起着非常重要的作用。大多数人认为，如果工业的发展和燃料使用的结构不变，到 2030 年（或 2050 年）大气中CO_2及其他温室气体的含量将相当于工业化前CO_2含量的 2 倍，届时将使大气的平均温度增高 1.5～4.5℃。如果不进行控制，则全球变化带给人类的灾难将是巨大的。特别需要指出的是，温度升高将会导致中纬度干旱、半干旱地区沙漠化扩展速度加快。兹龙骏对我国近 30 年的气象资料进行了研究，她预测在 2030 年CO_2含量加倍、增温 1.5～4℃的条件下，干旱区、半干旱和半湿润区总面积将扩大，我国干旱区格局的变化趋势如下：

（1）在大气中CO_2含量倍增、温度上升 1.5℃的条件下，我国极端干旱区减少 6.9 万 km^2；湿润区减少 25.7 万 km^2；干旱区总面积增加 18.8 万 km^2。干旱区平均每年递增 2 212 km^2，湿润区平均每年减少 3 023.5 km^2。

（2）在大气中CO_2含量倍增、温度上升 4℃、降水量增加 10%的条件下，干旱区总面积增加 35.8 万 km^2，其中半湿润区增加 25.5 万 km^2，湿润区缩小 44.7 万 km^2。

（3）在大气中CO_2含量倍增、温度上升 4℃、降水量不增加的条件下时，干旱区总面积增加的幅度要比降水量不增加的情况多 41%；湿润区缩小的幅度增加 46.6%。沙漠化的发展对全球变化也有反馈作用，沙漠化是地球环境退化的一项增进因素，对全球生物多样性的损失起着重大作用。沙漠化加重了地球生物量和生物生产力的损失，破坏了正常的生物地球化学循环，并通过增加土地表面的反照率而对全球气候变化起作用，或增加了这种变化的可能性。

（二）干旱对沙漠化的影响

干旱对沙漠化的影响很大。在非洲 1984—1985 年的干旱中，估计 21 个国家中有 3 000 万～3 500 万人受到严重的旱灾影响，大约有 100 万人口迁移，300 多万人受到饥饿威胁，死亡、疾病、营养不良困扰着他们。这次大规模的旱灾加速了沙漠化在非洲的扩展，引起全球关注和震惊。

在全球气候变化的作用下，我国干旱区面积和沙漠化面积在今后 50 年内呈增加趋势。

第五节　草地风蚀沙漠化的等级和地表景观

一、草地风蚀沙漠化过程中的土壤变化

（一）草地土壤粒度与土壤厚度变化

在植被受到人类活动的破坏之后，地表土壤受到风力的侵蚀作用会使得土壤中的粉砂

和黏土颗粒减少，由于风的搬运能力较弱，土壤中较粗粒的中砂和细砂及更粗粒的成分残留原地，造成土壤粗化甚至土壤消失，形成沙质荒漠化景观。表 3-10 和表 3-11 是沙质草地沙漠化过程中土壤机械组成的变化情况，可以看出沙质草地土壤含沙量一般较高，粒径≥0.05 mm 的砂粒含量常在 85%～95%，而粒径≤0.01 mm 土壤颗粒很少，仅为 1%～2%。随着沙漠化程度的加重，土壤中粒径 0.25～1.0 mm 的砂粒由 14.1%增加到 66.81%，增加了 3.73 倍，而粒径＜0.25 mm 的土壤均呈现明显的下降趋势，尤其是粒径＜0.005 mm（0.005～0.001 mm）的黏粒由 6.61%下降到 0.15%，下降了 97.7%。

从固定沙丘到流动沙丘，1～0.25 mm 土壤颗粒含量也呈增加的趋势，由 18.51%增加到 49.6%。与此相反，0.005～0.001 mm 和＜0.001 mm 的土壤颗粒却呈下降的趋势，分别由 1.64%和 1.49%下降到 0.17%和 0.51%（表 3-11、表 3-12）。这表明在草地沙漠化过程中，伴随着土壤中大量细粒物质不断被吹蚀，土壤中黏粒减少，中、细砂及粗砂含量增加，草地土壤颗粒组成向粗化方向发展。

表 3-11　不同沙漠化程度的土壤机械组成（王涛，2002）

沙漠化程度	各级颗粒含量/%					
	1～0.25 mm	0.25～0.05 mm	0.05～0.01 mm	0.01～0.005 mm	0.005～0.001 mm	＜0.001 mm
潜在沙漠化	14.10	74.10	5.58	0.59	6.61	1.75
轻度沙漠化	22.77	69.06	5.72	0.12	微	1.43
中度沙漠化	42.70	54.9	1.44	0.17	0.02	0.69
重度沙漠化	44.19	53.76	0.82	0.01	0.55	0.67
极度沙漠化	66.81	33.71	0.42	0.01	0.15	0.50

表 3-12　不同沙丘类型土壤机械组成（王涛，2002）

沙丘类型	各级颗粒含量/%					
	1～0.25 mm	0.25～0.05 mm	0.05～0.01 mm	0.01～0.005 mm	0.005～0.001 mm	＜0.001 mm
固定沙丘	18.51	68.74	7.33	1.19	1.64	1.49
半固定沙丘	23.68	67.03	5.99	1.15	0.21	1.04
半流动沙丘	18.84	75.74	3.07	0.04	0.07	1.11
流动沙丘	49.6	48.05	0.14	0.88	0.17	0.51

（二）草地沙漠化过程中的土壤水分变化

土壤粒度组成的变化，必然会改变土壤的蓄水保肥能力，使土壤水分状况和养分含量发生变化。在草场分布沙丘地里，随着沙漠化的发展和植被的减少，土壤含水量呈增加趋势。长期野外观测证明在 20～200 cm 沙地土层中土壤含水量基本是流动沙丘＞半流动沙丘＞半固定沙丘＞固定沙丘，其中流动沙丘的土壤风沙土含水量平均值比固定沙丘高 1.5%～2.0%，但这并不意味着沙漠化有利于土壤水分状况的改善。之所以会出现这种现象，最主要的原因是由于草场沙丘地主要为风沙土，持水力本来就很低，土壤含水量通常在 3%～4%。在固定沙丘地，由于大量的植物蒸腾和地面蒸发，使土壤含水量下降，在干旱年份或季节常会在其根系层以下形成干沙层。而在流动沙地，由于植被稀疏，甚至没有植被生长，所以植物蒸腾很少，加之地表常年覆盖一层干沙层能有效减少蒸发，因而土壤含水量较高。实际上，这只是风沙土形成演化过程中的一个阶段特征，只有当风沙土经过长期的生草过程演变为沙质栗钙土或沙质草甸土等地带性土壤时，随着土壤中黏粒和有机质含量的增加，土壤的保水能力才能从根本上得到改善，才会明显提高。

（三）草地沙漠化过程中的土壤养分变化

大量研究资料证明，随着草地沙漠化的发展，土壤养分环境会明显恶化。研究表明，沙漠化对土壤养分有明显的不利影响（表 3-13、表 3-14、表 3-15），严重沙漠化土地表层土壤（0～30 cm）有机质、N、P_2O_5和 K_2O 含量仅为潜在沙漠化土地的 7.9%、8.5%、14.9% 和 79.5%，下层土壤情况略好于表层，分别为 17.4%、36.8%、38.7%和 68%。流动沙地土壤的有机质、N 和 P_2O_5 的含量仅为固定沙地的 6.7%、7.0%和 24.2%，而 K_2O 含量的变化则不明显，从固定沙地到流动沙地，在波动中略有下降。

草地沙漠化的过程也是微量元素流失的过程，从表 3-14 可以看出，随着沙漠化程度的加重，除了 Zn 的含量稍有上升之外，Ti、Mn、V、Cu、Ni 和 Co 的含量在土壤表层和下层均有下降。

表 3-13 沙质草地沙漠化过程中土壤养分变化（王涛，2002）

沙漠化类型	深度/cm	有机质/%	全量养分/%		
			N	P_2O_5	K_2O
潜在沙漠化土地	0～31	1.40	0.047	0.074	2.88
	31～67	0.46	0.019	0.031	2.84
	37～103	0.18	0.005	0.035	3.04
中度沙漠化土地	1～28	0.41	0.019	0.018	2.64
	28～60	0.20	0.036	0.011	2.88
	60～90	0.10	0.019	0.01	3.18
严重沙漠化土地	0～30	0.11	0.004	0.011	2.29
	30～50	0.08	0.007	0.012	1.93
	50～100	0.09	0.063	0.015	1.55

表 3-14 不同类型沙漠化土地表层（0～30 cm）土壤养分含量（王涛，2002）

沙漠化土地类型	有机质/%	全量养分/%		
		N	P_2O_5	K_2O
固定沙地	0.975	0.043	0.033	2.90
半固定沙地	0.399	0.013	0.014	3.01
半流动沙地	0.267	0.008	0.015	3.23
流动沙地	0.065	0.003	0.008	2.77

表 3-15 不同类型沙漠化土地微量元素含量变化（王涛，2002）

沙地类型	深度/cm	微量元素含量/质量浓度/10^{-6}						
		Ti	Mn	V	Cu	Ni	Co	Zn
固定沙地	0～10	582	126	10	19	7	8	47
	9～25	382	124	7	14	5	7	49
半固定沙地	0～20	410	103	8	15	5	7	50
	20～40	380	112	7	23	8	8	51
流动沙地	0～10	191	55	3	16	7	3	54
	30～40	277	59	3	14	6	2	64

总的来说，草地沙漠化的发展导致土壤养分的流失，这一方面是由于沙漠化过程中，大量有机质被吹蚀，导致土壤养分明显下降；另一方面是由于土壤粗化后，保水保肥能力减弱，土壤养分因此损失。这表明沙漠化对草原土壤养分的危害极为严重，不仅影响到草原表层土壤的养分，也使下层土壤受到影响。

二、草地风蚀沙漠化的等级划分与指标

荒漠化也是客观存在的一个土地退化，而且有着明显的景观特征，根据地表风蚀与风积形态、植被盖度和生物量变化等变化，可将风蚀荒漠化的强弱划分为轻度、中度和重度荒漠化 3 个等级（表 3-16）。

表 3-16 风蚀荒漠化的等级划分指标（朱震达，1998）

程度	风积地表形态占地面积/%	风蚀地表形态占地面积/%	植被覆盖度/%	地表景观综合特征	生物量较荒漠化前下降/%
轻度	≤10	≤10	31～50	斑点状流沙或风蚀地。2 m 以下低矮沙丘或吹扬的灌丛沙堆。固定沙丘群中有零星分布的流沙（风蚀窝）。旱作农地表面有风蚀痕迹和粗化地表，局部地段有积沙	30
中度	11～30	11～30	11～30	2～5 m 高流动沙丘成片状分布。固定沙丘群中沙丘活化显著，旱作农地有明显风蚀	31～50
重度	≥31	≥31	≤10	洼地和风蚀残丘。广泛分布的粗化砂砾地表 5 m 高以上密集的流动沙丘或风蚀地	51 以上

三、中国北方草地退化等级

中国北方草地分布范围涉及较广大地区，包括新疆、西藏、青海、甘肃、宁夏、内蒙古、陕西、山西、河北、辽宁、吉林、黑龙江等 12 个省（自治区）的 398 个县（旗）、市，该区域土地总面积为约 490 万 km^2，约占全国土地总面积的 51%。其中草地面积为 274. 22 万 km^2，占该区土地总面积的 55. 91%。

据李博1997年研究，该区退化草地面积为137.77万km^2，占该区草地总面积的50.24%。1995年，轻度退化草地面积为78.94万km^2，占退化草地面积的57.03%；中度退化草地面积为42.07万km^2，占30.54%；重度退化草地面积为16.75万km^2，占12.16%。与20世纪80年代中期相比，退化草地在逐年扩大。以面积较大、在北方牧区最具代表性的内蒙古自治区为例，1983年退化草地面积为213 369.28 km^2，占可利用草场面积的35.57%。到1995年退化草地为386 988.35 km^2，占可利用草地面积的60.08%。前后13年中增加退化草地面积173 619 km^2，平均每年扩大11 574 km^2，即每年以可利用草地面积1.9%的速率在扩大退化，这一数字是惊人的。

如以省（自治区）为单位分析，草地退化比例最高的是宁夏、陕西、山西3个省（自治区），退化草地面积占90%～97%；其次为甘肃、辽宁、河北，草地退化面积占80%～87%；再次为新疆、内蒙古、青海、吉林，草地退化面积占42%～64%；西藏草地退化比例较低，占23.37%。可以看出，草地退化比例高的省（自治区）一般是人口密度高的地区，且处于农牧交错区，受农业活动的影响较大。主要的牧业省（自治区）内蒙古、青海、新疆，由于人口密度较低（每平方千米6～18人），退化草地比例中等，但退化草地的绝对面积大。至于西藏，由于生态条件严酷，每平方千米只有1.8人，有些区域无人居住，人类活动对草地的影响较小，所以退化草地仅占可利用面积的23.73%。但在拉萨、日喀则、安多、曲水、贡嘎、桑日等县市，由于人口较多，草地退化也相当严重，退化比例多达75%～95%。

四、草地风蚀沙漠化的地表景观

在风蚀沙漠化较为严重的地区，地表土壤细粒物质被风力侵蚀带走之后，剩下的物质以较粗的中细砂占优势。经风力进一步的吹蚀、近距离搬运和堆积作用，开始出现沙波纹沙堆（图3-9）和各类沙丘等景观。沙质荒漠化造成原土层消失，植被稀疏，沙层大片裸露。它们的主要类型和特点如下。

（一）沙波纹与沙堆

1. 沙波纹。是沙地和沙丘表面呈波状起伏的微地貌，其排列方向与风向垂直。

2. 沙堆。是沙丘地貌的初级形态，最初为蝌蚪状（图3-9）。沙堆是风沙流遇到了植被或地形变化障碍物时，在背风面产生涡流，消耗气流的能量，引起风速的减小，导致背风面沙粒沉积从而形成的。沙堆形成后，自身又成为风沙流更大的障碍，使沙粒堆积更多。在沙源丰富的地区，特别是在强风的作用下，沙堆不断地扩大，逐渐发育成盾形。沙粒沿迎风坡跳跃，滚动前进，比较粗大的在顶部停积，一部分被运移到背风坡。若风沙流的输沙率通过沙堆前大于通过后，沙堆就不断增高变大，发展为新月形沙丘。当风沙流的沙源丰富，水分条件较好，地面生长植物（常常是不连续的草丛和灌丛）时，便堆积成各种不同形状的草丛或灌木沙堆，常见的有红柳沙堆、白刺沙堆等。它们在平面上多呈圆形或椭圆形，大小不等。

图 3-9　腾格里沙漠南缘沙堆（赵景波摄）

图 3-10　沙漠地区新月形沙丘

（二）纵向沙丘

是在单向风或几个方向近似的风的作用下形成的顺风向延伸的风积地貌。在亚热带信风沙漠中分布最普遍，世界沙漠中一半以上由纵向沙丘组成。纵向沙垄的垄体较狭长平直，规模因地而异，在我国西北一般高十余米至数十米，长数百米至数千米。沙漠化地区形成的主要有新月形沙丘和纵向沙垄。在荒漠区的边缘或在海岸带、湖岸带非荒漠区常有后述的抛物线沙丘发育。

（三）新月形沙丘

是指在风向较固定的风力作用下形成的堆积地貌，形似新月（图 3-10），两翼顺主风向延伸，迎风坡略凸，长而缓，背风坡凹而陡，高度不大，很少超过 15 m。是在一组比较稳定的单向风的作用下，在不断移动的过程中形成的。其形成过程可以概括为：盾形沙堆→雏形新月形沙丘→新月形沙丘。在沙源充足的地区，密集的新月形沙丘往往相互连接，形成与风向垂直的新月形沙丘链。如果在新月形沙丘或沙丘链的迎风坡发育次一级的新月形沙丘和沙丘链，还会形成复合新月形沙丘链（图 3-10）。这在我国季风气候区的沙漠比较发育。

（四）抛物线沙丘

抛物线沙丘是一种固定或半固定的沙丘，在水分和植被条件较好的荒漠边缘地区或者海岸带常有发育，平面形态呈弧形，弧形突出方向指向下风向，两个尖角指向上风向。抛物线沙丘常由海滨沿岸沙堤演化而成，当沙堤受海风作用向海岸方向移动时，遇到植物灌丛阻碍而移速减慢或停积，在两灌丛之间，没有植物阻挡的沙堤继续往前移动，就会形成弧形的抛物线沙丘。

（五）横向沙丘

是当两个方向相反的风交替出现，其中一个风向占优势的情况下所形成的风积地貌，也称季风型沙丘。包括新月形沙丘链和横向沙垄等形态，其排列延伸的方向与起沙风合成风向的夹角为大于 60°或近于垂直。

除了风蚀沙漠化之外，在沙漠外围或沙漠化土地外围，在风力侵蚀和搬运作用下，风沙物质可以搬运到草原地区发生堆积，并掩盖草原，造成风积沙漠化。风积的风沙物质经过风力搬运，可以形成上述的沙堆和各类沙丘。

在风蚀作用强烈地区，除上述的风蚀沙漠化之外，还可以见到风蚀砾漠化和风蚀岩漠化。砾漠是砾石构成的荒漠或由砾石和粗砂构成的荒漠，也称为戈壁滩（图 3-11），岩漠是岩石荒漠的简称（图 3-12）。岩漠的形成不单纯是风力作用，风化作用和暂时性洪流和面状流水也起了一定作用。在极端干旱的洪积平原区，地表物质粒度组成较粗，常含有大于 2 mm 的砾石，在风力侵蚀作用下，细粒的黏土、粉砂、细砂与中砂被风力搬运带走，地表残留物质以砾石为主或砾石和粗砂为主，形成砾石荒漠。在我国西北地区，砾石荒漠较常见，新疆克拉玛依和甘肃河西走廊常见砾石荒漠。

在干旱与半干旱地区的山区、丘陵区和山前地带，由于人为不合理的农业生产和过度放牧，也会形成岩石裸露的荒漠化景观，出现岩漠化。这种岩石荒漠化是次生岩漠化，降水量要比极端干旱地区的原生岩石荒漠分布区的明显得多。次生岩漠化的地貌景观与原生岩漠不同，典型风蚀地貌较少出现。在干旱与半干旱的平原地区和山间盆地区，由于土壤较薄或土壤物质较粗，含有较多砾石与粗砂，在较强风力作用下，会形成砾石荒漠化。

与风蚀沙漠化分布面积相比，风蚀岩漠化和风蚀砾漠化分布面积是较小的。

图 3-11　甘肃张掖地区的砾石荒漠（赵景波摄）

图 3-12　甘肃张掖岩石荒漠（赵景波摄）

第六节　沙漠化的危害

一、对土地资源的危害

沙漠化对土地资源的危害，可以归结为两个方面。

（1）使可利用土地面积缩小。据不完全统计，在我国北方 33.4 万 km^2 的沙漠化土地中，潜在沙漠化土地为 15.8 万 km^2，已经沙漠化的土地约 17.6 万 km^2。其中已经沙漠化土地在 20 世纪 50 年代初只有 13.7 万 km^2，但到 70 年代末的 25 年内净增 3.9 万 km^2，平均每年扩大沙漠化土地或损失可利用土地 1 560 km^2。以龙羊峡库区为例，将该区 1982 年航空相片判断结果与 1956 年对比可以发现，26 年间沙漠化总面积为 24.53 万 km^2，每年净增 0.94 km^2，这是由同一期间的非沙漠土地（沼泽地、黄河故地、河滩地和湖盆水域等）转变而来，意味着每年有相当数量的具有一定生产潜力的土地变成不可利用的流动沙漠。

（2）导致土地质量逐渐下降。风蚀作为沙漠化灾害的主要方式，是造成有机质和养分大量吹蚀，引起土壤肥力降低的根本原因。具有较高肥力的草原土壤，由于长期遭受风蚀作用，表层有机质、氮、磷、钾等营养元素和物理黏粒成分不断地被吹蚀或不同程度的积沙，土地逐渐贫瘠化和粗化，从而使土地质量不断下降。以大风著称的后山地区七旗（县）为例，有耕地 1 316 万亩（1 亩=1/15 hm^2），其中 80%受沙漠化危害，有 490 万亩耕地每年风蚀土壤厚度 1 cm 以上，有 100 万亩耕地每年风蚀表土厚度 3 cm，以此计算，则乌盟后山地区每年每亩农田平均损失沃土 18.7 万 t，其中有机质为 0.255t、氮为 206 kg、磷为 400 kg。

二、对环境污染的危害

沙漠化对环境的影响突出表现为沙尘暴、扬沙的剧增。沙尘暴是受系统天气过程中热力效应及冷锋侵入的影响，发生在干旱、半干旱甚至部分半湿润地区的土壤吹蚀、流沙迁移及粉尘吹扬等一系列的强风沙过程。

我国西部干旱区是沙尘暴的高发区，1950—1993 年，该区域发生强沙尘暴 76 次，年均 1.76 次，20 世纪 90 年代以来，仅特强沙尘暴年均发生率就超过 2 次。2000 年 1—4 月，沙尘暴的发生近 10 次。该区沙尘暴次数剧增的同时，破坏程度也迅速提高，50—70 年代，沙尘暴天气灾害范围一般在 11 万～29.1 万 km^2，进入 90 年代以来，几乎所有沙尘暴天气灾害危害范围都超过 31 万 km^2。如 1993 年 5 月 5 日，一场罕见的特大沙尘暴席卷新疆、甘肃、内蒙古、宁夏等部分地区，造成 200 人伤亡，13.2 万头牲畜丢失或死亡，6.8 万 hm^2 农田受灾，直接经济损失 5.4 亿元。沙尘暴发生过程中产生的沙尘物质（主要是微沙、极细砂和粉尘）不仅使西部沙区遮天盖地，旷野两三米高度范围能见度极低，而且还随风飘浮至千里以外，危及我国中部、东南部直至沿海大片地区。

沙尘暴对环境造成的影响是难以用经济指标评估的，它不仅使大气混浊，妨碍人们正常的生产和生活，同时这些由石英、长石、微量元素、盐分等组成的沙尘物质还严重污染饮水、食物、家庭摆设以及工厂设备，对人类身体健康与机器、仪表产生直接损害。

三、对农业生产的危害

沙漠化对农业生产造成的直接损害主要表现为风蚀、沙割、沙埋和风害对农作物的危害。风蚀不仅刮走农田表土和肥料，还吹跑种子或拔起幼苗、吹露根系，迫使农作物多次重播与改种，贻误农时。我国沙漠化地区许多农田每年因风蚀毁种需要重播 2～3 次，甚至更多次。如河北坝上张北县 120 万亩沙漠化农田，由于风沙危害的每年毁种、改种的农田达 31 万亩，就 1984 年一次改种用籽达 48.5 万 kg，合计损失人民币 27 万元。

沙割是受运行风沙流中砂粒的不断冲击，农作物和幼树的枝干、叶片经常被打伤，影响生长发育，甚至成片死亡。

沙埋是由风沙流受阻沉降和沙丘前移而造成农田和林带积沙。以伊克昭盟为例，由于作物遭受沙割、沙埋，亩产一般不超过 15 kg，甚至只有 5 kg 多，有些地区连种子也收不回来。如苏泊尔汉乡哈布池村 1973 年播种 3 000 多亩，秋季只收获 1 000 多亩，总产 0.65 万 kg，亩产只有 6.5 kg。因此使伊克昭盟 70%多的乡村常年吃国家返销粮，1956—1979 年国家共提供返销粮 4.85 亿 kg。

风害是大风本身具有的破坏力造成的危害。沙漠化地区春季正在萌发的农作物和树木，在遭到各种沙害的同时，还常常出现由大风频繁暴发所造成的倒伏、折断枝条、吹落花果、叶片等机械性损伤以及由于强烈蒸腾作用丧失大量水分所引起的生理性干旱、枯萎甚至死亡。尤其是大风往往与低温、干旱相伴随，造成的灾害更严重。

四、对工程的危害

随着国家对中部、西部经济开发的加强，沙漠化对各种工程建设的危害日渐突出，主要表现为以下 3 个方面。

（一）沙漠化对交通运输业的危害

据估计，全国受沙害影响的公路、铁路总长 2 000 km，其中沙害铁路长度约 510 km，且主要是边疆连接内地的主干线，严重影响边疆地区与内地经济交往的正常运行。如 1979 年 4 月 10 日，南疆地区连续 3 天大风，造成路基风蚀 18.2 km，沙埋 20.8 km，大量建筑标志毁坏，使该线中断行车 20 天，直接经济损失达 2 000 余万元。1986 年 5 月 19—20 日，哈密地区出现罕见的 12 级东南风，使哈密地区铁路线沙害长度 226.1 km，积沙 59 处，积沙长度 40.7 km，总积沙量 74 918 m^3，部分设备毁坏，铁路运输中断近两天，并使得新近完工的 180 km 线路毁于一旦，造成极为严重的经济损失。沙害同样对公路交通运输造成很大危害，伊克昭盟境内每年受沙害侵袭的公路百余处，长达 200 km，每年用于清除路面积沙耗资 100 万元以上。据初步估计，全国每年铁路、公路因沙漠化灾害造成的直接经济损失为 2 亿元左右。除此之外，沙漠化对民航运输也有很大不利影响。以连接西藏自治区与内地的西藏贡嘎机场为例，每年因风沙尘造成民航运输直接经济损失为 72 万元。

（二）沙漠化对水利、河道的危害

主要表现为风成沙造成水利工程设施难以发挥正常效益。例如青海龙羊峡水库，每年进入库区流沙约 141 万 m^3，加之黄河及其支流挟带泥沙以及库区塌岸泥沙，进入库区的总泥沙量为 0.131 亿 m^3。按水库投资标准每 1 万 m^3 库容 1.5 万元计，每年损失约 4 696.5 万元。随泥沙堆积量增加，库容逐步缩小，将在发电、防洪、灌溉等方面造成更大的经济损失。

另外，风成沙大量进入河道，使河床持续淤积增高，甚至严重阻塞河道，造成河堤溃决。最显著的例子就是黄河，仅黄河沿岸沙坡头一河曲段，每年输入黄河的风成沙 4 831.2 万 t，再加上流经沙区各支流带入的 5 000 万 t，每年进入该段黄河的现代风成沙达 1 亿 t，而这种粗泥沙正是造成三门峡水库以下的黄河下游河道泛滥成灾的根本原因。

（三）沙漠化对通讯和输电线路的危害

风沙对通讯和输电线路的危害不仅表现在大风经常刮倒电杆、刮断电线，而且在风沙频繁活动季节经常出现有害于线路的风沙电现象。国内野外测到线路上的风沙电高达 2 700 V，国外可达 15 万 V。这样高的电位往往出现“电晕”现象，使通讯信号完全中断，有时还能击穿线路设备，危及人身安全。

第七节　风蚀沙漠化防治的原理

一、风蚀沙漠化防治的基本原理

风蚀作用是由风的动压力及风沙流动中沙粒的冲蚀、磨蚀作用。风蚀过程使地表物质被吹蚀和磨蚀，造成土壤养分流失、土壤物质粗化、结构变差、生产力下降、沙丘及劣地形成等土地退化的过程。因此，风蚀沙漠化的实质就是土壤和植被的风蚀退化过程。制定风蚀沙漠化防治的技术措施主要是依据土壤风蚀原因及风沙运动规律，即蚀积原理。产生风蚀必须具备两个条件，一要有强大的风，二要有裸露、松散、干燥的沙质地表或易风化的基岩。根据风蚀产生的条件和风沙流动的结构特征，所采取的措施有多种多样，但就其原理和途径可概括为下述几个方面。

（一）阻止气流对地面的直接作用

风及风沙流只有直接作用于裸露地表，才能对地表土壤颗粒吹蚀和磨蚀，产生风力侵蚀，所以可通过增大植被覆盖度，或使用柴草、秸秆、砾石等材料覆盖地表，对地面形成保护层，以阻止或减少风及风沙流与地面的直接接触，达到固沙作用。

（二）增大地表粗造度

在风沙经过地表时，对地表土壤颗粒或沙粒产生动压力，使沙粒运动。风的作用力大小与风速大小直接相关，作用力与风速的二次方成正比，即有 $P=1/2C\rho V^2A$。因此，当风速增大时，风对沙粒产生的作用力就增大；反之，作用力就小。同时根据风沙运动规律，输沙率也受风速大小影响，即有 $q=1.5\times10^{-9}(V-Vt)^3$，风速越大，其输沙能力就越大，对地表侵蚀力也越强。因此，只要降低风速就能够降低风的作用动力，也可以降低携带沙子的能量，使沙子下沉堆积。近底层的风受地表粗糙度的影响很大，地表粗糙度越大，对风的阻力就越大，降低风速的效果就越好。因此，可以通过植树种草或布设障蔽以增大地表粗糙度、降低风速、削弱气流对地面的作用力，以达到固沙和阻沙的目的。

（三）提高沙粒起动风速

沙粒开始运动所需最小风速称为起动风速，风速只有超过起动风速才能使沙粒随风运动，产生风蚀和风沙流。只要加大地表颗粒的起动风速，使风速始终小于起动风速，地面就不会产生风蚀作用。起动风速大小与沙粒粒径大小及沙粒之间的黏着力有关。粒径越大，或沙粒之间黏着力越强，所以起动风速就越大，抗风蚀能力就越强。因此，可以通过喷洒化学胶结剂或增施有机肥，改变沙土结构，增加沙粒间的黏着力，使地表沙土颗粒变大，就提高了地表抗风蚀的能力，使得有风不起沙，从而达到固沙的效果。

（四）改变风沙流蚀积规律

根据风沙运动规律，通过人为控制增大流速，提高流量，降低地面粗糙度，改变蚀积关系，从而拉平沙丘造田或延长饱和路径输导沙害，以达到治沙的目的。

二、风蚀沙漠化防治的生态学原理

（一）植物对流沙环境的适应性原理

在流动沙地上生长的天然植物的种类和数量很少，但它们却有规律地分布在一定的流沙环境之中。它们对不同的流沙环境有各自的适应性。这种特性是长期自然选择的结果，是它们对流沙环境具有一定适应能力的表现。

因为自然界已经存在了一些能够适应流沙环境的植物种，所以可以利用这些植物在流沙地区进行植被建设，这也是我们利用植物治沙的树种条件和理论依据。流沙环境具有多种条件，在长期的自然选择过程中，植物形成了对流沙环境的多种适应方式和途径，这就为人们选择更合适的树种提供了依据。

恶劣的流沙环境对植物的影响是多方面的，其中干旱和流沙的活动性是影响植物生存最普遍、最不利的两个限制因子，也是制定各项植物治沙技术措施的主要依据。

1. 植物对干旱环境的适应。流沙是干燥气候条件下的产物，流沙区降水量低、蒸发强烈、干燥度大、气候干燥是最突出的环境特点。在长期干旱气候作用下，流沙上生长的植物，产生了一些适应干旱的特征，表现在以下几个方面。

（1）萌芽快与根系生长迅速而发达。流沙上植物发芽后，主根具有迅速延伸达到稳定湿沙层的能力。这类植物根系发达，具有庞大的根系网，可以从广阔的沙层内吸取水分和养分，以供给植物地上部分蒸腾和生长的需要。

（2）具有旱生形态结构和生理机能。表现为叶子退化，有浓密的表皮毛，具较厚的角质层，气孔下陷，栅栏组织发达，机械组织强化，贮水组织发达，细胞持水力强，束缚水含量高，渗透压和吸水力高，水势低等特点。

（3）植物化学成分发生变化。表现为含有乳状汁、挥发油等。挥发油的含量与光照有密切关系，也表明与旱生结构有重要关系。

2. 植物对风蚀与沙埋的适应。活动沙丘的流动性表现在迎风坡遭受风蚀，背风坡发生堆积，植物可能受到沙埋。分布于流动沙丘上的植物具有较强的抗风蚀和抗沙埋的适应能力。根据其适应特征，可归纳为速生型、稳定型、选择型和多种繁殖型 4 种适应类型。

（1）速生型适应。很多沙丘上的植物都具有快速生长的能力，以适应沙丘的活动性，特别是苗期速生更为明显。由于幼苗抗性弱，易受伤害，所以在发芽和苗期阶段对恶劣环境的适应性表现最为明显。像花棒、沙拐枣、杨柴等植物，种子发芽后一伸出地面，主根已深达 10 多厘米，10 天后根深可达 20 多厘米，地上部分高于 5 cm。当年秋天，根深大于 60 cm，地径粗 0.2 cm 左右，最大植株高度大于 40 cm。主根迅速延伸和增粗，能够减轻风蚀危害和风蚀后引起的机械损伤，根愈粗固持能力愈强，植株愈稳定。同时根愈粗风蚀后抵抗风沙流的破坏能力也愈大，植株不易受害。茎的迅速生长，可减少风沙流对叶片的机械损伤，以保持光合作用的进行，同时植株愈高，适应沙埋的能力也就愈强。

在苗期能够快速生长的植物有花棒、沙拐枣、梭梭、杨柴、木蓼等。在沙丘背风坡能够保存下来的植物是高生长速度大于沙丘前移埋压的积沙速度的植物，如沙柳、柽柳、旱柳、柠条、杨柴、油蒿、沙枣、小叶杨、刺槐等。苗期速生程度决定于植物的习性，而成年后能否速生与有无适度沙埋条件以及萌发不定根能力有关。

（2）选择型适应。沙拐枣、花棒、沙柳等植物的种子为圆球形，表面有绒毛、翅或小冠毛，易为风吹移到背风坡脚，丘间地或植丛周围等风弱处，通常风蚀少而轻，有一定的沙埋，对种子发芽和幼苗生长有利。这几种植物生长迅速，不定根萌发力强，极耐沙埋，愈埋愈旺。这些植物能够以自身的形态结构利用风力选择有利的生存环境发芽、生长，以适应流沙的活动性。

（3）稳定型适应。少数沙生植物及其种子，具有稳定自己的形态结构，以适应流沙环境，如杨柴的种子扁圆形，且表皮上有皱纹，布于沙表不易吹失，易覆沙发芽，其幼苗地上部分分枝较多，分枝角较大，呈匍匐状斜向生长，对于风沙阻力较强，易积沙而无风蚀，可减少掩埋。沙蒿的种子小，数量多，易群聚和自然覆沙，种皮含胶质，遇水与沙粒黏结成沙团，不易吹失，易发芽、生根，植株低矮，枝叶稠密，丛生性强，易积沙，能够较好地适应不利的流沙环境。这类植物适于在流沙区全面撒播或飞播，播种后当年可发芽成苗，苗期易产生灌丛沙堆阻风效应。

（4）多种繁殖型适应。许多沙生植物，既能有性繁殖，又能无性繁殖，当环境条件不利于有性繁殖时，它们就以无性繁殖方式进行更新，以适应流沙环境。这类植物有沙拐枣、杨柴、红柳、沙柳、骆驼刺、麻黄、白刺、沙蒿、牛心朴子、沙旋复花等。

由上可知，沙生植物对流沙环境活动性的适应途径主要是避免风蚀，适度沙埋。风蚀愈深危害愈严重。适度沙埋则利于种子发芽、生根，可以促进植物存活与生长，有利于固沙。但过度沙埋则造成危害。研究表明，沙埋的适度范围可用沙埋厚度与灌木本身高度比值（A）来衡量。A=0～0.7 为适度沙埋，A＞0.7 为过度沙埋。

生长于流沙上的灌木、半灌木，常常利用自己近地层的浓密枝叶覆盖小范围沙面，阻截流沙前进，并形成灌丛堆，形成的灌丛沙堆可消除风蚀危害，改善沙丘不良的环境。

3. 植物对流沙环境改善的适应。流沙是一个不断发生变化的环境，尤其是在植物生长以后，随着植物的增多和盖度加大，流沙活动性减弱，在变为半固定和固定沙丘之后，就开始了成壤作用，这会逐步使得沙层粒度组成变细、物理性质改善、持水性增强、有机质含量增加、土壤微生物种类和数量增多、含水量增多、小气候改善。根据国内外有关学者的研究，植物对环境变异的适应性变化，亦遵循一定的方向，一定的顺序，是有规律的。这种适应规律是沙地植被的演替规律，这是恢复天然植被和建立人工植被各项技术措施的理论依据。

（二）植物对流沙环境的作用原理

1. 植物固沙作用。植物的固沙作用主要表现在以下 5 个方面。① 植物的枝叶和聚积枯落物能够庇护表层沙粒，避免风的直接作用。② 植物作为沙地上一种具有可塑性结构的障碍物，使地面粗糙度增大，可以大大降低近地层风速。③ 植物能够加速土壤形成过程，提高黏结力，削弱风蚀。④ 植物根系也起到固结沙粒作用以及增加土壤有机物的作用，可明显提高土壤抗风蚀能力。⑤ 植物还能促进地表形成“结皮”，从而提高临界风速值，增强了抗风蚀能力，起到了固沙作用。在上述植物固沙的 5 个方面的作用中，植物降低风速的作用最为明显也最为重要。植物降低近地层风速作用大小与覆盖度有关。植被盖度越大，风速降低值越大。内蒙古林学院研究人员通过对各种灌木测定得出，当植被盖度大于 30%时，一般都可降低风速 40%以上。

不同植物种类对地表庇护能力也不同。据新疆生物土壤研究所研究人员的测定，老鼠瓜的盖度为 30%时，风蚀面积约占 56.6%；盖度为 45%时，风蚀面积约占 9.4%；盖度达到 72%时，完全无风蚀。沙拐枣的盖度为 20%～25%时，地表风蚀强烈，林地常出现槽、丘相间地形；盖度大于 40%时，沙地平整，地表吹蚀痕迹不明显，林地已开始固定。

在沙面逐渐稳定以后，便开始了成壤过程。据陈文瑞研究，宁夏沙坡头地区在植被覆盖条件下每年形成的土壤厚度为 1.73 mm。风洞实验表明，地表形成的“结皮”可抵抗 25 m/s 的强风，能起到很好的固沙作用。

2. 植物的阻沙作用。植物具有很强的阻沙和固沙作用，不同植物的阻沙和固沙作用不同。

根据风沙运动规律，输沙量与风速的 3 次方呈正相关，因而风速被削弱后，搬运能力下降，输沙量就减少。植物在降低近地层风速，减轻地表风蚀的同时，可使风沙流中部分沙粒下沉堆积，堆积形成的沙堆可起到阻沙作用。

根据新疆生物土壤研究所的研究者测定，艾比湖沙拐枣和老鼠瓜一般在种植第 2 年开始积沙，4 年平均积沙量可达 3 m^3 以上。由于灌木较高且枝叶茂密，积沙与阻沙效果较草本植物和半灌木强许多，也比较稳定，半灌木和草本植物积沙量有限且不稳定。另据陈世雄研究，植被的阻沙作用大小与覆盖度有密切关系，当植被盖度达 40%～50%时，风沙流中 90%以上沙粒被阻截沉积。

风沙流是一种贴近地表的运动现象，不同植物固沙和阻沙能力的大小主要取决于近地层枝叶分布状况。近地层枝叶浓密，控制范围较大的植物其固沙和阻沙能力也较强。在乔、灌、草 3 类植物中，灌木多在近地表出现丛状分枝，固沙和阻沙能力较强。乔木只有单一主干，固沙和阻沙能力较小，有些乔木甚至树冠已郁闭，表层沙仍继续流动。多年生草本植物基部具有丛生特点，也有较好的固沙和阻沙能力，但比灌木植株低矮，固沙范围和积沙数量均较低，加之入冬后地上部分全部干枯，所积沙堆会因重新裸露而遭吹蚀，这也正是在治沙工作中选择植物种时首选灌木的主要原因之一。而不同灌木其近地层枝叶分布情况和数量亦不同，其固沙和阻沙能力也有差异，在选择时应进一步分析。

3. 植物改善小气候的作用。小气候是生态环境的重要组成部分，流动沙层上的植被形成以后，小气候将得到很大改善。在植被覆盖下，反射率、风速、水面蒸发量显著降低，相对湿度增加。而且随植被盖度增大，对小气候影响也愈显著。小气候改变后，反过来影响流沙环境，使流沙趋于固定，可加速成壤过程。

4. 植物对风沙土的改良。植物固定流沙之后，大大加速了风沙土的成壤过程。植物对风沙土的改良作用，主要表现在以下几个方面。① 粒度组成发生变化，粉粒、黏粒含量增加。② 土壤的比重、容量减小，孔隙度增加。③ 水分性质发生变化，田间持水量增加，渗透性减弱。④ 有机质含量增加。⑤ 植物营养成分氮、磷、钾三要素含量增加。⑥ 碳酸钙富集，含量增多，pH 值提高。⑦ 土壤微生物数量增加。据中国科学院沙漠所陈祝春等人测定，在沙坡头植物固沙区（25 年），表面 1 cm 厚土层微生物总数 243.8 万个/g 干土，流沙仅为 7.4 万个/g 干土，约比流沙增加 30 多倍。⑧ 沙层含水率增加。据陈世雄在沙坡头观测，幼年植株消耗水分少，对沙层水分含量影响不大，随着林龄的增长，消耗水分增多。在降水较多的 1979 年植被所消耗的水分能在雨季得到一定补偿，沙层内水分可恢复到 2%左右；而在降水较少的 1974 年，沙土层水分补给量少，0～150 cm 深的沙层内含水率下降至 1.0%以下，严重影响着植物的生长发育。表面看来，在植被的生长作用下土层含水量减少了，但实际上是随着土壤的发育和持水性的增强，沙层含水量是增加的，实测沙层水分含量少的原因是水分被灌木林吸收消耗了。

第八节　防治风蚀与风积的工程技术

工程治沙是指采用各种机械工程手段，防治风沙危害的技术体系，通常又称为机械固沙。工程治沙按采用的材料和实施的目的不同，分为机械沙障固沙、化学胶结物固沙、风力治沙和水力治沙等几个方面。

一、机械沙障固沙

沙漠中的沙是松散堆积的，受风力的影响，沙丘会沿着风的方向运移，使得沙漠能进一步扩张，防风固沙就是使沙漠能够在原地固定沉积下来。通常使用的方法是在沙丘上设置沙障，在沙丘上覆盖一些致密膜状物或植防护林。

机械沙障又称风障，是最早应用于防治风沙危害的技术之一，是植物治沙的前提和保证。通常是用柴草、秸秆、黏土、树枝、板条、卵石等物料在沙面上设置成各种形式的障蔽物，从而控制风沙流的运动方向、速度、结构，起到机械阻挡风沙的作用，其最主要的作用就是固定流动沙丘和半流动沙丘。

（一）机械沙障类型

由于沙障的功能多种多样、设置材料形形色色，从而形成了复杂多样的分类。根据沙障设置类型和防沙原理，可将沙障分为平铺式沙障和直立式沙障两种类型。根据沙障的配置形式分为行列式、方格、羽状和不规则沙障。沙障材料也是分类的重要依据，国内依据建立沙障的材料将其分为柴草沙障、黏土沙障、砾石沙障、塑料沙障和其他化学材料沙障。下文主要按固沙原理的沙障分类进行论述。

（二）各类机械沙障作用原理

1. 平铺式沙障。是固沙型沙障，利用柴草、秸秆、卵石、黏土或沥青乳剂、聚丙烯酰胺等高分子聚合物，一方面增加沙面粗糙度，降低风速；另一方面将沙面覆盖、与风隔离，避免风力直接作用于疏松的沙面，防止或减少风蚀。这类沙障能就地固定流沙，保护植物生长，但对风沙流中的砂粒阻截作用不大。

根据铺设形式不同有全面平铺和带状平铺之分。全面平铺式沙障是把易遭风蚀的沙面基本上全部覆盖，完全隔离风与沙面的接触，达到风虽过而沙不起的效果。带状平铺式沙障的各障带之间有一定宽度的裸露沙面，沙障走向与主风向垂直，有削弱风力的作用。尤为重要的是，沙障缩短了顺风向裸露的沙面宽度，避免了风蚀作用的大规模发生，有效地减少了输沙量。

平铺式沙障的固沙效果取决于沙障材料本身的粗糙性、抗风蚀性等性能。植物性的材料如秸秆、柴草等铺设的覆盖层，粗糙度高、耐风蚀，但寿命短。含水量较高的沙地还可以发展活草沙障。黏土沙障虽寿命较长，但易遭风蚀。卵石沙障寿命长，不可风蚀，是理想的治沙材料。带状沙障固沙效果还与其间距有关，沙障的间距越小，固沙的效果越好。

2. 直立式沙障。大多是积沙型沙障，是在风沙流通过的路线上设置一个直立式障碍物，使气流运动受阻，风速减弱，挟沙能力降低，从而使部分运动砂粒在障碍物附近发生降落堆积，达到减少风沙流的输沙量，起到防治风沙危害的作用。另外，多行配置直立式沙障，还可起到降低障间风速的作用，可避免再度起沙而造成障间风蚀。由于80%～90%的运动砂粒在近地表20～30 cm高度的气流中，大半又在10 cm的高度内，所以在风沙流通过的路线上设置30～50 cm或高达1 m左右的障碍物，就可以固沙和控制风沙流，防止沙害。

直立式沙障根据沙障设置的高矮有高立式、低立式和隐蔽式之分。沙障埋设与沙面持平或高出沙面10 cm以下的叫隐蔽式沙障；高出沙面10～50 cm的叫低立式沙障，也叫半隐蔽式沙障；高出沙面50～100 cm的叫高立式沙障。

直立式沙障设置时选用材料和排列结构不同，沙障的孔隙度和透风程度也不相同，防沙积沙效果也随之不同。据透风程度可将直立式沙障分为透风、紧密和不透风3种结构类型。透风结构的沙障，排列较稀疏，内部有一定的孔隙。当风沙流经过时，一部分气流分散为许多紊流从沙障孔隙中穿过，在此过程中，因受沙障材料的摩擦、碰撞、阻挡和分割，风速减弱，风沙流的载沙能力降低，在障间和障后形成了积沙。另一部分气流在障前碰撞受阻发生回旋，使障前风速降低，风沙流的挟沙能力降低，砂粒沉落。透风型的沙障障前积沙量少，沙障不易被沙埋，而在沙障后的积沙量大且积沙范围延伸较远。

完全不透风或紧密结构的沙障，沙障内部孔隙度很小，气流无法从中穿行，当风沙流通过沙障时，在障前被迫抬升，而在障后又急剧下降，在沙障前后产生强烈的沙旋，互相碰撞，使风速显著降低，从而在沙障前后同时形成积沙，积沙范围约为障高的2.5倍。沙源充足时，沙障两侧的积沙很快达到障高，沙障容易被埋没，失去继续阻沙的作用。

在实际工作中，应根据当地的实际情况，选择确定沙障的设置类型。一般在风沙流危害严重的农田、交通线和受风沙侵袭的风口地段，采用高立式的透风沙障或防沙栅栏，这种沙障既能固定当地流沙，又能扣留积存风沙流挟带的砂粒。如果在沙障间造林种草，应采用不透风或紧密结构的低立式沙障或隐蔽式沙障，这种类型的沙障障间吹蚀不深，障侧积沙不多，沙障内很快形成稳定沙面，有利于植物的成活和生长。

（三）机械沙障设置方法

沙障防风治沙的效果与沙障材料、孔隙度、高度、方向、配置形式和间距等有关，其设计主要包括以下几方面。

1. 沙障选择。以防风蚀为主，可选用半隐蔽式沙障，透风结构的高立式沙障适宜用来截持风沙流，改变地形应选用紧密结构的高立式沙障。

沙障材料的选取最好因地制宜、就地取材，主要以造价低廉、取材方便、副作用小、固沙效果好为原则。在中国北方的沙区，麦草沙障和黏土沙障的使用最为普遍。

2. 沙障孔隙度。沙障的孔隙度是指沙障孔隙面积和沙障总面积之比，通常被作为衡量沙障透风性能的重要指标。由于所用材料和排列的疏密不同，沙障孔隙度的大小不同，积沙现象也存在明显不同。孔隙度越小，沙障越紧密，积沙范围越窄，积沙的最高点恰在沙障的位置上，沙障很快就被积沙埋没，从而失去继续拦沙的作用。孔隙度大的沙障，积沙范围延伸得远，积沙量多，防护风沙的时间也长。

3. 沙障高度。在沙丘部位和沙障孔隙度相同的情况下，积沙量与沙障高度的平方成正比。根据风沙流的运动规律及特点，沙障高度一般在 15～20 cm 即可，但沙障高度过低易受沙埋，所以最好加高至 30～40 cm 高度才能收到显著效果。即使设置高立式沙障，障高达 100 cm 也就足够了。

4. 沙障的方向。沙障的设置应与主风方向垂直，通常设置在沙丘迎风坡。设置沙障时要先顺主风向在沙丘中部画一道纵轴线作为基准，由于沙丘中部的风比两侧大，所以沙障与轴线的夹角要大于 90°而不要超过 100°，这样既能较好地发挥沙障的作用，又能减少风对沙障的破坏。如沙障与主风向夹角小于 90°，沙障就被风掏蚀或沙埋（图 3-13）。

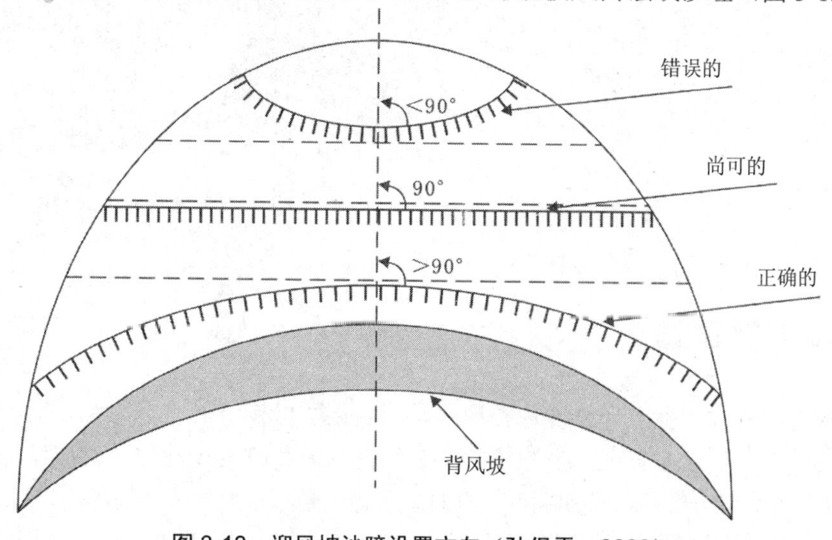

图 3-13 迎风坡沙障设置方向（孙保平，2000）

5. 沙障的配置形式。沙障的配置形式，主要应考虑当地的具体情况，即要根据优势和次优势风出现的频率和强弱情况，以及沙丘地貌类型等来确定。一般配置形式有行列式（图 3-14）、格状（图 3-15 至图 3-17）、人字形、雁翅形、鱼刺形等。最常见的主要是行列式和格状式两种，行列式多用于单向起沙风为主的地区，格状式的设置用于多风向地区。从各地已普遍采用的格状沙障的情况看，格状沙障防沙固沙效果很好。

6. 沙障的间距。沙障间距即相邻两条沙障之间的距离。距离过大，沙障容易被风掏蚀损坏；距离过小则浪费工料，防沙作用也小。沙障间距取决于地面坡度、沙障高度和风力强弱，在沙丘坡面上确定沙障间距时，要根据障高、坡度和风力进行计算。沙障高度大，障间距应大，反之亦然。沙面坡度大，障间距应小，反之，沙面坡度小，障间距应大。风力弱的地区间距可大，风力强的地区间距就要缩小。常用的草方格大小为 1 m×1 m 和 2 m×2 m。

图 3-14 民勤沙袋治沙技术（赵景波摄）

图 3-15 黏土方格治沙技术

图 3-16 平铺式植物方格治沙技术

图 3-17 砾石方格治沙技术

二、化学胶结物固沙

化学胶结物固沙是指在受风沙危害地区，利用化学材料与工艺，对易产生沙害的沙丘或沙质地表建造一层能够防止风力吹扬又具有保持水分和改良沙地性质的固结层，从而加强地表抵抗风蚀的能力，达到控制和改善沙害环境，提高沙地生产力的技术措施。

化学胶结物固沙始于 20 世纪 30 年代，迄今已有近 80 多年的历史。1934 年，前苏联首先开展了沥青乳液固沙试验，当时由于受原材料和技术的影响，发展很缓慢。60 年代以后，随着人工合成高分子聚合物工业的迅速发展，化学胶结物固沙才有了较快的发展和较多的应用。目前，化学胶结物固沙已逐步发展成为干旱地区或有风沙危害地区防治沙害的重要工程技术手段之一，在石油资源丰富的一些沙漠的国家尤为突出。由于化学胶结物固沙收效快，便于机械化作业，但成本高，在我国多用于风沙危害较严重地区的防护，如铁路、公路、机场、工矿、国防设施、油田等。化学胶结物固沙与植物固沙的结合，不仅固定了流沙，而且促进了植物的生长，改善了生态环境。

（一）化学胶结固沙作用原理

化学胶结物固沙的原理是利用稀释的、具有一定胶结性的化学物质，喷洒于松散的流动沙地表面，水分迅速渗入沙层以下，而那些化学胶结物质则滞留于一定厚度（1～5 mm）的沙层间隙中，将单粒的沙子胶结成为一层保护层，以此来隔开气流（风）与松散沙面的直接接触，从而起到防止风蚀的作用。

一般应选择具有较好的渗透性和胶结性、喷洒后能够迅速渗入沙丘表层并黏结沙子颗粒的固沙剂。并且固沙剂还应有明显的集水和保墒增温、改善土壤结构、促进植物生长的良好作用。化学胶结物固沙成本相对较高，要求特殊的施工机械，使用范围有限。

（二）化学胶结物固沙类型

化学胶结物固沙材料根据来源可分为石油产品类、高分子聚合物类、生物质资源类及高吸水树脂类产品。

1. 石油产品类固沙剂。石油产品类固沙剂的典型代表是沥青乳液，又叫乳化沥青，是沥青在乳化剂作用下通过乳化设备制成的。该固沙剂由石油沥青、乳化剂（用硫酸处理过的造纸废液或油酸钠）和水组成，可分为阳离子型、阴离子型和非离子型3类。沥青乳液作为土壤改良剂可起到防止水土流失、改善土壤水热状况、增温保墒、减少肥料和农药的流失、提高肥效等作用，有人称之为“液态地膜”。它是当前世界各国应用化学胶结物固沙中最广泛的材料，既可单独应用于固沙，也可与植物固沙和机械沙障固沙相结合。

2. 高分子聚合物固沙剂。高分子聚合物固沙材料是20世纪60年代以来发展起来的新型化学固沙材料，本质上属于水溶性或油溶性化学胶结物质。常使用的有脲醛树脂、聚丙烯酰胺、聚乙烯醇、聚醋酸乙烯乳液等多种。高分子聚合物固沙剂是一种高效的固沙材料，其效力较其他化学材料稳定、施工简便，可缩短工期，但昂贵的价格限制了该类材料在我国的广泛使用。

3. 生物质资源类固沙剂。生物质资源类固沙材料包括木质素磺酸盐及其改性产品和栲胶类固沙剂2大类。木质素磺酸盐是造纸工业的副产品，喷洒在沙土表面后，因其分子中含有羟基、磺酸基等可与沙土颗粒结合的基团，可促进沙土颗粒的聚集，从而使得表层砂粒紧密结合，形成一层致密的固结层，达到防风固沙的目的。此固沙剂具有见效快、成本低的优点，但单独使用容易降解，所以一般将它与丙烯酸、丙烯酰胺单体等结合改性，制备成木质素磺酸盐型固沙剂，固沙效果较明显。

栲胶是从含单宁的落叶松、栎类等的树皮、果壳、树叶、树根和木材中提取的膏状或固体物质，是一种重要的固沙材料。葛学贵等研制的植物栲胶高分子固沙材料，渗透能力强，对沙土的胶凝性好，在催化剂作用下，可形成热固性高分子凝胶，有广阔的应用前景。

4. 高分子吸水树脂。高分子吸水树脂又称为超强吸水剂（Super absorbent polymer，SAP）是一种含强亲水性基团的高分子材料，它不溶于水，也不溶于有机溶剂，却能在短时间内吸收大量水分并具有较强的保水性能。高分子吸水树脂是干旱地区治沙造林的理想材料，在美国和以色列等国家的旱区已经得到大面积的推广应用。

根据原料来源，高分子吸水树脂可分为淀粉系列、纤维素系列、合成树脂系列和其他天然物及其衍生物系列。

我国高分子吸水树脂的研究工作起步较晚，开始于 20 世纪初，目前有巨大的市场需求，前景良好，但由于其成本高、功能单一，而且理论吸水倍率高、实际使用效果差，所以在我国并没有得到广泛应用。

（三）效果评价

化学固沙施工容易，固定流沙立竿见影，在全球广泛使用，并取得了良好的成效。新型化学固沙材料也较多，普遍应用于流动沙漠地区公路、铁路及文物保护沙害防治中。但新型化学固沙材料中的石油产品类、高分子聚合物及高吸水树脂类产品自然降解非常缓慢，在固沙的同时，会对沙区的自然环境产生不同程度的污染。相比之下，生物资源类固沙材料既能达到防风固沙的目的，又避免了其他化学材料对沙区环境的污染。因此，加强生物资源类固沙材料的研究开发及推广应用是今后化学固沙新材料的重要研究方向。

三、风力治沙

（一）概念及原理

风力治沙是利用地形设置屏障，以聚集风力，改变风向，借以削平沙丘或输导流沙，避开被保护对象，或在需保护地段铺设砾石等材料，使下垫面平滑，增强砂粒冲击跃移反弹力，使风沙流越过被保护地段而不形成沙堆。风力治沙工程设计要求较高，仅限特殊地段或局部地区治沙。

我国比较成熟的风力治沙工程技术包括集流输导技术和非积沙工程技术。集流输导治沙主要是应用聚风板聚集风力，加大风速，输导防护区的积沙。非积沙技术指根据风沙流的特征，创造平滑的环流条件和改变附面层形态来减少风速附面层变化或加大上升力达到防护区过境风沙流不产生堆积，从而达到减少风沙危害的目的。由于这种治沙技术对工程设计要求较高，对线形工程的风沙危害防治效果较好，国内主要将其应用于渠道、公路和铁路的风沙危害治理。

（二）应用

1. 渠道防沙。渠道防沙的要求是在渠道内不要造成积沙，这就必须保证风沙流通过渠道时成为不饱和气流，即渠道的宽度必须小于饱和路径长度，或者采取措施，从气流中取走沙量，使过渠气流成为非饱和气流。

为防止渠道被沙埋，需要使渠道本身处于非堆积搬运状态。渠道是具有弧形或接近弧形的剖面形状，容易产生上升力，所以具有堆积搬运的条件。要使渠道本身更好地输沙，必须使渠道的深度和宽度保持在一定的范围内，合理地确定宽深比，这样才有利于渠道的非堆积搬运。

为保护渠道，还需建设防沙堤和护道。在渠道迎风面上，距岸一定距离筑一道 1 m 高的堤，这个堤就称为防沙堤。堤到渠边的一定距离，称为护道。这个距离最好根据试验因地制宜地确定，原则是根据饱和路径长度和沙丘类型、移动速度而定。一般最好小于饱和路径的长度，大于沙丘摆动的幅度，使渠道处于饱和路径的起点。

我国沙区防止渠道积沙，多采用设置地埂等方法，在田中隔一定距离设一地埂，耕地时不动，形成大粗糙度，使地面均匀积沙不形成沙丘，既可以掺沙改土、保墒压盐，又可以造成非饱和气流，使风沙流处于非堆积搬运状态。再加上护渠林营造合理，就可以有效地控制风沙流，达到防止渠道积沙的目的。

2. 拉沙修渠筑堤。利用风力修渠筑堤，共同方法是设置高立式紧密沙障，降低风速，改变风沙流的结构，使沙子聚积在沙障附近，当沙障被埋一部分后，或向上提沙障，或加高沙障到所需要的高度。

修渠可按渠道设计的中心线设置沙障，先修下风向一侧，然后修上风向一侧。沙障距中心线的距离一般可按下式计算：

$$I=\frac{1}{2}(b+a)+mh \tag{3-7}$$

式中，I—— 沙障距渠道中心线的距离，m；

b—— 渠堤底宽，m；

a—— 渠堤顶宽，m；

m—— 边坡系数（沙区一般为 1.5～2）；

h—— 渠堤高度，m。

筑堤是指在干河床内横向修筑堤坝，引洪淤地，改河造田。

3. 拉沙改土。拉沙改土是利用风力拉平沙丘，使丘间低地黏性土掺沙，改良土壤，用于有黏性土分布的沙区。对于沙丘是以输沙为目的，对于丘间低地是以积沙为目的，既改变沙丘，又改良丘间沙地。

黏质土壤掺沙改土不仅改变土壤机械组成，而且可以改善土壤水分和通气条件，对抑制土壤盐渍化也有作用。

风力拉沙改土必须掌握两个技术环节，一是要有一定的沙源，保证较短时间内供给足够的沙子；二是要能造成很有效的积沙条件。

四、水力治沙

（一）概念及原理

水力治沙是以水为动力基础，按照需要使沙子进行输移，消除沙害，以改造利用沙漠的一种方法。其实质是利用水力定向控制蚀积搬运，达到除害兴利的目的。水力治沙必须在水源充足的地区才能实施。我国的榆林等地已形成了比较完善的水力治沙工程技术体系。

引水拉沙造地一般应布设在沙区河流两岸、水库下游和渠道附近。其次序是按渠道的布设，先远后近，先低后高，保证水沙出路，以便平高淤低。同时，要合理布局引水渠、蓄水池、冲沙壕、围埂、排水口等工程。

（二）应用

1. 引水拉沙修渠。拉沙修渠是利用沙区河流、海水、水库等的水源，自流引水或机械抽水，按规划的路线，引水开渠，以水冲沙，边引水边开渠，逐步疏通和延伸引水渠道，它是水利治沙的具体措施。

（1）特点及作用。由于沙区特殊的自然条件，在拉沙修渠时的规划、设计、施工、养护等方面的特点是：适应地形、灵活定线、弯曲前进、逐步改直；砂粒松散、容易冲淤、比度宜小、断面宜大；引水拉沙、冲高填低、水落淤实、不动不夯；引水开渠、以水攻沙、循序渐进、水到渠成。

引水拉沙修渠的根本目的是为了开发利用和改造治理沙漠和沙地。其直接目的是在修建渠道的同时，可以拉沙造田，扩大土地资源；引水润沙，加速绿化，为发展农、林、牧业创造条件；拉沙压碱，改良土壤；拉沙筑坝，建库蓄水，实行土、水、林综合治理。所以引水修渠要与拉沙造田、拉沙筑坝等治沙方法紧密结合，统筹兼顾，全面规划；使开发利用与改造治理并举，水利治理与植物治理并举；消除干旱、风沙、洪水、盐碱等危害。使农、林、牧、副、渔得到全面发展。

（2）规划设计。修渠之前要勘查水源、计算水量、了解水位和地形地势条件，确定灌溉范围和引水方式，选择渠线，布设渠系。

沙区水资源十分宝贵，必须充分利用和开发水源，积蓄水量，并且对地表水和地下水的季节变化都要进行详细的调查，根据水量、水位确定引水方式，水量不足时，可建库蓄水；水位较高时，可修闸门直接开口，引水修渠；水位不高时，可用木桩、柴草临时修坝壅水入渠；水位过低时，可用机械抽水入渠。

选择渠线，利用地形图到现场确定渠线的位置、方向和距离，由于沙丘起伏不平，渠道可按沙丘变化，大弯就势，小弯取直。干渠通过大沙渠和沙丘时，应采取拉沙的办法夷平沙丘，使渠岸变成平坦台地，台地在迎风坡一侧宽 50 m，背风坡宽 20～30 m。为防止或减少风沙淤积渠道，干渠应基本顺从主风方向或沿沙丘沙梁的迎风坡布设。此外，布设渠系时，还要使田、林、渠、路配套，排灌结合，实行林网化、水利化。拉沙筑坝的渠道一般不分级，能满足施工即可。拉沙造田的渠道则应尽量和将来的灌溉渠系结合，统筹兼顾，一次修成。

引水量的大小是依据灌溉面积、用水定额、渠道渗漏情况来确定的。通常应适当加大渠道断面，增加引水流量，以备将来灌区的发展，也有利于渠道防淤防渗。沙质渠道的比降（任意两点水面高差与流程距离的比值）比土渠要小。清水渠道引水量要小于 0.5 m^3/s，比降采用 1/1 500～1/2 000，浑水比降可增至 1/300～1/500。当引水量增大到 1.0～2.0 m^3/s 时，清水比降采用 1/2 500～1/3 000，浑水渠道采用 1/1 500～1/2 000。沙渠大都采用宽浅式梯形断面。渠底宽度为水深的 2～3 倍较适宜，边坡比应采用 1∶1.5～2.0，具体规格按引水流量的大小确定。渠岸顶宽支渠一般为 1～1.5 m，干渠为 2～3 m，渠岸超高为 0.3～0.5 m。

（3）施工和养护。施工过程是从水源开始，边修渠边引水，以水冲沙，引水开渠，由上而下，循序渐进。做法是在连接水源的地方，开挖冲沙壕，引水入壕，将冲沙壕经过的沙丘拉低，沙湾填高，变成平台，再引水拉沙开渠或者人工开挖渠道。渠道经过不同类型的沙丘和不同部位时，可采用不同的方法。机械抽水拉沙修渠，为渠道穿越大沙梁施工创造了条件。可将抽水机胶管一端直接放在沙梁顶部拉沙开渠。

沙区渠道修成之后，必须做好防风、防渗、防冲、防淤等防护措施，才能很好地发挥渠道的效益。

2. 引水拉沙造田。引水拉沙造田是利用水的冲力，把起伏不平、不断移动的沙丘改变为地面平坦、风蚀较轻的固定农田。这是改造利用沙地和沙漠的一种方法，也是水利治沙的具体措施。

（1）拉沙造田的规划设计。拉沙造田必须与拉沙修渠进行统一规划，分期实施。造田地段应规划在沙区河流两岸、水库下游和渠道附近或有其他水源的地方。拉沙造田次序应按渠道的布设，先远后近、先高后低，保证水沙有出路，以便拉平高沙丘、淤填低洼地。周围沙荒地带可以利用余水和退水，引水润沙，造林种草，防止风沙，保护农田，发展多种经营。

（2）拉沙造田的田间工程。引水拉沙造田的田间工程包括引水渠、蓄水池、冲沙壕、围埂、排水口等。这些田间工程的布设，既要便于造田施工，节约劳力，又要照顾造出农田的布局合理。

引水渠连接支渠或干渠，或直接从河流、海子开挖，引水渠上接水源，下接蓄水池。造田前引水拉沙，造田后大多成为固定性灌溉渠道。如果利用机械从水源直接来抽水造田，可不挖或少挖引水渠。

蓄水池是临时性的贮水设施，利用沙湾或人工筑埂蓄水，主要起抬高水位、积蓄水量、小聚大放的作用。蓄水池下连冲沙壕，凭借水的压力和冲力，冲移沙丘平地造田。在水量充足、水压力较大时，可直接开渠或用机械抽水拉沙，不必围筑蓄水池。

冲沙壕挖在要拉平的沙丘上，水通过冲沙壕拉平沙丘，填淤洼地造田块，冲沙壕比降要大，在沙丘的下方要陡，这样水流通畅，冲力强，拉沙快，效果好。冲沙壕一般底宽 0.3～0.6 m，放水后越冲越大，沙丘逐渐冲刷滑流入壕，沙子被流水挟带到低洼的沙湾，削高填低，直至沙丘被拉平。

围埂是拦截冲沙壕拉下来的泥沙和排出余水，使沙湾地淤填抬高，与被冲拉的地段相平。围埂要用沙或土培筑而成，拉沙造田后变成农田地埂，设计时最好有规格地按田块规划修筑成矩形。

排水口要高于田面，低于田埂，起控制高差、拦蓄洪水、沉淀泥沙、排除清水的作用。施工中常用田面大量积水的均匀程度来鉴定田块的平整程度。经过粗平后，就要把田面上的积水通过排水口排出。排水口应按照地面的高低变化不断改变高差和位置，一般设在田块下部的左右角，使水排到低洼沙湾，引水润沙，亦可将积水直接退至河流或河道。排水口还要用柴草、砖石护砌，以防冲刷。

（3）拉沙造田的具体方法。在设置好田间工程后，即可进行拉沙造田。由于沙丘形态、水量、高差等因素的不同，拉沙造田的方法也各有差异。一般按拉沙的冲沙壕开挖部位来划分，有顶部拉、腰部拉和底部拉 3 种基本方式，施工中因沙丘形态的变化又有下列 7 种综合法。

① 抓沙顶，适于引水渠水位高于或平于新月形和椭圆形沙丘顶部时采用。当水位略低于沙丘顶部时，只要加深冲沙壕也可应用。采用机械抽水时，只需将水泵抽水管连通水源，

放在沙丘顶部拉沙。在不同形态的沙丘上施工，胶管的角度部位可以自由变换。此法比自流引水拉沙操作自如，目前采用越来越多。

② 野马分鬃，一般在渠水位低于或平于大型新月形沙丘、新月形沙丘链时采用。在沙丘靠近蓄水池一端，先偏向沙丘一侧挖一段冲沙壕，放水入壕拉去一段，接着在缺口处筑埂拦水，然后偏向沙丘另一侧，挖一段冲沙壕，再拉去一块，由近及远，如此左右连续前进，即可拉平沙丘。在施工过程中要保证冲沙壕的水流不中断，由于冲沙壕左右分开，形如马鬃，所以叫野马分鬃。

③ 旋沙腰，在渠水水位只能引到沙丘腰部时采用，需水量多。做法是在沙丘中腰部开挖冲沙壕，利用水的冲击力量，逐渐向沙丘腹部掏蚀，形成曲线拉沙，齐腰拉平。

④ 劈沙畔，一般在沙丘高大，渠水的水位低，水无法引至沙丘顶部或腰部，可在沙丘坡角开一道冲沙壕，由外及里，逐步劈沙入水，将整个沙丘连根拉平。

⑤ 梅花瓣，在水量充足、范围较大的地段，当几个低于或平于渠水水位的小沙丘环列于蓄水池四周时，采用这一方法。另一种梅花瓣拉沙法是在一个大沙丘上，把水引至沙丘顶部，围埂蓄水，然后在蓄水池四周挖 4～5 条冲沙壕，同量放水向四周扩展，拉平沙丘。

⑥ 羊麻肠，在沙丘初步拉垮削低后，还残存有坡度很小的平台状沙堆，就可由高处向低处开挖出“之”字形冲沙壕，引水入壕，借助水流摆动冲击，将高出地面的平台状沙丘削低扫平。

⑦ 麻雀战，多在拉沙造田收尾施工时采用。主要用来消除高 1～2 m 的残留沙堆。将拉沙人员散开，每个沙堆旁安排一两名，然后放水，各点的人员分别引水，冲拉沙堆，摊平沙丘。此做法因与游击战中的“麻雀战”相似而得名。

3. 引水拉沙筑坝。引水拉沙筑坝即利用水力冲击沙土，形成沙浆输入坝面，经过脱水固结，逐层淤填，形成均质坝体。用这种方法进行筑坝建库，称为引水拉沙筑坝，俗称水坠筑坝。

（1）沙坝的设计。拉沙筑坝材料以沙为主，为防止透水，条件允许时可用黏土做墙心，坝体外壳用引水拉沙冲填。此外，在选料时沙土中最好有一定数量的黏粒和粉粒，这样可减少渗水损失。

沙坝设计的关键是确定合理的坝坡坡比。因沙坝的坝坡风浪掏蚀严重，若不做砌石护坡，就要放缓坡比，坝高超过 40 m，库容大于 100 万 m^3，可酌情放缓坡比。

沙坝透水性强，蓄水后坝体侵润和坝坡风浪掏蚀严重，因此必须设置反滤体和进行护坡以保证坝角稳定和坝坡完整，防止坝坡崩塌和滑坡。在石料来源方便的地方，采用斜卧式或棱式反滤体，沙坝上游的坝面，要采取砌石护坡。在石料缺乏的沙区可采用植物来护坡。

（2）沙坝的施工。施工前要准备好有关材料物资，在坝址上游要有充足的水源。用于拉沙的沙场要邻近坝址，最好高出坝顶 10 m 以上。自流水源要设置引水渠、冲沙壕等田间工程，机械抽水要少设田间工程。依据沙丘的形状和高差，采取抓沙顶等方法，引水拉沙输入坝面。畦块的大小和多少，主要根据坝面、水量、气温、劳力、沙源等决定。小畦一般为 1 000 m^2 以下，大畦为 1 万 m^2 以上。畦块多少，一般有 1 坝 1 畦、1 坝 2 畦和 1 坝多畦几种形式。修筑围埂主要起分畦淤沙、阻滑吸水和控制坝坡的作用。一般埂高为 0.8～1 m，均为梯形。

提水或引水到沙场进行拉沙，将水流变为沙浆送至坝面，待沙浆经过沉淀、脱水、固结后再填筑第 2 层。填筑方式取决于沙是一边或两边，若一面拉沙，即 1 端 1 畦充填；若两面拉沙，即 2 端 1 畦充填。沙浆入畦，要低于围埂，充填厚度为埂高的 7/10，沙土一次充填厚度一般为 0.5～0.7 m。在沙浆能流动的情况下，浓度越稠越好，一般含沙量为 50%～60%就是合适的沙浆浓度。沙区拉沙筑坝的相间周期要根据土质、气温、充填厚度等因素决定，一般只要隔夜施工就可以保证质量。

以上 4 种技术都属于沙漠化的工程治理技术，是临时性防沙措施，仅起到固沙作用，若要改善沙漠土壤，还必须采取植物治沙的技术。

第九节 防治风蚀沙漠化的植被技术

植物治沙又称生物治沙，是通过种草植树增加人工植被，保护和恢复天然植被等手段，阻止流沙移动，防治风沙危害，改善沙区生态环境和提高土地生产力的一种技术措施。植物治沙是众多治沙措施中最经济有效而又持久的一项技术措施，是我国最主要和最根本的防沙治沙技术。利用植物治沙以其比较经济、作用持久，并可改良流沙的理化性质，促进土壤的发育，还能改善、美化环境及提供木材、燃料、饲料、肥料等原料，具有多种生态效益和经济效益的优点，成为防治土地沙漠化最有效的首选措施。

第四节所述，灌木适应性强，灌木阻沙和固沙效果最好，所以一般利用灌木进行治理沙漠化土地。但是在水分条件好的地区，也可采用耐旱乔木和灌木相结合的措施治理流沙危害。

一、自然恢复植被的措施

封沙育林育草（简称封育），保护天然植被，是各地普遍采用的一项行之有效的植物固沙措施。指在水文条件较好并有一定数量的天然植被的沙漠地区，实行一定的保护措施（设置围栏），建立必要的保护组织（护林站），把一定面积的地段封禁起来，严禁人畜破坏，为天然植物提供休养生息、孳生繁衍的条件，使天然植被逐步恢复，从而把沙丘完全固定。

在进行封育时，首先需要划定封育范围，封育范围按需要而定，与沙漠绿洲接壤的封育带，宽度多在 300～1 500 m，沙源丰富、风沙活动强烈的地区宽度则较大，反之则可缩小。其次，为防牲畜侵入，在划定的封育区边界上，通常需建立防护设施，如垒土（石）墙，挖深沟、枝条栅栏、刺丝围栏、电围栏、网围栏等。并且要制定封禁条例，通常在封育的 3～5 年内，禁止一切放牧、樵采等活动，以后则可适当进行划区轮牧、划区樵采。同时还要建立管护组织，严格执行奖惩制度。在灌区，可以利用农田灌溉的余水，必要时也可人工播种一些沙生植物，以促进固沙植物的生长。

从 20 世纪 50 年代以来，我国西北沙漠绿洲地区把“封沙育草，保护天然植被”作为防沙治沙的重要措施之一加以推广，并取得了卓越成效。现在一般都在老绿洲迎风一侧与沙漠、戈壁、风蚀等相毗连的地带，建成了封育沙生植被带，宽度超过 1～2 km，甚至 10～

20 km，植被覆盖度由原有的10%～15%恢复到40%～50%，与人工植被结合成为一道保护绿洲的绿色屏障。同时，在封沙育草区，通过大气落尘、植物枯枝落叶、植株分泌物、苔藓地衣以及微生物的作用，沙丘逐渐形成结皮，流沙成土过程加速，日益变得紧实，抗风蚀能力大大增强。

新疆吐鲁番盆地、甘肃民勤、内蒙古乌兰布和沙漠等地绿洲边缘地带，封沙育草区2 m高度的风速比流动沙丘和裸露的风蚀地相对削弱50%左右，空气湿度提高20%左右，封沙育草区所通过的沙量仅占流沙区的1/20。内蒙古自治区在20世纪50年代全区封沙育草260万 hm^2，使得大面积流沙基本固定。新中国成立前呼伦贝尔沙地天然樟子松林由于中东铁路的修建遭到大肆砍伐，破坏严重。新中国成立后，通过封育，使濒临灭绝的樟子松林得到迅速恢复和发展，并成为我国沙地樟子松繁育基地。内蒙古伊盟伊金霍洛旗毛乌聂盖村从1952年起封沙育草1 700多 hm^2，至1960年已由流沙变成以沙蒿为主的固定沙地。

二、人工造林种草技术

在荒漠化地区通过植物播种、扦插、植苗造林种草固定流沙是最有效也最根本的措施。流沙治理的重点在沙丘迎风坡，这个部位风蚀严重，条件最差，占地面积大，最难固定。经过研究与实践，在草原地区的流动沙丘迎风坡可通过不设沙障的直接植物固沙方法来解决。通常在沙丘的迎风坡种植低矮的灌木或草本植物，固定松散的砂粒，在背风坡的低洼地上种植高大的树木，阻止沙丘移动。可分为以下几种造林种草技术。

（一）直播固沙

直播固沙是用种子作材料，直接播于沙地建立植被的方法。在我国历史悠久，北魏贾思勰所著的书中曾有记载。直播固沙适用于交通条件较差的偏远山区，灌溉非常困难或者无法实施灌溉的干旱瘠薄山地，如果配以机械或飞机播种，配制预防鸟兽害及促进种子发芽的粉衣制成种子丸，其效果更好。对一些颗粒大、生长强的树种实行直播造林，具有节省资金、成活率高、成林快的优点。

选择适宜的物种、播种期、播种方式、播种深度和播种量，可以提高播种成效。

1. 树种选择。树种选择应坚持适地适树的原则，以根系发达、萌蘖力强、耐瘠薄、病虫害少的乡土树种为主，适当选用经过长期考验的外来树种。

在草原区流动沙丘上适合直播造林的树种主要是花棒、杨柴、籽蒿、柠条，沙打旺则需要选在较稳定的沙丘部位直播才适于生长。种粒小、生长慢的树种一般不适合直播造林。播种后要注意防止鸟、兽、虫、病害。适合直播造林但未经试验的树种，可先行试验，总结经验后，再推广应用。

2. 播种期。直播季节限制性小，春夏秋冬都可进行。一般而言，冬季、春季是直播的主要季节，冬季直播宜在土壤封冻前进行，春季则顶凌直播。雨季也可直播造林，具体时间在头伏末二伏初，在经过第一次透雨后需及时播种，原则上以保证幼苗至少有60天以上的生长期为宜，以使其在早霜之前能充分木质化，并安全越冬。适于雨季播种造林的树种有限，主要是松树和花棒等。

3. 播种方式。分为条播、穴播、撒播、块播4种。

条播是按一定的行距开沟播种，可播种成单行或双行，播后要覆土。可进行机械化作业，但种子消耗量比较大。

穴播是按一定的行距、穴距挖穴，根据树种的种粒大小，每穴均匀地播入数粒到数十粒种子，然后覆土播种的方法。此播种方法操作简单、灵活、用工量少。

撒播是在大块状整地上，将大量种子均匀地撒在沙地表面，不覆土（但需自然覆沙）而进行播种的方法。

块播是在经过整地的造林地上，在块状地上相对密集地播种大量种子的方法。可以均匀播种，也可呈多个均匀分布的播种点。适用于次生林改造和有一定数量的阔叶树种地域引进针叶树种。

条播、穴播因播后覆土，种子稳定，且容易控制密度，条播播量大于穴播，成苗后苗木抗风蚀作用也比穴播强。撒播不覆土，播后至自然覆沙前，在风力作用下易发生位移，稳定性较差，故采用此方法播种轻、圆的种子需要大粒化处理。

4. 播种深度。覆土深度即为播种深度，在直播过程中这是非常重要的因素，除撒播外，其余播种方式都要注意覆土深度。通常根据种粒大小和当地土壤、气候来确定覆土深度，一般覆土深度为种子直径的2～4倍，小粒种子如沙打旺、梭梭1～2 cm，中粒种子2～5 cm，大粒种子如花棒、柠条5～8 cm。秋、冬季播种覆土厚，春季薄。土壤湿度大宜薄，湿度小宜厚。沙质土宜厚，黏质土宜薄。

5. 播种量。根据种子价值、种粒大小、种子质量决定播种量，但要适当密些，保证苗量，避免重造。上述4种播种方式，穴播最节省种子，撒播、块播用种较多，条播用量居中。通常小粒种子每亩用种0.25～0.35 kg，较大种子0.35～0.75 kg。具体计算方法见飞播播量部分。

6. 种子处理，包括以下3个步骤。

（1）选种，选择品质优良、健康饱满的种子直播，保证萌发率。

（2）浸种，播种之前需要浸泡种子，促进种子吸水膨胀，一般浸至种子有3/5的部位吸水即可。

（3）拌种，播前处理根据树种、立地条件和播种季节等决定，易遭病虫鸟兽危害的树种，或者在病虫害严重的造林地播种，应进行消毒浸种或拌种处理。种子消毒浸种可用0.5%甲醛，拌种可用辛硫磷、呋喃丹等。

（二）植苗固沙

植苗是以苗圃里培育出来的播种苗、营养繁殖苗或从沙漠里挖出来的天然实生苗为材料，有计划地栽植到沙丘上进行植被建设的方法。由于栽植用的苗木本身已具有完整的根系和生长健壮的地上部分，所以植物的适应性和抗性较强，受物种和立地条件限制较少，是建立沙地人工植被中应用最广泛的一种造林方法。

1. 苗木选择。苗木质量是影响成活率的重要因素，必须选用健壮苗木，坚决不能利用不合格的小苗、病虫苗造林，一般固沙多用1年生苗，一些乔木树种采用2年生苗。起苗过程中要保证苗木根系具有足够长度、无损伤，过长、损伤部分要进行修剪。

植苗造林所用的苗木种类，主要有播种苗、营养繁殖苗、移植苗以及容器苗。按照苗木出圃时是否带土，又可以分为裸根苗和带土坨苗两大类。裸根苗是目前生产上应用最广泛的一类苗木，重量小，运输、贮藏方便，起苗容易，栽植省工，但在起苗过程中也容易伤根，栽植后遇不良环境常影响其成活。带土坨苗是根系带有蓄土，根系基本不裸露的苗木，包括各种容器苗和一般带土坨苗。这类苗木能够保持完整的根系，栽植成活率高，但重量大，搬运费工，造林成本比较高。

不同种类苗木适用条件不同。一般用材林用裸露根苗，防护林多用裸根苗，针叶树苗木和困难的立地条件下造林用容器苗。

2. 季节选择。一般选择温度适宜，空气湿度较大，自然灾害较小，符合苗木生长发育规律的时间。适宜的造林时机，从理论上讲应该是苗木的地上部分生理活动较弱，而根系的生理活动和愈合能力较强的时段。

植苗季节以春季最好，适合大多数树种栽植。此时土壤水分、温度有利于苗木发根生长。春植苗木，宁早勿晚，土地一解冻便应立即进行，通常在 3 月中旬至 4 月下旬。

秋季也是植苗主要季节，进入秋季的树木生长减缓并逐步进入休眠状态，但是根系活动的节律一般比地上部分滞后，因此苗木的部分根系在栽植的当年就可以得到恢复，次年春天生根发芽早，造林成活率高。秋季植苗期限较长，从苗木落叶至结冻前均可进行，主要集中在 10 月中旬至 11 月。

雨季造林主要适用于若干针叶树如油松等，一般在下过一两场透雨之后，出现连阴天时为最好。

3. 苗木的保护和处理。植苗造林的关键在于保持苗木体内的水分平衡。苗木从圃地起出后，在分级处理、包装运输、造林地假植和栽植取苗等工序中，必须加强保护，以减少失水变干，防止茎、叶、芽的折断和脱落，避免在运输中发热发霉。

为了保持苗木的水分平衡，栽植前应对苗木进行适当处理。地上部分的处理措施包括截干、去梢、剪除枝叶、喷洒化学药剂等。地下部分处理措施主要有修根、浸水、蘸泥浆、蘸化学药剂等。

修根是剪除受伤的根系、发育不正常的偏根，截短过长的主根和侧根。其作用主要是为了迅速恢复吸水功能，便于包装运输栽植。但修根要适当，只要不过长，可不必修剪。

造林前将苗根在水中浸泡，可使苗木耐旱能力增强，发芽提早，缓苗期缩短，有利于提高造林成活率。浸泡时间原则上以体内含水量达到饱和状态为宜，一般浸泡一昼夜即可，最长不宜超过 3 天。浸泡最好使用含氧浓度高的流水和清水。

4. 栽植方式。栽植方式按照栽植穴的形状可以分为穴植、缝植和沟植 3 类。

穴植是在经过整地的造林地上挖坑栽苗，是应用比较普遍的栽植方法。穴的深度和宽度根据苗根长度和根幅确定。

缝植是在经过整地的造林地或深厚湿润的未整地造林地上，用锄、锹等工具开成窄缝，植入苗木后从侧方挤压，使苗根与土壤紧密结合的方法。此法的造林速度快，工效高，成活率高。其缺点是根系被挤压在一个平面上，生长发育受到一定的影响。

沟植是在经过整地的造林地上，以植树机或畜力拉犁开沟，将苗木按照一定距离摆放在沟底，再覆土扶正和压实。此法效率高，但要求地势比较平坦。

5. 栽植技术。主要包括栽植深度、栽植位置等。

栽植深度应根据树种、气候、土壤和造林季节等确定。在湿润的地方，只要不使根系裸露，适当浅栽并无害处，因为在湿度有保证的前提下，浅栽可使根系处于地温较高的表层，反而有利于新根的发生。在干旱的地方，尽量深栽一些有利于根系处于或接近湿度较大且稳定的土层，容易成活。因此栽植深度要因地、因时、因树制宜，不要千篇一律。一般在秋季栽植可稍深，雨季宜略浅；干旱条件下应适当深栽，土壤湿润黏重时可略浅栽；生根能力强的阔叶树可适当加深，针叶树多不宜栽植过深。

栽植位置一般选在植穴中央，使苗根有向四周伸展的余地，不致造成窝根。有时把苗木植于穴壁的一侧，称为靠壁栽植，此种方法多用于栽植针叶树小苗。

（三）扦插造林固沙

扦插育苗是从植物母体上截取一段苗木干茎或枝条作为育苗材料，在适宜的环境条件下扦插于土壤或基质中，促使其生根而成为新植株的育苗方法。所截取的这段育苗材料称插条。扦插有利于保持母株的优良基因，而且苗木生长迅速、固沙作用大，方法简单、便于推广。

营养繁殖力强的植物如柳、沙柳、黄柳、柽柳、花棒、杨柴等，适于扦插造林。虽然物种不多，但在沙区植被建设中发挥了重要作用，沙区大面积的黄柳、沙柳造林全是依靠扦插发展起来的。

1. 扦插季节选择。一般多在春季和秋季进行。春插宜早，在腋芽萌动前进行。秋插宜选在土壤结冻前，采条即插，插条不需要进行沟藏。对一些珍贵树种也可在冬季于塑料大棚或温室内进行插条育苗。

2. 插条（穗）选择。最好从专门培养的优良母树上采条，作插条用的枝条必须生长健壮、充分木质化、无病虫害，通常选 1～3 年生枝条或萌发条，截取其中下部直径为 0.8～2.5 cm 枝段作为插条。插条长度因树种而异，乔木树种一般为 15～20 cm，灌木树种为 10～15 cm。生根慢的树种或干旱环境条件下可稍长些，反之则可短些。插条上切口多为平口，宜距芽 1～2 cm，下切口多为斜口，可距芽 0.5 cm 左右。切口要平滑，防止劈裂，以增加其与土壤的接触面积，有利于吸收水分。并注意要保护好插条上端的芽，不能被损坏。一般在扦插前制取插条，随剪截随扦插，并时刻注意保湿，防止日晒。

3. 插条（穗）处理。为了提高插条成活率，在扦插前应对插条进行一定的处理，促进生根，主要的催根方法有水浸法、生长调节剂催根法和温床法。

水浸法指在扦插前用水浸泡插条，最好用流水，如用容器浸泡要每天都换水。浸泡时间一般为 5～10 天，当皮层出现白色瘤状物时即可进行扦插，这样不仅能使插条吸足水分，还能降解插条内的抑制物质，从而显著提高了插条成活率。适用于一些阔叶树种如杨、柳等。松脂较多的针叶树，可将插条下端浸于 30°～35°的温水中 2 小时，使松脂溶解，有利于愈合生根。对较难生根的树种，宜在扦插前用植物生长调节剂进行处理，常用的有：ABT 生根粉、NAA（萘乙酸）、IAA（吲哚乙酸）、IBA（吲哚丁酸）等。早春扦插前，最好采用温床法对插条下切口增温，促进生根。

4. 扦插方法，扦插分枝插和根插两种。

（1）枝插。依枝条的成熟程度，枝插又可分为硬枝扦插与嫩枝扦插，前者是用完全木质化的枝条作为插条，后者则用尚未完全木质化或半木质化的当年新生枝作为插条。

硬枝扦插是用完全木质化的枝条作插条进行扦插育苗，在技术上简便易行，凡容易成活的树种，都可用此方法进行扦插。适用的树种有柳树、杨树、柽柳、桑树、沙棘、白蜡树、悬铃木、柳杉、池杉、水杉等。

嫩枝扦插是在生长期利用半木质化的带叶枝条进行扦插的方法，通常在夏季扦插。难生根的树种用嫩枝扦插比硬枝扦插更容易成功，如银杏、松类、落叶松以及一些常绿阔叶树种。但嫩枝扦插对培育环境条件要求较高，需要一定的设备和精细的管理，如管理不当易被菌类感染而腐烂。嫩枝扦插的成活率与插条木质化的程度有很大关系。过嫩的枝条扦插后容易萎蔫，过于木质化的枝条却生根缓慢，一般以半木质化状态的枝条为最好。嫩枝扦插还必须考虑留叶数量的问题。用无叶的嫩枝扦插是很难成活的，因为叶中存有支配生根的物质，但留叶过多又不利于插条内部的水分平衡。因此，留叶数量应根据树种、管理条件而定。

（2）根插。根部能形成不定芽的树种可以用根插繁殖，如泡桐树、漆树、毛白杨、刺槐、香椿树等。由于根比枝条的抑制物质含量低，所以根插生根容易，但必须要在根条中形成不定芽才能形成独立的植株。根条的直径和长度对根插成活率和苗木生长有一定影响，插条过细不仅成活率较低，也不利于将来苗木生长，一般以长度为 10～15 cm、直径为 1.5～5 cm 为最佳。影响根插成活的关键是土壤的水分条件，因此扦插后在插条萌发和生根期间如遇干旱必须进行灌溉。

根插的方法有横埋、直插和斜插 3 种。横埋是将插条水平放置于沟中，埋于苗床促其发芽、生根的育苗方法，其操作简单、不必区分插条的上下端，但是生长不良。直插是将插条垂直插入沟中，此法开沟深、费工。最好采用斜插，即将插条与地面成一定夹角插入沟内，使插条接近地表，以利于生根。为了区别插条的上下端，截制插条时须上端平切、下端斜切。

三、飞机播种造林种草技术

飞机播种造林种草即飞播造林，具有速度快、成本低、功效高的特点，适用于交通不便、人烟稀少，对其他造林方法难以实行的边远山区、荒野，尤其对偏远荒沙、荒山地区恢复植被意义更大，是治理风蚀荒漠化土地的有效手段，也是绿化荒山荒坡的重要措施。

飞播造林始于 20 世纪 30 年代，我国的飞播造林试验于 1956 年在广东省吴川县开始，1959 年在四川省首次获得成功。50 年来，陕西、宁夏、甘肃、青海、新疆、贵州、广西等省、直辖市、自治区先后试播过很多树种，并相继取得了较好的成效。飞播造林不仅在东部省区的荒山绿化造林中发挥了巨大作用，而且在西部生态环境建设中也具有非常重要的地位，在加速我国生态建设的进程中具有不可替代的作用。

（一）准备工作

1. 飞播区确定。实践证明，飞播区的立地条件是影响飞播成效的重要因素。沙区飞播一般选择沙丘比较稀疏，丘间低地比较宽阔、地下水位较浅地段或平缓沙地，其面积一般不少于飞机一架次的作业面积。且宜播面积应占播区总面积的 70%以上。北方山区和黄土丘陵沟壑区的飞播区应尽量选择阴坡、半阴坡，阳坡面积原则上不超过 30%。

飞播区的干湿状况也是不容忽略的因素，我国东半部年降水量 500 mm 以上的湿润和半湿润地区是飞播造林效果较好的地区，其中以湿润地区最好，半湿润地区次之，半干旱地区和干旱地区的效果甚微。

飞播区还应具备良好的净空条件和符合使用机型要求的机场，距机场过远难以应用。

2. 飞播植物物种选择。飞播植物物种的选择是飞播治沙成败的关键技术之一。流动性大、干旱少雨是流沙地特有的生态环境，并不是任何植物都能飞播，所以要求飞播植物种子有利于自然覆沙，吸水力强、发芽迅速、扎根快。并能适应流沙环境、能忍耐沙表高温，对不利因素有较强的抗逆能力。同时具有较高的经济价值，且能长期利用，最好种源丰富又是乡土植物种。经过大量实验，在草原带飞播最成功的植物有花棒、杨柴、籽蒿、沙打旺，半荒漠地区有沙拐枣、籽蒿，而在荒漠地带宜选择花棒、蒙古沙拐枣、籽蒿等。

为提高森林保持水土和抵抗病虫害能力，飞播时提倡针阔叶树混交、乔灌木混交，采用带状或混播等方式进行播种，培育混交林。

3. 飞播期选择。适宜的飞播期要保证种子发芽所需的水分、温度条件和苗木的生长期，能使苗木充分木质化以提高越冬率，还能保证苗木生长达到一定的高度和冠幅，满足防蚀的需要。适宜飞播期还要考虑种子发芽后能避开害虫活动盛期，减少幼苗损失。为保证播后降雨，必须以历年气象资料为基础，结合当年的天气预报，确定播期降雨的保证率。

我国各地飞播期大多选在 5 月中下旬至 6 月，有的延至 7 月或提至 5 月初，主要是考虑雨季前有个自然覆沙过程，并适当延长生长季节。

4. 飞播量确定。播量大小影响造林密度、郁闭时期、林分质量、防护效益，在一定程度上决定着飞播的成败。播量的确定以既要保证播后成苗、成林，又要力求节省种子为原则。根据实际调查资料，花棒 1 年生幼苗 1 m^2 需要 20 株，杨柴 16 株可抵抗风蚀。根据幼苗密度，并参考种子纯度、千粒重、发芽率、苗木保存率和鼠虫害损失率等各种因素，可合理确定单位面积播量，公式如下：

$$N = ng/(5\times10^5\times P_1\times P_2\times P_3\times P_4) \tag{3-8}$$

式中，N—— 公顷播量，kg/hm^2；

n—— 667x（x 为每平方米面积计划有苗数）；

g—— 种子千粒重，g；

P_1—— 种子纯度（用小数表示）；

P_2—— 种子发芽率（用小数表示）；

P_3—— 种子受鼠鸟虫害后保存率（小数表示，经验值）；

P_4—— 苗木当年保存率（小数表示，经验值）。

根据上式计算，小粒种子如沙蒿、沙打旺等，飞播量多在 0.5 kg/亩，混播可适当减少。较大粒种子如杨柴则 1 kg/亩、花棒 1～1.5 kg/亩、柠条 1.5 kg/亩。

5. 飞机的选择。飞播作业还需根据播区的地形、地势和机场条件，选择适宜的机型。我国目前飞播用的飞机有伊尔-14 和运 5 两种。伊尔-14 飞行高度可达 300～400 m，播幅 120～130 m，日播 2 667～3 333 hm^2；运 5 飞行高度 100～200 m，播幅可达 75～87 m，日播 667～1 333 hm^2，飞行时速为 160 km/h。目前撒种装置为电动开关，通过可调的定量盘和扩散器喷撒种子，但在飞机上不能调整撒种口，所以不能随时调整播量，这一点急需改进。

（二）飞播作业

1. 航向。航向指播带方向，即飞机在播区作业时飞行的方向。航向应尽可能与播区主山梁平行，在沙区可与沙丘脊垂直，并与作业季节的主风向相一致，侧风角最大不能超过30°，同时应尽量避开正东西向。

2. 航高与播幅。一般根据播区地形条件、飞播种子比重和种粒大小、选用机型来确定航高与播幅。如果其他因子相同，航高提高可加大播幅。但是播小粒种子易受风速影响，所以播幅要小、航高要低。小粒种子如籽蒿、沙打旺等，航高以 50～60 m 为宜，大粒种子如花棒航高需增加至 70～80 m。

为提高飞播均匀度，减少漏播，每条播幅的两侧一般要增加 15%左右的重叠系数，地形复杂或风向多变地区，每条播幅两侧要有 20%的重叠系数。

3. 作业方式。根据播区的长度和宽度、地形、每架次播种带数和混交方式来确定飞播作业的飞行方式。飞行方式分为单程式、复程式、穿梭式 3 种。

（1）单程式，每架次所载种子仅单程播完一带。适用播量大、播带长的播区。

（2）复程式，每架次所载种子可往返播两带或多带，适用播量小，种子小的播区。

（3）穿梭式，交叉播时，播种地覆盖两次种子，每次用种子一半，第二次和第一次成直角飞行，可保证种子分布更均匀。

4. 导航。在飞播过程中，要及时测定每一带播幅和落种密度，根据播区具体情况和机组的技术条件，在航带两端、中点做好人工信号导航或固定地标导航以及人工信号与固定地标相结合导航。在有条件的地方可采用 GPS（全球定位系统）来导航。

5. 播种质量检查。飞机播种的同时必须进行播种质量检查。根据播带长度，在进、出航处及播区垂直航向处设2～4条接种线。在接种线上从各播带中心起，向两侧等距设置2～4 个接种样方（1 m×1 m）。通过对接种样方进行落种统计和落种宽度的测量，计算出平均落种量和播幅宽度，发现漏播立即报告机组或机场指挥部以及时补播。对播区内飞机难以作业的宜播地块，应设计人工撒（点）播。

（三）播后管护与调查

播后播区要进行适当的抚育管理，要全面封禁 3～5 年，再半封 2～3 年。全封期严禁放牧、开垦、砍柴、割草、挖药和采摘等人为活动；半封期可有组织地开放，开展有节制的人类生产活动。还要认真做好飞播林区的病虫害防治工作，及早发现、综合防治、及时消灭。同时要加强飞播林区的护林防火工作，结合自然地形条件，有计划地营造防火林带，配备防火设施、健全防火组织，严防林火发生。

为掌握播区出苗和生长情况，确定下步经营管理措施，需要对飞播效果进行成苗调查。春播和夏播于当年秋季，秋播于翌年晚春，进行出苗调查。通常采用路线调查法，选定播带的中线为调查线，调查路线上沙丘迎风坡每隔 5 m、背风坡每隔 6 m 设 1 m^2 调查样方。调查的主要内容有播区的宜播面积、成效面积、平均每公顷株数、株高和地径及管护措施等。合格标准为平均每公顷有苗 3 000 株以上，且分布均匀。不合格播区必须进行补植补播。

四、沙结皮固沙技术

沙结皮固沙技术，就是微生物结皮固沙技术，主要是运用藻类生态、生理学原理和微生物结皮理论，分离、选育野生结皮中的优良藻种，经大规模人工培养以后返接流沙表面，使其在流沙表面快速形成具有藻类、细菌、真菌、地衣和苔藓在内的微生物结皮，并用以治理沙漠化的一项综合技术。

微生物结皮是在荒漠藻类拓殖作用下由活的微小生物及其代谢产物与细微砂粒组成，是土壤颗粒与有机物紧密结合在土壤表层形成的一种壳状体，因此藻类是微生物结皮中的先锋拓殖生物。它不仅能够在极端干旱、紫外线辐射、营养贫瘠等生态条件恶劣的环境中生长、发育和繁殖，并能通过自身的活动，影响并改变周围的微环境，尤其在防止土壤风蚀和水蚀、改变水分分布状况和防风固沙等方面具有特别重要的作用。我国荒漠地区微生物结皮中的藻类主要由蓝藻、绿藻、硅藻和裸藻 4 门组成，其中以蓝藻种类最为丰富，绿藻次之，硅藻和裸藻种类最少。

流沙表面藻类形成的沙结皮最早由 Varming 和 Groebner 提出。在我国，早在 20 世纪 50 年代，以黎尚豪院士为首的藻类工作者就在稻田和旱作农业区开始了藻类结皮技术的研究，并从 1996 年开始，进一步将研究范围扩展到荒漠地区。目前，国内关于干旱与半干旱荒漠地区藻类的研究主要集中在宁夏沙坡头地区和新疆准噶尔盆地的古尔班通古特沙漠地带。

从生物学意义上分析，微生物结皮的形成使土壤表面在物理、化学及生物学等特性上均明显不同于松散的沙土，是干旱与半干旱荒漠地区植被演替的重要基础。其固沙、治沙作用主要表现在以下几方面。

（1）微生物沙结皮可以增强沙漠地表的抗侵蚀能力。接种到沙面的藻类能够快速生长和发育，大量的藻类丝状体可将砂粒胶结在一起形成藻类-砂粒结皮，成为一个致密的抗蚀层，能直接增强沙土表面的稳定性和抗风蚀的能力。

在干旱荒漠地区使用植物固沙，由于水分平衡问题，植物不可能完全覆盖沙面而起到完全控制风蚀的作用，而在植物的株间利用藻类结皮覆盖沙面就可以弥补这一不足，从而大大提高固沙效果。

（2）微生物沙结皮可以保持沙漠土壤水分。大量研究表明，微生物结皮具有较强的水分保持能力。接入藻类等微生物后形成的结皮在发育过程中，结皮中的水稳性土壤团聚体和有机质含量大大增加，其中的藻类分泌的胞外多糖很容易与荒漠区的临时性降雨和清晨露水相结合，有利于沙漠表层土壤水分的获得。陈兰周等 2003 年对微生物结皮进行研究时发现，藻类结皮可以降低地表径流的速度，使水分得到充分的吸收，从而增加土壤中水分的含量。在我国腾格里沙漠的沙坡头地区，微生物结皮保持水分的现象也非常明显，微生物结皮的最低持水量达到 20.3%～20.4%，为流沙的 6 倍。

（3）微生物沙结皮可改善沙漠土壤养分。荒漠土壤中结合态氮的含量很低，沙面接入藻种后，固氮藻类所进行的光合作用与固氮作用在一定程度上会增加土壤有机质及 C、N、P 含量，尤其是固氮蓝藻所固定的氮是荒漠土壤中氮素的一个重要来源。固氮藻类还能够带动土壤中异养微生物的生长，与它们构成微生物种群，增加了沙漠地表中的生物多样性，促进沙质的矿化过程和土壤物质循环及流动，从而加速荒漠土壤的发育和熟化过程。

（4）沙结皮可促进沙生植物的拓殖和恢复。荒漠藻类作为荒漠生态系统中的先行者，在微生物结皮形成的早期阶段提高了土壤中氮和碳的含量，极大地改善了沙漠土壤表层和结皮下层的水分和养分状况，为其他植物类群的定居创造了生存环境，当植物的积累连续不断地在沙土表面形成有机腐殖质层时，就可以促进高等植物的繁衍。

沙结皮固沙技术作为一种新型的防沙治沙手段，在沙漠化治理中有着广阔的应用前景，但其在治理沙漠化的进程中还需要通过科学研究和生产实践来继续完善。

第十节 风沙区防护林体系

防护林是为了防风固沙、涵养水源、调节气候、减少污染所配置和营造的由天然林与人工林组成的森林。

一、沙地农田防护林

半湿润地区降雨较多，条件较好，可以发展乔木为主，主带间距 350 m 左右。半干旱地区东部条件稍好，西部为旱作边缘，条件很差，沙化最严重。沙质草原自然状态下一般不风蚀，但大面积开垦旱作，风蚀发展，极其需要林带保护。东部树木尚能生长，高可达 10 m，主带间距 200～300 m。西部广大旱作区除条件较好的地段可造乔木林，其他地区以耐旱灌木为主，主带间距仅为 50 m 左右。干旱地区风沙危害多，要采用小网格窄林带。北疆主带间距 170～250 m，副带间距 1 000 m。南疆风沙大，用边长为 250 m×500 m 网格；风沙前沿用（120～150 m）×500 m 的网格，可选树种也多，以乔木为主。

沙地农田因干旱多风土地易风蚀沙化，即使灌溉，也难以高产，营造农田林网对控制风蚀、保护农业生产有重要意义，是沙区农田基本建设的重要内容。沙区护田林除一般护田林作用外，最重要的任务是控制土壤风蚀，保证地表不起沙。这主要取决于主林带间距即有效防护距离，在该范围内大风时风速应减到起沙风速以下。

二、干旱区绿洲防护体系

风蚀荒漠化地区干旱风沙严重，农牧业生产极不稳定。为此，必须因害设防，因地制宜地建立各种类型的防护林。因风沙区自然条件复杂，必须因地制宜地设计乔灌草种。总体上应是带网片线点相结合，构成完善体系，发挥综合效益。其“体系”组成主要有以下几种。

（一）绿洲外围的封育灌草固沙带

该部分为绿洲最外防线，它接壤沙漠戈壁，地表疏松，处于风蚀风积都很严重的生态脆弱带。为控制就地起沙和拦截外来流沙，需建立宽阔的抗风蚀、耐干旱的灌草带。其方法一是靠自然繁生，二是靠人工培养，实际上常常是二者兼之。新疆吐鲁番县利用冬闲水灌溉和人工补播栽植形成灌草带。

（二）骨干防沙林带

它是第二道防线，位于灌草带和农田之间。作用是继续削弱越过灌草带的风速，沉降风沙流中剩余砂粒，进一步减轻风沙危害。此带因条件不同差异很大，不要强求统一模式。

在不需要灌溉的地方，当沙丘带与农田之间有广阔低洼荒滩地，可大面积造林时，应用乔灌结合，多树种混交，形成实际上的紧密结构。大沙漠边缘、低矮稀疏沙丘区以选用耐沙埋的灌木，其他地方以耐旱乔木为主。沙丘前移林带难免遭受沙埋，要选用生长快、耐沙埋树种。小叶杨、旱柳、黄柳、柽柳等生长慢的树种不宜采用。

（三）绿洲内部农田林网及其他有关林种

它是干旱绿洲第三道防线。位于绿洲内部，在绿洲内部建成纵横交错的防护林网格。其目的是改善绿洲近地层的小气候条件，形成有利于作物生长发育，提高作物产量与质量的生态环境。这些和一般农田防护林的作用是相同的，不同的是它还要控制绿洲内部土地在大风时不会起沙。

实际情况要复杂得多，要根据实际情况灵活运用。

三、沙地农田防护林

半湿润地区降雨较多，条件较好，可以发展乔木为主，主带间距 350 m 左右。半干旱地区东部条件稍好，西部为旱作边缘，条件很差，沙化最严重。沙质草原自然状态下一般不风蚀，但大面积开垦旱作，风蚀发展，极其需要林带保护。东部树木尚能生长，高可达 10 m，主带间距 200～300 m。西部广大旱作区除条件较好的地段可造乔木林，其他地区以耐旱灌木为主，主带间距仅为 50 m 左右。干旱地区风沙危害多，要采用小网格窄林带。北疆主带间距 170～250 m，副带间距 1 000 m。南疆风沙大，用边长为 250 m×500 m 网格；风沙前沿用（120～150 m）×500 m 的网格，可选树种也多，以乔木为主。

沙地农田因干旱多风土地易风蚀沙化，即使灌溉，也难以高产，营造农田林网对控制风蚀，保护农业生产有重要意义，是沙区农田基本建设的重要内容。沙区护田林除一般护田林作用外，最重要的任务是控制土壤风蚀，保证地表不起沙。这主要取决于主林带间距即有效防护距离，在该范围内大风时风速应减到起沙风速以下。

四、沙区牧场防护林

树种选择要注意其实用价值，我国风蚀沙漠化地区东部以乔木为主，西部以灌木为主。主带距取决于风沙危害程度。不严重者可以 25H 为最大防护距离，严重者主带间距可为 15H，病幼母畜放牧地可为 10H。副带间距根据实际情况而定，一般 400～800 m，割草地不设副带。灌木带主带间距 50 m 左右，林带主带为 10～20 m，副带为 7～10 m。考虑草原地广林少，干旱多风，为形成森林环境，林带可宽些，东部林带为 6～8 行，乔木 4～6

行，每边一行灌木。呈疏透结构，或无灌木的透风结构，生物围栏呈紧密结构。造林密度取决于水分条件，条件好的地区可密些，否则应稀些。

牧区其他林种如薪炭林、用材林、苗圃、果园、居民点绿化等都应合理安排，纳入防护林体系之内。实际中常一林多用，但必须做好管护工作。

为根治草场沙化还应采取其他措施，如封育沙化草场，补播优良牧草，建设饲料基地。转变落后的经营思想，确定合理载畜量，缩短存栏周期，提高商品率，实行划区轮牧等都是同样重要的措施。

五、沙区道路防护林

（一）沙区铁路防护林

沙区铁路防护有重大政治与经济意义，我国在该领域处于世界领先的地位。

1. 草原沙区铁路防护林体系。防护带宽度取决于风沙危害程度，防护重点在迎风面。一般以多带式组成防护林体系，带宽为 20 m 左右，带间距为 15 m 左右。

（1）树种选择与造林技术。我国风蚀沙漠化地区的东部选择的乔木主要有适合当地条件的杨树、樟子松、油松、旱柳、白榆等；灌木有胡枝子、紫穗槐、黄柳、沙柳、小叶锦鸡儿、山竹子等；半灌木有差把杆蒿、油蒿等；向西部降水减少，应增加柠条、花棒、杨柴、籽蒿等。灌木半灌木比重增加，乔木比重减少，以至不用乔木。配置上，我国风蚀沙漠化地区的东部应乔灌草结合，条件好的地段以乔木为主，较差地段以灌木为主；西部以灌木为主，能灌溉地段应乔灌草结合。

（2）在造林技术上强调注意远离路基（100 m 以外）的流动沙丘顶部、上部可不急于设障造林，待丘顶削低后再设障造林。

（3）要根据立地条件和树种生物学特性合理配置树种，提倡针阔混交，提高树种多样性。

（4）严格掌握造林技术规程，保证造林质量。

（5）年降水量大于 400 mm 地区，造林应争取一次成功。

2. 半荒漠沙区铁路防护体系。我国此类线路最长有 750 m。沙坡头可作为成功代表。包兰铁路沙坡头段穿过腾格里沙漠东南缘高大流动沙丘区，在高大密集的格状流动沙丘群中和降雨量不足 200 mm 的恶劣条件下，以无灌溉技术途径，首创了“以固为主、固阻结合”、以生物固沙为主、生物固沙与机械固沙相结合的稳固的铁路防沙体系模式，在铁路两侧高大的流动沙丘上建立了 235～583 m 宽的保护带。在保护带外缘用高度为 1 m 左右的高立式沙障阻沙，在沿线固沙带设立长、宽为 1 m×1 m 的草方格沙障，并选用适宜沙地生长的植物栽植，建立永久的防护带；第三带为在灌溉条件下的乔木林带；第四带为砾石平台缓冲输沙带，此带的宽度约 2 m。这种防护模式不仅有效地固定了流沙，而且在固沙带形成了土壤结皮层，促进风沙土向土壤的转化。包兰铁路沙坡头段的沙害治理获得了巨大成功，取得了 72 亿元的经济效益，成为中国铁路防沙的典范。

3. 荒漠地区铁路防护体系。我国穿过戈壁的铁路有多处受到风沙危害。风沙特点是来势猛、堆积快、形成片状积沙。因荒漠区无灌溉条件，只能依靠机械固沙措施。西宁—格尔木铁路某段用高立式多列式竹篱防止风沙危害，效果良好。兰新线在三十里井—巩昌河区间的沙害严重，建立了灌溉植物防护带，起到了重要作用。灌木林带带宽视沙害程度而定，重点保护迎风面。

（二）荒漠地区公路防护体系

塔里木沙漠公路南北贯通塔克拉玛干沙漠，其中流沙路段 446 km。在号称“死亡之海”的塔克拉玛干沙漠的新建公路，防沙固沙是其关键。将沙漠公路选线、沙漠公路防沙固沙、沙漠公路环境评价等技术有效组合，创造了沙漠公路防沙体系，使世界上第一条穿行于高大流动沙漠中的石油公路畅通无阻，已创经济效益 1.8 亿元。

第十一节　沙地造林树种和密度

我国沙区气候干燥，冷热剧变，风大沙多，自然环境十分严酷。在这种条件下，许多植物无法生存，只有那些耐干旱瘠薄、耐风蚀沙割、抗日灼高温、抗沙土掩埋、生长快、易繁殖的沙生植物才能适应这种恶劣的生境。因此，植物固沙的成效大小，在很大程度上取决于固沙造林植物品种的选择。选择树种应以当地的乡土树种为主，这是因为它们经过长期的人工栽培或自然选择，能够适应当地的自然环境。引种外地树种，必须经过栽培试验，才能推广应用。一般说来，优良的固沙植物和造林树种应具备以下特点：① 萌蘖性强，冠幅稠密，分枝多，有足够的高度。② 耐风蚀沙埋。③ 早期生长快，根系发达，尤其是水平侧根分布范围广，固沙作用强。④ 耐高温、抗干旱、不苛求土壤。⑤ 繁殖容易，种源丰富。⑥ 有一定的经济价值，如可生产木材或作编织材料、烧柴及饲料等。

一、常用树种

我国沙区固沙植物（包括半灌木）主要有 19 种，按照类别可分为草本、灌木和乔木 3 类，它们具有耐干旱的突出特点。

（一）草本固沙植物

1. 沙打旺（*Astragalus adsurgens*）。豆科多年生草本，高 1～2 m，丛生，分枝多，主茎不明显。主要分布在北方半湿润、半干旱、干旱区，江苏、河北、河南、山东等省早已栽培，西北地区也已推广。沙打旺再生力强，耐旱、耐寒、耐盐碱、耐瘠薄、抗风沙、生长快，是防风固沙、保持水土的重要物种，也是优质饲料、绿肥和燃料。春、夏、秋季均可播种，但不能迟于初秋，否则难以越冬。可直播、飞播繁殖，播种量一般每公顷 3.75～15 kg，条播的行距一般 15～20 cm，播深 1～2 cm。沙打旺种子小，顶土力弱，播前最好适当整地，同时应注意镇压保墒，以保全苗。

2. 小冠花（*Coronilla varia*）。小冠花属豆科多年生草本植物，分枝多，匍匐生长，匍匐茎长达 1 m 以上。小冠花喜温暖干旱气候，耐旱不耐涝，适于在年降水量 400～600 mm，年均温 10℃左右的半干旱地区种植，但若积水 3～4 天，则根部腐烂，植株死亡。小冠花营养物质含量丰富，是牛羊反刍家畜的优良饲料。但由于其中含有硝基丙酸物质，对单胃家畜有毒性，不适于饲养单胃家畜。其寿命长达几十年，极少病虫害，茎干匍匐生长，能有效防止雨水的冲刷，是极好的固沙保土、荒山绿化植物。小冠花适宜春季、夏季或早秋播种，因播种出苗有些困难，不宜飞播，可用种子繁殖，播种前要对种子去皮或划破种皮，也可用分根法进行营养繁殖，但应以栽苗为主。小冠花幼苗生长很慢，要两个生长季之后才能完全长起来，开始 1～2 年因根系未发达，干旱时尚需灌水，以后不需灌水。

（二）灌木固沙植物

1. 沙蒿（*Artemisia* sp.）。菊科多年生半灌木，主茎不明显，分枝多而细。常用于固沙的沙蒿主要有籽蒿（*A.sphaerocephla*）、油蒿（*A.ordosica*）、差巴嘎蒿（*A.halodendron*）3 种。籽蒿耐寒、耐旱、耐瘠薄、抗风沙，喜生长在流动、半流动沙丘上，当流动沙丘被固定后，则逐渐衰亡，为黑沙蒿所代替。籽蒿种子可食，茎叶幼嫩期及霜后期也可做饲料。油蒿多分布于干旱区、半干旱区的固定、半固定沙地，在沙丘背风坡生长旺盛。有极好固沙效果，对沙结皮的形成有重要作用。差巴嘎蒿耐干旱，生于半固定沙丘和流动沙丘的迎风坡下半部，有深长的主根和发达的侧根，是良好的固沙先锋植物。

总之，沙蒿具有耐沙埋、抗风蚀、耐贫瘠、抗干旱、易繁殖等特性，是北方地区防风固沙和水土保持的理想植物。沙蒿叶的蛋白质和胡萝卜素含量相当高，冬季骆驼和绵羊均喜食，是骆驼的主要饲料，也是沙区、牧区的燃料来源。沙蒿叶的蛋白质和胡萝卜素含量相当高，冬季骆驼和绵羊均喜食，是骆驼的主要饲料，也是沙区、牧区的燃料来源。可用飞播、撒播、植苗、扦插、分株法繁殖，常用播种法。

2. 梭梭（*Haloxylon ammodendron*）。藜科小乔木，有时呈灌木状。高度多在 2～3 m，最高达 5～6 m，主干扭曲，树皮灰黄色。梭梭根系发达，主根一般深达 2 m 多，最深者可达 4～5 m 以下的地下水层。抗盐碱，喜生于轻度盐渍化、地下水位较高的固定和半固定沙地上，土壤含盐量为 2%的立地条件最适合其生长。梭梭耐寒、耐旱、耐沙埋，可天然分布于新疆、内蒙古西部、甘肃河西、青海的沙漠、戈壁、盐土等多种生境中。

梭梭的当年生枝条营养丰富，粗蛋白含量在 12%以上，骆驼可全年利用，羊在冬天也可采食，是羊、骆驼的优质饲料。梭梭还是优良的薪炭材，材质坚硬、发热量大，仅次于煤。贵重中药材肉苁蓉寄生在梭梭根部，从梭梭的枝干中还可提取碳酸钾，作为制作重碳酸钾等化学产品的工业原料。梭梭林是三大荒漠森林之一，具有不可替代的生态地位和重要的利用价值。梭梭一般采用播种育苗，播种时间以 4 月末、5 月初最为适宜，可撒播、条播，每亩播种量以 2 kg 为宜。而在流动沙丘上植苗造林效果较好，苗木应选择 1 年或 2 年生的实生苗，在春季或秋季土壤水分条件较好时进行移栽，移栽后，必须加强保护，封闭禁牧，待 5 年左右，地上部分生长起来以后，方可放牧利用。

3. 白梭梭（*Haloxylon persicum*）。藜科大灌木，落叶小乔木，高 1～7 m。白梭梭是典型的沙旱生灌木，耐严寒、耐干旱、抗高温，靠雨水、沙层水分生活，分布于沙质荒漠，生长在半流动或固定沙丘中，在我国分布于准噶尔盆地沙漠中海拔 300～500 m 处的半流动沙丘上。白梭梭的特征、用途和梭梭具有相似性。白梭梭造林宜在春、秋两季进行，但以早春为好，秋季宜在 11 月初至封冻前进行。一般采用挖坑植苗的造林方法，坑深 50 cm 左右，秋植时应挖到湿沙层，并用湿沙埋苗，踏实。有条件的地方，栽后灌 1 次水。

4. 柽柳（*Tamarix* sp.）。又名红柳，柽柳科灌木，丛生，高 3～6 m，分枝多，枝条纤细。柽柳喜光，极耐寒、耐旱、耐瘠薄、耐水湿，适应性强，是最能适应干旱沙漠生活的树种之一，它的根很长，长的可达几十米，多靠吸取地下水以维持生存。有很强的抗盐碱能力，能在含盐碱 0.5%～1%的盐碱地上生长，是改造盐碱地的优良树种。柽柳还不怕沙埋，被流沙埋住后，枝条能顽强地从沙包中探出头来，继续生长。所以，柽柳是防风固沙的优良树种之一。柽柳的老枝柔软坚韧，可以编筐，嫩枝和叶可以做药，也可用作牲畜饲料。柽柳的分布范围很广，在我国广泛分布于西北地区，华北、沿海也有分布，荒漠地区有大面积柽柳天然林。柽柳在我国有 10 多个种类，主要有多枝柽柳（*Tamarix ramosissima*）、沙生柽柳（*Tamarix taklamakanensis*）。通常用扦插繁殖，春插或秋插都行，老枝、嫩枝均可。春插在 2—3 月进行，选用一年生以上健壮枝条，粗约 1 cm、长 15～20 cm，直插于苗床，插条露过土面 3～5 cm，到 4—5 月即可生根生长，成活率达 95%以上。秋插于 9—10 月进行，以当年生枝条作为插条，方法同春插，成活率也很高。还可用播种、植苗、分根法繁殖。

5. 沙拐枣（*Calligonum* sp.）。蓼科灌木，高 1～2 m，有的高达 4 m。老枝灰白色，开展，一年生枝草质，绿色。为强旱生灌木，极耐高温、干旱和严寒，根系发达，萌芽性强，被流沙埋压后，仍能由茎部发生不定根、不定芽，所以适宜在流动沙丘上生长。

沙拐枣天然分布于西北荒漠，在新疆准噶尔盆地、塔里木盆地，甘肃河西走廊，内蒙古西部乌兰布和、巴丹吉林、腾格里沙漠等地区都有生长。它是优良的薪炭材，材质坚硬，枝干热值高。嫩枝、幼果为羊、骆驼饲料。沙拐枣内含有单宁酸，是提取单宁的原料。造林可用播种、扦插、植苗、飞播等多种方法。

6. 杨柴（*Hedysarum mongolicum*）。豆科灌木，高 1～2 m。茎多分枝，幼茎绿色，老茎灰白色。适应性强，喜欢适度沙压并能忍耐一定风蚀，所以能在极为干旱瘠薄的半固定、固定沙地上生长，有良好的防风固沙效果。杨柴具有丰富的根瘤，利于改良沙地，并提高沙地的肥力。在我国主要分布在科尔沁、鄂尔多斯沙地、库布齐、乌兰布和沙漠。适宜飞播，也可直播、植苗、分株造林。

7. 花棒（*Hedysarum scoparium*）。蝶形花科大灌木，高 2～5 m，小枝绿色。花棒为沙生、耐旱、喜光树种，它适于流沙环境，喜沙埋、抗风蚀、耐严寒酷热，主侧根均发达，防风固沙作用大，为优良的固沙先锋植物，也是优质饲料和薪柴。在我国分布于乌兰布和、腾格里、巴丹吉林、古尔班通古特等沙漠。草原带可直播、飞播造林，荒漠、荒漠草原主要用植苗造林，扦插也可。

8. 柠条（*Caragana* sp.）。豆科旱生灌木，株高 40～70 cm，最高可达 2 m 左右。根系极为发达，深根性，主侧根均发达。枝条开展，初生枝条密被绒毛，以后逐渐稀少，当年生枝条具条棱，淡黄褐色，以后逐渐变成黄绿色。

柠条喜光，极耐寒、耐旱、耐高温、耐瘠薄、耐沙埋，除重盐碱土外，其他土壤均能生长，适生于海拔 900～1 300 m 的阳坡、半阳坡。目前，柠条是中国西北、华北、东北西部水土保持和固沙造林的重要树种之一，属于优良的防风固沙和绿化荒山植物。叶可作肥料和饲料，枝条可编筐、作燃料，根、花、种子均可入药。柠条有直播造林和植苗造林两种。降水较好的地区多采用直播造林，过于干旱的地区多采用植苗造林。

9. 紫穗槐（*Amorpha fruticosa*）。豆科丛生小灌木，高 1～4 m，根系发达，侧根多而密。紫穗槐耐寒、耐旱、耐涝、耐盐碱、耐瘠薄、抗沙压、抗逆性强，具有很强的抗病虫、抗烟和抗污染能力，是保持水土的理想植物。也是固土护坡的优良树种，常被用作公路、铁路两侧的水保固沙林。紫穗槐枝条可编筐，叶子可沤制绿肥、作饲料，花为蜜源，花和种子都是药材，具有极高的经济利用价值。在我国大部分地区均适宜栽植，广泛分布于我国东北、华北和西北。可播种、扦插及分株繁殖，其中扦插育苗具有成苗率高、育苗周期短等优点。

10. 黄柳（*Salix flavida*）。杨柳科多年生灌木，高 1～3 m，丛生，老枝黄白色，有光泽，嫩枝黄褐色。黄柳喜光，耐寒、耐热、耐沙埋、抗风沙、生长快，喜生于草原地带的地下水位较高的固定沙丘、半固定沙丘。在我国主要分布于辽宁、吉林、宁夏和内蒙古等省区的沙区。可作防风阻沙林，饲料、薪炭林和旱地农田防护林。主要采用扦插造林，也可直播造林。

11. 沙柳（*Salix psammophila*）。杨柳科灌木或小乔木，高 2～3 m，最高达 6 m。丛生，枝条幼嫩时多为紫红色，有时绿色，老时多为灰白色。水平根极其发达。叶片线形，互生，长 2.5～5 cm，宽 3～7 mm，上面绿色，疏被柔毛，下面灰白色，密被柔毛。柔荑花序，无柄。蒴果长圆形，长 3 mm，无梗，裂开为 2 瓣，种子具长白毛。沙柳具有较高的生态和经济价值，可防风固沙，护渠护岸，是我国沙荒地区造林面积最大的树种之一。枝条可编筐，嫩枝叶可作饲料，其所含热量和煤差不多，可发展成每 3～6 年砍一次的绿色沙煤田。沙柳在西北、华北及东北部分地区的沙地均有分布，主要分布在鄂尔多斯沙地。主要采用扦插造林的方法。

（三）乔木固沙植物

1. 樟子松（*Pinus sylvestris* var. *mongolica*）。松科常绿乔木，高 15～20 m，最高 30 m，树冠塔形，大枝轮生。樟子松适应性强，极耐寒冷，能忍受-40～-50℃低温。嗜阳光，旱生，不苛求土壤水分，喜酸性土壤。寿命长，一般为 150～200 年，有的多达 250 年，是我国三北地区主要优良造林树种之一。其材质纹理直，可供建筑、家具等用材。树干可割树脂，提取松节油，树皮可提取栲胶。在我国天然分布于大兴安岭林区和呼伦贝尔草原固定沙丘上，河北、陕西榆林、内蒙古、新疆等地区引种栽培都很成功。其主要采用植苗造林，但由于樟子松不易生根，移栽不易成活，种植大苗相对于小苗成活率低，因此以移栽小苗为主。且在流动沙丘栽松，必须事先栽植固沙植物固定流沙，当流沙基本稳定时，再进行樟子松造林。

2. 胡杨（*Populus diversifolia*）。杨柳科落叶乔木，高 15～30 m，胸径 30～40 cm。树皮灰褐色，呈不规则纵裂沟纹，幼树和嫩枝上密生柔毛。胡杨生长较快，它的叶子可作为饲料。木材耐水耐腐，是造桥的特殊质材，也可用于造纸和制作家具。胡杨耐盐碱、耐极端干旱，根系发达，可以扎到地下 10 m 深处吸收水分，是唯一生活在沙漠中的乔木树种，对于防风固沙、保护农田、调节绿洲气候等具有十分重要的作用，是我国西北荒漠地区最主要的生态屏障。新疆是我国乃至世界胡杨分布最多的地区，我国 90%的胡杨分布在塔里木盆地，北疆准噶尔盆地也有零星分布。插条繁殖困难，直播或植苗造林均可。

3. 沙枣（*Elaeagnus angustifolia*）。胡颓子科乔木，高 3～15 m。树皮栗褐色至红褐色，有光泽，树干常弯曲，枝条稠密。沙枣生活力很强，有抗旱、抗风沙、耐盐碱、耐贫瘠等特点，天然沙枣只分布在降水量低于 150 mm 的荒漠和半荒漠地区，在我国主要分布于西北各省区和内蒙古西部，华北北部、东北西部也有少量分布。沙枣是很好的绿化、薪炭、防风固沙树种，多种经济用途已受到广泛重视。其叶和果是羊的优质饲料，花是很好的蜜源植物，含芳香油，可提取香精、香料，花、果、枝、叶还可入药，目前已成为西北地区主要造林树种之一。沙枣可用植苗或插干造林，植苗造林可在春、秋两季进行，以春季为好，插干造林往往选在土壤湿润、水分条件好的地方进行。

4. 油松（*Pinus tabulaeformis*）。松科常绿乔木，高达 30 m，胸径可达 1 m，幼树树冠呈圆锥形，成年树树冠呈平顶。油松适应性强，生长迅速，根系发达，喜光，耐寒、耐旱、耐盐碱、耐沙埋，对土壤养分和水分的要求并不严格，但要求土壤通气状况良好，所以在松质土壤里生长较好，是我国北方广大地区保持水土和防风固沙常用的造林树种之一。油松的树皮可以用来提取单宁酸，松针含有天然杀虫剂，木材可用于建筑及造纸。常用播种和扦插繁殖。

5. 木麻黄（*Casuarina eguisetifolia*）。木麻黄科常绿乔木，高达 30 m。主枝圆柱形，灰绿色或褐红色，小枝轮生，约有纵棱 7 条。木麻黄根系具根瘤菌，生长迅速，抗风沙，耐盐碱，耐干旱，耐潮湿，是中国南方滨海沙地造林的优良树种。其材质坚实，可供建筑、家具、造纸用材，嫩枝可作家畜饲料，树皮可提制栲胶，也可制备染料。通常用种子繁殖，也可用半成熟枝扦插。

6. 刺槐（*Robina pseudoacacia*）。又名洋槐，蝶形花科落叶乔木，高 10～20 m。树皮灰黑褐色，纵裂，枝具托叶性针刺。刺槐喜光，抗风，耐干旱，对土壤要求不严，喜生于中性、石灰性土壤，喜温暖湿润气候，在年平均气温 8～14℃、年降水量 500～900 mm 的地方生长良好，在我国分布于以黄河中下游和淮河流域为中心的华北、西北和东北南部的广大地区。叶含粗蛋白，实用价值很高，花是优良的蜜源植物，木材坚硬，耐水湿，可供矿柱、枕木、建筑、家具用材。直播、植苗造林均可，方法因地而异，以春季造林为好。

二、造林密度

在沙漠地区，水分是植物生长的主要限制因子，一般植物均处于水分的临界状态，因此对水分的变化十分敏感，水分供应的多少，对植物成活和生长发育影响非常显著，而密度正是这一敏感问题的调节旋钮。植物固沙要求一定的密度，沙地植物过稀达不到良好的固沙效果，过密又会消耗过多的沙地水分，抑制林地生长，因此解决好风沙区植物固沙密度和水分不足这一对矛盾显得尤为重要。

从立地条件看，不同地带水分条件不同，因而造林密度也不同。水分条件相对较好的草原地区，密度可以大一些，覆盖度可达 60%以上，而在无地下水供应的半荒漠地区，覆盖度多在 40%以下，有地下水或灌溉条件时，可按 50%的覆盖度设计。同一植物种，在草原地带可比半荒漠地带的密度大一些，有地下水供应的地区密度应大一些。

由于植物的生物学特征不同，在生长速度、根系特征以及对水分要求等方面相差太大，因此，各植物种的密度亦不一致。生长迅速、植株高大、水平根系发达的先锋灌木应适当稀植，一般情况下覆盖度达40%、分布比较均匀即可有效控制风蚀，密度过大反而会影响生长发育，而一些生长比较缓慢的树种如乔木密度可大一些。

关于种植密度的确定方法，刘恕、石庆辉曾提出确定适宜密度的3种方法。① 根据植物根系特性确定密度，指按植物吸收水分的根系范围划出密集区来确定密度，或用一半年龄的植物密集根幅平均值确定密度。② 由植物的耗水特性确定密度，即由植物生长旺盛的5—7月（亦是降水稀少、植物的供水最困难的季节），沙层内的有效蓄水量和单株植物平均耗水量，得出各种植物的每株营养面积，从而确定种植的密度。③ 以对不同密度的人工林地及天然植被的调查结果来确定密度，即调查各种密度的人工林地及天然植被，比较其生物量、生长势、盖度等来确定密度。其中，前两者不易准确掌握，第三个则比较可行。

三、树种配置

乔木高大挺拔，防护作用大，改善环境能力强，但对水分、养分等条件要求高，仅能适应部分沙地，大部分荒漠、半荒漠地区如无灌溉难以发展。灌木适应性强，具有深根、丛生习性，对削弱近地层风速的作用大，对水分、养分条件要求不高。草本植物生长迅速，有较强的适应能力和繁殖能力，改土作用和饲料价值较高，亦能固沙保土，增加地表粗糙度。不同类型的树种各有利弊，多个树种在不同密度下的混交往往能起到良好的防风固沙效果，因此一般不用单一树种来固沙，有条件的地区往往乔、灌、草结合防沙固沙。

根据沙地立地条件，植物种特点及生态、生产需要确定适宜的植物种，采用适宜密度，选择合理的混交与配置形式是沙地造林绿化、植被建设的关键。下面重点介绍几种沙地造林常用的配置形式。

（一）线性密植配置

沙生先锋植物对流沙具有独特的适应性，它们不仅允许沙的流动，而且为了本身的正常生长发育甚至还需要沙的流动，沙失去流动性后，先锋植物便开始死亡，让位于第二期植物。而通过密植可使先锋植物周围积沙，产生沙埋，使沙生植物在沙埋的基干和枝条上形成不定根，从而加强本身的生长和发育。依此原理常在线路两侧10～20 m处，以0.25～0.40 m的株距，密植沙拐枣各1～2行（第二行距第一行5～10 m），以达到防风固沙的目的。

（二）簇式栽植配置

某些植物组成的稠密群体，远强于单个植物抵抗不利环境条件的能力（主要增强了抗风蚀能力）。基于此种判断，常在2 m×2 m、3 m×3 m或4 m×4 m的块状土地上，每一块以0.15 m的间距栽植5株乔木或簇状沙拐枣苗，并设置单个的沙障加以保护，即簇式栽植配置。

（三）前挡后拉

指在沙丘前方的背风坡脚至丘间低平地段，设置乔、灌木树种，同时在沙丘迎风坡下部配备固沙灌木，形成前挡后拉之势，再利用自然风力削平沙丘上部，使整个沙丘逐渐变平缓并固定的配置形式。“前挡后拉”巧妙地利用了流沙中两个易于进取的部位，连成一体，有效地控制整个沙丘。

（四）密集式造林

密集式造林是我国草原地区广泛应用于迎风坡上的一种固沙方法，因不设沙障保护，适宜于轻度和中度风蚀区，其作用和原理与线状密植相似。由迎风坡脚开始，沿等高线向上开沟，沟宽约 50 cm、深约 30 cm、沟间距 2～3 cm，并按 6～10 cm 株行距将苗木排列在沟内覆土踏实。此法可栽植沙柳、胡枝子、沙蒿等灌木、半灌木，但栽植规格可因植物种和风蚀程度变化，如沙柳长插条，沟深度等于插条长度，株距在风蚀较严重地区应适当缩小。

参考文献

[1] 孙保平. 荒漠化防治工程学. 北京：中国林业出版社，2000.
[2] 董光荣，李长治，金炯，等. 关于土壤风蚀风洞模拟实验的某些结果. 科学通报，1987，32（4）：297-301.
[3] 朱震达，刘恕，邸醒民. 中国的沙漠化及其治理. 北京：科学出版社，1989：109-126.
[4] 慈龙骏. 我国荒漠化发生机理与防治对策. 第四纪研究，1998，18（2）：97-107.
[5] 慈龙骏. 极端干旱荒漠的“荒漠化”. 科学通报，2011，56（31）：2616-2626.
[6] 章祖同. 草地资源研究：章祖同文集. 呼和浩特：内蒙古大学出版社，2004.
[7] 王涛，宋翔，颜长珍，等. 近 35 年来中国北方土地沙漠化趋势的遥感分析. 中国沙漠，2011，31（6）：1351-1356.
[8] 吴玉环，高谦，程国栋. 生物土壤结皮的生态功能. 生态学杂志，2002，21（4）：41-45.
[9] 关桂兰. 新疆陆生固氮蓝藻的分布与生理生态特征. 干旱区研究，1992，21（1）：20-22.
[10] 赵景波. 黄土高原 450ka BP 前后荒漠草原大迁移的初步研究. 土壤学报，2003，40（5）：651-656.
[11] 李世英. 内蒙古呼盟莫达木吉地区羊草草原放牧演替阶段的初步划分. 植物生态与地植物学丛刊，1965，3（2）：78-83.
[12] 胡光印，董治宝. 逯军峰. 长江源区沙漠化及其景观格局变化研究. 中国沙漠，2012，32(2)：314-322.
[13] 杨泰运. 农牧交错地带土地退化的初步探讨. 干旱区资源与环境，1991，5（3）：75-83.
[14] 胥宝一，李得禄. 河西走廊荒漠化及其防治对策探讨. 中国农学通报，2011，27（11）：266-270.
[15] 贺振，贺俊平. 基于 MODIS 的黄土高原土地荒漠化动态监测. 遥感技术与应用，2011，26（4）：476-481.
[16] 董玉祥，刘玉璋，刘毅华. 沙漠化若干问题研究. 西安：西安地图出版社，1995.
[17] 于程. 我国荒漠化和沙土化防治对策. 农业工程，2012，2（2）：69-71.
[18] 赵景波，邵天杰，侯雨乐，等. 巴丹吉林沙漠高大沙山区含水量与水分来源探讨. 自然资源学报，2011，26（4）：694-702.
[19] 李博. 中国北方草地退化及其防治对策. 中国农业科学，1997，30（6）：1-9.
[20] 杨泰运. 坝上地区现代沙漠化土地的形成及整治途径. 中国沙漠，1985，5（4）：25-35.
[21] 朱震达. 中国北方沙漠化现状及发展趋势. 中国沙漠，1985，5（3）：3-11.
[22] 中国科学院兰州沙漠研究所伊克昭盟沙漠化考察队. 内蒙古伊克昭盟土地沙漠化及其防治. 中国科

学院兰州沙漠研究所集刊，第 3 号，1986.

[23] 朱震达. 中国沙漠、沙漠化、荒漠化及其治理的对策. 北京：中国环境科学出版社，1999.

[24] 赵性存. 中国沙漠铁路工程. 北京：中国铁道出版社，1988.

[25] 夏训诚，李崇顺，周兴佳. 新疆沙漠化与风沙灾害治理. 北京：科学出版社，1991：85-106.

[26] 董光荣，申建友，金炯. 我国土地沙漠化的分布与危害. 干旱区资源与环境，1989，3（4）：33-42.

[27] 张景路，张永福，孟现勇，等. 土地沙漠化预警研究进展. 农业灾害研究，2012，2（6）：49-52.

[28] 杨根生，刘阳宣，史培军. 黄河沿岸风成沙入黄沙量估计. 科学通报，1988，33（13）：1017-1021.

[29] 李建法，宋湛谦. 荒漠化治理中应用的有机高分子材料. 林业科学研究，2002，15（4）：479-483.

[30] 葛学贵，黄少云，马广伟，等. 环境矿物、SAP、化学固沙浆材综合治理荒漠初探. 岩石矿物学杂志，2001，20（4）：511-514.

[31] 陈兰周，刘永定，李敦海. 荒漠藻类及其结皮的研究. 中国科学基会，2003，2：90-93.

[32] 张丙昌，张元明，赵建成. 古尔班通古特沙漠生物结皮藻类的组成和生态分布研究. 西北植物学报，2005，25：2048-2055.

[33] 赵建成，张丙昌，张元明. 新疆古尔班通古特沙漠生物结皮绿藻研究. 干旱区研究，2006，23：189-194.

[34] 赵哈林，张铜会，常学礼. 科尔沁沙质放牧草地植物多样性及生态位分异规律研究. 中国沙漠，1999b，19（增刊 1）：35-39.

[35] 赵景波，殷雷鹏，郁耀闯，等. 陕西长武黄土剖面L_3～S_6土层渗透性研究. 第四纪研究，2009，29（1）：109-116.

[36] 赵景波，张冲，董治宝，等. 巴丹吉林沙漠高大沙山粒度成分与沙山形成. 地质学报，2011，85（8）：1389-1398.

[37] 赵景波，马延东，邢闪，等. 腾格里沙漠宁夏回族自治区中卫市沙层水分入渗研究. 水土保持通报，2011，31（3）：13-16.

[38] 许端阳，李春蕾，庄大方，等. 气候变化和人类活动在沙漠化过程中相对作用评价综述. 地理学报，2011，66（1）：68-76.

[39] 中华人民共和国林业部防治沙漠化办公室. 联合国关于在发生严重干旱和/或荒漠化的国家特别是在非洲防治荒漠化的公约. 北京：中国林业出版社，1996：2-6.

[40] Campbell B D，Stafford Dm，Ash A J. A rule-basedmodel for the functional analysis of vegetation change in Australasian grasslands. Journal of Vegetation Science，1999：723-730.

[41] Lihua Yang，Jianguo Wu. Knowledge-driven institutional change：An empirical study on combating desertification in northern China from 1949 to 2004. Journal of Environmental Management，2012，110：254-266.

[42] Luca Salvati，Sofia Bajocco. Land sensitivity to desertification across Italy：Past，present，and future. Applied Geography，2011，31：223-231.

[43] Anderson R S，Haff P K. Simulation of eolian saltation. Science，1988，241：820-823.

[44] Butterfield G R. Grain transport rates in steady and unsteady turbulent airflows. Acta Mechanica Supplement，1991，1：97-122.

[45] CCICCD. China Country Paper to Combat Desertification. Beijing：China Forestry Publishing House，1996：18-31.

[46] Paolo Dorico，Abinash Bhattachan，Kyle F Davis，et al.Global desertification：Drivers and feedbacks.

Advances in Water Resources，2013，51：326-344.

[47] Shukla J Y，Mintz. Influence of land-surface evapotranspiration on the earth climate. Science，1982，215：1498-1501.

[48] Tomoo Okayasu，Toshiya Okuro，Undarmaa Jamran，et al. 2010. Desertification Emerges through Cross-scale Interaction. Global Environmental Research，2010，14：71-77.

[49] Charney J G，Stone P H，Quirk W J. Drought in the Sahal：A biogeophysical feedbackmechanism. Science，1975，187：434-435.

[50] Laval K. General circulationmodel experiments with surface albedo changes. Climatic Change，1986，9：91-102.

[51] Farshad Amiraslani，Deirdre Dragovich. Combating desertification in Iran over the last 50 years：An overview of changing approaches. Journal of Environmental Management，2011，92：1-13.

[52] G Van Luijk，R M Cowling C，M J P M Riksen. Hydrological implications of desertification：Degradation of South African semi-arid subtropical thicket.Journal of Arid Environments，2013，91：14-21.

[53] Lindsay C Stringer，Jen C Dyera，Mark S Reed. Adaptations to climate change，drought and desertification：Local insights to enhance policy in southern Africa. Environmental Science & Policy，2009，12：748-765.

[54] Monia Santini，Gabriele Caccamo，Alberto Laurenti，et al. A muti-component GIS framework for desertification risk assessment by an integrated index. Applied Geography，2010，30：394-415.

思考题

1. 风力侵蚀作用、搬运作用和堆积作用的特点是什么？
2. 简述沙丘移动速度和影响因素。
3. 论述国内外沙漠化的主要分布地区及原因。
4. 叙述草地风蚀沙漠化过程中的土壤变化。
5. 论述风蚀沙漠过程中草原植被变化。
6. 论述风蚀沙漠化等级划分指标。
7. 论述我国草地退化等级和形成的地表景观。
8. 试述各类机械沙障阻沙和固沙作用的原理。
9. 分析植被防治风沙的基本原理。
10. 试述风沙区造林常用技术与关键环节。

第四章　水蚀荒漠化与防治

流水动力是自然界最重要的外动力之一，水蚀荒漠化是自然界主要荒漠化类型之一，分布在全球很多地区，影响范围广大，此类荒漠化对农业生产等造成的危害巨大，对其研究具有非常重要的意义。

第一节　土壤水蚀分布和类型

一、土壤水蚀与土壤侵蚀的概念

（一）土壤水蚀、土壤侵蚀和水土流失

1. 土壤水蚀。土壤水蚀是土壤及其母质在水力作用下，被破坏、剥蚀、搬运和沉积的过程。

2. 土壤侵蚀。土壤侵蚀是土壤及其母质在水力、风力、重力等外动力作用下，被破坏、剥蚀、搬运和沉积的过程。显然，土壤侵蚀包括了土壤水蚀，土壤水蚀是土壤侵蚀的主要组成部分之一。

3. 水土流失。在1990年出版的《中国水利百科全书·第一卷》中将水土流失定义为：在水力、重力、风力等外营力作用下，水土资源和土地生产力的破坏和损失，包括土地表层侵蚀及水的损失，亦称水土损失。不同的外动力产生相应的不同土壤侵蚀，如黄河每年搬运16 t的泥沙就是流水造成的土壤侵蚀。

（二）土壤水蚀量、水蚀速度与水土保持

1. 土壤水蚀量。土壤在水力作用下产生位移的物质量，称土壤水蚀量。

2. 土壤水蚀速度。单位面积单位时间内的土壤水蚀量称为土壤水蚀速度或土壤水蚀速率。

3. 水土保持。在1990年出版的《中国大百科全书·农业卷》中，将水土保持的定义为：防治水土流失，保护、改良与合理利用山丘区和风沙区水土资源，维护和提高土地生产力，以利于充分发挥水土资源的经济效益和社会效益，建立良好生态环境的事业。

（三）土壤水蚀与水土流失的关系

从土壤水蚀和水土流失的定义可以看出，二者虽然存在着共同点，即都包括了在外营力作用下土壤、母质及浅层基岩剥蚀、搬运和沉积的全过程；但是也有明显差别，即水土流失中包括了在外营力作用下水资源和土地生产力的破坏与损失，而土壤水蚀中则没有。

（四）土壤侵蚀与水土保持的关系

土壤侵蚀是水土保持的工作对象，水土保持就是在合理利用水土地资源基础上，组织运用水土保持林草措施、水土保持工程措施、水土保持农业措施、水土保持管理措施等构成水土保持的综合措施体系，以达到保持水土、提高土地生产力、改善山丘区和风沙区生态环境的目的。

二、水蚀荒漠化的分布

本章的水蚀荒漠化是指国内外半干旱与半湿润地区发生的以流水动力侵蚀为主造成的荒漠化，不包括我国南方湿润地区的水蚀土地退化。我国北方半湿润和半干旱地区的水蚀荒漠化土地总面积为约 20.5 万 km^2，占荒漠化土地总面积的 7.8%，我国的水蚀荒漠化主要分布在黄土高原北部的无定河、窟野河、秃尾河流域、泾河上游、清水河、祖历河的中上游、湟水河下游及永定河的上游；在东北西部，主要分布在西辽河的中下游及大凌河的上游；此外，在新疆的伊犁河、额尔齐斯河上游及昆仑山北麓地带也有较大的连续分布。水蚀荒漠化与土壤的质地紧密相关。在黄土高原北部与鄂尔多斯高原过渡地带的晋陕蒙三角区，既具有黄土丘陵的剧烈起伏地形，又具有疏松深厚抗蚀力极低的沙质土壤，是我国水蚀荒漠化最严重的地区。

我国是世界土壤侵蚀最为严重的国家之一，其范围遍及全国各地。土壤侵蚀的成因复杂，危害严重。根据水利部遥感中心 1990 年的调查统计，全国土壤水力侵蚀面积为 179 万 km^2，风力侵蚀面积 188 万 km^2，冻融侵蚀面积 125 万 km^2。

三、土壤水蚀类型划分

根据土壤水蚀研究和其防治的侧重点不同，土壤水蚀类型的划分方法也不一样。最常用的方法主要有以下两种，即按导致土壤侵蚀发生的时间划分土壤侵蚀类型和按土壤侵蚀发生的速率划分土壤侵蚀类型。

（一）按发生的时间划分

以人类在地球上出现的时间为分界点，将土壤水力侵蚀划分为两大类，一类是人类出现在地球上以前所发生的水蚀，称之为古代水蚀。另一类是人类的生产与生活活动对土壤水蚀起到了明显的加速作用之后所发生的侵蚀，称之为现代水蚀。

1. 古代土壤水力侵蚀。古代水蚀是指人类出现在地球以前的漫长时期内，由于流水动力的作用，地球表面不断产生水蚀、搬运和沉积等一系列侵蚀现象。由于构造运动的变化以及水动力的变化，这些水蚀有些时期较为激烈，足以对地表土地资源产生破坏；有些时期则较为轻微，不足以对土地资源造成危害。但是古代水蚀的发生、发展及其所造成的灾害与人类的活动无任何关系和影响。这一水蚀发生在200万～0.4万年。

2. 现代土壤水力侵蚀。现代土壤水力侵蚀是指人类在地球上出现以后，由于地球内动力和流水动力的作用，并伴随着人们不合理的生产活动所发生的土壤水力侵蚀现象。这种水力侵蚀有时十分剧烈，可给生产建设和人民生活带来严重恶果，此时的土壤侵蚀称为现代水力侵蚀，发生的时期是在距今约4 000年。

一部分现代水力侵蚀是由于人类不合理活动导致的，另一部分则与人类活动无关，主要是在地球内动力和水动力作用下发生的，将这一部分与人类活动无关的现代水力侵蚀称为地质水力侵蚀。因此，地质水力侵蚀就是在地质时期营力作用下，地层表面物质产生位移和沉积等一系列破坏土地资源的水蚀过程。地质水蚀是在非人为活动影响下发生的一类水蚀，包括人类出现在地球上以前和出现后由地质营力作用发生的所有水蚀。

（二）按发生的速率划分

1. 加速水蚀。加速侵蚀是指由于人们不合理活动，如滥伐森林、陡坡开垦、过度放牧和过度樵采等，再加之自然因素的影响，使土壤水蚀速率超过正常水蚀（或称自然水蚀）速率，导致土资源的损失和破坏。现代土壤水力侵蚀就处在加速侵蚀阶段。

2. 正常水蚀。正常水力侵蚀指的是在不受人类活动影响下的自然环境中，所发生的土壤水蚀速率小于或等于土壤形成速率的那部分土壤水蚀。这种水蚀不易被人们所察觉，实际上也不至于对土地资源造成危害。不同水蚀类型之间的关系见图4-1。

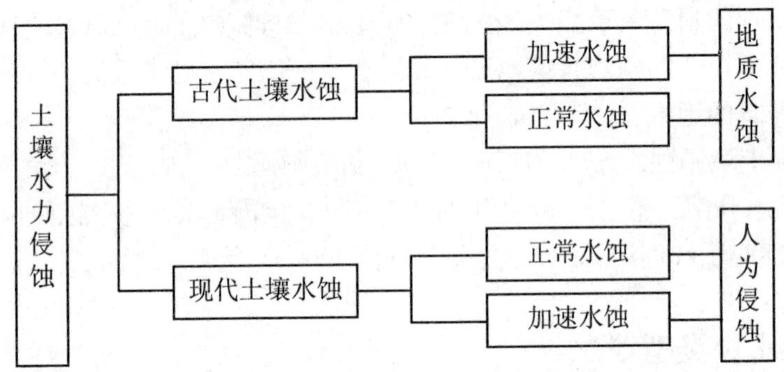

图4-1　不同土壤水蚀类型之间的关系（张洪江，2000）

第二节　水蚀荒漠化的水动力作用

水力侵蚀是目前世界上分布最广、危害也最为普遍的一种土壤侵蚀类型，指在降雨雨滴击溅、地表径流冲刷和潜蚀作用下，土壤、土壤母质及其他地面组成物质被破坏、剥蚀、搬运和沉积的全过程，简称水蚀。在陆地表面，除沙漠和永冻的极地地区外，当地表失去植被覆盖物时，都有可能发生不同程度的水力侵蚀。水力侵蚀包括剥离、搬运、堆积作用3个过程。

一、流水侵蚀作用

流水破坏地表和攫取地表物质的作用，称为流水的侵蚀作用。按地表水的运动形式，流水侵蚀作用可分为坡面侵蚀和槽床侵蚀两类。

（一）坡面侵蚀

指片流在流动过程中比较均匀地冲刷整个坡面松散物质，使坡面降低，斜坡后退，因此也称作片状侵蚀。由于片流是暂时性的，所以片状侵蚀也具有暂时性，但其分布非常广泛。不论降雨、融化雪水还是灌溉水，只要其来水量大于土壤渗透量，地面即发生径流。不论被雨滴直接击散、被水溶解分散还是被径流紊动散离的土体，只要能被径流带动，都将随着径流的流向流动。由于上述径流比较分散，动能也很小，所以一般仅能携带被溶解的物质和呈悬浮状的微细土粒等，片蚀一般以悬移搬运为主。但在有些情况下，尤其在较大较长的斜坡中下部，也有较粗土粒或较大凝聚体的推移现象。片蚀一般不会在地面留下被径流刻划的明显沟痕，且作用缓慢、均匀，常不易为人们所觉察。但片蚀往往使地表土壤变薄、变粗，这对农业生产危害极大，更因其面广量大，并为其他水蚀现象发生的前导，所以对水土流失的影响巨大。

（二）槽床侵蚀

是水流汇集于线状延伸的沟槽或河槽中流动而进行的侵蚀，又称线状侵蚀，包括沟谷流水侵蚀（暂时性的）和河谷流水侵蚀（常年性的）。槽床侵蚀按侵蚀的方向，又可分为以下 3 种形式。

1. 垂直侵蚀。又称下切、下蚀，指水流垂直地面向下的侵蚀，其结果是加深沟床或河床，在河流上游及山区最为典型。由于流水的下蚀作用依靠其动能进行，而流水的动能又由其所具有的势能转化而来，所以地形是决定流水下蚀能力的关键因素。

2. 溯源侵蚀。即线状水流向河谷或沟谷源头进行的侵蚀，侵蚀结果是使沟谷或河谷长度增加，常常以裂点（瀑布）后退的方式表现出来。

3. 侧向侵蚀。指流水对沟谷和河谷两岸进行的冲刷作用。任何一条自然河流，由于地表形态的起伏和岩性差异，河床的发育常是弯曲的。弯曲处，惯性离心力总是促使水流冲击侵蚀凹岸。即使比较平直的河道，水流在地球自转偏向力的影响下，也会发生侧向侵蚀，北半球河流向右岸侵蚀，南半球河流向左岸侵蚀。侧向侵蚀的结果使谷坡后退，沟谷或河谷展宽。

二、流水搬运作用

流水携带泥沙或推动砂砾发生位移，称为流水的搬运作用。

（一）泥沙搬运方式

泥沙的搬运形式可分为推移、跃移、悬移和溶解搬运 4 大类。

1. 推移。指颗粒粗大而较重的沙砾，在水力推动下，沿着床底滑动或滚动前移。推移质的运动速度通常比其所在河流的流水速度要缓慢，并且运动不连续，一般由水流搬运一定距离以后，便停止下来，转化为床沙的一部分，等待再一次被搬运。

2. 跃移。指中等大小的沙砾，在河床底部与水流之间跳跃前进。水流运动过程中，当水流上举力大于颗粒本身的重力时，颗粒跃起。颗粒升入水中后，若沙砾顶部与其底部的流速相差不大，压力差减小，上举力减弱，颗粒就又沉降到河床。

3. 悬移。指颗粒较细小的泥沙（通常是细粉砂及黏土），当河流中紊流的上升流速大于泥沙的下沉速度时，就会上升到距底床较高的位置，以悬浮的方式随水流向下游搬运，悬移质往往与流水保持相同的速度。

4. 溶解搬运。又称溶移，指可溶性的矿物或岩石被水溶解后，成为溶解质被搬运带走。它是一种重要的搬运形式，但对河流地貌的影响并不显著，而几乎全被河水带到海洋或湖泊中沉淀。

（二）水流挟沙力

水流所能挟带通过断面的含沙量称为水流挟沙力，挟带的物质包括推移质、跃移质、悬移质和溶移质的全部沙量。因在实际工作中仅能测量到悬移质，所以常以悬移质输沙量代替水流的全部挟沙量。

三、流水堆积作用

当流水的水量减少、坡度变缓、流速降低或携带泥沙增多时，流水的动能减小，一部分物质就在坡麓、河谷、平原等地堆积下来，称为流水的堆积作用。

当泥沙的来量大于水流的挟沙力，即摩阻流速小于沉速时，多余的泥沙就要沉积下来。图 4-2 反映了泥沙发生沉积的条件。

图 4-2 中侵蚀流速线指使床面上一定大小的松散泥沙颗粒运动的最低速度，即起动流速。下沉速度线代表一定大小的泥沙颗粒发生沉积的速度。根据两条曲线的相对位置，可以分出下面 3 个不同的区域。① 在侵蚀流速线（带）以上为侵蚀区，水流能够带走各种粒径的泥沙（包括上游来沙）。② 下沉速度线和侵蚀速度线之间是搬运区，流速不足以侵蚀河底泥沙，但也不至于使上游来沙沉积，成为过境泥沙搬运区。③ 在下沉速度线左方的区域，水流速度既不足以带走床面泥沙，又不足以支持上游来沙继续在水中悬移，因此来沙迅速沉积，为沉积区。

流水的侵蚀、搬运和堆积作用总是同时进行，并不断地发生变化和更替，所以不能把 3 种作用孤立起来、机械划分。

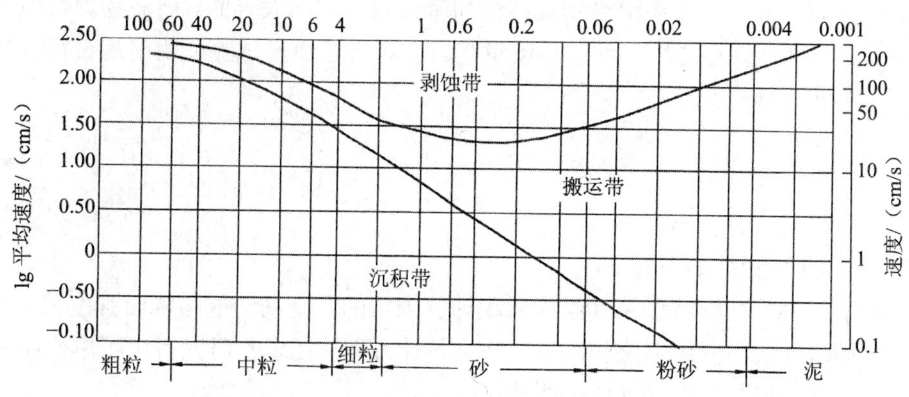

图 4-2　流速与碎屑颗粒搬运和沉积关系（Hjulstrm，1935）

第三节　水动力侵蚀类型

常见的流水侵蚀形式主要有雨滴击溅侵蚀、面状流水侵蚀、沟谷流水侵蚀和下渗侵蚀等，在同一地区各侵蚀类型常同时发生。

一、雨滴击溅侵蚀

雨滴击溅侵蚀是指雨滴直接打击土壤表面，破坏土壤结构，使土壤颗粒发生分散、分离、位移的过程，简称溅蚀。雨滴具有一定质量和速度，在落到裸露的地面特别是农耕地上时，必然对地面产生冲击，使土体颗粒破碎、分散、飞溅，引起土体结构的破坏。雨滴溅蚀主要发生在坡面产流之前和产流之初，是坡面水蚀过程的开始。

雨滴是引起溅蚀的动力，一般将溅蚀过程分为 3 个阶段，即干土溅散、湿土溅散、泥浆溅散及结皮形成阶段（图 4-3）。在降雨初期，地表土壤水分含量较低，雨滴首先导致干燥土粒飞溅，为干土溅散。随着降雨历时延长，表层土壤颗粒水分逐渐饱和，此时溅起的是水分含量较高的湿土颗粒，即湿土溅散。土壤团粒受雨滴击溅而破碎，随着降雨的继续，地表呈现泥浆状态，阻塞了土壤孔隙，影响水分下渗，促使地表产生径流，为泥浆溅散阶段。由于雨滴击溅作用破坏了十壤表层结构，降雨后地表土层产生板结现象，孔隙率降低，入渗减少，能够促进径流的形成。由于降雨是全球性的，雨滴击溅侵蚀可以发生在全球范围的任何裸露的松散地表土层上。

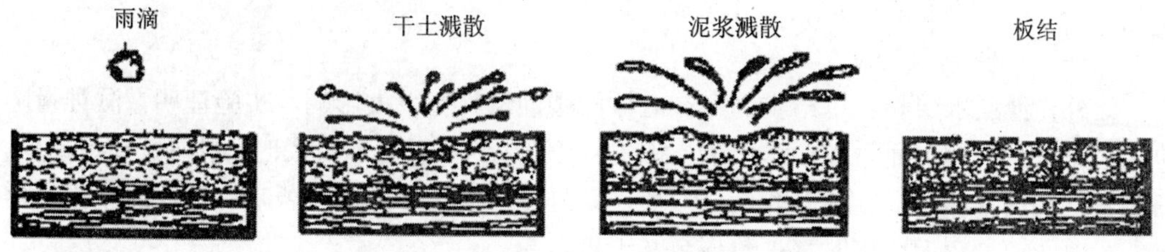

图 4-3　雨水的溅蚀过程（张洪江，2000）

对溅蚀的研究主要体现在雨滴物理特性和溅蚀量模型两大方面。雨滴物理特性主要包括雨滴大小、形状、终点速度、动能和动量等。江忠善等通过试验证明雨滴直径 d 与降雨强度 I 具有以下密切关系：

$$d = aI^{b} \tag{4-1}$$

式中，d —— 雨滴直径，mm；

I —— 降雨强度，mm/min。

雨滴动能是根据雨滴数量及其组成累积计算求得的，雨滴动能与降雨强度关系密切。许多学者将雨滴动能与降雨强度相联系，建立统计方程。江忠善研究得出了单位面积上单位降雨量的雨滴动能与降雨强度的关系式：

$$E = a+b\lg I \tag{4-2}$$

式中，E —— 单位面积上单位降雨量的雨滴动能，J/m^2；

I —— 单位面积上单位降雨量的降雨强度，mm/min。

由于雨滴溅蚀所消耗的能量来自雨滴动能，所以雨滴溅蚀量与雨滴的物理特性有着极其密切的关系。许多学者根据自己的试验资料研究了溅蚀量与降雨特征值之间的关系，建立了众多溅蚀量与降雨特性的统计模型。埃里森经过大量实验最早提出的公式为：

$$W = KV^{1.34}d^{1.07}I^{0.65} \tag{4-3}$$

式中，W —— 0.5 h 雨滴的溅蚀量，g；

V —— 雨滴速度，m/s；

d —— 雨滴直径，mm；

I —— 降雨强度，mm/min；

K —— 土壤类型系数（粉沙土 K=0. 000 785）。

比萨尔得出了类似公式：$W = KdV^{1.4}$，式中符号代表含义同上。

由上可见，对同一性质的土壤，溅蚀量取决于降雨的雨滴速度、雨滴直径和降雨强度等。不同性质的土壤，溅蚀量则与降雨动能和坡度有关。我国学者结合地面坡度对溅蚀量进行了研究，黄河水利委员会西峰水土保持科学试验站通过对多年实测资料的统计分析，得出了下面的考虑坡度影响时的溅蚀量模型：

$$m_g = 3.27\times10^{-5}(EI_{30})^{1.57}J^{1.08} \tag{4-4}$$

式中，m_g —— 溅蚀量，kg/m^2；

EI_{30} —— 降雨动能，kg·m/m^2，与降雨过程中出现的最大的 30 min 雨强（mm/min）的乘积；

J —— 坡度，(°)。

此外，薄层水层和表土结皮的存在对坡面溅蚀量具有很大影响。实验证明，溅蚀量随薄层水流水深的增加而增加，而当薄层水流水深增加到等于雨滴直径时，溅蚀量开始减少。当地表有结皮形成时，溅蚀分散量会减少，但由于土壤入渗量也显著减少，坡面产流量增大，坡面侵蚀量较无结皮时增大数倍至几十倍。

二、面状流水侵蚀

面状流水侵蚀是指坡面薄层水流对土壤的分散和输移过程（图 4-4）。当斜坡上的降雨强度超过地面入渗强度时产生超渗径流，径流形成初期以薄层水流及微小股流为主，没有固定的流路，且流速较慢，冲刷力微弱，只能较均匀地带走松散土壤表层细小的物质，并在坡面留下细小纹沟及鳞片状凹地。面蚀包括降雨击溅和径流冲刷引起土壤颗粒分散、剥离、泥沙输移和沉积 4 个过程，且只有产生地表径流后才开始，且多发生在坡耕地及植被稀少的斜坡上。按面蚀发生的地质条件、土地利用现状和发生程度的不同，可分为层状面蚀、砂砾化面蚀和鳞片状面蚀。

图 4-4 黄土高原的面状侵蚀（据朱显谟）

层状面蚀指在土层较为深厚的黄土地区，地表径流刚刚形成时一般呈膜状，由于雨滴的击溅、振荡和浸润，膜状水层与土体混合形成泥浆状态，泥浆顺坡流动将土粒带走，使地表均匀损失一层土壤的过程。

砂砾化面蚀是在富含粗骨质或石灰结核的山区、丘陵区的农地上，在分散地表径流作用下，土壤表层的细粒、黏粒及腐殖质被带走，砂砾等粗骨质残留在地表，耕作后粗骨质翻入深层，如此反复，土壤中的细粒物质越来越少，砾石越来越多，土壤肥力下降，耕作困难，最终导致弃耕的过程。

在草场、茶园、果园等地表面，由于人或动物的严重踩踏，地被物不能及时恢复，呈鳞片状分布，暴雨后，植物生长不好或没有植物生长的局部有面蚀或面蚀较严重，植物生长较好或有植物生长的局部无面蚀或面蚀较轻微，这种面蚀称为鳞片状面蚀，又称鱼鳞状面蚀。

面蚀发生的严重程度取决于植被、地形、土壤、降水及风速等因素，吴普特等根据实验资料，建立了下面的计算薄层水流侵蚀量的经验公式：

$$E = 932.622\alpha^{0.009\,2}H^{0.11}L^{0.097} \tag{4-5}$$

式中，E —— 侵蚀量，kg；

α —— 地面坡度，(°)；

H —— 水深，mm；

L —— 坡长，m。

许多研究者对坡面薄层水流的侵蚀力进行了研究。Nearing 等研究认为，只有当径流中的含沙量小于径流输沙能力且坡面径流侵蚀力（S_f）大于土壤颗粒分散的临界切应力（S_c）时，径流才会对土壤分散侵蚀，并提出了下面的计算径流分散能力（D_c）的关系式：

$$D_c = K(S_f - S_c) \tag{4-6}$$

式中，D_c —— 径流分散能力，N/m^2；

S_f —— 坡面径流侵蚀力，N/m^2；

S_c —— 土壤颗粒分散的临界切应力，N/m^2。

由上可见，坡面径流引起土壤的分散率是径流切应力与土壤颗粒分散的临界切应力差值的函数。

三、沟谷流水侵蚀

沟谷流水侵蚀是指集中的线状水流冲刷地表，切入地面并带走土壤、母质及基岩，形成沟壑的一种水土流失形式，简称沟蚀。按其发育的阶段和形态特征又可分为细沟、浅沟和切沟侵蚀。沟蚀是由面蚀发展而来的，但它不同于面蚀，沟蚀过程中形成的侵蚀沟，使土地遭到了严重或彻底破坏。由于侵蚀沟的不断扩展，坡地上的耕地面积逐渐缩小，曾经的大片土地被切割得支离破碎。

（一）细沟侵蚀

细沟是在坡面径流差异性条件下，在坡面上产生的一种小沟槽地形（图 4-5），其深度和宽度均在 1～10 cm，纵剖面与所在斜坡纵剖面一致，并能为当年犁耕所平复。当分散的地表径流集中成片状小股流水时，速度加快，侵蚀力变大，带走沟中的土壤或母质，在地表就会出现许多与地表径流流线方向近于平行的细沟，称之为细沟侵蚀。在降雨过程中，坡面出现 1～2 cm 的小沟即是细沟侵蚀的开始，细沟侵蚀是面状流水侵蚀演变为沟蚀的最初形式。

图 4-5　黄土高原的沟谷侵蚀（据王永焱）

Meyer 和 Foster 等认为存在着发生细沟侵蚀的临界流量，并以细沟内流量（Q_r）与细沟发生的临界流量（Q_c）的差值作为变量，建立了下面的计算细沟冲刷量（E_r）模型：

$$E_r = K_r(Q_r - Q_c) \tag{4-7}$$

式中，K_r——细沟土壤可蚀性系数。

贾志军等利用人工降雨，采用雨后量测的方法研究了细沟侵蚀量与坡度的关系，他认为在集水区面积相等、降雨特征以及下垫面基本一致的前提下，坡度（α）与单位面积细沟侵蚀量（S）呈正相关（式（4-8）），并计算出一次降雨情况下细沟侵蚀量占总侵蚀量的75.1%～96.3%。

$$S = 357.008\,5\alpha^{0.924\,6}(r = 0.990) \tag{4-8}$$

郑粉莉等则利用调查、量测的方法，研究了坡耕地降雨动能和径流位能对细沟侵蚀量的影响，得出了下列关系式：

$$G_r = -2.632 + 1.44\times10^{-2}E_g + 7.487\times10^{-4}E_d(r = 0.985) \tag{4-9}$$

式中，G_r——细沟侵蚀量，kg/m^2；

E_g——径流位能，J/m^2；

E_d——降雨动能，J/m^2。

此外，她们还研究并提出了坡度、坡长与细沟侵蚀量的关系式：

$$Rhe = 2.08\times10^{-4}J\times2.310D^{0.733}(r = 0.968) \tag{4-10}$$

式中，Rhe——细沟平均深，m；

J——坡度，(°)；

D——细沟出现后从上至下的距离，m。

目前关于细沟侵蚀的研究，仅仅是给出细沟侵蚀的结果，而对于侵蚀过程的研究很少。另外，研究手段也相对落后，主要采用雨后量测、回土填埋的方式进行测量，还有待提高。

（二）浅沟侵蚀

浅沟是我国黄土高原特有的侵蚀方式，是细沟侵蚀向切沟侵蚀演化的一种过渡侵蚀类型，是细沟侵蚀的进一步发展，其发生发展过程包括浅沟沟头溯源侵蚀、水流对浅沟沟槽的冲刷和对浅沟沟间区泥沙搬运。浅沟深度常变化为 0.3～3 m，且以 1～2 m 者居多，常发生于 20°～30°的坡面上。影响浅沟侵蚀的因素有上方来水来沙、降雨因素、地形、坡度、坡长、坡形、地面植被和下垫面侵蚀状况等。张科利等对黄土高原坡面浅沟侵蚀特征值进行了深入研究，得出发生浅沟侵蚀的临界坡度约为 18°，临界坡长为 40 m 左右，并从一系列的分析中得出，26°左右的坡面最有利于浅沟侵蚀的发生。张科利等还从形态分析入手，提出了浅沟侵蚀量的计算模型：

$$M = \frac{\sum_{i=1}^{n} V_i D}{ST} \tag{4-11}$$

式中，M——年平均浅沟侵蚀量，t/（km^2·a）；

V_i——每段浅沟的体积，m^3；

D——黄土容重，t/m^3；

S—— 平坡段总面积，m^2；
T—— 坡面开垦时间，a。

（三）切沟侵蚀

切沟是地表常见的一种沟谷形态（图 4-5），是浅沟进一步发展形成的。切沟侵蚀尤其是发育活跃期的切沟侵蚀是最重要的侵蚀产沙方式之一，其对流域侵蚀产沙有重要贡献。由于切沟的形成条件不尽相同，所以切沟发展方式差异较大。大多数斜坡切沟最初以槽型断面出现，并有多级跌水；在发展过程中，这些跌水不断下切侵蚀和溯源侵蚀。当切沟发展到一定深度时，出现沟壁崩塌，形成沟床崩积物。由于崩积物非常松散，使下一次侵蚀过程多以陷穴侵蚀的方式进行，这些陷穴侵蚀被认为是切沟侵蚀的一个主要过程。

（四）冲沟侵蚀

切沟进一步发展，下切加深，沟床纵剖面斜坡纵剖面变得不一致，壁较陡，常会崩塌，沟床不断加宽，形成冲沟。冲沟的宽度和深度一般大于 2 m。在大于 30°的斜坡上，冲沟常平行排列，在小于 20°的斜坡上，冲沟常成密集树枝状。冲沟侵蚀是黄土高原土壤主要侵蚀类型之一。冲沟进一步侵蚀发展就形成坳谷，坳谷是侵蚀沟发展的衰退阶段，这时谷底较为宽平，侵蚀弱，常发生堆积。

四、潜蚀与重力侵蚀

潜蚀是水流沿土层的垂直节理、劈理、裂隙或洞穴进入地下，复向沟谷流出，形成地下流水通道所发生的机械侵蚀和溶蚀作用。潜蚀侵蚀形态为溶蚀坑、洞穴、落水洞、竖井、漏斗等，典型的分布区为半干旱地区的黄土区及湿润地带的石灰岩区。

重力侵蚀是指斜坡陡壁上的风化碎屑或不稳定的土石岩体在重力为主的作用下发生的失稳移动现象，一般可分为泻流、崩坍、滑坡和泥石流等类型，其中泥石流是一种危害严重的水土流失形式。重力侵蚀多发生在深沟大谷的高陡边坡上。重力侵蚀常是在受到降水、地表径流、地震和地下水、海浪、风、冻融、冰川、人工采掘和爆破等任何一种营力作用时发生的侵蚀过程，常见于山地、丘陵、河谷和沟谷的坡地上，侵蚀形态为滑坡、崩坍、滑坍。

第四节　影响水蚀的因素

影响水蚀的因素包括内动力因素、自然外部因素和人为因素，其中自然因素包括降雨、地形、土壤和植被等，人为因素主要是一些不合理的人类活动。

一、内动力对水蚀的影响

内动力作用的主要表现是地壳运动、岩浆活动、地震等，这些动力对土壤水力侵蚀影响方式不同，但有非常重要的影响。

（一）地壳运动

地壳运动使地壳发生变形和变位，改变地壳构造形态，产生一些地质构造，因此又称为构造运动（tectonic movement）。根据地壳运动的方向，可分为垂直运动和水平运动两类。

1. 垂直运动。垂直运动也叫升降运动或振荡运动。运动方向垂直于地表（即沿地球半径方向）。这种运动表现为地壳大范围地区的缓慢上升与下降运动。它既出现于大陆，也出现于洋底，具有此起彼伏的补偿运动性质。垂直运动的一个显著特点是作用时间长影响范围广，地表显示非常清楚。垂直上升运动造成地表起伏加大，并导致侵蚀基准面的相对降低，这都会引起土壤水蚀的加剧。土壤水蚀强烈的地区，一般都是垂直上升运动明显或显著的地区。在垂直运动下降的地区，地形坡度很小，流水动力很弱，很少有土壤水蚀发生，出现的是流水的堆积。因此，从大范围来讲，垂直升降运动是控制流水侵蚀以及重力侵蚀的主要因素。如现代黄土高原处于上升运动阶段，流水侵蚀强烈；华北平原处于下降运动阶段，流水动力微弱，以堆积作用为主。

2. 水平运动。水平运动的方向平行于地表，即沿地球切线方向运动。现代科学技术发展证实了世界大陆层经历了长距离水平位移。水平运动使板块互相冲撞，形成了高大的山脉，如喜马拉雅山、安第斯山等。印度大陆向喜马拉雅山脉方向运动的速度达 5 cm/a，我国山东郯城至安徽庐江的断裂，其西北盘与东南盘相对错动距离达 150～200 km，汾渭断裂深达 4 000 m 以上，这些都反映了地壳存在水平运动。地壳在内应力作用下发生水平运动，在遇到阻碍或两个运动的板块相撞时，水平动力会转成垂向上升力，也会导致侵蚀基准面降低和地表起伏加大，进而引起土壤水蚀加强。

3. 褶皱运动。褶皱运动是使岩层发生波状弯曲的地壳运动。垂直运动和水平运动都可以使岩层发生褶皱。褶皱运动一般也引起地表起伏加大，导致土壤水蚀加强。但如向斜褶皱形成平原或谷地，也可能以流水堆积作用为主。

4. 断裂运动。断裂运动可分为水平断裂运动和垂直断裂运动。实际上两者很难严格区分，它们往往是伴生出现的。断裂运动常形成岩石破碎的断裂带，利于流水侵蚀。在断裂运动发育的山区，地形起伏强烈，水蚀作用严重。只有在断裂下降运动并形成平原的地区，土壤水蚀才微弱或以堆积作用为主。

（二）岩浆活动

岩浆活动是地球内部地幔的物质运动。地球内部软流圈的熔融物质在压力、高温改变的条件下，沿地壳断裂或脆弱带侵入运动或喷出活动，岩浆侵入地壳形成各种侵入岩体，喷出地表则形成各种类型的火山。岩浆的侵入和喷出活动能够改变原来形态，造成新的更大起伏，对土壤水蚀也起到了促进的作用。

（三）地震

地震也是内营力作用的一种表现，大的地震总是与断裂活动有关，有时与火山喷发活动相伴，世界主地震带与断裂带和火山带分布的一致性是这种联系的具体表现。地震常造成岩石破碎，也造成一定的地表起伏，为土壤水蚀创造了有利条件。

除上述内动力对土壤水蚀有强烈的影响之外，外力中的风化作用对岩石的水蚀也有很大影响。风化作用就是指矿物、岩石在地表新的物理、化学条件下所产生的一切物理状态和化学成分的变化，是在大气及生物影响下岩石在原地发生的破坏作用。风化作用可分为物理风化作用、化学风化作用以及生物风化作用。生物风化就其本质而言，可归入物理风化或化学风化作用之中，它是通过生物有机体起作用的。风化作用使得岩石破碎或发生溶解，为土壤水蚀提供了有利条件。风化作用对岩石的水蚀影响很大，而对土壤的水蚀一般影响不大。

二、降雨对水蚀的影响

降雨是水土流失发生的动力，它直接打击土壤，导致击溅侵蚀，形成地表径流，冲刷土体，以一种综合效应影响侵蚀。王万忠等对我国各地降雨单因子与土壤侵蚀关系的统计分析表明，与土壤侵蚀量最密切的降雨特性因子是最大时段降雨强度，其次为降雨动能，再次为降雨量。

（一）降雨强度

降雨强度指单位时间内的降雨量，是判别降雨侵蚀力的最重要的指标。只有在单位时间内的降雨量超过土壤的渗透能力时，才会发生径流，而地面径流又是土壤侵蚀的主要条件。因此，在其他条件相同或相似的情况下，土壤侵蚀的强度取决于降雨的强度。美国的威斯奇迈尔和史密斯 1958 年建立了下述每平方米的动能与降雨强度的关系：

$$E = 1.213 + 0.89\lg I \tag{4-12}$$

式中，E —— 每平方米上的动能，J/m^2；

I —— 降雨强度，mm/h。

上式表明，动能与降雨强度成正比（图 4-6），降雨强度愈大，产生的动能愈大，对土壤的冲击力也越大，造成的侵蚀力越大，水土流失量愈多。大量研究证明，土壤侵蚀量和降雨强度呈正相关。

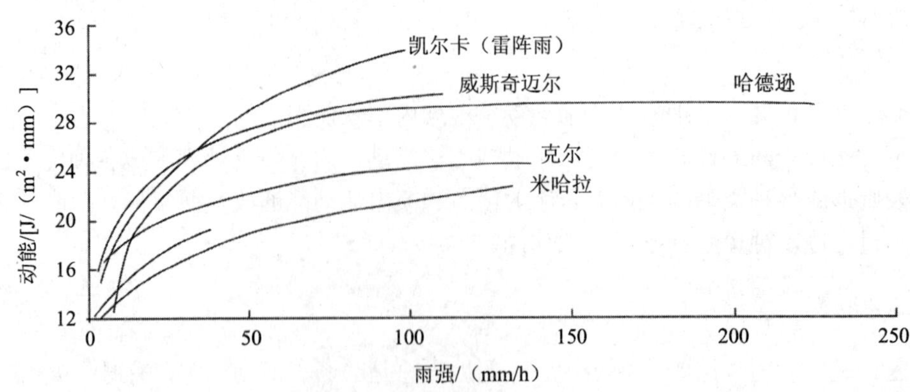

图 4-6 降雨强度与动能关系（据 N. W. 哈德逊）

（二）降雨动能

降雨动能取决于雨滴的大小和降落速度，通常由动能与雨强的统计关系间接计算，即根据各时段的雨强计算该时段的单位降雨量动能，单位降雨量动能乘以该时段的降雨量，就是该时段的降雨动能。降雨动能会影响降雨侵蚀力。降雨侵蚀力是影响土壤侵蚀过程的关键因素，指降雨引起土壤流失的潜在能力，它是降雨动能的函数。美国学者威斯奇迈尔和史密斯利用美国35个土壤保持试验站8 250个休闲小区的降雨侵蚀资料统计得出通用方程（USLE）：

$$R=\sum E\cdot I_{30} \tag{4-13}$$

式中，R —— 降雨侵蚀力，N/m^3；

E —— 降雨动能，J；

I —— 最大 30 min 降雨强度的乘积，mm/min。

（三）降雨量

一般来说，降雨量愈大，其中包含较大强度的降雨的可能性也愈大，水土流失就有逐渐增大的趋势。径流冲刷力取决于它的动能和势能。水体动能的大小主要取决于流量和水体含沙量多少。在不考虑含沙量沿坡长变化以及其对径流冲刷力影响的情况下，坡地水流侵蚀力主要受流量支配。当坡地产流以后，入渗水量逐渐趋向稳定，径流量和降雨量则有密切关系。产流降雨越大，径流深度亦大，因而侵蚀越强。

三、地形对水蚀的影响

地形是影响土壤侵蚀的重要因素，影响土壤水蚀的地形因素包括地面坡度、坡长、坡向和坡形。

（一）坡度

坡度是地面形态的主要要素，也是决定径流冲刷能力的主要因素，因此坡度对水蚀的影响最大。坡度对水蚀的影响是通过影响土壤入渗和产流而实现的，坡度愈大，降雨过程中土壤入渗量愈小，产生径流愈多，产生的侵蚀量就愈大（图 4-7）。许多研究表明，随坡度的增加，径流量加大，侵蚀力增强，土壤侵蚀量增加。实际上，土壤侵蚀量并不是随着坡度增大而无限增加，达到某一坡度后，侵蚀量不再增加，并有减少的趋势，这一坡度称为临界坡度。理论与实践均表明，坡面侵蚀的临界坡度不是一个定值，而是一个范围值，主要取决于坡面流的流量、水深及搬运颗粒的粒径大小。通常情况下，以溅蚀为主时临界坡度小于 22°，以面蚀为主时临界坡度为 22°～26°，对沟蚀而言会超过 30°，以重力侵蚀为主时（滑坡、泻溜）则大于 40°。

（二）坡长

坡长与水蚀的关系比较复杂，在土质不同、坡度不同和降雨量不同的情况下，所得出的结论有较大差异。Wischmeier 等的试验表明，坡度较小时，侵蚀与坡长的关系不明显，坡度较大时，侵蚀与坡长成正比。Loch 在澳大利亚的研究表明，随着坡长的增加，单位面积的侵蚀量有 3 种变化：① 没有细沟形成，同时侵蚀量少量增加；② 有少量细沟发育，伴随着侵蚀量的中度增加；③ 大量细沟的形成，侵蚀量也大量增加。可见，水蚀随坡长的变化与细沟发育的多少有重要关系。

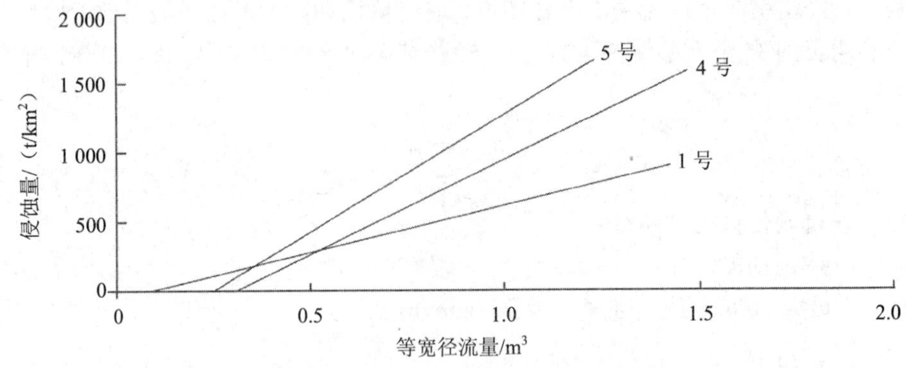

图 4-7　不同坡度侵蚀量与等宽流量的关系

（三）坡向

坡向会影响坡地接受到的太阳辐射，从而影响土壤的温度、湿度、植被状况等一系列环境因子，导致侵蚀过程的差异。研究表明，阳坡的植被常比阴坡差，阳坡侵蚀大于阴坡。

（四）坡形

自然界的坡形一般可分为直线形坡、凸形坡、凹形坡和阶梯形坡 4 种类型（图 4-8）。直线形坡从分水岭到坡底坡度保持不变，下半部流速大，集中径流量最大，土壤冲刷强烈，侵蚀严重。凸形坡坡度随着距分水岭距离的增大而增大，上部缓下部陡，从上至下侵蚀强度也随着增加。凹形坡坡的上半部较陡，下半部较缓，上部发生侵蚀，下部发生沉积。阶梯形斜坡直坡与阶地相间出现，可增加入渗，减少径流量，降低径流流速，在阶地部分侵蚀弱，阶地前缘易发生沟蚀，侵蚀强。

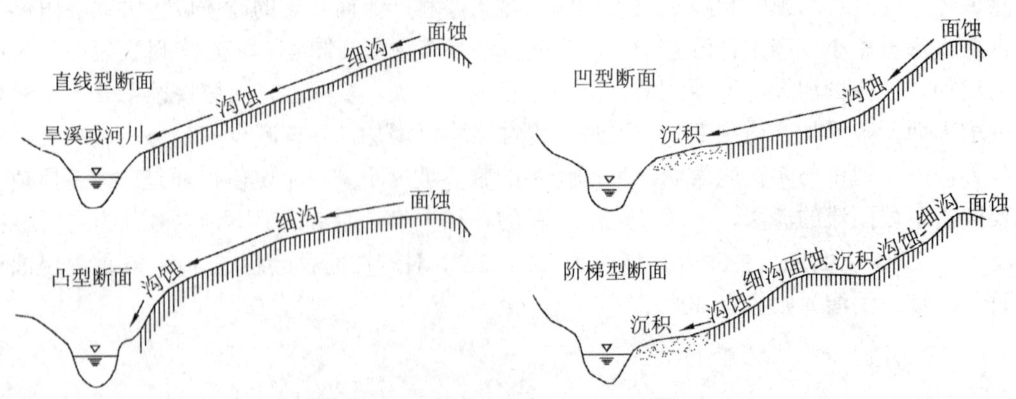

图 4-8　不同坡形对水蚀的影响（唐克丽，2004）

四、土壤性质对水蚀的影响

土壤是水蚀作用的主要对象，土壤本身的特性对水蚀也会产生很大影响。通常利用土壤的抗蚀性和抗冲性作为衡量土壤抵抗径流侵蚀的能力。抗蚀性是指土壤抵抗径流的分散和悬浮的能力，抗冲性是指土壤对抗流水机械破坏和推移的能力。影响土壤抗蚀性和抗冲性的因素有土壤质地、土壤结构及其水稳性、土壤孔隙、剖面构造、土层厚度、土壤湿度和土地利用方式等。

（一）土壤团聚体

土壤中小于 0.5 mm 的水稳性团聚体的比例是一个很好的抗蚀性指标。郭培才对黄土高原林地、农地和草地 0～10 cm、20～30 cm、40～50 cm 不同层次抗蚀性进行了测定，认为水稳性团粒含量是反映土壤抗蚀性的最佳指标。胶结力小、与水亲和力大的土壤容易被水分散和悬浮，土壤内部结构易遭破坏并解体，解体后的土壤会形成细小的颗粒堵塞土壤孔隙，从而降低渗透速度，导致地表泥泞，为径流冲击、分散土粒发生侵蚀创造了有利条件。因此，土壤抗蚀性与结构胶结物质含量有着密切的关系，土壤中有机和无机的胶体含量愈高其抗蚀性就愈强。一般来说，砂性土中的团聚体较易分散，抗蚀性小，易发生侵蚀，而黏粒含量和有机质含量高的土壤，土壤胶体的黏合力强，团聚体较稳定，抗蚀性较强。

陈一兵在四川省农业科学院资阳水土保持试验站布设了 7 种试验小区，用人工降雨装置进行土壤抗蚀性试验结果表明，7 种土壤抗蚀性大小依次为冷沙黄泥＞棕紫泥＞红棕紫泥＞灰色潮土＞红紫泥＞黄红紫泥＞暗棕紫泥。因此，在农作中增施有机肥、提高土壤有机质含量，不仅是培肥地力、提高作物产量的有效措施，也是使植被生长茂密、提高植被覆盖度从而增强土壤抗蚀性的有效途径。

（二）土壤机械组成

土壤的机械组成是影响土壤抗蚀性的重要因素。在美国，耕地土壤侵蚀多发生在沙性或多粉粒的土壤上，Evans 的研究结果表明，英国、美国、加拿大的 88%的侵蚀性土壤的黏粒含量在 9%～35%，75%的侵蚀性土壤的黏粒含量为 9%～30%，当黏粒含量在 30%～35%时，由于土粒的胶结力增大，会导致土壤抵抗雨滴击溅的能力增大。

（三）土壤水分

土壤水分对土壤侵蚀的影响也十分明显，实际观测中常见到，在降雨条件基本相同的情况下，土壤前期含水量越高，入渗率越低，水土流失量越大（图 4-9）。

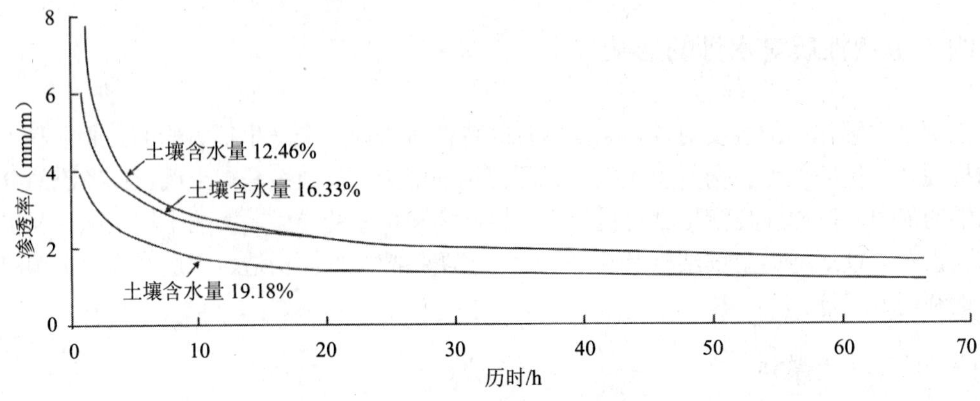

图 4-9 不同含水量土壤的入渗曲线（据方正三等）

五、植被对水蚀的影响

植物既有增强土壤抗蚀性、截留降雨、削弱溅蚀、改良土壤、调节地面径流、增加土壤湿度、防止土壤侵蚀的作用，又有改善生态环境的功能，是自然环境中对防止土壤侵蚀起最为重要作用的因素，几乎在任何条件下都有阻缓侵蚀的作用。由大量野外对比试验得知，植被的防蚀能力随着植被覆盖度的增加而增强，当其他条件相同时，侵蚀量与植被覆盖度呈负相关关系，植被覆盖度每增加 10%，土壤侵蚀量可减少 11.1%。国内外大量的野外对比观测表明，无论植被类型、降雨及其他下垫面条件如何，当植被覆盖度＞70%时，地表侵蚀极其微弱，侵蚀量还不足裸地的 1%；当植被覆盖度＜10%时，其减蚀作用基本表现不出来；覆盖度在 10%～70%时，植被与侵蚀的关系则比较复杂。

（一）植被的抗侵蚀效益

植被对地面起着保护伞的作用，与土壤类型与质地相比，植被覆盖程度对土壤入渗速率有更为重要的影响，植被覆盖的多少决定着土壤水土流失的程度。高大茂密的树木及草地可以截留大部分雨水，同时还可以削弱雨滴对地面的击溅侵蚀，随着植物郁闭度的增加，使地面出现径流的时间推迟，并使入渗水量增多，入渗速率加快，水分迅速渗过土壤表面蓄纳入土体，从而不产生径流和泥沙，起到减轻水土流失的作用。植被盖度愈大，侵蚀量愈小（图 4-10）。Cerda 在西班牙的人工模拟降雨研究表明，植被能够促进入渗、减少径流和侵蚀，并可以减小径流和侵蚀在不同母质上的变异。试验表明，裸露土壤上入渗率为 3～55 mm/h，径流为 0%～80%，侵蚀率为 0～3 270 g/（m^2·h）；而有植被的土壤上入渗率为 53～55 mm/h，径流 0%～9%，侵蚀率为 0～6 g/（m^2·h）。

国内外大量的研究还表明，不同土地利用条件下土壤抗蚀能力大小的排序是不同的。总的来说，林地＞草地＞农地，农地的土壤抗蚀能力处于极弱水平，林地、草地的减蚀效益在防止土壤侵蚀的整体效益中相当可观，林地比农地减少侵蚀量达 90%以上，草地比农地减少侵蚀量达 60%～90%。

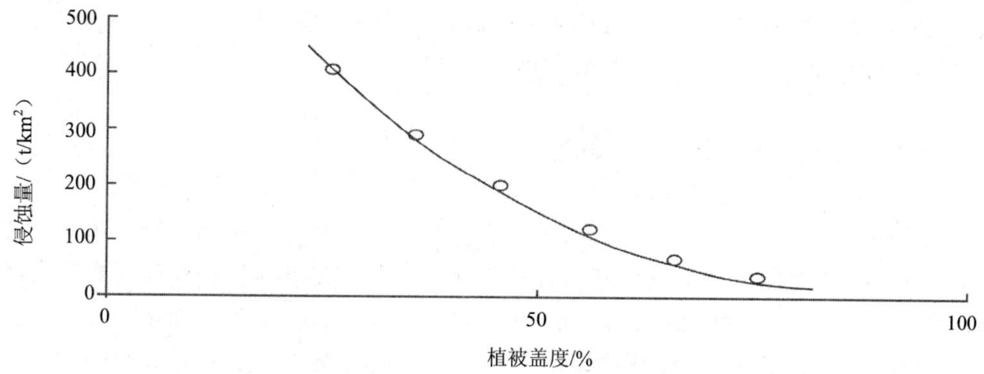

图 4-10　植被覆盖度与侵蚀量的关系（据陕西澄城水保站）

（二）植被的保水减沙效益

植被保持水土的作用主要表现在其滞缓地表径流、促进水分入渗、抑制土壤蒸发、减少土壤溅蚀、防止表土冲刷等方面。森林、灌丛、草地及农作物等各种植物的地上部分都具有截留降雨和减缓径流过程及强度的作用，其作用大小随地上部分盖度和生物量的增加而增加。林地径流速度、溅蚀量和冲刷量随枯落物厚度的增加而减小，有枯枝落叶层保护的土壤比裸地能减少土壤冲刷量 90%以上。吴钦孝等对黄土区油松和山杨枯落物水文效应的研究表明，覆盖有 1 cm 厚油松或山杨枯落物的林地，可分别减少土壤冲刷量 89.8%和 83.2%，覆盖 2 cm 厚的枯落物时即可完全防止冲刷发生。

（三）土壤中根系的减蚀效益

植物根系具有固土作用，土壤中高密度的根系可以有效地提高土壤的抗冲性、渗透能力和抗剪强度，从而有效地减少土壤侵蚀。吴钦孝等研究根系提高土壤抗冲性后得出，根系对土壤冲刷量的降低作用与整个草本植物抑制土壤冲刷能力的大小完全一样，与无根系土壤相比，根系土壤的抗冲力可提高 20～30 倍。从水文效应和机械效应两方面看，植物根系是通过增强土壤的抗冲性、渗透能力、抗剪强度以及根系网的固土功能来提高土壤抗侵蚀能力的。

六、人类活动对水蚀的影响

人为不合理的活动是造成现代水土流失加剧的主要原因，主要表现对植被的滥垦、滥伐、滥牧、挖药材、陡坡开荒、顺坡耕作、过度放牧及工程建设、城市发展过程中未采取必要的预防措施等方面。

第五节　水蚀荒漠化的等级和地表景观及危害

由于不同地区降水条件、地形条件、物质组成条件和人类生产活动的差异，水蚀荒漠化的等级（表现）存在很大差异，可分为不同的等级。黄土高原是世界上水土流失最严重的地区之一，该区的水土流失和水蚀荒漠化等级划分具有典型性和代表性。下面以黄土高原为代表，介绍水蚀荒漠化的等级划分和标准。

一、水蚀荒漠化的等级划分标准

根据水蚀荒漠化严重地区黄土高原的研究，按照侵蚀强度、地貌类型、植被盖度、地表物质组成和景观特征来划分水蚀荒漠化等级。侵蚀强度是按照侵蚀模数来确定的，划分标准是大于等于 10 000 t/（km^2 • a）的为严重侵蚀；大于等于 5 000 t/（km^2 • a）、小于 10 000 t/（km^2 •a）的为强烈侵蚀；大于等于 2 500 t/（km^2 •a）、小于 5 000 t/（km^2 •a）的为轻度侵蚀；大于等于 1 000 t/（km^2 • a）、小于 2 500 t/（km^2 • a）的为中度侵蚀；大于等于 500 t/（km^2 • a）、小于 1 000 t/（km^2 • a）的为潜在侵蚀（表 4-1）。地貌标准主要是根据地貌沟谷密度、黄土地貌平坦表面的面积大小、黄土梁、黄土峁和黄土塬的面积多少为依据（表 4-1）。

二、水蚀荒漠化的等级

根据水蚀荒漠化强弱，按照上述划分依据，将水蚀荒漠化分为 5 个等级，即潜在水蚀荒漠化、轻度水蚀荒漠化、中度水蚀荒漠化、强烈水蚀荒漠化和严重水蚀荒漠化（表 4-1）。

表 4-1 黄土高原水蚀荒漠化土地分级及景观特征（周忠学等，2005）

荒漠化类型及等级	面积/万 km^2	占全区比重/%	荒漠化动力及景观特征
严重水蚀荒漠化	6.59	11.02	水蚀强度≥10 000 t/（km^2 • a），坡面溅蚀、面蚀、沟谷侵蚀及沟坡崩塌、滑坡、泻溜、沟床冲刷等水力侵蚀和重力侵蚀都非常严重，地面切割强烈，沟谷密度大。植被覆盖度<10%，地貌类型为黄土梁峁、缓梁、梁塬丘陵沟壑、黄土残塬及土石丘陵，局部地区有基岩裸露，土壤营养元素流失严重，生产力低，土地面积损失较大
强烈水蚀荒漠化	9.35	14.82	水蚀强度≥5 000 t/（km^2 • a），地貌类型为黄土丘陵、黄土残塬梁峁、峁状、斜梁丘陵沟壑，植被覆盖度 10%～30%，地表组成物质主要是黄土，面蚀、沟蚀等水力侵蚀有所减缓，沟坡以崩塌和泻溜等重力侵蚀为主
中度水蚀荒漠化	6．13	9.72	水蚀强度≥2 500 t/（km^2 • a），地貌类型为中低山、梁峁状黄土中山、黄土斜梁丘陵沟壑、梁峁状丘陵沟壑以及堆积台地等，流水作用明显。植被覆盖度 30%～50%，地表组成物质多为易侵蚀岩和黄土，溯源侵蚀、下切侵蚀和侧蚀及重力侵蚀较活跃，使许多坡耕地、台地受到破坏
轻度水蚀荒漠化	4.62	7.33	水蚀强度≥1 000 t/（km^2 • a），地貌类型为黄土塬和台塬，地形平坦，流水侵蚀微弱，主要在塬面四周有轻微的流水沟蚀，植被覆盖度较高或人为破坏较少，土壤生产力退化程度轻微
潜在水蚀荒漠化	4.32	6.85	水蚀强度≥500 t/（km^2 • a），植被覆盖度>50%，有微弱的流水侵蚀作用，土壤元素略有流失
非水蚀荒漠化	22.21	35.21	水蚀强度<500 t/（km^2 • a），分布在平原、山区和台塬地区，年降水量 400～700 mm，干燥度<1.5，植被较好，覆盖度>70%，流水作用不明显，土壤肥力高

划分结果表明，黄土高原轻度水蚀荒漠化以上的面积为 $2.67\times10^5\ km^2$，占黄土高原总面积的42.34%。主要分布在永登、皋兰、同心、定边、靖边、横山、榆林、神木一线以南，此线以北为风蚀荒漠化地区。因此，降水量、地貌类型、植被覆盖度和地表组成物质等自然因素决定了水蚀荒漠化程度及水力作用类型的地域分异。微观上，局部地区人为活动如破坏植被等则造成水土流失加剧或荒漠化加重，而人工植被建设，退耕还林还草等则对水蚀荒漠化有明显的抑制作用。

三、水蚀土质荒漠化的地表景观

严重水蚀荒漠化发生之后，地面切割强烈，沟谷密度大，植被覆盖度小于10%，地貌类型为黄土梁峁、缓梁、梁塬丘陵沟壑、黄土残塬及土石丘陵。对于黄土高原来说，水蚀荒漠化的地表形态差异是水蚀荒漠化强弱的突出表现，这与风蚀沙质荒漠化造成地表物质组成发生极大变化有显著不同。

水蚀荒漠化发生之后的地表物质组成的差异决定了水蚀荒漠化的物质组成类型，由此可以确定是土质荒漠化还是岩石荒漠化。由于黄土厚度很大，即使其经受了强烈的水蚀发生了严重的荒漠化，该区地表物质一般仍然是黄土，很少有岩石出露。因此，黄土高原水蚀荒漠化的结果一般是土质荒漠化。在少数严重水蚀荒漠化地区，有岩石的局部或小范围裸露，属于岩石荒漠化或岩质荒漠化。侵蚀后的基岩出露于沟谷底部，分布范围较小，不是水蚀荒漠化的主要类型。

四、水蚀荒漠化的危害

土壤水蚀在我国的危害已达到十分严重的程度，它不仅造成水土资源的破坏，而且使农业生产条件恶化，使生态平衡失调，水旱灾害频繁，影响农、林、牧业生产，具体危害有以下几方面。

（一）危害土地资源

土地是人类赖以生存的物质基础，是环境的基本因素，是农业生产的最基本资源。日趋加重的水土流失正在严重地破坏我国的土壤和土地资源，蚕食农田，导致土层变薄，地形破碎，地表粗化、石化。尤其是在土石山区，水土流失使土壤丧失殆尽，基岩裸露，有的群众失去生存基础。据统计，黄河与长江两大河流每年入海泥沙共达20多亿t，相当于每年毁坏土地40万 hm^2，直接威胁群众生存。由于水土流失，全国每年损失土地约13.3万 hm^2，按每公顷土地价值1.5万元计算，每年就损失20亿元。更严重的是，水土流失造成的土地损失，已直接威胁到水土流失区群众的生存，其价值是难以用货币计算的。

（二）加剧旱涝灾害

水土流失使坡耕地变成了“水、土、肥”三跑田，土地日益贫瘠，土壤理化性质恶化，透水性、持水力下降，加剧干旱的发展，使农业生产低而不稳，甚至绝产。据初步估算，仅黄土高原多年平均每年流失泥沙为16亿t，其中含氮、磷、钾总量达4万t。全国平均年受旱土地面积为 2 000 万 hm^2，成灾面积约 700 万 hm^2，成灾率达 35%，且大部分发生在水蚀严重的区域，加剧了粮食、能源等基本生活资料的短缺。

水蚀引起水土流失，使大量泥沙下泄，淤积下游河道，削弱行洪能力，一旦上游来水量增大，就容易引起洪涝灾害。新中国成立以来，由于泥沙堆积，黄河下游河床平均每年加高 8～10 cm，目前已高出两岸地面 4～10 cm。在开封境内黄河成为名副其实的“地上悬河”，严重威胁着下游人民的生命财产安全，与沙害并称为中华民族的两大自然灾害。几十年来，由于水土流失导致的洪涝灾害日益严重，几乎在全国各地每年都有不同程度的发生，尤其是 1998 年长江和东北特大洪水，更使人们感受到水土流失造成的灾害是触目惊心的。

（三）导致河流下游的淤积危害

水土流失不仅加剧洪涝灾害，威胁下游人民生命财产的安全，同时产生的大量泥沙淤积水库、湖泊，严重影响水利设施效益的发挥。据统计，由于水土流失损失的水库与湖泊库容累计达 200 亿 m^3 以上，相当于报废 1 亿 m^3 的大型水库 200 多座，直接经济损失达 100 亿元，而由此造成的灌溉面积减少、发电量减少，以及水库周围生态环境恶化的损失难以计算。

因水土流失造成河道、港口淤积，使得水运里程和运载吨位急剧降低，而且每年因水土流失引起的山体塌方、洪水、泥石流等灾害造成铁路与公路交通中断，直接危害交通安全。据统计，1949 年全国内河航运里程为 15.77 万 km，由于各种原因引起的水土流失的发展，到了 1985 年减少为 10.93 万 km，1990 年更减少为 7 万 km，严重影响我国航运事业的发展。

（四）加剧区域贫困

水土流失常与贫困同步发展，形成恶性循环。水土流失地区因贫困而乱垦土地，因乱垦而更加贫困，形成了恶性循环，这是惨痛的教训。20 世纪 50 年代后由于人口增加更快，情况更为严重，自然资源日益枯竭，群众贫困加剧，严重影响社会、经济发展，后果极为严重，必须对其进行有效的治理。

第六节　防治水蚀荒漠化的工程技术

防治水蚀荒漠化的工程技术是应用工程学的原理，重点在山区、丘陵区、风沙区等地防治水土流失，目的是保护、改良与合理利用水土资源，充分发挥水土资源的经济效益和社会效益，建立良好的生态环境。

防治水蚀荒漠化的工程措施是小流域水土保持综合治理措施体系的主要组成部分，它与水土保持生物措施及其他措施同等重要，不能互相代替，对水土流失地区的生产建设具有特别重要意义。

一、黄土坡与山坡防护工程

黄土坡与山坡防护工程的作用在于用改变地形的方法防止坡地水土流失，将雨水及雪水就地拦蓄，使其渗入农地、草地或林地，削减或防止形成坡面径流，增加农作物、牧草以及林木可利用的土壤水分。同时，将未能就地拦蓄的坡地径流引入小型蓄水工程。在可能发生重力侵蚀危险的坡地上，可以修筑排水工程或支撑建筑物防止滑坡作用。

（一）斜坡固定工程

斜坡是指向一个方向倾斜的地段，由坡面、坡顶及其下部一定深度的坡体组成。按照组成物质、形成过程、固结稳定性进行分类。按照组成物质可分为土质斜坡、石质斜坡和土石混合斜坡。按照形成过程可分为堆垫斜坡、挖损斜坡、构筑斜坡以及滑动体和塌陷斜坡。依固结稳定性又分为稳定斜坡、失稳斜坡和可能失稳斜坡，其中后两者又称为病害斜坡。

斜坡固定工程是指为防止斜坡岩土体的运动、保证斜坡稳定而布设的工程措施。在防治滑坡、崩塌和滑塌等块体运动方面起着重要作用，包括挡墙、抗滑桩、削坡、护坡工程、排水工程等。

1. 挡墙。挡墙又称挡土墙或挡水墙，主要起到防止崩塌、小规模滑坡及大规模滑坡前缘的再次滑动的作用。用于防止滑坡的挡墙又称抗滑挡墙。

2. 抗滑桩。抗滑桩是穿过滑坡体将其固定在滑床的桩柱，具有省工省料、施工方便的特点，是广泛采用的一种抗滑技术。据滑坡体厚度、推力大小，防水要求和施工条件等，通常选用木桩、钢桩、混凝土桩或钢筋混凝土桩等类型。

3. 削坡。削坡主要用于防止中小规模的土质滑坡和岩质斜坡的崩塌。通过削坡可减小坡度，减小滑坡体体积，从而减小下滑力。

4. 护坡工程。为了防止坡面物质的滑落与崩塌，可在坡面修筑护坡工程进行加固，这比削坡节省投资，速度快。常见的护坡工程有干砌片石和混凝土砌块护坡、浆砌片石和混凝土护坡、格状框条护坡（图 4-11、图 4-12）、喷浆和混凝土护坡、锚固法护坡等。

图 4-11　黄土高原的格状护坡（赵景波摄）

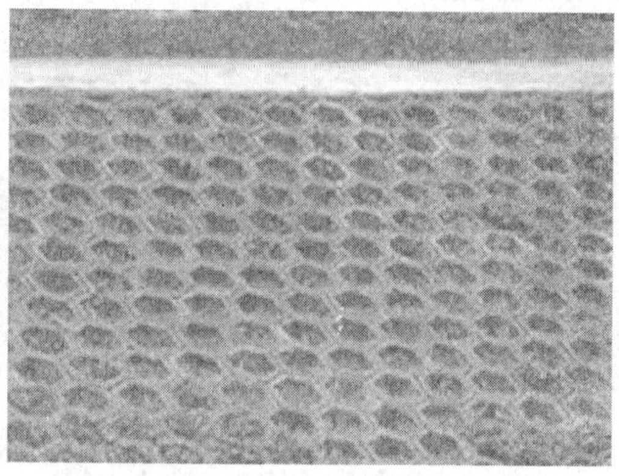
图 4-12　黄土高原多角形格状护坡

5. 排水工程。排水工程可减免地表水和地下水对坡体稳定性的不利影响作用，一方面能提高现有条件下坡体的稳定性，另一方面允许坡度增加而不降低坡体稳定性，包括排除地表水工程和排除地下水工程两个方面。

（二）沟头防护工程

根据防护作用的不同，可将其分为蓄水式沟头防护工程和泄水式沟头防护工程两类。

1. 蓄水式沟头防护工程。沿沟边修筑一道或数道水平半圆环形沟埂，拦蓄上游坡面径流，防止径流排入沟道。这一工程适用于沟头上部来水较少时使用。沟埂的长度、高度和蓄水容量按设计来水量而定，分为沟埂式与埂墙涝池式两种类型。

2. 泄水式沟头防护工程。当沟壁较陡、沟头集水面积大且来水量多时，沟埂已不能有效拦蓄径流，而在受侵蚀的沟头接近村镇，无条件或不允许采取蓄水式沟头防护时，必须把径流引导至集中地点通过泄水建筑物排泄入沟，沟底要有消能设施。泄水式沟头防护工程有悬臂跌水、陡坡跌水和台阶式跌水 3 种。

（三）山坡截留沟

山坡截流沟是在斜坡上从上到下每隔一定距离，横坡修筑的可以拦蓄、输排地表径流的沟道。

1. 截留沟的作用。山坡截流沟可以改变坡长，拦蓄暴雨，阻截径流，并将其输送至蓄水工程中或直接输送到农田、草地或林地，起到截、缓、蓄、排等调节径流的良好作用，对保护农田，防治滑坡，防止沟头前进，维护村庄和公路、铁路的安全有重要的作用。

2. 截留沟的设计。坡度在 40%（21.8°）以下的坡地均可修截流沟。截流沟与纵向布置的排水沟相连，可把径流排走。为防止滑坡，在可能发生滑坡的边界以外 5 m 处也要设置一条截流沟。若坡面面积大，径流流速也大，则可设置多条截流沟。如果有公路或多级削坡平台，则应充分利用其内侧设置截流沟。截流沟在坡面上一般要均匀布置，间距随坡度增大而减小。表 4-2 提供了截流沟间距随坡度的变化，可供参考。

表 4-2 山坡截流沟间距（王秀茹，2009）

%	坡度/（°）	沟间距/m	%	坡度/（°）	沟间距/m
3	1.7	30	9～10	5.1～5.7	16.5
4	2.3	25	11～13	6.3～7.4	15
5	2.9	22	14～16	8.0～9.05	14
6	3.4	20	17～23	9.38～12.57	13
7	4	19	24～37	13.29～20	12
8	4.6	18	38～40	21～21.8	11.5

（四）编栅护坡工程

护坡工程用于表土较松、坡度较大的裸露坡面。常用护坡工程有水泥护坡（图 4-11、图 4-12）和编栅护坡工程。编栅护坡工程做法是在坡面上每隔 70 cm 设置一个 20 cm 高的栅栏，栅栏分两层，里层为无纺布，外层为塑料网格，栅栏可用钢筋固定于坡面上。栅栏上方设一沟底宽 20 cm 的排水沟，将径流排入排水总沟，在坡面上种植美化环境的植物。

二、田间工程

（一）梯田

梯田是在坡耕地上分段沿等高线修筑的田面平整、地边有埂的阶梯式农田，是山区、丘陵区常见的一种基本农田形式（图 4-13、图 4-14）。能够拦蓄 90%以上的水土流失量，是治坡工程的有效措施，对于减沙、改良土壤、增加产量、改善生产条件和生态环境等都有很大作用。根据我国《中华人民共和国水土保持法》规定，5°～25°的坡耕地一般可修成梯田，大于 25°以上的区域为禁垦区，应植树种草。

1. 梯田的分类。由于各地的自然地理条件、土地利用方式、耕作方式与治理程度的不同，修筑梯田形式各异，其分类方法也有多种。

（1）按修筑的断面形式可分为阶台式梯田和波浪式梯田。阶台式梯田指在坡地上沿等高线修筑成逐级升高的阶台形田地，又可分为水平梯田、坡式梯田、反坡梯田和隔坡梯田 4 类，中国、日本、东南亚各国人多地少地区的梯田一般为阶台式。波浪式梯田即在缓坡地上修筑的断面呈波浪式的梯田，又名软埝或宽埂梯田。

图 4-13　黄土斜梁上的梯田（据朱显谟）

图 4-14　黄土高原塬坡上的梯田（据王永焱）

（2）按田坎建筑材料可分为土坎梯田、石坎梯田和植物田坎梯田。土层深厚的黄土地区，年降水量较少，宜修筑土坎梯田。土石山区或石质山区，石多土薄，降水量多，应就地取材，修筑石坎梯田。陕北黄土丘陵地区，地广人稀，可以采用灌木、牧草为田坎的植物田坎梯田。

（3）按土地利用方向又分为旱作梯田、水浇梯田、果园梯田、经济林梯田等。

2. 梯田的规划与设计。梯田设计包括梯田地块设计、附属建筑物设计及断面设计等内容。

（1）梯田地块设计。地块的长度一般为 150～200 m，有条件的地方可选用 300～400 m，在此范围内，地块越长，机耕时转弯掉头次数越少，工效越高，如有地形限制，地块长度最短也不要小于 100 m。地块的平面形状应基本上顺等高线呈长条形、带状布设，但当坡面有浅沟等复杂地形时，地块布设必须注意“大弯就势，小弯取直”，不强求一律顺等高线布设，以免把田面的纵向修成连续的“S”形，不利于机械耕作。如果梯田有自流灌溉条件，则应使田面纵向保留 1/300～1/500 的比降，以利行水，在特殊情况下，比降可适当加大，但不应大于 1/200。

（2）梯田附属建筑物设计。包括梯田的坡面蓄水拦沙设施的设计、道路设计和灌溉排水设施设计 3 个方面的内容。

梯田区的坡面蓄水拦沙设施的规划内容包括“引、蓄、灌、排”的坑、函、池、塘、埝等缓流拦沙附属工程。规划时既要做到各设施之间的紧密结合，又要做到与梯田建设的紧密结合，做到地（田）地有沟，沟沟有涵，分台拦沉，就地利用。

梯田区道路规划总的要求一是要保证以后机械化耕作的机具能顺利进入每一个耕作区和每一地块；二是必须有一定的防冲设施，以保证路面完整与畅通，保证不因路面径流而冲毁农田。

梯田区灌溉排水设施的规划一方面要根据整个水利建设的情况，全面规划布置一个完整的灌溉系统所包括的工程：水源和引水建筑、输水配水系统、田间渠道系统、排水泄水系统等；另一方面要充分体现拦蓄和利用当地雨水的原则，合理布设蓄水灌溉和排洪防冲等改良工程。坡地梯田区以突出蓄水灌溉为主，冲沟梯田区不仅要考虑灌溉用水，而且也要注意排洪和排涝设施的建设。

（3）梯田断面设计。规划设计梯田断面的原则就是确定在不同条件下梯田的最优断面。所谓最优断面，就是要求开挖土方工程量小、省工，田坎稳定坚固、能保证安全，灌溉方便、便于机耕、有利于农作物生长。

设计最优断面的关键就是确定适当的田面宽度和埂坎坡度，由于各地的实际条件不同，最优的田面宽度和埂坎坡度也不同，但是考虑“最优”的原则和原理则是相同的。

最优田面宽度是在适应机耕和灌溉的同时，保证田面宽度为最小，力求获得最少的土方量和用功量，最大限度地省工省时。一般根据土质和地面坡度先选定田坎高度和侧坡（田坎边坡），然后计算田面宽度，也可根据地面坡度、机耕和灌溉需要确定田面宽，然后计算田埂高。梯田的断面要素见图 4-15，各要素间的关系及计算方法见图 4-15、公式（4-14）至公式（4-18）。从图 4-15 及公式（4-16）可以看出，田面愈宽，耕作愈方便，但田坎愈高，挖（填）土方量愈大，用工愈多，田坎也不易稳定。在黄土丘陵地区田面宽一般以 30 m 左右为宜，缓坡上宽些，陡坡上窄些，最窄不能小于 8 m。

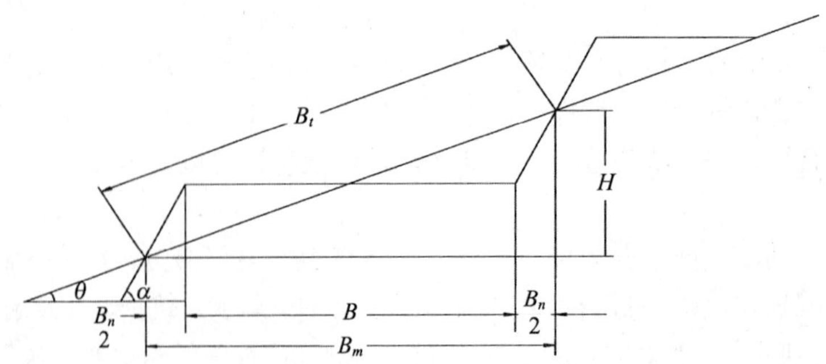

θ. 坡面坡度（°）；α. 埂坎坡度（°）；H. 埂坎高度/m；B. 田面净宽/m；

B_n. 埂坎占地/m；B_m. 田面毛宽/m；B_t. 田面斜宽/m

图 4-15 梯田的断面要素（王秀茹，2009）

$$B_m = H \times \cot\theta \tag{4-14}$$

$$B_n = H \times \cot\alpha \tag{4-15}$$

$$B = B_m - B_n = H(\cot\theta - \cot\alpha) \tag{4-16}$$

$$H = B/(\cot\theta - \cot\alpha) \tag{4-17}$$

$$B_t = H/\sin\theta \tag{4-18}$$

最优的埂坎坡度是在一定的土质和坎高条件下，在保证埂坎安全稳定的同时，最大限度地少占农地，省工省时。

总之，梯田断面的设计，在考虑“最优”原则的基础上，又要根据具体条件灵活确定，不能一成不变。表 4-3 提供了梯田最优断面的尺寸数值，以供参考。

表 4-3　梯田最优断面尺寸确定参考数值（王秀茹，2009）

地面坡度 θ/（°）	田面宽度 B/m	田坎高度 H/m	田坎坡度 α/（°）	地面坡度 θ/（°）	田面宽度 B/m	田坎高度 H/m	田坎坡度 α/（°）
1～5	30～40	1.1～2.3	70～85	15～20	10～15	2.7～4.5	50～70
5～10	20～30	1.5～4.3	55～75	20～25	8～10	2.9～4.7	50～70
10～15	15～20	2.6～4.4	50～70	—	—	—	—

（二）坡面蓄水工程

1. 水窖工程。水窖是干旱半干旱地区修建于地面以下并具有一定容积的蓄水构筑物，是充分利用自然降水以满足人畜生活用水和生产用水的一种微集水工程。在干旱半干旱区修建水窖聚集汛期降水，通过对降水的时空调节，既能够满足旱期的灌溉和饮用需要，又可达到减少水土流失的目的。

（1）水窖的结构。水窖的主体包括窖身、集流设施和沉沙（泥）池。

窖身是水窖的主体，按形式可分为瓶形、圆柱形、盖碗式、球形、窑式和茶杯式等。水窖的容积不能过大，也不能过小，过大会增加施工难度，且不容易蓄满水，过小则不能充分发挥其“三保”作用（即保种、保苗、生长关键期保命）。因此，应该采用最优的水窖容积设计，既满足用水需求的最小窖容，又要满足用水需求，还可以节省建造费用。

集流场是用来收集雨水的场地，房屋屋顶、自然山坡、院场、黏土地面、公路等均可作为集流场。为防止泥沙淤塞水窖，在进水口要专门修建沉沙池，以保证清水入窖，其形状多为矩形。

（2）水窖的配置模式。水窖配置模式主要有以下 3 种。① 主要分布在居民点的院内、打谷场边、山坡集水凹地等地方，以收集屋面、打谷场上、凹地上的水流，供人畜饮用或为庭院经济（果园、大棚菜）、农田、植树造林提供灌溉水源。② 主要分布在高低不同的梯田内，利用地形落差或者虹吸管自流灌溉，每个水窖可供灌溉一定的区域。当位于高处的水窖蓄满水后，多余的水可以通过管道补充位于地势比较低处的水窖。③ 沿河沟分布在河底，汛期蓄积河沟水，在干旱期抽取水窖中的水，灌溉位于河沟两边的梯田。

（3）水窖的设计。水窖窖址的选择要综合考虑集流、灌溉和建窖土质 3 个方面，应具备以下几个条件。① 尽量选在地势低洼处，可多蓄积雨水。② 宜选在水源充足，靠近引水渠、溪沟、道路边沟等便于引水拦蓄之处。③ 山区应避开滑坡体地段或可能发生滑坡的地段，避免在易于发生滑坡处修建水窖，可在无泥石流危害的沟道两侧的不透水基岩上修建自流灌溉窖，以便节省费用。④ 应靠近农田或农户，以方便灌溉和饮用。⑤ 饮用水水窖应远离厕所和畜圈等污染源。⑥ 要选在土层深厚坚硬、地基均匀密实的地方，以黏性透水性弱的土壤为好，黄土次之。

设计水窖时应注意窖体不宜过宽过高，太宽易坍塌，过高难施工。修建过程中先打底板后砌窖壁比窖壁砌好后再打底板防渗效果更好，每次收工时应将窑口盖好，以防灌风。此外，还需要注意沉沙池冬季不可蓄水，以防冻裂破坏。

2. 涝池。涝池又称蓄水池，是以拦蓄地表径流为主而修建的、蓄水量一般在 50～1 000 m^3 的蓄水工程，具有充分和合理利用自然降水或泉水，就近供耕地、经济林灌溉和人畜饮水需要，减轻水土流失的作用，也是山区抗旱和满足人民蓄用水的一种很有效的措施。

蓄水池的修建技术简单，容易掌握，而且建筑省工，所需费用少，但蓄水池蒸发量较大，占地也较多，在干旱、蒸发量大的地区，适宜修筑封闭式的蓄水池。

（1）涝池的分类。按材料可分为土池、三合土池、浆砌条石池、浆砌块石池、砖砌池和钢筋混凝土池等类型。按建筑形式可分为圆形池、椭圆形池、矩形池等几种类型。此外，蓄水池还可按池口的结构形式分为封闭型和敞开式两大类。

（2）涝池的布置形式。涝池的布置形式分为以下 5 种。① 平地涝池，一般修在平地的低凹处，是把凹处再挖深一些，将挖出的土培在涝池周围。② 结合沟头防护，在沟头附近适当距离处挖涝池，拦蓄坡面径流水，防止沟头前进。③ 在沟底坡脚附近开挖涝池，并开小渠将地下水引入涝池，可供灌溉或人畜饮用，也可避免塌岸。④ 结合山地灌溉，在山地渠道上每隔适当的距离挖一个涝池，涝池与渠道连接处设立闸门，将多余的水蓄在池内，以备需水时利用。⑤ 连环涝池，涝池与涝池之间用小水渠连接起来，一般为方形或长方形池，多修在道路的一侧，有时也修在坡面的浅凹地上。

（3）涝池的设计。涝池要以满足农、林用水和人畜饮水需要为规划设计依据。涝池一般都修在乡村附近、路边、梁峁坡和沟头上部，其位置的选择应注意以下几点：① 尽量少占耕地。② 要布设在坡面水汇流的低凹处，以保证有足够的来水量，并与排水沟、沉沙池形成水系网络。③ 池址土质应坚实，最好是具有隔水性的黏土或黏壤土，较粗颗粒的土壤容易渗水和造成陷穴，不宜修建涝池。④ 池底稍高于被灌溉的农田地面，以便自流灌溉，蓄引便利。⑤ 不能离沟头、沟边太近，以防渗水引起坍塌。

涝池容积计算是涝池设计的重要内容，涝池蓄水量加上超高的容积即为涝池总容积。不同形状的涝池总容量计算方法如下：

矩形：$V=\dfrac{1}{2}(h_{水}+\Delta h)\times(A_{池口}+A_{池底})$

平底圆形：$V=\dfrac{\pi}{2}({R^2}_{池口}+{R^2}_{池底})\times(h_{水}+\Delta h)$

“U”字形：$V=\dfrac{3}{5}\pi({R^2}_{池口})\times(h_{水}+\Delta h)$

椭圆形：$V=\dfrac{2}{3}\pi(R_{长}\times r_{短})\times(h_{水}+\Delta h)$

三、沟床固定工程

（一）谷坊

谷坊又名防冲坝、沙土坝、闸山沟，是山区沟道内为防止沟床冲刷及泥沙灾害而修建的横向拦挡水土的建筑物，是水土流失地区沟道治理的主要工程措施。其高度一般 1～3 m，最高 5 m，通常布置在小支沟、冲沟与切沟上，以稳定沟床，防止或削弱因沟床下切造成的岸坡崩塌和溯源侵蚀。

1. 谷坊的作用。谷坊是防治沟壑侵蚀的第二道防线工程，主要作用是固定、抬高侵蚀基点，防止沟道下切和沟岸扩张，拦蓄、调节径流泥沙，变荒沟为农业生产可利用的土地。谷坊的主要作用体现在以下几个方面。① 固定与抬高侵蚀基准面，防止沟床下切。② 抬高沟床，稳定山坡坡脚，防止沟岸扩张及滑坡发生。③ 减缓沟道纵坡，减小山洪流速，减轻山洪或泥石流灾害。④ 使沟道逐渐淤平，形成坝阶地，为发展农林业等生产创造土地条件。

谷坊最重要的作用是防止沟床下切侵蚀，因此，在考虑某沟段是否应该修建谷坊时，应当首先考虑该沟段是否会发生下切侵蚀。一般说来，在沟谷中上段都会发生下蚀。

2. 谷坊的种类。根据谷坊所利用的建筑材料的不同，一般可分为土谷坊、干砌石谷坊、枝梢（梢柴）谷坊、插柳谷坊、木料谷坊、竹笼装石谷坊、浆砌石谷坊、混凝土谷坊、钢筋混凝土谷坊和钢料谷坊。根据使用年限不同，可分为永久性谷坊和临时性谷坊。按谷坊的透水性质，又可分为透水性谷坊与不透水性谷坊。

3. 谷坊的设计。谷坊的设计主要考虑以下几个方面。

（1）谷坊位置的选择。谷坊修建的主要目的是固定沟床，防止下切冲刷。因此，在选择谷坊位置时，应考虑以下几方面的条件。① 谷口狭窄，库容大，这样工程量小。② 沟底、岸坡土质状况良好，无孔洞、裂隙和破碎地层，无不易清除的乱石、杂物。③ 沟床基岩外露，上游有宽阔平坦的贮沙地方。④ 在有支流汇合的情形下，应在汇合点的下游修建谷坊。⑤ 取土、石用建筑材料比较方便。

（2）谷坊类型选择。谷坊类型选择取决于地形、地质、建筑材料、劳力、技术、经济、防护目标和对沟道利用的远景规划等多种因素。由于在一条沟道内往往需连续修筑多座谷坊，形成谷坊群，才能达到预期效果，所以修筑谷坊时需要较多建筑材料，选择类型时应以能就地取材为好，即遵循“就地取材，因地制宜”的原则。在土石山区，石料丰富，可采用石谷坊或土石谷坊。在土层较厚的山沟则宜选择土谷坊。在有充足梢料的小冲沟内可选用插柳谷坊。在所有存在泥石流危害的沟壑中，格栅谷坊、混凝土谷坊是最佳选择。

（3）谷坊的断面规格。谷坊的高度，应根据建筑材料、地形条件、沟道地质条件来确定，要以能承受水压力和土压力而不被破坏为原则。一般情况下，土谷坊高度不超过 5 m，浆砌石谷坊不超过 4 m，干砌石谷坊不超过 2 m，柴草、柳梢谷坊不超过 1 m。

（4）谷坊间距与数量的确定。谷坊间距与谷坊高度及淤积泥沙表面的临界不冲坡度有关。当连续修建谷坊时，上一座谷坊脚与下一座谷坊顶大致水平，或略有坡度。

根据谷坊高度（H）、沟底天然坡度（I）以及稳定坡度（I_0），可按下式计算谷坊水平间距（L）：

$$L = H_0/(I - I_0) \tag{4-19}$$

式中，L—— 谷坊的间距，m；

H_0—— 谷坊的有效高度，m；

I—— 沟底原来的纵坡坡度，（°）；

I_0—— 稳定坡度，（°），即谷坊淤满后比降。I_0 取决于坝后淤积土的土质，黏土取 1%，沙土取 0.5%，黏壤土 0.8%，粗沙兼有卵石子取 2%。

若采用同样高度的谷坊，则沟壑中谷坊总数 n 为：

$$n = H/h \tag{4-20}$$

式中，n—— 谷坊数目，座；

H—— 沟床加护段起点与终点的高度差，m；

h—— 谷坊高度，m。

（5）溢流口设计。溢流口是保护谷坊安全的设施，为避免暴雨造成洪水漫顶冲毁谷坊，需要修建溢流口。正确选择溢流口的形状、位置和尺寸大小具有重要意义。溢流口的形状视岸边地基而定，如两岸为土基，为了使其免遭冲毁，应将溢流口做成梯形。

溢流口的位置可设在沟岸，也可设在谷坊顶部。土谷坊不允许过水，因此要在谷坊一端的坚实土层（图 4-16）或岩基上留溢水口，石谷坊则可在谷坊顶部中央留溢水口（图 4-17）。

溢流口的断面尺寸要保证能通过最大溢水流量，其最大溢水流量可按设计最大洪峰流量计算。溢流口的断面形式常采用矩形和梯形两种。

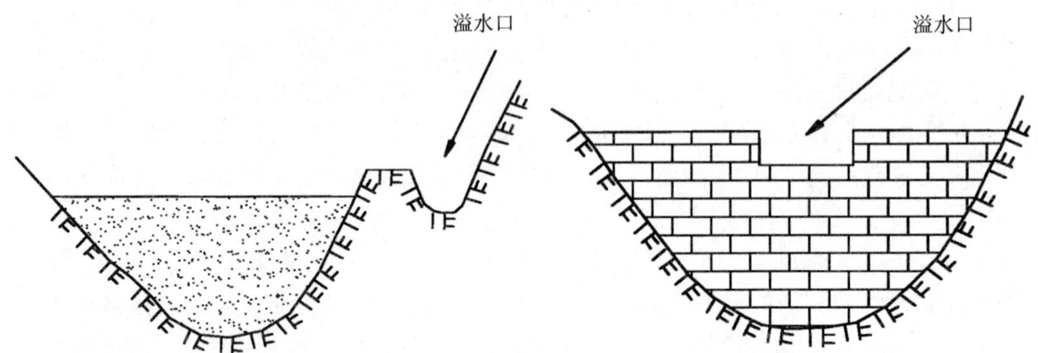

图 4-16　土谷坊溢水口位置（王礼先，2005）　　图 4-17　石谷坊溢水口位置（王礼先，2005）

（二）淤地坝

淤地坝是在沟道中下游地段，为了拦泥、淤地所建设的拦挡建筑，是在我国古代筑坝淤田经验的基础上逐渐发展起来的。在黄土高原地区，淤地坝是区域小流域治理的最后一道防线，在减少入黄泥沙、改善生态环境和发展农业生产等方面具有不可替代的重要作用。据统计，新中国成立以来，黄河中游地区已修建淤地坝 11 万余座，淤成坝地 3 113 万 hm^2，拦截泥沙达 210 亿 m^3，保护川台地 1 187 万 hm^2，初步治理面积为 13 137 万 km^2。实践证明，淤地坝是黄河中游水土流失地区沟道治理中一项行之有效的水土保持工程措施。

1. 淤地坝的组成。一般淤地坝由坝体、溢洪道和放水建筑物 3 部分组成。

坝体是横拦沟道的挡水挡泥建筑物，用以挡蓄洪水，淤积泥沙，抬高淤积面，一般不长期蓄水，其下游也无灌溉要求。随着坝内淤积地面的逐年提高，坝体与坝地较快地连成一个整体，实际上坝体可以看作是一个重力式挡土墙。

溢洪道是排泄洪水的建筑通道，当淤地坝洪水位超过设计高度时，就通过溢洪道排出，以保证坝体的安全。

放水建筑物由取水和输水两部分组成，取水建筑物多采用竖井式和卧管式，对水头较高、流量较大或兼有排沙要求的水库可以采用放水塔。输水建筑物有输水涵洞，与卧管和竖井连接，埋在地下，与坝轴线基本垂直。库内清水可通过放水设备排泄到下游。

2. 淤地坝的作用。淤地坝是拦沙减蚀的关键措施。在拦泥方面，淤地坝不但能拦蓄沟道本身产生的泥沙，而且能拦蓄坡面汇入沟道内的泥沙，从而减少了入河、入库的泥沙。在减蚀方面，淤地坝工程被淤积后，抬高了侵蚀基准面，可防止沟底下切和沟岸坍塌，控制沟头前进和沟壁扩张，减轻沟道侵蚀。在滞洪减沙方面，主要是拦截了洪水，减轻了坝下游的沟道冲刷，从而减少了输入下游的泥沙，有效防止下游洪涝灾害的发生。

淤地坝建设在农业生产中也有突出的重要作用。在沟道内进行淤地坝建设，可以将原来被洪水带走的水土资源拦蓄在沟道内，形成可利用土地资源，变荒沟为良田，增加耕地面积，改善耕地质量。

3. 淤地坝的分类和分级标准。淤地坝的分类多样，按筑坝体的材料可分为土坝、石坝和土石混合坝等。按施工方法可分为夯碾坝、水力冲填坝、定向爆破坝、堆石坝、干砌石坝和浆砌石坝。按坝的用途可分为缓洪骨干坝和拦泥生产坝等。

淤地坝一般根据库容、坝高、淤地面积、控制流域面积等因素分级。参考水库分级标准并考虑群众习惯叫法，可分为大、中、小 3 级。表 4-4 为黄河中游水土保持治沟骨干工程技术规范所列分级标准。

表 4-4　淤地坝的分级标准（王秀茹，2009）

分级标准/万 m^3	库容/万 m^3	坝高/m	单坝淤地面积/hm^2	控制流域面积/hm^2
大型	500～100	＞30	＞10	＞15
中型	100～10	30～15	10～2	15～1
小型	＜10	＜15	＜2	＜1

4. 淤地坝的规划和设计。包括以下几方面。

（1）流域建坝密度的确定。流域建坝密度应根据沟道比降和沟壑密度，结合降雨情况和建坝淤地条件，按梯级开发利用原则，因地制宜地规划确定。据各地经验，在沟壑密度为 5～7 km/km^2，沟道比降为 2%～3%，适宜建坝的黄土丘陵沟壑区，每平方千米可建坝 3～5 座。在沟壑密度为 3～5 km/km^2，适宜建坝的残垣沟壑区，每平方千米宜建坝 2～4 座。沟道比较大的土石山区，每平方千米宜建坝 5～8 座。

（2）坝址的选择。坝址选择很大程度上取决于地形与地质条件，同时必须结合工程枢纽布置、坝系整体规划、淹没情况和经济条件等。一个好的坝址必须满足拦洪或淤地效益大、工程量最小和工程安全 3 个基本要求。坝址选择一般应考虑以下几点：① 在地形上要求河谷狭窄，库区宽阔容量大，沟底比较平缓。② 坝址附近应有宜于开挖溢洪道的地形和地质条件。③ 坝址附近应有可用的土、砂、石筑坝材料，取用容易，施工方便。④ 坝址地质构造稳定，两岸无疏松坍土、滑坡体，断面完整，岸坡不大于 60°。⑤ 坝址应避开沟岔、弯道、泉眼，遇有跌水应选在跌水上方。坝扇不能有冲沟，以免洪水冲刷坝身。⑥ 库区淹没损失要小，要应尽量避免村庄、大片耕地、交通要道和矿井等被淹没。⑦ 坝址还必须结合坝系规划统一考虑。

（3）坝高的确定。淤地坝除拦泥淤地外，还有防洪的重要作用，其库容由拦泥库容和滞洪库容两部分组成。而相应于该两部分库容的坝高，即为拦泥坝高和滞洪坝高。另外，为保证工程和坝地生产的安全，还需增加一部分坝高，即安全超高。因此，淤地坝总坝高度为：

$$H_{\text{淤地坝}} = H_{\text{拦泥}} + H_{\text{滞洪}} + \Delta h_{\text{安全}} \tag{4-21}$$

（4）坝体的设计。可从以下 3 个方面进行设计。

第一步要选择合适的坝型。一般根据地形、地质、气候、筑坝材料和施工条件等，初步确定几种较为合理的坝型，粗略计算这几种坝型的工程量和造价，最终选定技术上可靠且经济上合理的坝型。

第二步要进行坝体的断面设计，包括坝顶宽度的确定、坝坡的确定和最大铺底宽度的计算。坝顶的宽度与坝高有关，坝体愈高则坝顶也愈宽，可参照表 4-5 选择确定。坝坡的陡缓可根据坝高、施工方法和坝前是否经常蓄水等条件，参照已建成的同类土坝确定，对坝高超过 15 m 的土坝，背水坡应加设马道，以增加坝身稳定性和减少暴雨对坝坡的冲刷。坝体沟床的最大铺底宽度，可按下式计算：

$$B_m = b + (m_1 + m_2)H + nb' \tag{4-22}$$

式中，B_m —— 土坝最大铺底宽度，m；

b —— 坝顶宽，m；

m_1 —— 上游坡比；

m_2 —— 下游坡比；

H —— 最大坝高，m；

n —— 上下游坝坡马道总数，个；

b' —— 马道宽，m。

表 4-5 坝顶宽度设计标准（王礼先，2005）

坝高/m	＜10	10～20	20～30	＞30
坝顶宽/m	2	2～3	3～4	4～6

第三步要根据实际需要进行渗透计算和稳定计算。

（5）溢洪道的设计。可按下面两个步骤完成设计。

第一步要确定溢洪道的位置。在选址时要求地基坚实、两岸斜坡稳定，并充分利用天然有利地形，减少工程投资，缩短工期。尽量做到直线布置，力求泄洪时水流顺畅。如果由于地形条件的限制，可将进口引水渠采用圆弧形曲线布置，并在弯道凹岸做好护砌工程。在布局时还要注意尽可能避免和泄水洞位于同一侧，以免互相造成水流干扰和影响卧管安全。

第二步要确定溢洪道的型式。淤地坝溢洪道的型式分明渠式溢洪道和溢流堰式溢洪道两类，前者适用于小型淤地坝和临时性溢洪道，后者种类较多，最常用的是陡坡式溢洪道，适宜大型淤地坝和小型水库。

（6）放水建筑物的设计。

第一步要选择放水建筑物的位置，最好应修筑在坚硬的地基上，以免发生不均匀沉陷，引起漏水，影响坝体的安全。在平面布置上要尽可能放在沟道一侧，使水流沿坡脚流动，防止切割坝地，这对坝地安全生产也是有利的。

第二步要进行竖井和卧管设计。竖井多布置在坝体上游坡脚，要求结构简单，断面形状多采用圆环形，内圆直径为 0.5～2.0 m，壁厚一般为 0.3～0.6 m。为便于放水，在竖井上沿高度每隔 0.5 m 左右设一放水孔，相对交错排列，放水孔尺寸按下列的孔口出流公式计算：

$$\omega=\frac{Q}{2\mu\sqrt{2gH_1}}=0.174\frac{Q}{\sqrt{H_1}} \tag{4-23}$$

式中，ω—— 放水孔的孔口面积，m^2；

Q—— 放水流量，m^3/s；

μ—— 流量系数，为 0.65；

g—— 重力加速度，m/s^2；

H_1—— 孔口中心至水面距离，m。

卧管是修筑在坝体上游山坡上的浆砌石或混凝土放水管道，其坡度要根据坝坡而定，一般为 1∶2～1∶4。由于坡度陡，为了保证在卧管内不出现真空，需要在卧管最高处设置通气孔，并且在卧管末端必须布置消力池。最后还要进行卧管水力计算，确定卧管的放水流量和放水孔的断面尺寸。

第三步要设计输水涵洞。在淤地坝和小型水库中多采用无压输水涵洞，其中方形涵洞是较常采用的一种，而拱形涵洞，多适用于流量较大、洞身填土较高的大型淤地坝。涵洞断面尺寸的大小主要根据设计加大流量 Q_B 及坡度确定，一般按照明渠均匀流公式计算确定。

（三）拦沙坝

拦沙坝在黄土区亦称泥坝，是以拦蓄山洪泥石流沟道中固体物质为主要目的的挡拦建筑物，是沟道治理的主要工程措施之一。多建在主沟或较大的支沟内，坝高通常为 3～15 m，拦沙量一般在 10^3～100^3 m^3，甚至更大。

1. 拦沙坝的作用。拦沙坝一般有以下 3 方面的作用。

（1）拦蓄泥沙与砾石，从而可免除泥沙对下游的危害。同时将泥石流中的固体物质拦蓄在库内，使下游免遭泥石流危害。

（2）提高坝址的侵蚀基准，减缓了坝上游淤积段河床比降，加宽河床，减小流速，从而减小了流水侵蚀动力。

（3）稳定沟岸崩塌及滑坡，抑制泥石流的发育规模，减小泥石流的冲刷及冲击力，控制溯源侵蚀。

2. 拦沙坝的分类。拦沙坝的分类有多种，按结构可分为重力坝、切口坝、拱坝、错体坝、格栅坝及钢索坝 6 种。按建筑材料分为砌石坝、混合坝和铁丝石笼坝 3 种类型。

3. 拦沙坝的设计，可按下列步骤完成。

（1）坝址选择。拦沙坝坝址选择要注意以下 4 点：① 坝址的地质条件要稳定，附近无大断裂通过，无滑坡、无崩塌，坝基为硬性岩或紧密坚实的老沉积层。② 坝址应在沟谷狭窄处，坝上游沟谷应较开阔，沟床纵坡较缓，建坝后能形成较大的拦淤库容。③ 附近有充足的沙石等作为建筑材料。④ 坝址距离公路较近，从公路到坝址的施工便道易修筑，附近有布置施工场地的合适地形，并有充足的水源。

（2）坝型选择。拦沙坝坝型主要根据当地的建筑材料来确定。

砌石坝在石料丰富、采运条件又比较方便的地方使用较多。砌石坝又分为浆砌石坝和干砌石坝。浆砌石坝属重力坝之类，用于泥石流冲击力较大的沟道，是较为常用的一种坝型，断面一般为梯形。干砌石坝只适用于石料丰富的小型山洪沟道，坝体用块石交错堆砌而成，坝面用大平板或条石砌筑，与石谷坊类似。

混合坝分为土石混合坝和木石混合坝。当坝址附近土料丰富而石料不充足时，可选用土石混合坝，其坝身用土填筑，而坝顶和下游坝面用浆砌石砌筑。在木材充足的地区，可采用木石混合坝，其坝身由木框架填石构成，木框架常由圆木组成，其直径大于 0.1 m，横木的两侧镶嵌在砌石体之中，横木与纵木的连接采用扒钉或螺钉紧固。

铁丝石笼坝适用于小型荒溪或小型沟道，在我国西南山区较为常见，坝身是由铁丝石笼堆砌而成。

（3）坝高的确定。坝高主要由坝址上游沟道泥石流流量（固体物质为主）多少和地形特点决定。通常先根据历次泥石流流量估算出一次最大泥石流总量，然后根据坝址处坝高和库容关系曲线（与淤地坝、水库坝高、库容关系曲线一样，先行绘制好），即可确定出坝高，最后结合坝址处的地形条件，确定出合理的坝高。

当沟谷规划为坝群时，应根据坝间距和淤积比降按下式确定坝高 H：

$$H = L(i - K \cdot i_c) \tag{4-24}$$

式中，H —— 坝高，m；

L —— 坝间距，m；

i —— 沟道比降；

i_c —— 沟口冲积扇顶部沟床比降；

K —— 比例系数，为 0.5～0.85，泥石流严重时取大值，轻微时取小值。

（4）拦沙量的确定。为了估算拦沙坝的拦沙效益，应推求拦沙量。对坝高已确定的拦沙坝的库容的计算，可按下列步骤确定。

① 在方格纸上给出坝址以上沟道纵断面图，并按山洪或泥石流固体物质的回淤特点，画出回淤线。

② 在库区回淤范围内，每隔一定间距测绘横断面图。

③ 根据横断面图的位置及回淤线，求出每个横断面的淤积面积。

④ 求出相邻两断面之间的体积，计算公式为：

$$V=\left(\frac{W_1+W_2}{2}\right)\cdot L \tag{4-25}$$

式中，V—— 相邻两横断面之间的体积，m^3；

W_1，W_2—— 相邻横断面面积，m^2；

L—— 相邻横断面之间的水平距离，m。

⑤ 将各部分体积相加，即为拦沙坝的拦沙量。

（5）断面设计。拦沙坝断面设计既要符合经济要求又要保证安全，设计内容包括坝的断面轮廓尺寸的拟定、坝体稳定与应力的计算、溢流口的计算和坝下消能的计算 4 个方面。

① 断面轮廓尺寸拟定。坝的断面轮廓尺寸是指坝高、坝顶宽度、坝底宽度和上下游边坡等。

拦沙坝的高度由坝址处地基及岸坡的地质条件、坝址处地形条件、拦沙坝的设计目标、坝下消能设施等因素决定。通常在能够满足设计目标的前提下，以不修高坝为好。小型拦沙坝坝高一般为 5～10 m，中型拦沙坝为 10～15 m，大型拦沙坝要高于 15 m。

坝顶宽度 b 一般可以根据坝高 H 确定。当 H=3～5 m 时，b=1.5 m。H=6～8 m 时，b=1.8 m。H=9～15 m 时，b=2.0 m。

拦沙坝下游坝坡系数 n 可用下式计算：

$$n\leqslant V\cdot\sqrt{\frac{2}{gH}} \tag{4-26}$$

$$或\ n\leqslant 0.46V=\frac{1}{\sqrt{H}} \tag{4-27}$$

式中，n—— 下游坝坡系数；

V—— 下游最小石砾的始动流速，m/s；

H—— 坝高，m。

拦沙坝上游坝坡系数 m 值应该根据稳定计算结果确定。

② 坝的稳定与应力计算。计算时，在拟定断面尺寸的基础上，进行坝体作用力分析，然后进行稳定与应力计算，以保证坝体不被破坏。

③ 溢流口设计。一般溢流口的形状为梯形，对于含固体物很多的泥石流沟道，可选弧形。溢流口设计的目的在于确定溢流口尺寸，即溢流口宽度 B 和溢流口高度 H。

$$溢流口宽度\ B=Q_c/q \tag{4-28}$$

式中，Q_c—— 泥石流流量，m^3/s；

q—— 选定单宽溢流流量，m^3/s。

$$溢流口高度\ H=H_0+\Delta H \tag{4-29}$$

式中，ΔH—— 超高，一般采用 0.5～1.0 m。

④ 坝下消能。由于山洪及泥石流从坝顶下泄时具有很大的动能，对坝基及下游沟床将

产生严重冲刷，因此需要消能措施，包括子坝消能和护坦消能两种。子坝消能适用于大中型山洪或泥石流荒溪，是在主坝下游设置子坝，形成消力池，以削减过坝山洪或泥石流能量。护坦消能仅适用于小型沟道。

（四）护岸工程

1. 护岸工程。是为防止河流侧向侵蚀及因河道局部冲刷而造成的坍岸等灾害，使主流线偏离被冲刷地段的保护工程措施。

（1）护岸工程的分类。分为护基工程和护坡工程两类，枯水位以下称为护基工程，枯水位以上为护坡工程。

护基工程有多种形式，最简单的一种就是抛石护基，即用施工地点附近较大的石块铺到护岸工程的基部进行护底。在缺乏大石块的地区，可采用捎捆或木框装石的护基工程。由于护基工程常潜没在水中，时刻遭受水流的冲击和侵蚀，所以要求建筑材料耐水流侵蚀、抗推移质磨损，并富有弹性、易于恢复。常用的护基工程有抛石、沉枕、石笼等。

护坡工程又称护岸堤，可防止山洪横向侵蚀，稳固坡脚，具有挡土墙的作用。可以采用砌石结构，也可采用生物护坡。常用的有干砌石护坡、浆砌石护坡等。

（2）护岸工程的设计。在进行护岸工程施工之前，要对上下游沟道情况进行调查，分析在修建护岸工程之后，下游或对岸是否会发生新的冲刷，要确保沟道安全。护岸工程应大致按地形设置，并力求形状没有急剧的弯曲。护岸工程的高度一方面要保证山洪不至于漫过护岸工程，另一方面应考虑工程实施之后有无崩塌的发生。在弯道段凹岸水位较凸岸水位高，因此，凹岸护岸工程的高度应更大一些。

2. 整治建筑物。整治建筑物按其性能和外形，可以分为丁坝和顺坝两种。

（1）丁坝。丁坝是由坝头、坝身和坝根 3 部分组成的一种建筑物，具有改变山洪流向、缓和山洪流势、调整沟宽的重要作用。丁坝的坝根与河岸相连，坝头伸向河槽，在平面上与河岸相连呈丁字形，坝身处于坝头与坝根之间，最大的特点是坝不与对岸连接。丁坝的设计一般要根据水流条件及河岸地质地貌条件，因地制宜地选择合理的结构形式。

（2）顺坝。顺坝是河道、沟谷中修建的一种纵向整治建筑物，由坝头、坝身和坝根 3 部分组成。坝身一般较长，直接布置在整治线上，与水流方向几近平行或略有夹角，具有引导水流、调整河岸、控制流水侵蚀等的作用。顺坝有淹没和非淹没两种。淹没顺坝用于整治枯水河槽，顺坝高程由整治水位高低而定，自坝根到坝头，沿水流方向略有倾斜，淹没时沿坝头自坝根逐渐漫水。非淹没顺坝在河道整治中使用较少。

（五）治滩造田工程

治滩造田就是通过工程措施，将河床缩窄、改道、裁弯取直，在治好的河滩上，用引洪放淤的办法，淤垫出可耕种的土地，以防止河道冲刷，变滩地为可用良田，是小流域综合治理的组成部分。

1. 治滩造田的类型。可分为束河造田、改河造田、裁弯造田、堵叉造田和箍洞造田 5 种类型。

束河造田指在宽阔的河滩上修建顺河堤等治河工程束窄河床，将腾出来的河滩改造成可耕土地。

改河造田是在条件适宜的地方开挖新河道，将原河改道，在老河床上进行造田。

裁弯造田是指过分弯曲的河道往往形成河环，在河环狭劲处开挖新河道，将河道裁弯取直，在老河弯内造良田。

堵叉造田指在河道分叉处，选留一叉，堵塞某条支叉，并将其改造为可用耕地。

箍洞造田指在小流域的支沟内顺着河道方向砌筑涵洞，宣泄地面来水，在涵洞之上填土造田。

2. 治滩造田的方法。分修筑格坝和引洪漫淤造地两种。

（1）修筑格坝。根据滩地园田化的规划，在河滩上用砂卵石或土料修成与顺河坝相垂直的，并能把滩地分成若干条块的横坝，又称格坝，它是河滩造田地中的一项重要工程。格坝可以大大减小平整土地及垫土工程量，当顺河坝局部被冲毁时，格坝可以发挥减轻洪灾的作用。

格坝间距的大小主要取决于河滩地形条件和河滩坡度的大小，坡度越大，间距越小。格坝的高度和其间距有密切的关系，当格坝间距 L 确定后，格坝的高度可按下式计算：

$$H = h_1 + h_2 + \Delta h \tag{4-30}$$

$$h_i = i \cdot L \tag{4-31}$$

式中，H —— 格坝高度，m；

h_i —— 两格之间河滩地面的高差，m；

i —— 河床比降；

h_2 —— 新造河滩地所需要的最小垫土厚度，m；

Δh —— 格坝超高，一般高出河滩新地面 20～30 cm。

根据实验结果，格坝高度一般以 1.0～1.5 m 为宜，过高费工费时，过低则格坝过密，降低土地利用率。

（2）引洪漫淤造地。在洪水季节，把河流中含有大量泥沙的洪水引进河滩，使泥沙沉积下来之后再排走清水，这种造地方法叫做引洪漫淤造地或引洪淤灌，包括下列 3 种形式。

“畦畦清”漫淤法，即在平坦的河滩上，每块畦田设进、出水口，直接由引洪渠引水入畦田，水流呈斜线形，每畦自引自排互不干扰。

“一串串”漫淤法，即洪水入畦后，呈“S”形流动，一串到头，进、出口呈对角线布置，在比降较大的河滩上引洪漫淤多采用这种方法。

“卍”字漫淤法，设上下两条排水渠，中间一条引洪渠，三渠平行，由中间引洪渠开口，从两侧分水入畦漫淤造地，每畦内进、出口呈对角线布置，畦的形状呈“卍”字形，适用于比降大、面积大的河滩造地。

四、洪水排导工程

山洪排导工程是指在荒溪冲积扇上，为防止山洪及泥石流冲刷与淤积灾害而修建的排洪沟或导洪堤等建筑物。其目的在于保护居民生命及建筑物等财产安全。

排导工程中最常用的是排导沟、沉沙场、防洪堤、导流堤、丁坝等。下面重点介绍山洪及泥石流排导沟和沉沙场。

（一）山洪及泥石流排导沟

山洪及泥石流排导沟是开发利用荒溪冲积扇，防止泥沙灾害，发展农业生产的重要工程措施之一。

1. 排导沟的平面布置。根据排导沟工程实际运行经验，排导沟在平面布置上有 4 种形式，即向中部排、向下游排、向上游排和横向排。前两种方式可用于含固体物质较多的泥石流荒溪，对于含固体物质少的山洪荒溪，最好采用第 3 种或第 4 种方式。

2. 排导沟的类型。根据挖填方式和建筑材料的不同，常用的排导沟可分为：挖填排导沟、三合土排导沟和浆砌块石排导沟 3 种类型。具体采用哪一种类型，应依据荒溪特点决定。挖填排导沟结构简单，易于施工，节省投资，适用于泥石流荒溪冲积扇。三合土排导沟宜用于高含沙量的山洪荒溪。浆砌块石排导沟适于排泄冲刷力强的山洪，多用于半挖半填的排导沟，这样既经济又安全。

3. 排导沟的防淤措施和断面设计，可从以下 3 个方面进行设计。

（1）防淤措施。排导沟设计要保证排泄顺畅，既不淤积，又不冲刷，为防淤积须修建沉沙场、选择合适的纵坡和合理的沟底宽度，同时注意在排导沟与大河衔接时，要保证出口标高高于同频率的河道水位，最少也要高出 20 年一遇的河道洪水位高度。

（2）排导沟横断面设计。横断面设计步骤为：

① 根据荒溪类型，计算山洪或泥石流的设计流量。

② 根据冲积扇的特性选定排导沟的断面形式。

③ 根据下式确定底宽：

$$b = 1.7\frac{F^{0.23}}{i^{0.4}} \tag{4-32}$$

式中，b —— 排导沟沟底宽度，m；

i —— 排导沟纵坡，%；

F —— 流域面积，km^2。

④ 根据山洪或泥石流流量公式试算水深或泥深。

⑤ 确定排导沟的深度，在直槽中为：

$$h = h_c + h_1 \tag{4-33}$$

在弯道凹岸为：

$$h = h_c + h_1 + \Delta h \tag{4-34}$$

式中，h —— 排导沟的深度，m；

h_c —— 水深或泥深，m；

h_1 —— 安全超高，m，一般取 0.5～0.8；

Δh —— 弯道超高，m。

（3）纵断面设计。纵断面设计步骤如下：① 根据高程测量数据绘制地面高程线。② 根据选定的纵坡，绘出排导沟的沟底线。③ 根据横断面设计水（泥）深，绘出水（泥）位线，即水（泥）位高程=沟底高程+设计水（泥）深。④ 根据水（泥）位高程和超高，绘出堤顶线，即堤顶高程=水（泥）位高程+超高。⑤ 计算冲刷深度。

（二）沉沙场

在荒溪及冲积扇上拦蓄泥沙有两种方法，一种是垂直方向的，如拦沙坝或淤地坝；另一种是水平方向的，如沉沙场。沉沙场的主要作用是拦蓄沙石，可修建在坡度较缓的冲积扇上，可减少排导沟的沉积。

1. 沉沙场规划布置。在规划沉沙场时应考虑以下几点。① 对于山坡陡峻、坡面侵蚀强烈、山洪泥石量大的荒溪流域，可修沉沙场。② 沉沙场要选在坡度较小的沟段修筑。③ 在淤积作用强烈而又可能危及农田、房舍的沟段不宜设置沉沙场。④ 沉沙场淤满后可另选场地设置，缺乏新场地时，必须清挖已淤积的砂石。

2. 沉沙容量的确定。确定沉沙场的容量时，要对流域的地质、地形、坡度和植被条件进行充分的调查研究，并计算出山洪中挟带的砂石数量，按每年 1～2 次的挟砂量来确定。

3. 沉沙场的结构设计。沉沙场最简单的构造是将宽度扩大，沟岸用普通砌石或其他护岸工程加以防护。沉沙场的入口断面转角不能过大，需根据沟道情况、施工位置来决定，一般可取 30°。在沉沙场的入口与出口处，都要修筑横向建筑物，并要使沉沙场以外沟道的上下游大致维持沟床原有高度。沉沙场中沟道扩大的部分，要用砌石、木桩编栅、种草皮等方法作护岸工程。

五、蓄水与用水工程

（一）小型水库

1. 水库的组成。水库是指在山沟或河流的狭口处建造拦挡河坝形成的人工湖泊，由挡水坝、溢洪道、放水建筑物 3 部分组成，通常称为水库的“三大件”。其中，挡水坝是横拦河道的挡水建筑物，用以拦蓄水量和抬高水位。溢洪道是排泄洪水的建筑物，当水库水位超过计划高度时，洪水就由溢洪道排出，以便保证大坝的安全。放水建筑物包括放水洞和放水设备两部分，库内蓄水通过放水洞送至下游灌溉渠道，由放水闸门或放水卧管控制放出的水量。小型水库除了具有以上 3 部分主要建筑物外，还应有必要的集水面积水量、库水位、渗水量等观测设施和管理设施。具有发电功能的小型水库还必须要有水力发电的设备。

按国家规定标准，水库分为小 I 型水库和小 II 型水库两类，前者库容在 100 万～1 000 万 m^3，后者在 10 万～100 万 m^3。

2. 水库的作用。水库是综合利用水利资源的有效措施。除灌溉农田外还可防洪、发电、养鱼、改变自然风貌。在我国干旱和半干旱的土壤流失地区，小型水库以灌溉为主，同时要考虑综合利用。

3. 水库的库址选择。库址选择是水库工程中有关全局的问题，应综合考虑，要注意下列几个问题。① 库址内地形要宽广，能多蓄水，坝短，工程经济，同时应便于布置溢洪道和放水洞。② 有合适的集水面积。③ 地质条件良好，基础稳固，无下陷发生。库底和山坡不漏水，如有裂缝，要能够修补。④ 靠近灌区且比灌区高，可自流灌溉。⑤ 附近有足够且适宜的建筑材料。⑥ 附近有适宜开挖溢洪道的山垭，最理想的是距坝不远处有马鞍形岩石山垭。⑦ 淹没损失要小。⑧要考虑施工和交通运输等便利条件。

4. 水库的地质调查和地形测量。水库的地质条件是保证工程安全的决定性因素之一，根据经验，主要调查下列3项内容。① 调查库区、坝址区的岩石地层种类、性质、分布规律及岩石的透水条件。② 调查库区、坝址区范围内的地质构造，查看所选区域的岩层产状、节理裂隙发育程度、溶洞的分布范围等。③ 调查库区、坝址区的含水层岩性、水位深度、水的化学性质、地下水的成因类型等水文地质特征。

地形测量主要是根据工程的需要，对坝址、坝址周围、集水面积范围进行实地勘测。

5. 水库的特征曲线和特征水位。水库的特征曲线是用以描述水库库区地形特征的曲线，包括水库面积曲线和水库容积曲线，是水库规划的基本资料之一。水库建成后，随着水库水位（高程）不同，水库的水面面积也不同，这个水位与面积的关系曲线简称为水库面积曲线。表示水库各种水位与库容之间关系的曲线即水库容积曲线。

一般表示水库工作状况的水位有4个，即设计低水位、设计蓄水位、设计洪水位和校核洪水位。设计低水位是指保证放水建筑物泄放渠道设计流量的最低水位。设计蓄水位即蓄水至满库时的水位。设计洪水位是当水库遭遇到设计洪水溢洪时所达到的最高水位，是设计坝高的主要依据。校核洪水位为水库遭遇到比设计洪水更大的校洪水溢洪时所达到的最高水位。

（二）山地灌溉

山地灌溉主要是指直接为山区农业生产服务的灌溉、排水系统及山区灌溉方法，它是干旱和半干旱山区农田基本建设的重要组成部分。山区灌溉排水系统主要包括引水枢纽、灌溉渠系、防洪排水系统、蓄水工程、田间工程和渠系建筑物。

1. 灌溉渠系规划，包括以下3个方面内容。

（1）水枢纽规划。引水枢纽的引水口高程应尽量满足自流灌溉的要求，渠道应选在河槽比较稳固，河岸岩土比较坚实，且地质条件较好的河段。坝（闸）址所在河段面应比较均匀，宽窄适宜，且河道水流应垂直坝轴线。最好不要在支流汇入处设置引水工程，以避免水流干扰。冲沙闸和进水闸应尽量设在靠岸的低水河槽一侧，以利引水冲沙。引水枢纽包括有坝取水枢纽和无坝取水枢纽，有坝取水枢纽组成包括拦河坝（闸）、进水闸、冲沙闸、防洪堤等。无坝取水枢纽的布置形式有导流堤式渠首、多首制渠首和具有沙帘的无坝渠首。

（2）渠系规划。渠系规划是指从水源取水后的输水、配水渠道系统，排水系统及灌排水系上的建筑物的规划和布置。包括干渠与干渠以下渠道布置。

干、支渠的布置主要取决于灌区的地形、地貌及土壤地质条件，此外还应充分考虑灌溉土地的分布状况。常见的布置形式有两种，一种是干渠沿等高线布置，支渠从干渠一侧分出，垂直于等高线布置；另一种是干渠垂直于等高线布置，支渠向两侧分出。

农渠的规划和农业生产关系密切。首先要适应农业生产管理和机械耕作的要求；第二是应考虑地形条件；第三要便于配水和灌水，并有利于提高灌水效率；第四是工程量最小，尽可能的省工。

（3）渠系建筑物规划。渠系建筑物可分为引水建筑物、配水建筑物、交叉建筑物、衔接建筑物与泄水建筑物。建筑物布置、造型一般有以下要求：第一要根据渠系平面布置及纵断面图相互结合，按建筑物类型特点比较选定；第二要在满足水位、流量安全及管理方便的条件下，其数量愈少愈好；第三在选择建筑物类型时，应考虑当地的地质条件、施工技术和材料来源等条件。

2. 灌溉渠道设计，要考虑以下 3 方面内容。

（1）灌溉渠道流量推算。在灌溉实践中，设计渠道的纵断面时，要考虑设计流量、最小流量和加大流量对渠道的影响，估算出灌溉渠道输水过程中的水量损失，在此基础上推算出渠道的设计流量。

（2）灌溉渠道横断面设计。其设计步骤如下：第一步是确定横断面的设计参数，包括渠底比降、渠床糙率系数、渠道边坡系数、渠道断面的宽深比和渠道的不冲不淤流速；第二步是计算渠道水力；第三步是确定渠道过水断面以上部分的有关尺寸。

（3）灌溉渠道纵断面设计。渠道纵断面设计的主要任务是根据灌溉水位要求确定渠道的空间位置，先确定不同桩号处的设计水位高程，再根据设计水位确定渠底高程、堤顶高程和最低水位等。

3. 小型渠道建筑物，包括跌水、陡坡、渡槽及水闸 4 种。

（1）跌水。跌水是水流经由跌水缺口流出，呈自由抛射状态跌落于消力池的连接建筑物，有单级跌水和多级跌水两种形式。单级跌水落差较小，通常为 3～5 m，通常由进口、跌水墙、消力池和出口 4 个部分组成。跌水口横断面常用梯形、矩形及底部加台堰等形式，进口常用片石或混凝土等护底，以防水流冲刷。当集中落差大于 5 m 时，布置成多级跌水较为经济，多级跌水是由多个连续或分散的单级跌水组成。

（2）陡坡。当渠道通过地形较陡地段时，常采用陡坡。陡坡由进口、陡槽、消力池及出口 4 个部分组成。与跌水的不同之处只是以陡槽代替了跌水墙，陡槽由浆砌石和混凝土做成，纵坡一般为 1∶3～1∶5。其水流状态为急流。小型陡槽的断面多为矩形，两侧边墙做成挡土墙式。灌溉渠道上常采用的陡坡形式有等底宽陡坡、变底宽陡坡与菱形陡坡等，为了便于下游消能，以变底宽或菱形为好。

（3）渡槽。渡槽是一种渠系上的交叉建筑物，由输水槽身、支承结构、基础、进口和出口建筑物等部分组成。当渠道与河流、山沟、道路、洼地相遇时，可修建渡槽，使渠水架空通过。渠道穿越洼地时，如采取高填方，渠道工程量太大，这时也可采取渡槽。按支承结构形式分为有梁式、拱式、组合式、悬吊式和斜拉式等，其中梁式和拱式是应用最普遍的两种类型，常用的建筑材料为砖石、混凝土、钢筋混凝土、钢、钢丝网、水泥和木材等。

（4）水闸。渠系建筑物中的水闸有进水闸、分水闸、节制闸和冲沙闸 4 种类型。水闸的用途多，但基本构造是相同的，一般都由上游连接段、闸室与下游连接段 3 个部分组成。

第七节　防治水蚀荒漠化的植被技术

荒漠化治理的最终目的是恢复，改善生态环境，或治理较好时发展农、牧业，所以植被技术对荒漠化防治是最重要的。

一、林草的水土保持作用

植被技术可以是造林为主，也可以乔灌草为主，这要根据降水条件确定。由于水蚀荒漠化主要发生在半干旱地区，乔灌植被是恢复的主要植被类型，实际治理中常是乔灌草的结合。

（一）水土保持林的水文效益

1. 水土保持林对降雨的再分配作用。在森林覆盖的流域中，当降雨到达林冠层继续向下运动的过程中，其中一部分降雨被林冠层（乔木、灌木和活地被物）和枯枝落叶层截留，通过蒸发返回大气，成为无效降雨，使到达林地土壤的降雨减少。但是这种蒸发可以增加大气湿度，从而抑制林木的蒸腾和地表土壤水分的蒸发，使进入土壤的水分有充足的时间在土内重新分配，更有效地供给林木及作物等。同时这种从林冠至地面对降雨的再分配作用，可以消耗雨滴动能，减少雨滴对土壤的分散力，削弱对地表土壤的侵蚀。

2. 林冠层对降雨的截留作用。降水到达林冠层时，其中一部分被林冠层枝叶和树干临时容纳，以蒸发的形式返回大气，引起大气降水的第一次再分配，即林冠截留作用。

树种、林冠结构、林冠郁闭度及林冠湿润状况等因子对林冠截留量影响较大。由单株（丛）观测结果可知，针叶树比阔叶树截留量大，灌木居针阔叶树之间，硬质阔叶树比软阔叶树量小。此外，林冠截留量的大小也受降雨量多少、降雨性质的影响。一般来说，降雨量大，截留量也大，但两者并非线性关系。当降雨量较小，截留量随降雨量的增加而增加，相应截留率也增加，直至林冠截留达到饱和，这时降雨量虽增加，截留量却不再增加，截留率则相对减小。降雨强度对降水截留量的影响有时甚至超过了降雨量的影响。当降雨强度较小时，雨滴动能也较小，降雨对林冠枝叶表面的打击力也较小，雨滴在表面张力的作用下很容易被林冠所截留。而当降雨强度较大时，对林冠枝叶体表面的打击力也比较大，枝叶体的晃动幅度也较大，这样林冠截留量减小。

林冠截留降雨的一部分从林冠转向树干流向地面而形成干径流，即干流。在干旱地区，干流可直接流到树干基部周围土壤中被林木根系吸收，对于林木根系生长非常有益。当林地土壤比较干燥以及水分渗透到土壤下层受到限制时，干流一般不会变成地表径流而流走。

3. 枯枝落叶层对降雨的截留作用。当降水量足够多时，降雨被林冠层截留引起第一次分配后，一部分降水还会到达枯枝落叶层引起降雨的第二次再分配。

枯枝落叶层也称作枯落物层，是由林木及林下植被凋落下来的茎、叶、花、果实、枝条、树皮和枯死的植物残体所形成的一层地面覆盖层，可分为 3 个亚层，即枯落物未分解层（O）、半分解层（A_0）、完全分解层或腐殖质层（A），是林地地表特有的一个层次。其结构和位置决定了它在水土保持林的经营管理中具有非常重要的意义。

水土保持林的多种水土保持效益包括水文效益的产生都依赖于枯枝落叶层。枯枝落叶层具有重要的水土保持作用，如能够彻底消除降雨动能，吸收降雨，增加地表糙度，分散、滞缓、过滤地表径流；形成地表保护层，维持土壤结构的稳定；提高土壤有机质含量，改良土壤结构，提高土壤的抗侵蚀能力。

（二）林地对土壤水文性质的改良作用

1. 提高林地土壤的入渗能力。土壤的入渗能力是土壤十分重要的水文性质之一。一般的情况是土壤的入渗能力常常起初比较高，后来减缓下来，最终接近于一个成为该土壤特征的稳定入渗率。对于不同强度的降雨土壤剖面不同深度的稳渗率就决定了降雨第三次再分配的数量，即形成了不同降雨强度的产流影响层决定了降雨的入渗量和产流量。因此，凡是能够影响土壤物理性质的因素，都能够影响土壤的入渗率，进而对水土保持的效益产生重要影响。

影响入渗能力的因素有土壤的含水量、土壤物理性质如质地、孔隙状况、结构等。林地土壤的入渗率一般都大于非林地，原因是林地枯枝落叶层及其分解转化能提高入渗率，可以减少或避免雨滴的击溅作用，对泥沙有过滤作用，林地土壤腐殖质具有良好的改土作用。林木根系也具有改良土壤的重要作用。

林草植被覆盖下的土壤与裸地相比，土壤入渗能力有很大不同，林草地土壤入渗能力要高于裸地。林地初期、终期入渗能力均高于裸地。这主要是因为植被改良了土壤，改善了土壤物理性质。可归结于以下几方面。

（1）枯落物的存在及分解是提高林地入渗能力的重要因素。这主要是枯落层避免了雨滴击溅地表，能够防止土壤结皮形成，对泥沙有过滤作用，防止了土壤孔隙堵塞。枯落物分解形成大量腐殖质，进而形成大量水稳性团粒，形成了良好的土壤结构。枯落物层增加土壤有机质，为生物及土壤动物、昆虫活动提供了食物和保护，促进了土壤孔隙的发育和结构的稳定。

（2）植物根系大量生长于林地土壤中，不断有老根死亡，新根产生，在土壤各层留下大量孔隙和有机质。根系死亡腐烂分解成腐殖质，促进了土壤层内微生物、动物的活动，特别是蚯蚓的活动，结果形成了丰富的大孔隙，其活动的中间产物能胶结土壤颗粒，形成大量水稳性团粒，稳定了土壤骨架。

（3）植物根系对土壤有机械作用，根系也分泌一些胶状化学物质，有利于根孔周围土壤胶结，保持孔隙稳定连通。因此，林草覆盖的土壤表层和深层的孔隙度，特别是非毛管孔隙度高于裸地。植物生长可调节小气候，调节冻土深度，有利于保持土壤入渗率。

2. 调节土内径流状况。林地上土内径流的特点是发生深度增加、土壤剖面的饱和导水率提高、流路变得更为复杂、径流量减少、蓄水量增加。

植物覆盖的土壤有机质含量高，孔隙发达，结构稳定，土壤物理性质垂直梯度变化较缓和，整个剖面中渗透能力较高，死亡和生长着的根系及动物活动能形成各方向特别是向下的孔隙，使土内径流发生很大变化。主要表现在以下几个方面：① 土内径流发生深度增加，剖面饱和导水率提高，流路更复杂。② 土壤剖面蓄水能力提高，垂直渗透性提高，水分可进入更深土层，这完全不同于裸地。③ 使降雨更多地进入地下水，对水源涵养暴雨削洪起了重要作用。④ 质地细或间层发达土壤，由于植物生长的横断与穿透作用，提高了间层导水率，间层中形成通道，避免了浅层水分蓄积，而增加了土内径流深度，提高了土体稳定性。

3. 提高林地土壤贮水能力。在水土保持中土壤水分的贮存有两个方面的含义，一是降雨时林地土壤吸收贮存水分的能力，二是降雨后林地土壤保持水分的能力和排水能力。

水土保持林不仅提高了土壤的非毛管孔隙度，而且也增加了土壤的毛管孔隙度，因此土壤吸收贮存水分的数量远远大于非林地土壤。

土壤水分贮存能力大小对植物自身生长、发育与控制洪峰、防止土壤侵蚀都是重要因素，已成为评价林草植被涵养水源作用的重要指标。由于林草地有其分布深、数量多的大孔隙，因而具有较高的重力持水量。说明林草地土壤更有利于水土保持和水源涵养，即更有利于降雨的吸收和将该部分水分迅速通过根系分布层向下输送至饱和带变成吸收贮水量，以恢复地表入渗能力。土壤吸收贮水量大小反映了土壤保水性及土壤水分对植物生长的有效性。其大小取决于土壤非饱和导水性和毛管孔隙度。大孔隙越多，土壤透水性越强，但土壤保水性越差。毛管孔隙度高，土壤保水性好，水分有效性也高。林草既提高了土壤非毛管孔隙，也提高了毛管孔隙度，所以土壤保水性即吸收贮水量远大于裸地。

（三）削减洪峰涵养水源的作用

1. 削减洪峰的作用。水土保持林在削减洪峰流量上的积极作用表现为延长了洪水总历时，降低了洪峰流量，减小了洪水总量。造林后随着林木的生长、郁闭度的提高，降雨的直接径流和洪峰流量都随之减少，并延长涨水时间，削弱了洪水的危害。

采伐对洪峰流量的影响是采伐后的直接径流量和洪峰流量都呈增加趋势。大多数研究结果表明，采伐后的直接径流量是采伐前的1.2～2倍，洪峰流量为1.05～1.81倍。

由于林草植被的改土作用及对地表覆盖作用，都促进降雨向下渗透，从而减少地表径流。又因地被物对降雨的阻截和吸收，土壤饱和持水量较高，这样林草植被在客观上就起到了削减洪峰的实际作用。即延长了洪峰历时，降低了洪峰值，减少了洪水总量。一般情况下无林草流域随着造林种草、建设植被和覆盖度的提高，直接径流都减少了，洪峰流量则明显减少。大量事实表明，林草植被对削减洪峰的作用是特别明显的。但这一作用受林草植被条件、土壤地质条件、地形条件、气候条件的制约，不同条件，作用程度不同。相反，林草植被的破坏，不论是多雨还是少雨区，直接径流量和洪峰量都是增加的。

2. 涵养水源的作用。水源涵养作用是指暂时贮存的水分有一部分以土内径流的形式补给河川，从而起到调节河流流态特别是季节性河川水文状况的作用。森林对河川径流量的影响表现在枯水期使流量明显增加，洪水期则使流量显著减少，即有森林覆盖的地区径流的年内分配是较均匀的。

（四）林地防止土壤侵蚀与改良土壤的作用

1. 植被对水蚀的控制作用，主要表现在以下几个方面。

（1）林草植被对径流侵蚀力的影响。据研究，暴雨径流对土壤侵蚀力的影响主要表现在以下3个方面。① 推移作用。当土粒抵抗力小于径流推力时，土粒随径流产生推移运动。② 悬移作用。水流在土粒上下产生压差具有向上的分速度时，使土粒悬浮在径流中。③ 摩擦作用。不仅径流中的沙粒与地面摩擦可带动地面沙粒一起运动，且径流本身对地面也存在极大的剪切力使地面发生剥蚀。在陡坡上侵蚀力更是大大加强。从径流对土壤侵蚀的机理与过程来看，径流侵蚀力的大小主要取决于径流的流量和流速，如果能有效地降低径流的流量和流速，就能降低径流的侵蚀动力和对泥沙的搬运能力。水土保持林草植被对径流流量和流速都有明显降低作用，这种作用主要是增加土壤蓄水量和地表粗糙度。

（2）林草植被对土壤抗蚀力的影响。从对林草地土壤结构分析来看，林草地土壤可以形成大量较大的稳定性团聚体，增加了土壤抗侵蚀力。土壤抗蚀力增加能使土壤容许流速和容许切应力值提高，因而在径流条件相同时，林草地土壤流失量比裸地明显小。许多研究表明，人工林草地土壤抗蚀性高于农田。一般随林龄增加土壤抗蚀性也增强，且与土壤腐殖质和毛根数量关系密切。

（3）林草植被控制土壤侵蚀的效果。林草植被建设对引起土壤侵蚀的各种因素都起了积极作用，降低了各种土壤侵蚀的危险性。实践证明，一个流域土壤侵蚀总量与植被覆盖度有密切关系。生长良好的林草地径流和土壤侵蚀都较少，分别不到裸地的 5%和 10%，若植被覆盖率＜70%，径流和侵蚀量会迅速增加。只要达到一定的植被覆盖率且分布合理，就可把土壤侵蚀量控制在容许侵蚀的强度以下。

对于一次暴雨，林草植被的拦沙效益更能显示出巨大作用。据西峰水保站在南山小河沟流域试验，10 年生刺槐林减沙效益达 75.1%。在子午岭林区的研究表明，森林减沙效益达 99.5%～100%。

2. 林木根系对土体的固定作用，主要体现在以下两个方面。

（1）林草根系固土作用。林草植物为了自己的生存而形成了强大根系，土壤越干旱瘠薄这一特点越突出。有些植物根深和根幅都超过地上部分几倍到几十倍。植物根系密集纵横交错地分布在不同土层中，紧紧把土体网络固持成一体，防止和减少了边坡上重力侵蚀的发生，增强了边坡稳定性。所有植物对浅层滑坡都有重要抑制作用，但以木本植物效果最佳。根系对土体的固持力实际上是对土壤抗剪强度的增强，它起到了防止边坡土体滑动，增强边坡稳定性的作用，这是根系对土体固持的实质。

林草根系提高边坡稳定性的作用大小受很多因素影响。树种不同固土作用不同，水平根型树种不如直根型树种和散生根型树种固土效能强，而散生根型树种又不如主根型树种固土效能强。树种不同其根系抗拉力也不同，固持力就不同。根的抗拉力是影响植物根系固土能力的重要因素。影响植物根系抗拉力强度的又一重要因素是根系的直通性，直通性小的根系分枝角度小，纤维组织好，具较大抗拉力。此外，立地条件对根系抗拉力也有很大影响。疏松土壤，根系能自如伸展，较通直，有较大抗拉力。坚硬土壤、砾石地上情况则相反。根的抗拉力还随根径增大而增大，而根的抗拉力强度则相反，随根径增大而减小。故须根型树木比主根型植物固土作用好。林龄与根系固土能力也有密切关系，林龄大固土能力也大。然而就林木而言，根系有效固土深度约为 1 m，对表层土体滑动有抑制作用，对深层土体移动无能为力。

（2）林草植被对土体的改良作用。水土流失严重地区，自然植被恢复很困难，只有人为科学地恢复植被并随植被建设和生长发育，水土流失可迅速得以控制，土壤水热条件及生物活动状况逐步得到改善。生态系统的物质与能量循环的数量和速度都会变化，系统更趋复杂，物流与能流速度加快，促进了土壤发育过程，使土壤理化性质得到改善，肥力不断提高。植被生长环境条件也得到改善，形成了生态系统的良性循环。

3. 植被对土壤的改良作用。植被对土壤的改良作用主要通过下述 3 条途径实现。

（1）土壤养分的输入与循环。林草地土壤养分能够得到保持与减少淋失。其作用的方式一是土壤生物群的活动把被淋溶的组分从土壤下层搬运到上层，重新分配；二是林草养分循环。

降水受林冠截留影响，其化学性质也有所变化。林内降雨和干流与裸地比，除氢离子有减少之外，其余主要阳离子都有明显增加。水土流失的土壤中缺氮，氮又是植物生长必需的大量元素，它主要靠大气降水和生物固氮来解决，固氮主要靠豆科植物，林草植被起了十分重要的作用。

（2）提高土壤有机质含量。土壤有机质主要来源是植被。建设植被产生来的土壤有机质的增加是改良土壤，提高土壤抗蚀力，培肥土壤的一项根本性措施。土壤有机质来源一是林草植被年复一年的枯枝落叶，二是不断更新死亡的植物根系。草本植物在这一过程中起了极其重要的作用。

（3）改善土壤的物理性质。这一效果对林草生长发育和控制水土流失有最直接的意义。与裸地比，林草地因生物小循环作用强，土壤物理性质如容重、孔隙度、结构（水稳性团粒结构）及其稳定性、持水性、导水性等方面都比裸地好。林草植被增加了土壤有机质，加强了土壤微生物的活动，它们的分解产物具有极大的胶结作用，有机质在微生物的作用下分解，产生稳定的有机酸，它能增加团聚体的稳定性。观察证实，根系对土壤结构的改善有重大意义，机理尚未彻底查明。土壤动物的活动是改变土壤物理性质的又一重要原因，最突出的还属蚯蚓的活动。

二、常用林草种与选择原则

（一）选择原则

① 选择适应性强、耐旱、耐瘠的植物种。需要营造水土保持林的地区通常水土流失严重，土壤肥力低，干旱缺水，立地条件差，因此，选择的树种要具有适应性强的特点。② 在水分条件较好的地段，要选择生长迅速、枝叶繁茂、覆盖面大、根系发达或地下茎或匍匐茎发达的树种。③ 选择种子量多、易于繁殖、再生能力强的树种。④ 选择耐牧性强、见效快，效益高的植物种。

（二）常用树种

1. 常用耐旱与耐瘠的树种。有柠条、沙棘、红刺、女贞、杨树、槐树、椿树、紫穗槐等。如果是营造沟底防冲林、塘库防浪林等，还要求选择的树种具有耐涝的能力，如杨柳、黑杨、榆树等。如果是盐碱土地区还必须注意树种的耐盐性。

2. 具有较好的适口性和较高的营养价值的树种。主要有构皮、杨槐、柠条、竹子、狼牙刺、沙棘。

三、水土保持林的配置方法

（一）水土保持林的混交方式

一般可分为纯林和混交林。水保林通常以混交林的效果最好。其树种构成为：主要树种（高大乔木，又称优势木）、辅助树种（小乔木）和灌木树种（又称林带下木）及草本植物等。简称“乔灌草”三结合。为提高造林成活率，必要时建设育林坑（图 4-18）。在沙化严重地区，还需要在农田边缘营造防护林（图 4-19）。混交方式有行间混交、行内隔株混交、带状混交和块状混交。

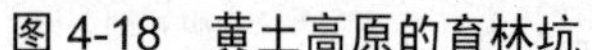
图 4-18　黄土高原的育林坑

图 4-19　农田边缘的防护林地

（二）林带的方向和带宽

林带方向一般与等高线平行，与径流方向垂直。林带宽度主要根据坡度、径流、土壤等因素来确定。如径流量大、冲刷强烈的陡坡地段林带可宽一些，反之则应该窄一些。具体的尺寸，要因地制宜。

四、水蚀荒漠化防治模式

在黄土丘陵沟壑区内的大部分水蚀荒漠化土地属于严重荒漠化或中度荒漠化，需要以治理和恢复为主要目标，采取综合性的治理模式（图 4-20）。在不同的地貌部位，采取不同的措施，重点防治水土流失造成的土地破碎化和坡地退化，遏制荒漠化的发展。

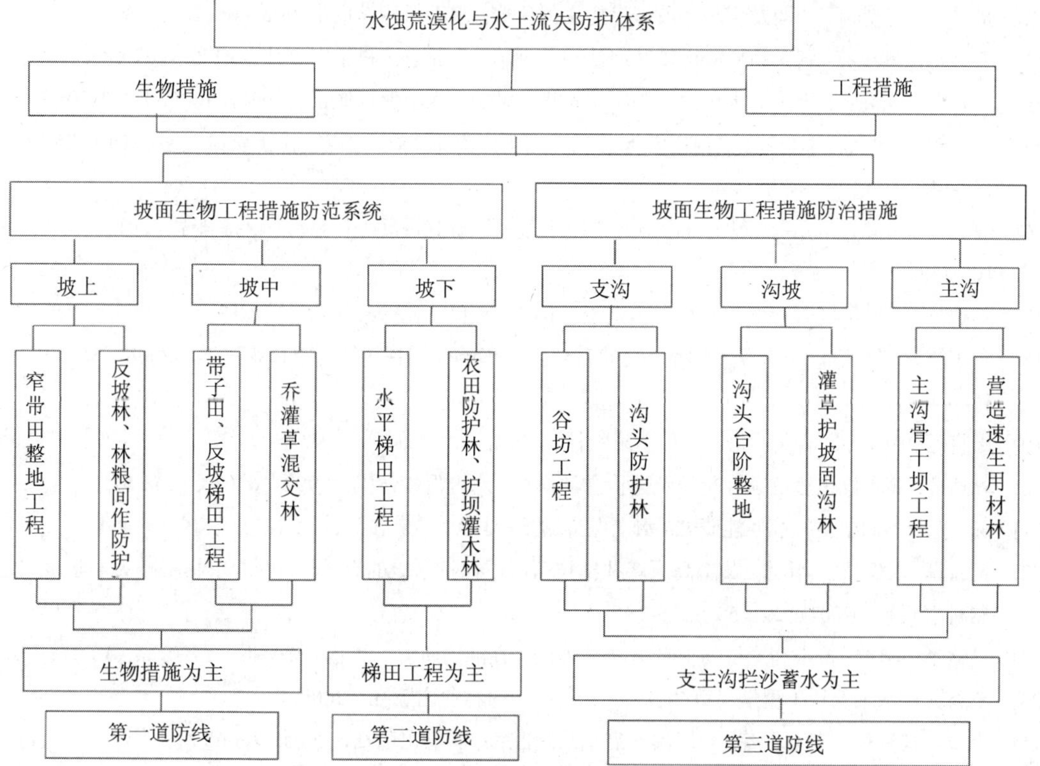

图 4-20　黄土丘陵沟壑区水蚀荒漠化的治理模式

参考文献

[1] 江忠善，宋文经，李秀英. 黄土地区天然降雨雨滴特性研究. 中国水土保持，1983（3）：32-36.

[2] 蔡强国，吴淑安，陈浩，等. 坡耕地表土结皮对降雨径流和侵蚀产沙过程的影响. 晋西黄土高原土壤侵蚀规律实验研究文集. 北京：水利电力出版社，1990：48-57.

[3] 陈永宗，景柯，蔡国强，等. 黄土高原现代侵蚀与治理. 北京：科学出版社，1988.

[4] 丁乾平，王小军，尚立照. 甘肃省水蚀荒漠化土地动态变化及防治对策. 中国水土保持，2013（8）：29-31.

[5] 贺振，贺俊平. 基于 MODIS 的黄土高原土地荒漠化动态监测. 遥感技术与应用，2011，26（4）：476-481.

[6] 贾志军，李俊义，王小平. 地面坡度对坡耕地土壤侵蚀的影响. 晋西黄土高原土壤侵蚀规律实验研究文集. 北京：水利电力出版社，1990：26-31.

[7] 郑粉莉，唐克丽，周佩华. 坡耕地细沟侵蚀影响因素的研究. 土壤学报，1989，26（2）：109-116.

[8] 许端阳，李春蕾，庄大方，等. 气候变化和人类活动在沙漠化过程中相对作用评价综述. 地理学报，2011，66（1）：68-76.

[9] 李海燕. 土壤侵蚀危害及其防治措施研究现状. 宁夏农林科技，2011，52（1）：71-72.

[10] 齐雁冰，常庆瑞，刘梦云，等. 陕北农牧交错带 50 年来土地沙漠化的自然和人为成因定量分析. 中国水土保持科学，2011，9（5）：104-109.

[11] 张科利，唐克丽，王斌科. 黄土高原坡面浅沟侵蚀特征值的研究. 水土保持学报，1991，5（2）：8-13.

[12] 张科利，唐克丽. 浅沟发育与陡坡开垦历史的研究. 水土保持学报，1992，6（2）：59-67.

[13] 王万忠，焦菊英. 黄土高原降雨侵蚀产沙与黄河输沙. 北京：科学出版社，1996：167-187.

[14] 王万忠，焦菊英. 中国的土壤侵蚀因子定量评价研究. 水土保持通报，1996，16（5）：1-20.

[15] 李红超，孙永军，李晓琴. 黄河中游地区荒漠化变化特征及影响因素. 国土资源遥感，2013，25（2）：143-148.

[16] 魏霞，李占斌，李勋贵. 黄土高原坡沟系统土壤侵蚀研究进展. 中国水土保持科学，2012，10（1）：108-113.

[17] 陈法扬. 不同坡度对土壤冲刷量影响试验. 中国水土保持，1965（2）：18-19.

[18] 章俊霞，左长清，李小军. 土壤侵蚀的自然因素影响作用探讨. 安徽农业科学，2008，36（3）：1140-1141.

[19] 唐克丽. 中国水土保持. 北京：科学出版社，2004.

[20] 郭培才. 黄土区土壤抗蚀性预报及评价方法研究. 水土保持学报，1992，6（3）：48-51.

[21] 陈一兵. 不同土壤抗蚀性能研究. 水土保持通报，1995，15（1）：14-18.

[22] 吴钦孝，赵鸿雁，韩冰. 黄土高原森林枯枝落叶层保持水土的有效性. 西北农林科技大学学报（自然科学版），2001，29（5）：95-98.

[23] 吴钦孝，李勇. 黄土高原植物根系提高土壤抗冲性能的研究. 水土保持学报，1990，4（1）：11-16.

[24] 王秀茹，水土保持工程学（第 2 版）. 北京：中国林业出版社，2009.

[25] 卢琦，杨有林，王森，等. 中国治沙启示录. 北京：科学出版社，2004：66-68.

[26] 联合国教科文组织. 怎样防治荒漠化. 北京：化学工业出版社，2005：1-99.

[27] 孙保平. 荒漠化防治工程学. 北京：中国林业出版社，2000：17-73.

[28] 慈龙骏. 中国的荒漠化及其防治. 北京：高等教育出版社，2005：286-297.

[29] 周忠学，孙虎，李智佩. 黄土高原水蚀荒漠化发生特点及其防治模式. 干旱区研究，2005，22（1）：29-34.

[30] 张洪江，等. 土壤侵蚀原理. 北京：中国林业出版社，2000.

[31] 景可，等. 中国土壤侵蚀与环境. 北京：科学出版社，2005.

[32] 王礼先，朱金兆. 水土保持工程学. 北京：中国林业出版社，2005.

[33] 赵景波. 黄土高原发展过程中的五大转折. 水土保持学报，2002，16（1）：132-135.

[34] 赵景波，杜娟. 黄土高原侵蚀期研究. 中国沙漠，2002，22（3）：257-261.

[35] Charmaine Mchunu，Vincent Chaplot. Land degradation impact on soil carbon losses through water erosion and CO_2 emissions. Geoderma，2012，177-178：72-79.

[36] Palmer R S. The influence of a thin water layer on water drop impact force. Inter. Assoc. Hydro. Pub.，1963（65）：141-148.

[37] Ilan Stavi，Rattan Lal. Variability of soil physical quality and erodibility in a water-eroded cropland. Catena，2011，84（3）：148-155.

[38] Evans R. Water erosion in British farmers' fields-some causes，impacts，predictions. Progress in Physical Geography，1990，14（2）：199-219.

[39] Cerda A. Parent material and vegetation affected soil erosion in Eastern Spain. Soil Science Society of America Journal，1999，63：362-368.

[40] Massimo Conforti，Gabriele Buttafuoco，Antonio P. Leone，et al. Studying the relationship between water-induced soil erosion and soil organicmatter using Vis–NIR spectroscopy and geomorphological analysis：A case study in southern Italy. Catena，2013，110：44-58.

[41] Maruxa C Malvar，Martinho A S Martins，João P Nunes，et al. Assessing the role of pre-fire ground preparation operations and soil water repellency in post-fire runoff and inter-rill erosion by repeated rainfall simulation experiments in Portuguese eucalypt plantations. Catena，2013，108：69-83.

[42] Tal Svoray，Peter M Atkinson. Geoinformatics and water-erosion processes. Geomorphology，2013，183（1）：1-4.

[43] Wischmeier W H，Mannering L V. Relation of soil properties to its erodibility. Soil Science，1969，33：131-137.

[44] Locuh R J. Using rill/interrill comparisions to infer likely responses of erosion to slope length：implications for landmanagement. Australian Journal of Soil Research，1996，34：489-502.

[45] Rubab F. Bangash，Ana Passuello，María Sanchez-Canales，et al. Ecosystem services in Mediterranean river basin：Climate change impact on water provisioning and erosion control.Science of The Total Environment，2013，458-460（1）：246-255.

[46] X Zhou，M Al-Kaisi，M J Helmers. Cost effectiveness of conservation practices in controlling water erosion in Iowa. Soil and Tillage Research，2009，106（1）：71-78.

[47] V Chaplot，C N Mchunu，A Manson，et al. Water erosion-induced CO_2 emissions from tilled and no-tilled soils and sediments. Agriculture，Ecosystems & Environment，2012，159（15）：62-69.

思考题

1. 流水作用的方式和特点是什么？
2. 简述影响水力侵蚀的因素及作用原理。
3. 叙述内动力对水蚀控制、影响及作用原理。
4. 试述黄土高原水蚀荒漠的地表景观与特点。
5. 试述地形对水力侵蚀产生的影响及作用原理。
6. 论述植被对保护水土的作用及原理。
7. 分析我国水蚀荒漠化的等级和划分指标。
8. 分析水蚀荒漠化地表景观与特点。
9. 论述主要斜坡固定工程及其技术原理。
10. 分析淤地坝的设计和相关参数的计算。

第五章　蒸发盐渍荒漠化与防治

第一节　土壤盐渍化的分布和形成过程

土壤盐渍化是指在自然和人为作用下盐分不断向土壤表层聚积，以致超过某一限度而使农作物低产或不能生长的地质过程和现象，主要发生在干旱与半干旱地区和半湿润地区的低洼地带。土壤盐渍化造成的土地退化是荒漠化的主要类型之一，因而被视作一种环境地质问题。

一般将土壤层 0.2 m 厚度范围内可溶盐含量大于 0.1%的土壤称为盐渍土，分盐土与碱土两种类型。当土壤表层中的中性盐含量超过 0.2%时，称为盐土（盐化土），我国盐土的盐分组成甚为复杂，滨海地区主要为氯化物盐土。硫酸盐盐土则分布于新疆北部、甘肃河西走廊、宁夏银川平原和内蒙古后套地区，但面积不大。而氯化物与硫酸盐混合类型的盐土，集中分布在河北、内蒙古、宁夏、甘肃和新疆等省（自治区）。以碳酸盐为主的盐渍土，土壤胶体中含交换性钠较多，碱化度达 15%或 20%，通常称为碱土（碱化土）。

一、盐渍土的分布

（一）全球范围内的盐渍土分布

当前，全球盐渍土分布广泛，分布在从寒带、温带到热带的各个地区，从美洲、欧洲、亚洲到澳洲，遍及各个大陆及亚大陆地区。联合国粮农组织的资料表明，其总面积达 9.54 亿 hm^2，占地球陆地面积的 7.26%。在以上盐渍土总面积中大洋洲占 37.5%，亚洲占 33.3%，美洲占 15.4%，非洲占 8.5%，欧洲占 5.3%。各地区的具体分布见表 5-1。就国家而言，澳大利亚、前苏联、阿根廷、伊朗、印度、巴拉圭、印度尼西亚、埃塞俄比亚、美国、加拿大、埃及及智利等，都是盐渍土分布面积很大的国家。

世界上土壤自身含碱较多的地区是格陵兰、美国西部的犹他州、亚利桑那州、墨西哥北部地区、北非撒哈拉沙漠的部分地区、西亚中东半岛中部、南美阿根廷南部地区、澳洲西南部地区、纳米比亚西部。

表 5-1　全球各大地区盐渍土的分布（张建锋，2008）

地区	面积/hm^2	比率/%	地区	面积/hm^2	比率/%
北美洲	1 575.5	1.65	北亚和中亚	21 168.6	22.17
墨西哥和中美洲	196.5	0.21	东南亚	1 998.3	2.09
南美洲	12 916.3	13.53	澳洲及周边地区	35 733.0	37.42
非洲	8 053.8	8.5	欧洲	5 080.4	5.3
南亚	8 760.8	9.17	全球合计	95 483.2	—

（二）我国的盐渍土分布

我国盐渍土分布面积广大，从热带到寒温带、滨海到内陆、湿润地区到极端干旱的内陆地区，均有大量盐渍土的分布，主要集中在淮河—秦岭—巴颜喀拉山—唐古拉山一线以北，即北纬 33°以北的干旱、半干旱、半湿润气候区及受海水侵灌的海滨低地区域（图 5-1）。西北、华北、东北地区及沿海是我国盐渍土的主要集中分布地区。据统计，全国盐渍土总面积约 81.8 万 km^2，占国土面积的 8.5%。其中现代盐渍土 36.93 万 km^2，约占盐渍土总面积的 45%，历史上形成的残余盐渍土约为 44.87 万 km^2，占盐渍土总面积的 55%。此外，还有潜在盐渍土 17.33 万 km^2。依行政区划分，我国盐渍土散布在辽、吉、黑、冀、鲁、豫、晋、新、陕、甘、宁、青、苏、浙、皖、闽、粤、内蒙古及西藏等 19 个省（自治区），其中分布面积最广的是内蒙古，其次是山东、新疆和河北。

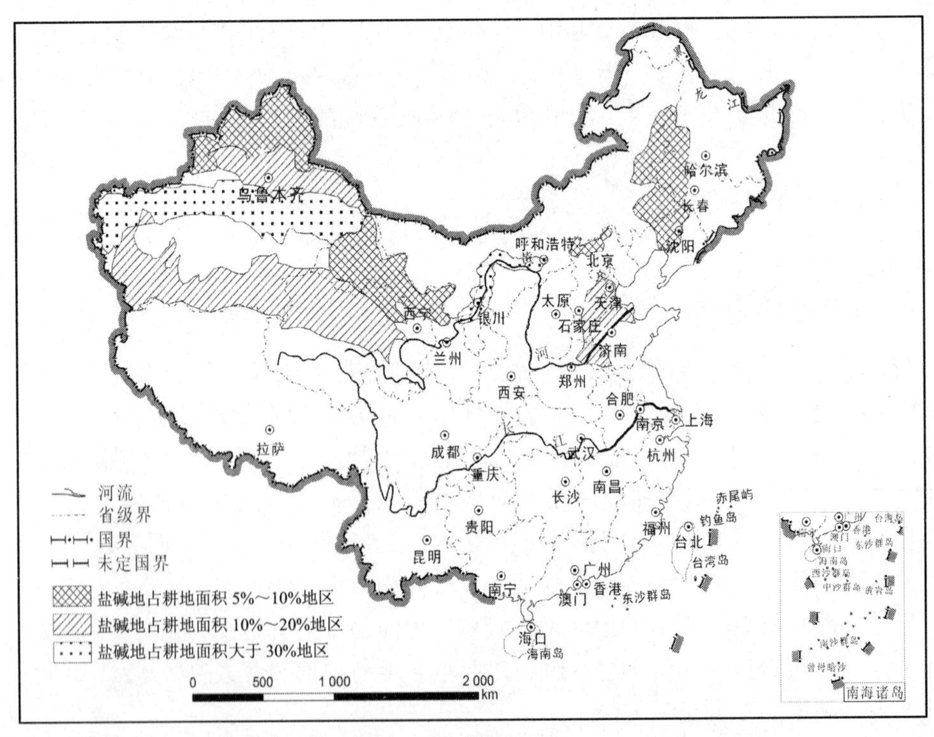

图 5-1　中国盐渍土的分布（中国科学院自然资源综合考察委员会）

松嫩平原的盐渍土大多属苏打型，土体含盐总量不算太高，但碳酸根含量高，对植物的危害大，出现不少的斑状光板地。半漠境内陆盐土主要分布于新疆的准噶尔盆地、甘肃河西走廊、宁夏银川平原和内蒙古的河套灌区，呈连片分布，大部分为氯化物-硫酸盐或硫酸盐-氯化物。漠境盐土分布于新疆塔里木盆地、吐鲁番盆地和青海柴达木盆地，这种类型盐土面积大，土壤积盐量高，盐分表聚明显，地表形成厚且硬的盐结壳。

按自然地理条件、形成过程和盐分组成，可将我国盐渍土划分为以下 7 个类型区。

1. 极端干旱荒漠盐渍土区。主要包括塔里木盆地、吐鲁番盆地和柴达木盆地。

2. 干旱荒漠和荒漠草原盐渍土区。又可分为黄河中上游半干旱半荒漠盐渍化区和甘、蒙、新干旱荒漠盐渍化区 2 个亚区。黄河中上游半干旱半荒漠盐渍化区包括陕西、甘肃、青海、内蒙古的部分和宁夏的大部分地区，区内除现代积盐的硫酸盐-氯化物或氯化物-硫酸盐盐渍土外，还有部分残余盐渍土。甘、蒙、新干旱荒漠盐渍化区包括甘肃河西走廊、内蒙古西部阿拉善高原和新疆天山以北地区，分布着土壤含盐量很高的内陆盐渍土。

3. 半干旱和干旱草原盐碱化区。主要分布在内蒙古东部高平原，包括呼伦贝尔高平原和内蒙古草原东部地区。

4. 半干旱、半湿润苏打盐渍化区。集中分布在松嫩平原、三江平原和内蒙古东部地区。区内的盐渍化土壤为苏打土，可分为松辽平原半湿润草甸碱化-苏打斑状盐渍土和三江平原半湿润草甸沼泽零星苏打盐渍化土。

5. 半湿润季风气候盐渍-苏打碱化区。是我国盐渍化土壤分布面积最大的类型区，主要分布在半干旱和半湿润的华北平原、山西汾河流域和陕西泾、渭河流域，可分为黄淮河草甸盐渍土亚区和汾渭河谷半干旱氯化物-硫酸斑状盐渍土亚区。

6. 半湿润和湿润季风气候滨海盐渍化区。主要分布在我国东部滨海低平原和各大河三角洲。由于长期受海水侵袭，土壤和地下水含盐量很高。

7. 高寒荒漠-湖盆盐渍土区。主要指昆仑山以南、横断山以西的青藏高原。该高原的众多短而分散的内流河汇成许多孤立的湖泊，湖水含盐蒸发形成。

二、盐渍土的形成过程

（一）地下水分布与盐渍化形成过程

盐渍土的形成是可溶性盐类在土壤表层重新分配的结果，其盐分来源于矿物风化、盐岩、降雨、灌溉水、地下水以及人为活动，盐类成分主要有钠、钙、镁的碳酸盐、硫酸盐和氯化物。土壤盐渍化过程可分为盐化和碱化两种过程。盐碱化的形成过程可分为以下两种类型。第一种类型是过去普遍认识到的类型（图 5-2），通常为地势低洼、地下水位很浅的大水漫灌型。在这种低洼地区，地下水位埋深很浅，农业生产过程中的大水漫灌会造成地下水位进一步升高，且接近地面，在蒸发作用下，地下水中盐类在土壤中聚集，形成盐碱土。因为在我国西北广大地区地下水位埋深通常很大，所以在西北地区很少出现这类盐渍化。第二种类型是本书编者提出的地下水位埋深大类型（图 5-3）。这种类型的盐渍土分布地区地下水埋深大，农业灌溉不会导致地下水位上升接近地表而引起盐渍化，用高矿化度水灌溉造成盐渍化的原因。

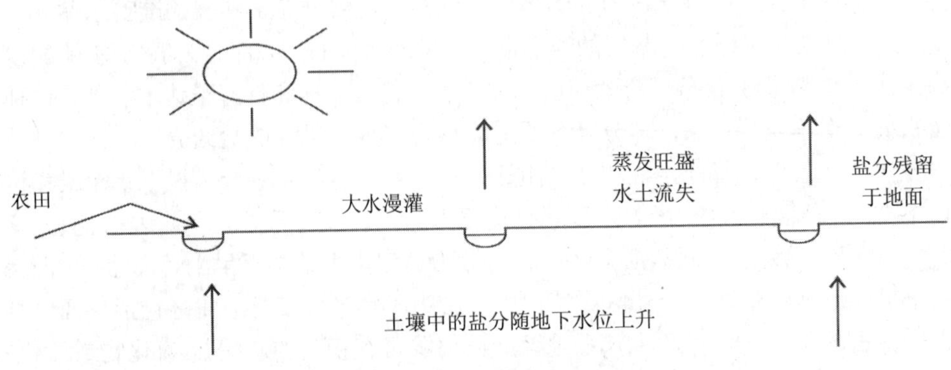

图 5-2 地下水浅的洼地灌溉盐碱化

在我国北方广大地区，特别是西北干旱地区，造成土地盐碱化的原因是矿化度高的水的灌溉和淡水的灌溉（图 5-3）。在长期用矿化度较高的水灌溉作用下，灌溉水中的盐碱成分在干旱区强烈蒸发作用下就会在土壤表层积累，形成盐碱土。另外，西北干旱地区的大气降水形成地表径流时，会溶解地表土层中的可溶盐，在流到低洼地区之后，经过蒸发和较长时期盐分聚集，也会造导致土壤的盐渍化。

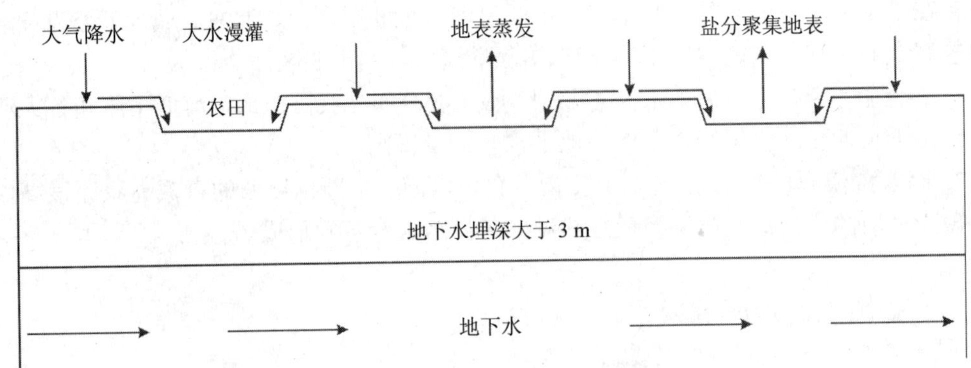

图 5-3 地下水深的干旱区灌溉盐碱化（赵景波等，2012）

（二）盐化过程

盐化过程是指地表水、地下水以及母质中含有的盐分，在强烈的蒸发作用下，通过土体毛管水的垂直和水平移动逐渐向地表积聚的过程。中国盐渍土的积盐过程可细分为以下 7 种。① 现代积盐，也称活性积盐，即当地下水埋深小于临界深度时，潜水中的盐分通过毛管上升水流不断向地表聚积，是最广泛的一种积盐方式。② 残余积盐，是过去地下水位较高时积聚在土壤中的盐分，由于地下水位下降不再积盐，又因降雨稀少，原来聚积的盐分不能淋洗仍残留在表层和土体中。③ 洪积积盐，是一种地表水参与土壤积盐的方式，由暴雨冲刷和溶解山区含盐地层中的盐分，与泥沙一起形成洪水径流，在山前平原散流沉积。④ 生物积盐，是盐生植物的分泌物或残体分解时，将盐分聚积于地表。如胡杨可分泌胡杨碱，苏打含量可达 88.1～118.4 g/kg，因此发育在胡杨林下的土壤，多具有苏打盐渍化。⑤ 风力积盐，大风吹蚀，把含盐的土壤刮走，以沙尘暴或浮尘的方式迁移到别的地方沉积。这种方式的积盐很少。⑥ 次生积盐，主要是灌溉不合理，导致地下水位升高，使原来非盐渍化土壤变为盐渍土，或增强了土壤原有盐渍化程度。⑦ 脱盐碱化，当地下水位下降，在淋溶作用下，土壤发生脱盐时，土壤胶体从溶液中吸附钠离子形成碱土或碱化土壤。一般所称的次生盐渍化是第 6 种方式的次生积盐。

在水盐运动过程中，各种盐类依其溶解度的不同，在土体中的淀积具有一定的时间顺序，使盐分在剖面中具有垂直分异。在地下水借毛管作用向地表运动的过程中，随着水分的蒸发，土壤溶液为重碳酸盐饱和，开始形成碳酸钙沉淀。再后是石膏发生沉淀，所以在干旱地区的土壤剖面中常在碳酸钙淀积层之上有石膏层出现。易溶性盐类（包括氯化物和硫酸钠、镁）由于溶解度高，较难达到饱和，一直移动到表土，在水分大量蒸发后才沉淀下来，形成第 3 个盐分聚积层，因此表层通常为混合积盐层。在地下水位高（1 m 左右）的情况下，石膏也可能与其他可溶盐一起累积于地表。当然，自然条件的复杂性也会造成盐分在土壤剖面分布的复杂性，例如雨季或灌溉造成的淋溶使可溶盐中溶解度最高的氯化物首先遭受淋溶，使土壤表层相对富集了溶解度较小的硫酸盐类。总之，在底土易累积溶解度最小的盐类，包括 $CaCO_3$、$CaSO_4$ 和 Na_2SO_4 等。其他的盐类由于具有较高的溶解度，且溶解度随温度而变，因此具有明显的季节性累积特点，一般累积于土壤的表层。石膏（$CaSO_4$）和食盐（NaCl）和芒硝（$Na_2SO_4 \cdot 10H_2O$）在盐渍土中是最常见的盐类矿物。盐碱化土壤中的盐碱结晶常见为颗粒状（图 5-4），石膏在盐渍土中常呈针状（图 5-5）。

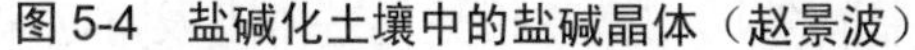

图 5-4　盐碱化土壤中的盐碱晶体（赵景波）

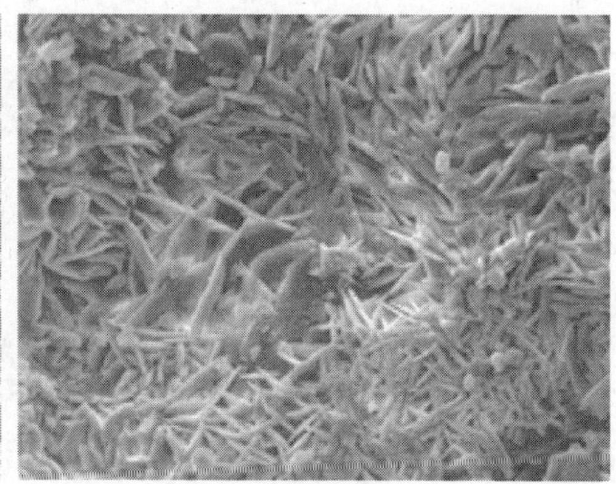

图 5-5　漠化地区土壤中的针状石膏（赵景波）

（三）碱化过程

碱化过程是指交换性钠不断进入土壤吸收性复合体的过程，又称为钠质化过程。碱土的形成必须具备两个条件，一是有显著数量的钠离子进入土壤胶体，二是土壤胶体中交换性钠的水解。阳离子交换作用在碱化过程中起重要作用，特别是 Na-Ca 离子交换是碱化过程的核心。碱化过程通常通过苏打（Na_2CO_3）积盐、积盐与脱盐频繁交替以及盐土脱盐等途径进行。

当土壤溶液含有大量苏打时，交换性钠进入土壤胶体的能力最强，其反应式为：

$$胶体_{Mg}^{Ca} + 2Na_2CO_3 \longrightarrow 胶体 + CaCO_3 + MgCO_3$$

以上反应式中，$CaCO_3$和$MgCO_3$不易溶于水（特别当有苏打存在时），因此，钠几乎完全置换了交换性钙和镁。

当土壤中积盐和脱盐过程频繁交替发生时，促进了钠离子进入土壤胶体取代钙、镁的过程，使土壤发生碱化。土壤中盐分为氯化物或硫酸盐时，反应式如下：

$$胶体_{Mg}^{Ca} + 4NaCl \Leftrightarrow 胶体 + CaCl_2 + MgCl_2$$

此反应是可逆的，钠在胶体上仅能交换一部分钙和镁。当土壤溶液中钠的浓度与钙、镁总量之比等于或大于4时，钠便能被土壤胶体吸收。季节性干湿交替乃至每次晴雨变化，盐分在土体中都有上下移动，钠盐溶解度大而趋于表聚，钙、镁则向下层淋淀，致使土壤表层中钠盐逐渐占绝对优势，钠离子能进入交换点，碱化过程得以进行。

碱土的形成往往与脱盐过程相伴发生。在土壤胶体表面含有显著数量的交换性钠但土中仍含有较多可溶盐（以Na_2SO_4、NaCl为主，而非Na_2CO_3或$NaHCO_3$）的情况下，因土壤溶液浓度较大，阻止了交换性钠的水解，土壤的pH值并不升高，物理性质也不恶化。只有当该盐土脱盐到一定程度，一部分交换性钠水解，产生的OH^-使pH升高时，黏粒上交换性钠的水化程度增加，黏粒分散，土壤物理性质才劣化。

第二节　盐渍土的形成条件和动力

一、母质条件

母质是土壤盐渍化形成的重要条件，母质的沉积类型及其沉积特性对盐渍化形成有很大影响。

（一）含盐碱的第四纪沉积物

第四纪沉积物在地质史中是最新的沉积物，我国平原地区的第四纪沉积物覆盖面积很广。在北方干旱、半干旱地区，大部分盐渍土都是在第四纪沉积母质的基础上发育起来的。第四纪沉积物包括河湖相沉积物、海相沉积物、洪积物、风积物等，沉积母质的分布及沉积特性不同，其盐渍程度也不同。这些第四纪沉积物中的盐碱成分通过大气降水的入渗溶解和地表径流的溶解，成为盐碱土的重要物质来源。

1. 河湖沉积物。河湖沉积物是在河流、湖泊环境相互沉积作用下形成的，在平原及河谷地区分布最广。在河流携带物补给作用下所形成的平原地区，地面比较平坦，沉积物一般多具有薄层水平层理，由于大量的水盐向湖盆聚集，常常是草甸沼泽过程和盐渍化过程相伴发生。由黄河及其支流带来的黄土性物质与平原地区的河湖沉积物含有一定的水溶性盐类，在外界因素影响下，十分有利于土中水盐的毛细管运动，极易导致盐渍化。由更新世早期所沉积形成的平原地区（如东北平原），其沉积物是黑土堆积岩相，质地黏重，地势低平，且因渗透性差，地表常有积水导致了盐分的累积。

2. 海相沉积物。海相沉积物质主要来自大陆风化物质、海洋生物骨骼和遗壳、火山灰等，是在波浪、潮汐和入海河流的作用下堆积形成的。

海洋缓慢上升的地区如辽河下游滨海地区，泥沙向河口堆积，致使浅海逐渐变成了内陆，地下水和海水相连，加之海潮周期性的浸渍，大量盐分在母质和土中堆积。一直受江海交互沉积影响的地区如长江河口地区，海相沉积物的分布范围较广，在土壤形成过程中，由于成陆年代的先后、生草过程的强弱及人为活动影响的不同，土壤盐分含量及盐渍性状也不一样。一般而言，距海愈近，土壤含盐量愈高，反之愈低。从沿海向内陆依次为盐土—盐化潮土—底层盐化潮土。

3. 洪积物。洪积物是干旱及半干旱地区常见的第四纪堆积物类型之一，是由季节间歇性洪流所挟带的泥沙、砾石堆积而成的，一般多在山前谷口地带。

干旱地带只有局部排泄不畅的扇缘地带，才有盐渍化发生。若洪流流经含盐地层，则洪积母质中含有大量盐分，洪积扇上土中盐渍化的影响范围就会十分广泛。

4. 风积物。任何一种成因的细粒堆积物都可以被风吹扬，搬运到其他地方堆积。来自干旱区的风积物，一般都多少含有一定的盐分，促使了土体中盐分的积累。

（二）古老含盐的地层

一些地区土壤盐渍化和古老的含盐地层有一定的联系。特别是在干旱地区，受地质构造运动影响，古老的含盐地层被隆起为山地、高原或阶地，裸露地表，成为现代土壤盐分的来源。

二、气候条件

气候是土壤发生盐渍化的驱动因子，土壤盐渍化和当地的气候有直接的联系。在气候因子中，以干旱气候、季风气候、土壤冻融和风的搬运作用对盐渍土形成的影响比较大。

（一）干旱气候

在气候要素中，以降水和地面蒸发强度与土壤盐渍化的关系最为密切。降水量和蒸发量的比值反映了一个地区的干湿情况，同时也反映了一个地区土壤的水分状况和土壤积盐状况。在降水较多的地区，潮湿多雨，蒸发量和降水量的比值小于 1，土壤中的水盐以下行运动为主，通过降雨淋洗，母质和土中的水溶性盐分绝大部分随河流流入海洋。在干旱地区或半湿润、半干旱地区，降水量小、蒸发量大，蒸发量和降水量的比值大于 1，地下水中的可溶性盐分随上升水流在地表聚集，而年降水量不足以淋洗掉土壤表层累积的盐分，容易引起土壤积盐。大气降水中也含有少量可溶盐离子，在干旱地区强烈蒸发作用下，也成为盐碱的来源之一。

（二）季风气候

半干旱和半湿润季风气候是土壤盐渍化的前提。我国大部分盐渍土分布在北方干旱、半干旱区和滨海季风气候区，由于季风气候的影响，土中水盐运动有其特殊规律，盐分随季节更替而变化，一般全年可划分为 4 个水盐动态周期，即春季积盐期、夏季脱盐期、秋季回升期和冬季潜伏期。在季风气候条件下，虽然夏季降雨具有淋盐作用，但是从全年来看，淋盐的时间较短，一般仅有 3 个月左右，而积盐时间则长达 5～6 个月之久，因此水盐平衡的总趋势是积盐过程大于淋盐过程，这是引起土壤积盐的重要原因。特别是地表水和地下水出流不畅的微斜平原，在夏秋多雨时常常酿成渍涝，因地下水位普遍抬高，土中毛细水上升运动和侧向运动强烈，以致造成翌年春季的大面积土返盐。当然，关键的还是我国北方的季风气候区降水量较少，要像南方季风气候那样降水量较多也不会发生盐渍化。

（三）土壤冻融

我国高纬度的东北松嫩平原、松辽平原和三江平原，以及西部内蒙古、甘肃、宁夏、青海、新疆等省（自治区），属寒温带干旱、半干旱气候，冬季寒冷而漫长。

这些地区土壤水盐的变化与冻融关系十分密切。除春季返浆期强烈积盐和秋季返盐两个积盐周期外，还存在伴随土冻结过程而同步发生的土壤盐渍化过程，它与因地面强烈蒸发而引起的现代积盐过程有所区别。特别在春季积盐期是受冻层以上土中冻融滞水的直接影响。在冻结期，上层土冻结后，冻土层和其下较温暖湿润的土层之间，出现了温度和湿度的梯度差，而导致产生水分的热毛细水的运动，产生隐蔽性积盐。但在冻土层尚未完全化通之前，伴随土返浆现象，地表就出现明显的盐渍化，并随气温的迅速回升，在地表强烈蒸发的影响下，导致大量盐分积累。

（四）风的作用

风力侵蚀和搬运对土壤盐渍化的发生也起一定的作用。风在盐渍土形成中的作用主要表现在以下两个方面。① 在内陆盐矿体、盐沼泽、盐池或盐漠附近，风常常可以吹蚀表土，被吸附在土粒上的盐分则随风飘扬，在沉降区聚集形成盐渍土，或者在滨海地区或内陆盐湖附近，海水或咸水随风飘洒，降落在地表促进土壤的盐渍化。② 风力作用可增强土壤蒸发强度，促进土壤的积盐过程。

三、水文条件

水是溶剂，又是盐的载体，盐溶于水，并随水而移动，因此水文条件对土壤盐渍化的发生、分布具有非常重要的作用。

（一）地下水条件

地下水状况是土壤盐渍化的决定条件，潜水的埋藏深度、潜水矿化度的大小与土壤盐渍化有着密切的关系。

潜水的埋藏深度很小时，受蒸发作用明显，容易发生盐渍化。其中潜水的临界深度是分析土壤盐渍化成因的一项重要指标，潜水的临界深度是指不会引起作物根系活动层产生盐渍化的潜水面所处的最小深度，是支持毛细的最大上升高度与作物根系活动层厚度之和。因为不同作物根系活动层厚度不一，最大毛细上升高度与包气带岩性有关，所以在不同地区潜水的临界深度是个可变值。在我国河北平原，一般取 3.5～3.8 m，在河南豫北引黄灌区，约为 2 m。

潜水的矿化度反映了潜水中含盐量的多少。在潜水埋藏深度小于“临界深度”的条件下，矿化度越高，潜水供给土壤的盐分就越高，土壤盐渍化的可能性就越大。在潜水埋深小于“临界深度”条件下，如果抽取潜水进行灌溉，潜水的矿化度越高，土壤获得水量的同时，也会获得更多的盐分，也越容易发生盐渍化。

（二）地表径流

地表径流影响土壤盐渍化有两种主要方式：① 通过引水灌溉或河流泛滥直接将盐分带入土壤中，使土壤含盐量升高，发生土壤盐渍化；② 河水通过渗漏补给地下水，抬高河道两侧的地下水位，使之受蒸发加强，增补了地下水含盐量，增加地下水的矿化度。地表径流影响土壤盐渍化的程度，主要取决于河水含盐量大小。

分布于平原下部及山间盆地最低处和河流尾间部分的湖泊，为河川径流和地下径流汇集之处，通常盐分含量很高，湖水的化学成分多以氯化物为主，所以湖泊周围常分布大片氯化物盐土。而位于山区内部或有出口的湖泊，因径流通畅，而成为硫酸盐类型的微咸水湖或重碳酸盐型的淡水湖泊，土壤盐渍化类型也相应地以硫酸盐类和重碳酸盐类为主。因气候因素导致各水系的径流量均较丰富的地区（如黑龙江），一般河流都不出现枯水期，水质较好，矿化度不高，这些地区的盐碱化常呈片状分布。

四、地形与地貌条件

地形地貌引起水盐的分配和运动，是盐分累积分异的重要条件，所以盐渍土总是分布于特定的地形地貌部位上，现有的盐渍土和潜在的盐渍化地区都集中在低平地、内陆盆地、局部洼地以及沿海低地等地区。一是由于地势低洼处多是地下水的排泄区，地下水从补给区到排泄区的径流过程中，随蒸发浓缩和水岩相互作用，盐分不断积聚，矿化度不断增高，为土壤盐渍化的发育提供了充足的盐分。二是低地和洼地通常也是地表水的汇集区，地表径流将盐分从周边地势较高处携带到此，为土壤的盐渍化提供了盐分来源。三是低地或洼地处的潜水埋藏深度相对较浅，水分容易受蒸发散失在大气中，而盐分则留在土壤中，不断在地表积累。

但从小地形看，积盐中心则是在积水区的边缘或局部高处，这是由于高处蒸发较快，盐分随毛管水由低处往高处迁移，使高处积盐较重。此外，由于各种盐分的溶解度不同，在不同地形区表现出土壤盐分组成的地球化学分异，即由山麓平原、冲积平原到滨海平原，土壤和地下水的盐分一般是由重碳酸盐、硫酸盐逐渐向氯化物过渡。

五、生物作用

在土地盐碱化过程中，植物对盐分在土中的累积起着较重要的作用。特别是干旱地区的深根性盐生植物，多具有特殊的抗盐生理特性，对于盐渍生态环境具有非常强的适应能力，因此盐生植物可以反映一个地区的含盐状况，可把它作为盐渍土的指示植物。半干旱地区的多数盐生植物根系发达，能从土层深处及地下水中吸收大量的水溶性盐类，且许多植物具有肉质化的茎叶，能从土层深处吸收大量的水分和盐分，贮藏于茎叶中，并通过植物茎叶上的毛孔分泌盐分，以调节机体的盐分平衡。因此，即使土中溶液浓度较高的情况下，也能生长得很好。盐生植物体内，一般含有较高的盐分，植物机体死亡后，有机残体分解，盐分便回归土壤，逐渐积累于地表，因而具有一定的积盐作用，会加速土壤的盐渍化。如新疆塔里木盆地河流两岸，常生长着茂密的胡杨林带，由于胡杨吸收了地下水中的碱金属重碳酸盐，并在其枝叶累积，所以在这些胡杨林下发育的土壤，往往有苏打的累积。另外，某些泌盐盐生植物在生长过程中，能把体内的盐分分泌出来，就地累积于植株附近，大大增加土壤表层中的盐分，导致土壤盐渍化的加重，如生长在龟裂土表面的蓝藻等。

六、人类活动的影响

人文因素会改变区域水文过程以及土地覆盖/利用的格局，并和自然因素一起共同作用于土壤盐渍化过程。

水资源利用不合理，将深部高矿化水带到地表，使地下水潜水位增高，潜水或土壤水的蒸发量变大，加速了土壤的积盐过程，是引起土壤次生盐渍化的根本原因。主要表现在以下 4 个方面。① 灌溉技术落后，灌溉定额高。过去多是大水漫灌、串灌，现虽有改进，以畦灌沟灌为主，但毛灌溉定额仍很高。由于粗放的农业用水方式和落后的灌溉技术，加剧了地下水与地表水之间的转化频率和强度，使得区域地下水与地表水化学特征发生明显改变，导致灌区内部和灌区周围一些荒地和夹荒地的地下水位上升，成为干排荒地，加速土壤盐分积累。如我国西部地区除天山北麓、石羊河和黑河流域毛灌溉定额在 6 000～9 000 m^3/hm^2 较低外，其他地方多在 15 000～22 500 m^3/hm^2，水资源浪费严重。② 重灌轻排，灌排失调。要使土壤稳定脱盐，灌水与排水的比例应达到 2∶1～4∶1，而多数地方为 10∶1～20∶1，这就造成了进入灌区的水量多，排走的少，仅能依靠潜水蒸发来调节灌区水量平衡，造成土壤积盐。③ 平原水库渗漏提高周围地下水位。多数平原水库的利用率仅 0.4～0.5，除了蒸发外，大部分通过渗漏补给了地下水，影响范围可达 0.5～1.0 km。④ 上排下灌，把上部灌区排出的盐分带入下部灌区。如新疆的塔里木河和喀什噶尔河上游灌区，每年把 440 万 t 和 222 万 t 的盐分排入自然河道，又进入下游灌区，使下游灌区 90%土地遭受盐渍化。

此外，在干旱、半干旱和半湿润的平原灌区，灌溉、施肥、喷洒农药和废物排放等不合理的人类活动将盐分带入土壤，也会加速盐渍化发展，是引起土壤次生盐渍化的主要原因，主要表现为以下 4 个方面。① 灌区内夹荒地被开垦，使干排积盐地减少。这样由耕地脱出的盐分不能水平迁移，只能做上下垂直运动，而由干排积盐地开垦后脱出的盐分则能水平迁移影响相邻耕地。② 土地营养失调，使土壤肥力下降，特别是近年来化肥用量增加，有机肥和厩肥用量减少，绿肥苜蓿和豆科作物播种面积急剧下降，因而使土壤物理性质变坏，板结不透水性增加，有利于土壤水分蒸发，使盐分在地表聚积。③ 天然植被破坏，使风速增加，蒸发加强，削弱了生物排水功能。④ 耕作、田管粗放，不能及时松土保墒，使作物的死亡和失收面积增大。

土壤盐渍化的先决条件是土壤中各种活性盐的聚集，这种聚集需要干旱蒸发强的气候和溶解盐碱的水分的存在，所以干旱气候和水分的一定聚集是盐渍土形成的关键条件。

七、盐渍土形成的动力

盐渍土或盐碱土的形成是特别的动力，过去的论著中对其动力论述很少，很有必要进行分析阐明。

（一）水分运移物理动力

盐渍土是在蒸发作用下形成的。在地下水位高的地区，地下水或土壤水向上运移是盐渍化形成的第一阶段的动力。在蒸发作用下，地下水和土壤水缓慢向上运移，在达到饱和之前，这种运移并不产生盐渍化，这种向上的水分运移是很弱的物理动力，但盐碱化物质是以化学溶解的形式搬运的。由于水分的向上运移动力极弱，并不对土壤结构产生破坏及侵蚀。向上运移的水溶液含有盐碱成分，在向上运移过程中也可能会进一步溶解土层中的盐碱成分。由此可见，在蒸发作用下水分向上运移，实际上化学溶解的盐碱成分是通过物理动力搬运的。

对于地表洼地积水直接蒸发造成的盐渍土，其动力与地下水受蒸发形成的盐渍土存在差异。地表水的直接蒸发过程不存在水分在土壤中的向上运移，但存在洼地地表水聚集过程中的地表径流流动的物理动力，这种流动以水平方向的流动为主，这种径流是把溶于水中的盐碱成分输送到洼地地区，并通过蒸发沉淀形成盐碱土。

（二）化学动力

向上运移的水分在达到饱和时，其中的盐碱成分发生沉淀，并在土壤表层逐步积累，最后形成盐渍土或盐碱土。由于盐碱的沉淀是化学沉淀，所以盐碱的沉淀和聚集是化学动力，这与风蚀荒漠化和水蚀荒漠化为物理动力大不相同。因为盐碱的运移和沉淀都是在蒸发作用下发生的，动力的产生是蒸发作用，为区别于水蚀荒漠化，我们将土地盐碱化的动力称为蒸发动力。风蚀荒漠化和水蚀荒漠化的名称都包括了动力的名称，盐渍化也应该包括其动力名称，所以我们把盐渍化称之为蒸发盐渍化。

第三节　盐渍化的类型与等级

一、盐渍化与盐渍土的类型

（一）按成因分类

按其成因可分为原生盐渍化和次生盐渍化两种。

原生盐渍化指由于气候、地质、地貌、水文和土壤条件等自然环境因素变化利于盐碱成分在土壤中聚集而导致的土壤盐渍化。

次生盐渍化是由于人类对土地资源和水资源利用不合理引起区域水盐失调，导致地下水位上升，可溶性盐类在土壤表层或土壤中逐渐积累的过程，主要分布在干旱、半干旱地区，其形成必须具备两个条件：① 气候干旱，排水不畅和地下水位过高；② 地下水矿化度高。

（二）按形成的历史时间分类

按盐渍土形成的历史时间可分为现代盐渍土、残余盐渍土和潜在盐渍土 3 种。

现代盐渍土是指目前还在进行积盐过程的一系列土壤，它们所处的水文地质条件大多数地下水位高，地下径流滞缓不通畅，水质较差。

残余盐渍土是指在地质历史过程中，曾进行强烈的积盐过程，后来又因地壳上升或侵蚀基面下降，导致地下水位大幅度下降，而终止了盐分累积过程的土壤。过去积聚在土体中的盐分因气候干旱、降水稀少、淋溶微弱而得以保留。这类盐渍土的盐分在剖面中分布特点是其最大含盐量是在亚表层或心土层而不在表层。

潜在盐渍土一般包括两种情况：① 指在干旱地区的一些土壤具有底层盐化的特征，即土壤形成过程中，盐分向心底土移动积累，形成聚盐层，当开发利用这些土壤时，过量灌溉的下渗水流溶解活化了积盐层的盐分之后，盐分随土壤毛细水上升水流聚积于表土层中，转变为现代盐渍土。② 指在有盐渍化威胁的平原地区，当水量大大增加，就可能会引起地下水位上升到临界深度以上，而导致土壤的次生盐碱化。

（三）按盐类性质分类

土壤中主要含盐成分为氯盐、硫酸盐和碳酸盐。根据氯离子（Cl^-）、硫酸根离子（SO_4^{2-}）和碳酸氢根离子（HCO_3^-）含量的比值，可分为氯盐渍土、亚氯盐渍土、亚硫酸盐渍土、硫酸盐渍土和碳酸盐渍土。这种分类方法是我国多年来一直沿用原苏联的分类法，并经修改而成的（表 5-2）。

表 5-2　按盐类性质的盐渍土分类

盐渍土名称	Cl^-/SO_4^{2-}	$CO_3^{2-}+HCO_3^-/Cl^-+SO_4^{2-}$	盐渍土名称	Cl^-/SO_4^{2-}	$CO_3^{2-}+HCO_3^-/Cl^-+SO_4^{2-}$
氯盐渍土	＞2.5	—	硫酸盐渍土	＜1	—
亚氯盐渍土	2.5～1.5	—	碳酸盐渍土	—	＞0.33
亚硫酸盐渍土	1.5～1	—	—	—	—

（四）按盐的溶解度分类

土中固态的盐结晶遇水后是否溶解而变为液态以及溶解的程度直接影响地基的变形和强度特性，所以盐渍土按盐的溶解度分类对建筑物地基有很大的实用意义。根据土中含盐的溶解度，盐渍土通常分为易溶盐渍土、中溶盐渍土和难溶盐渍土（表 5-3）。

表 5-3 按盐的溶解度分类的盐渍土

盐渍土名称	含盐成分	溶解度/%（t=20℃）
易溶盐渍土	氯化钠、氯化钾、氯化钙、硫酸钠、硫酸镁、碳酸钠、碳酸氢钠	9.6～42.7
中溶盐渍土	石膏、无水石膏	0.2
难溶盐渍土	碳酸钙、碳酸镁等	0.001 4

（五）按含盐量分类

按土中可溶盐含量的多少来分类，历来是国内外盐渍土分类的方法。按含盐量标准，可将盐渍土分为弱盐渍土、中盐渍土、强盐渍土和超盐渍土（表 5-4）。

表 5-4 按含盐量分类的盐渍土　　单位：%

盐渍土名称	氯盐、亚氯盐平均总量	硫酸盐、亚硫酸盐平均总量	盐渍土名称	氯盐、亚氯盐平均总量	硫酸盐、亚硫酸盐平均总量
弱盐渍土	0.3～1	0.3～0.5	强盐渍土	5～8	2～5
中盐渍土	1～5	0.5～2	超盐渍土	＞8	＞5

二、盐渍化的等级划分

按土壤全盐量及作物产量因盐渍化而降低的程度，前苏联学者对盐渍化土壤进行了分级（表 5-5）。这一分级的优点是详细划分了不同化学成分类型的等级标准。

表 5-5 土壤盐渍化分级标准（黎立群，1986）

盐化程度	作物减产程度	盐分聚积层中盐分总量或残渣量/%						
		苏打型	氯化物-苏打型/苏打-氯化物型	硫酸盐-苏打型/苏打-硫酸盐型	氯化物型	硫酸盐-氯化物型	氯化物-硫酸盐型	硫酸盐型
非盐化	无下降	＜0.1	＜0.15	＜0.15	＜0.15	＜0.2	＜0.25	＜0.3
轻度	10%～20%	0.1～0.2	0.15～0.25	0.15～0.3	0.15～0.3	0.2～0.3	0.25～0.4	0.3～0.6
中度	25%～50%	0.2～0.3	0.25～0.4	0.3～0.5	0.3～0.5	0.3～0.6	0.4～0.7	0.6～1.0
强度	50%～80%	0.3～0.5	0.4～0.6	0.5～0.7	0.5～0.8	0.6～1.0	0.7～1.2	1.0～2.0
盐土	无收获	＞0.5	＞0.6	＞0.7	＞0.8	＞1.0	＞1.2	＞2.0

我国目前普遍采用的土壤盐渍化分级标准是在此基础上制定的（表 5-6），该分类主要按地区和盐分类型大体归纳为两种含盐量系列。不同地区划分标准存在一定差异，干旱区含量标准高一些，较湿润区含量标准低一些。

表 5-6 我国土壤盐渍化分级标准

盐分系列及适用地区	土壤含盐量/%				
	非盐化	轻度	中度	强度	盐土
滨海、半湿润、半干旱和干旱区	<0.1	0.1～0.2	0.2～0.4	0.4～1.0	>1.0
半漠漠与荒漠地区	<0.2	0.2～0.4	0.4～0.6	0.6～2.0	>2.0

三、盐渍化的地表景观

盐渍化的景观特点与风蚀和水蚀荒漠化的景观特点不同，前两者常导致地表起伏加大，地表形态变化明显，并形成许多侵蚀地貌。盐渍化发生在地形低洼或低平地区，盐渍化过程中的动力微弱，化学作用搬运的盐碱物质量比风蚀与水蚀机械搬运的物质量要少很多，这就决定了盐渍化的地表景观变化较小（图 5-6、图 5-7），呈现的仍是平坦的洼地或平原。但在盐碱大量聚集的情况下，由于盐碱不均匀的聚集，地表常有几厘米甚至是十余厘米的起伏（图 5-8）。虽然盐渍化之后的地表起伏变化很小，但地表物质组成和颜色却发生了非常大的变化。在盐渍化之后，地表出现了白色盐分或盐碱聚集，地表形成了独特的白色景观。如果是大面积的盐渍化，地表呈现白茫茫的广阔平原。如是不连续的盐渍化，则呈现白色斑块状平原。如果盐碱土发育在黏土含量较高的土壤表面，还常出现龟裂现象（图 5-9）。发育严重的盐碱土地表很少有植物生长，但有时也有耐盐碱的草本植物等（图 5-6、图 5-7）。

第四节 土壤盐渍化的危害

一、对土壤性质的不利影响

盐碱对土壤的危害主要是由盐渍化土壤中 HCO_3^-、CO_3^{2-}、SO_4^{2-}、Cl^- 4 种阴离子和 Ca^{2+}、Mg^{2+}、Na^+ 3 种阳离子组成的 12 种盐所致，其中以 $NaCl$、Na_2CO_3（马尿碱）和 Na_2SO_4（芒硝）危害最大。

盐渍化土壤中的碳酸盐等碱性盐在水解时，呈强碱性反应，高 pH 条件会降低土壤中磷、铁、锌、锰等营养元素的溶解度，从而阻止植物对土壤养分的有效吸收。土壤内大量盐分的积累也会引起土壤物理性状的恶化，特别是高钠的盐土，其土粒的分散度高，易堵塞土壤孔隙，湿时泥泞干时板结，通气透水性不良，根系呼吸微弱，代谢作用受阻，养分吸收能力下降，造成营养缺乏，耕性变差，导致表层土壤盐渍化的进一步加剧，同时也不利于微生物活动，影响土壤有机质的分解与转化。在干旱地区，因结构遭破坏，土壤易板结，根系生长的机械阻力增强，造成植物扎根困难。图 5-6 至图 5-9 中的白色部分是盐碱沉淀大量聚集造成的，并导致地表植被稀疏或无植被生长。全国每年因盐渍化废弃的土地达 25 万 hm^2，盐化耕地每年少收粮食 207 亿 kg，年损失鲜草 1 218 亿 kg。

图 5-6　内蒙古乌审旗盐碱土（赵景波摄）

图 5-7　内蒙古杭锦旗盐碱土（赵景波摄）

图 5-8　内蒙古杭锦旗盐碱聚集景观（赵景波摄）

图 5-9　新疆有胡杨生长的盐碱土

二、对植物生长的危害

盐渍化对植物的危害主要表现在以下 4 个方面：① 离子浓度影响着溶液的渗透势，当土壤溶液中盐分含量增加时，渗透压也随之提高，即水势相应降低，使植物根系吸水困难。即使土壤含水量并未减少，也可能因盐分过高而造成植物缺水，出现生理干旱现象，甚至还导致水分从根细胞外渗，使植物萎蔫。如果土壤溶液的渗透压，大于植物细胞内渗透压，植物就不能吸收土壤中的水分，会发生“生理干旱”而死亡。② 在高浓度盐类作用下，气孔保卫细胞内的淀粉形成受到阻碍，使细胞不能关闭，植物容易干旱枯萎。③ 高浓度盐分，尤其是钠盐会破坏根细胞原生质膜的结构，引起细胞内养分的大量外溢，造成植物养分缺乏。由于交换性 Na^+的竞争，破坏了植物对养分的平衡吸收，影响植物对钾、磷和其他营养元素的吸收，抑制磷的转移，从而影响植物的营养状况，导致诱发性的缺铁和缺镁症状。④ 土壤中盐分含量较高时，其中的碳酸盐和重碳酸盐等碱性盐类对植物幼芽、根和纤维组织具有很强的腐蚀性，产生直接危害。同时，植物组织内盐分过量积聚，会使原生质受害，蛋白质合成受阻，含氮的中间代谢产物积累，造成细胞中毒。

三、对农业的影响

盐渍土可分为含硫酸盐为主的松盐土和含碳酸盐为主的碱盐土，其对农业的危害主要体现在使农作物减产或绝收。严重的盐渍化，还使土地的利用率降低，荒地增多，加深了人多地少的矛盾。根据对内蒙古河套平原的统计，许多灌区每年因盐渍土死于苗期的农作物占播种面积的 10%～20%，有的甚至高达 30%以上。黄淮海平原轻度、中度盐渍土就造成农作物减产 10%～50%，重度则颗粒无收。而山东省 140.06 万 hm^2 盐渍化土地中的 81.56 万 hm^2 耕地，每年因盐渍化造成的经济损失就达 15 亿～20 亿元。

西北地区灌溉土地的低产田几乎全部为盐渍土。以新疆为例，由盐渍化造成的低产田占耕地面积 31%，而低产田的农作物单位面积产量一般比平均产量要低 0%～40%。初步估算土壤盐渍化每年使新疆粮食减产约 72 万 t，占粮食总产量的 8.6%；使棉花减产 13.05 万 t，占棉花总产量的 9.0%。仅粮棉两项给新疆带来的经济损失达 19 亿元，如再加上对瓜、果、蔬菜、油料、糖料、牧草和其他作物危害减产造成的损失，合计带来经济损失约 24.0 亿元，占新疆种植业总产值的 7.2%。

盐碱化对作物的危害可以划分为轻度、中度和强度 3 级。轻度时作物受到较轻抑制，低矮发黄，缺苗减产 10%～20%。中度时作物受到较强抑制，禾苗不够健壮，抽穗数少，籽实不够饱满，产量较低，缺苗减产 20%～50%。强度时严重缺苗或渍死幼苗，植株瘦弱、萎黄，不抽穗或只抽蝇头小穗，籽实小而瘪，产量很低，甚至连种子都收不回来，缺苗减产 50%～80%。

四、对工程建设的危害

盐渍土对工程建设的危害是多方面的，由此造成的经济损失也十分巨大。

盐渍土具有腐蚀性，对建筑物基础会产生一定危害，且在盐渍土地段埋设的混凝土电线杆，会发生电线杆被腐蚀和局部裂缝现象，严重危及送电线路的安全。如新疆克拉玛依地区的钢筋混凝土电线杆，曾因腐蚀而大量报废。盐渍土对铁路路轨的腐蚀性也不容忽视，其对工程建设带来的经济损失很难估算。由于盐渍土分布区地下水位高，再加上其不良物理力学性质，使工程造价和维护费用大为提高，增加 50%～200%，而且工程的病害很多。如 314 国道穿过焉耆盆地和策大雅—轮台段及由阿克苏—阿拉尔公路，新修的路使用 1～2 年后，就产生路面损害、塌陷、翻浆，常修常坏，始终没有治理好，严重影响行车速度与交通安全，甚至可造成交通事故。还有如兰新铁路哈密段通过膨松盐土区，由于路基膨胀，使道钉拔脱，铁轨弯曲，火车行速降低，站台的水泥块翘曲。此外，修建在盐渍土上的民用建筑常因地基不稳造成房屋倒塌。

第五节 盐渍化的防治措施

土壤盐渍化发生的根本原因在于在长时间尺度上，环境的盐分输入大于土壤包气带向环境的盐分输出，致使土壤积盐作用强于脱盐作用。因此，土壤盐渍化防治的基本原则是要切断或削减环境向包气带的盐分输入，或增强包气带向环境的盐分输出，使得土壤盐分处于收支均衡状态或以脱盐作用为主。除人为控制盐分的输入、输出外，调整包气带岩性结构也是进行土壤盐渍化防治的重要手段。

一、水利工程措施

盐碱土中水盐运动具有“盐随水来，盐随水去”的特点，因此水利工程措施是改良盐碱土最有效、最彻底的措施。主要包括以下几种技术。

（一）整平土地与合理规划灌排水渠道

平整土地，是改良土壤的一项基础工作，地平能够减少地面径流，提高伏雨淋盐和灌水洗盐效果。同时能防止洼地受淹、高处返盐，也是消除盐斑的有效措施。

排水是改良盐碱地的各项措施中最关键的一项措施，只有排水畅通，土壤盐度才能维持在作物的耐受限度内。排水就是排出土壤中的盐分，降低地下水位至临界水位以下，及时排出涝水。常用的排水措施主要有以下 4 种。

1. 明沟排水。这是一种从地面开挖排水沟排水的方式，是目前全国各地采用最普遍的一种形式。其特点是工程投资少，施工简便易行。但占地较多，粉砂壤土区塌陷淤积严重。

2. 暗管排水。将排水管道埋在地下一定深度进行排水称暗管排水。其优点是埋设的深度不受土质的影响，易于长期保存，不占耕地面积，还可避免塌坡淤积，便于机械操作，特别适合土质疏松的地区。但施工复杂，一次性投资大。暗管排水技术的发展与管材制作和埋设技术有关。管材有陶管、瓦管、混凝土、塑料管等，应根据当地实际，就地取材，以便获得经济、坚固、易于养护等的良好结果。

3. 竖井排水。为了加快排水效果，在一定排水沟的基础上，可设计配置机井群实行竖井排水。它既可以降低地下水位，排水洗盐，同时又可减少田间排水沟的密度，增加土地使用面积。

4. 机械排水。采用机械排水主要是在自然排水出路困难的封闭洼涝盐碱地带利用，把扬水站、排沟、井及灌渠互相结合起来，做到遇涝能排，遇旱能灌，从而使盐碱地得到较好的改良。

地上排水系统一般比地下管道排水系统更安全经济，但占地多、易影响耕作、排盐效果也较差。暗道排水的排水量多、降深大、脱盐效果好且管理费用较低。但在地下设置排水管道易导致氨氮流失，使植物可利用的总氮量减少，造成作物减产。此外，将灌、排结合起来，完善灌、排水系统，做好灌区的灌、排水管理也十分重要。

（二）灌溉洗盐措施

通过灌水措施也可以把盐分冲洗到土壤深层或淋洗出土体。灌溉冲洗除要有充足的水源外，还必须具备良好的排水系统，这样既可以排除土壤中的盐分，又可很快降低冲洗时抬高的地下水位。在水源短缺的干旱、半干旱地区，灌溉时可将淡水和盐水混合使用或循环利用。水分蒸发蒸腾损失总量小的季节可用富含营养物质的污水冲洗，并建立地下排水系统，这样既加速盐分淋洗，又提高土壤肥力。在地下水位高的灌区，可井渠结合灌溉，但灌季要考虑地下水临界水深，定期观测地下水位的变化动态，适时调控。此外，现在推广的一些先进的灌溉技术，如滴灌、喷灌和渗灌等节水防盐的灌溉技术，不仅有助于减少灌溉导致的渗漏损失与蒸发，提高灌溉效率，防止大水漫灌引起的地下水位上升，还有效节约了淡水资源，应该大力提倡推广。

（三）引洪放淤

放淤技术科学地利用了水力机械原理和泥沙特性，有利于节省能耗和节约投资，在相同运输距离条件下，比其他施工方式节约工程费用 20%～40%。它是把含有泥沙的洪水引入田间，使泥沙沉积下来形成新的淤泥层或淡土层，既冲洗了原有土壤中的盐碱，又因抬高了地面，降低了地下水位，抑制了土壤返盐。同时，直接在河道中取沙，还减少了河道淤积，避免了挖地取土。如现在黄河三角洲大量的耕地就是通过放淤形成的，但这部分耕地的缺点是耕作层较浅，容易返盐，所以要经常性地放淤。

（四）淡水洗盐

淡水洗盐可加速重盐碱地的改造，特别是在具备排水系统的情况下，利用淡水来溶解土壤中的盐分，再通过排水沟将盐分排走，能收到立竿见影的效果。洗盐应在水源丰富、温度较高、蒸发量小、地下水位低的季节进行。因为温度较高，易于盐分溶解；蒸发量小，在洗后不致强烈返盐；地下水位低，则灌水洗盐时表层盐分向下淋洗得深。洗盐用水量一般情况下越大越好。但如果用水量过大，则不仅浪费水，还会导致地下水位升高、土壤养分大量流失等副作用。尤其是黄河三角洲地区以含氯化物为主的土壤用水量更应该相对小些。

（五）暗管排盐

这是近几年胜利油田试验推广的一项新的盐碱土改良措施。主要技术原理是将筛孔 PVC 或 PE 波纹管埋入地下足够的深度，形成排水管网，然后将地下咸水集中强排入海。同明排水相比，暗管具有排碱效果好、施工效率高、相对成本低以及占用耕地少等优点。其工作过程是在钻孔采样勘测的基础上，根据土壤与水文、地质情况进行工程总体设计，然后应用引进的大型铺管机械设备，一次性完成铺管、滤料填充工作，并以激光制导技术使暗管保持所需精度。配套使用自动清洗管壁设备，以保持管道畅通，延长使用年限。暗管采用 PVC 打孔波纹管，管径通常采用 80 mm 或 110 mm，为防止土壤细颗粒进入管道造成淤堵，增加管道周围的透水性，暗管周围要包裹一层厚 8 cm 左右的砂滤料。该技术的实施，可以将咸水水位控制在临界深度以下，利用灌溉水和大气降水对暗管以上的含盐土层进行冲洗脱盐，通过暗管将土壤盐分排出区外。该技术在胜利油田实施后，成功地将 10 多万亩寸草不生的滩海重盐碱地改造成为良田，使 2 万多亩低产田改造成为高产田，经过改造的土地种植棉花等作物产量逐年提高。

二、农业措施

（一）种稻改良

在有淡水水源保证、又有一定排灌条件配合下，借种植水稻来改良盐碱地，边利用边改良，通过泡水洗盐，可以起到改良盐碱地的效果。匈牙利、罗马尼亚、泰国都在大面积盐土上种水稻，取得了良好的改土增产效果。但这一措施要求水平排水畅通。

（二）耕作改良

耕作改良是我国盐碱地区的农民群众在长期的生产实践中总结出的改良盐碱地的成功经验，主要包括深耕细耙、增施绿肥和发展节水农业等措施。

深耕细作如适时伏耕、秋耕、中耕、深耕和耙地保墒等可以防止土壤板结，改善土壤物理、化学、生物和水、热状态，增强透水透气性，改良土壤性状，保水保肥，抑制土壤返盐，降低盐分危害。

增施绿肥可以增加土壤有机质含量，改善土壤结构和根际微环境，有利于土壤微生物的活动，提高土壤的保蓄性和通透性，抑制毛管水的强烈上升，减少土壤蒸发和地表积盐，促进淋盐和脱盐过程，从而提高土壤肥力，抑制盐分积累。同时绿肥中的有机质分解过程中产生的有机酸，既能中和碱性，又能使土壤中的钙活化，这些均可减轻或消除碱害，从而使盐碱地得到有效的改良。除此之外，秸秆还田也是培肥土壤、改良盐碱地的有效措施。最好采取秸秆覆盖还田的方式，通过秸秆覆盖地面，以减少蒸发，控制返盐。还要注意要多施有机肥，因为有机肥可提高盐渍化条件下土壤中氮肥的利用率，显著提高土壤有效磷（P）的含量，且肥效长而稳，分解时可产生有机酸和碳酸，能改进土壤理化性质，对盐类起缓冲作用。

发展节水农业是干旱半干旱地区农业生产的唯一出路，主要措施是种植耐旱作物，采用滴灌、喷灌、管灌等新型灌溉方式，这样不仅可解决水源不足的问题，还能防止土壤盐渍化，促进作物生长，提高产量和质量。此外采用地膜覆盖也是节水的一种有效形式，可以提高土壤保水抗旱能力，降低地表蒸发，抑制土壤返盐，还可提高地温，促进植物生长。

除此之外，有些地方还尝试在盐碱地上种植耐盐作物、蔬菜等，如辽宁营口、山东东营等在盐碱地上种植水稻，以水压盐，田中养鱼、放鸭，效果很好。有的地方试验用微咸水灌溉，还有些地区结合当地实际采取引洪放淤、客土压砂、挖斑换土等措施，均收到了明显的防盐改碱效果。

三、植被措施

林木在抑制地下水位上升方面有无可替代的作用。一方面它能够减少降水对地下水的补充，且抑制地表蒸发、防止土壤表面积盐。据测算，树木对降水的截留量是作物或草地的 10 倍。另一方面，它还能够增加水的消耗，因为树木枝叶繁茂、根系深广、蒸腾量大，一般情况下，乔木根系一般可达 10 余米，直达分布较浅的地下水，通过大量蒸腾，降低地下水位。而相比之下，作物的根系浅，生长季节短，很少消耗地下水（人工提水灌溉除外）。因此，在盐渍化土壤上种植防护林和耐盐碱的植物，不失为治理盐碱地的有效措施。

（一）植树造林

林带可以改善农田小气候，减低风速，增加水平降水，提高空气湿度，从而减少地表蒸发，抑制返盐。林木根系不断吸收土壤深层水分，进行叶面蒸腾可以显著降低地下水位。据测定，5～6 年生的柳树，每年每亩的蒸腾量可达 1 360 m^3，因此林带就像竖井排水一样，起到了生物排水的作用。如在黄河三角洲盐碱地上栽植柽柳后，调查发现土壤含盐量下降，物理性状改善（表 5-7），生态修复效果良好。2002—2004 年宁夏银北引进 22 个耐盐植物品种，在盐碱地上进行了试验，筛选出了红豆草、苜蓿、聚合草、小冠花、苇状羊茅 5 个比较耐盐的植物，可使盐碱地 0～20 cm、0～100 cm 土层平均土壤脱盐率分别达 31%和 19.1%。其中以种植红豆草的 0～20 cm 土层土壤脱盐率最高，达 56.5%。其次是苜蓿、聚合草和小冠花，脱盐率分别为 36.0%、25.0%及 22.2%。可见，林木有很强的生物排水作用，对改良盐碱地有显著效果。

表 5-7 柽柳林对土壤物理性状的影响（张建锋，2008）

	土层厚度/cm	含水量/%	孔隙度/%	土壤容重	有机质/%	全盐/%	全盐平均/%
裸地	0～20	20.12	45.18	1.45	0.245 9	1.78	1.034
	20～40	28.39	46.42	1.42	0.111 2	1.00	
	40～60	21.63	46.79	1.41	0.044 8	0.71	
	60～100	—	—	—	0.078 5	0.84	
柽柳林	0～20	31.60	53.91	1.20	0.325 0	0.59	0.544
	20～40	28.58	47.92	1.38	0.133 6	0.48	
	40～60	29.08	44.53	1.45	0.033 6	0.53	
	60～100	—	—	—	0.100 9	0.56	

盐碱地上造林要选择耐盐树种，适宜的乔木树种有洋槐、杨树、柳树、榆树、臭椿树、桑树、沙枣等，灌木有紫穗槐、柽柳、杞柳、白蜡条、酸刺、宁夏枸杞等。林带营造应结合沟渠路建设，协调进行。一般沿着与当地主风向垂直的道路营造主林带，沿沟渠营造割林带。这样，在建立完善的排灌系统的同时，也营建起完整的农田防护林网。种植时还要因地制宜，如高栽刺槐、洼栽柳、平坦地上栽榆树，杨树选择弱碱性，重碱沟坡栽柽柳。

（二）种植绿肥牧草

种植绿肥牧草，具有培肥改土的作用。尤其是绿肥牧草具有茂密的茎叶覆盖地面，可减少地面水分的蒸发，抑制土壤返盐。又由于其根系大量吸收水分，经叶面蒸腾，使地下水位下降，有效地防止盐分向表层积聚。据新疆地区试验测定，紫花苜蓿整个生长期叶面蒸腾达 395 m^3，约占总耗水量的 67%，种植 3 年后，地下水位下降 0.9 m，土壤脱盐率大大提高。同时，种植绿肥还可增加土壤有机质，达到培肥改土、防盐改碱的目的。绿肥的种类很多，要因地制宜地选择。在较重的盐碱地上，可选择耐盐碱强的田菁、紫穗槐等，轻至中度盐碱地可以种植草木樨、紫花苜蓿、黑麦草等，盐碱威胁不大的土地，则可种植豌豆、蚕豆、金花菜、紫云英等。

四、添加土壤改良剂

应用土壤改良剂是修复退化土壤的重要措施之一。土壤改良剂能有效地改善土壤理化性状和土壤养分状况，并对土壤微生物产生积极影响，从而提高退化土壤的生产力。但美国、澳大利亚等国家试验表明，使用改良剂后需用大量水冲洗，因此，此种方法在干旱地区和半干旱地区应用困难且成本高。

（一）化学改良措施

在盐碱土的改良中，化学方法也是一种重要手段。化学改良措施主要是在盐渍化土壤中施加非金属矿物、无水钾镁矾和沸石等改良剂，降低土壤中的盐碱含量。

非金属矿物用作土壤改良剂目前技术已比较成熟，应用范围也比较广泛，其中能用于土壤改良剂的有膨润土、石膏和硅藻土等。利用膨润土可以改善盐渍土壤的结构，吸收养分，降低沙质土的孔隙度和渗透性，从而能进一步阻止盐分向下迁移。膨润土还有很强的离子交换能力，可使养分以易吸收的形式存在于土壤中。向土壤中施入石膏对盐碱地的改善效果明显，石膏中的钙可取代土壤中的钠，从而可提高 Na^+的吸附比和渗透率，降低盐度和碱度的抑制效应。但加入石膏后土壤表层的可溶性 Na^+会增加，若排水不良会大量滞留于土壤溶液中，而且石膏会降低 P、Fe、Mn、Cu 和 Zn 等营养物质的可获性，并引起土壤电导率增大。若将其与作物轮作结合起来则效果较好，既能提高土壤保水能力，又可显著降低 pH 和 Cl^-含量。硅藻土可用于干旱与半干旱的盐渍化土壤，它能够减少水分蒸发，使土质疏松，还由于它是一种高效的养分载体，在养分缺乏的盐渍化土壤中改良效果明显。

无水钾镁矾主要用于修复质地较好（含黏土、沙及有机质）的盐碱地。它可直接溶于灌溉水，在用水量很小的情况下可置换土壤中的 Na^+。与石膏相比，其需水量低 50%，但提高土壤渗透率的效果不如后者。

天然沸石也是一种很好的土壤改良剂，尤其适用于盐碱土和酸性土。左建等研究了沸石改良碱化土壤的效果，结果表明，土壤中的 Na^+、Cl^-都可以进入沸石内部被沸石吸附，它可改善土壤理化性质，促进有效 P 的活化释放，使土壤中的盐分减少、碱化度降低，提高微量元素的生物有效性，并对土壤 pH 起到缓冲作用。

近十年，高性能的聚丙烯酰胺（PAM）高分子聚合物在土壤改良方面得到广泛应用。曾觉廷等通过田间试验和盆栽试验研究表明，不同的改良剂都能提高土壤中大团聚体总量，但以聚丙烯酰胺（PAM）效果最好，质地黏重的黏土比砂质土的效果更好些，施用效果随改良剂施用量的增加而提高。Kijne 在几种灌溉土壤中施用 PAM，表明 PAM 能增加团聚体水稳性，提高渗透率。以上研究说明 PAM 在防止水土流失的过程中增加了土壤保水性和保肥性，改良了土壤，使土壤结构松散，增加了土壤团粒结构，改善了土壤的通透性和抗旱能力，给作物的增产提供了条件。

（二）生物质改良措施

添加有机质如农肥、作物秸秆、干草及植物残余物如树皮、枯枝落叶和腐块、锯屑等可改善土壤理化性质，增强盐土的矿化能力，加速难溶养分的分解，提高土壤肥力。糠醛渣是一种酸性生物质有机废渣，富含有机质、腐殖酸等，若施入盐碱地可显著降低土壤 pH 值、碱化度、土壤容重、紧实度和毛管水上升高度，提高土壤的渗透性和导水率，进而提高其保水能力，从而促进植物生长和植被的建立。值得注意的是，虽然土壤的化学改良见效快，但容易引入新的离子造成二次污染，且资金投入和技术要求都很高，大面积的土地修复实施起来比较困难，而生物质改良剂则可以有效避免这一缺点。因此，在盐渍化较严重的地区应以添加生物质改良剂为宜。

（三）接种微生物改良

将接种产硫杆菌的硫黄施入土壤能有效降低可交换Na^+的含量，促进盐分（特别是Na^+）向下渗滤，且其效果胜于石膏，而且还能降低土壤提取液的电导率。在土壤中接种小单歧蓝细菌、外多糖或蓝藻孢体等都可提高可溶性碳含量、微生物活性和水稳性聚合体的数量。接种固氮菌、固氮酶能提高土壤中可利用氮的含量，进而提高土壤肥力。但由于技术难度高，其实际应用很难推广。

（四）施用其他改良剂

腐殖酸类改良剂，是一种很好的离子交换剂，对钠、氯等有害离子有很强的吸附作用，能代换碱性土壤中的吸附性钠离子，同时腐殖酸本身具有两性胶体的特性，可以调整土壤的酸碱性。

土壤保墒增温抑盐剂，是一些长碳链的有机化合物，如沥青、重油、动植物油残渣等，将这些物质经加工处理制成乳剂，用水稀释喷于地面，可形成一层连续性的薄膜，具有抑制蒸发返盐、提高地温的作用。伊拉克土壤学家曾将沥青混入表层 5 cm 的土层中，然后冲洗，发现可使土温提高 1.3～2.3℃，从而可提高盐分的溶解度，增加淋洗效果。

若土壤中可交换性Na^+的含量低于 15%，施用人工合成的聚合体如聚丙烯酸酯，有利于土壤形成 0.5 cm 的不透水层，减少土壤水分的蒸发，降低土壤导水率，从而减少盐分随毛管水蒸发向表土迁移积累，控制地表盐壳的形成，并抑制物质流失和土壤侵蚀，使作物产量明显增加。

也有学者指出土壤改良剂存在以下问题，使用时应当慎重考虑。① 天然改良剂改良效果有限，且有持续期短或储量的限制。② 人工合成的高分子化合物的高成本以及潜在的环境污染风险限制了它的广泛应用。③ 单一土壤改良剂存在改良效果不全面或有不同程度的负面影响。因此，在今后盐渍土改良中，应综合考虑使用新型合成改良剂，并尽量避免其对环境的污染及其他的一些负面影响。

综上所述，目前土壤的改良方法中，水利工程改良和通过土壤耕作增施有机肥改良土壤理化性质，施用农家肥和植物残体等改良土壤的方法在生产实践中已经广泛应用。化学改良和生物改良是目前研究的重点。对于化学改良来说，虽然见效快，但容易引入新的离子造成二次污染，且需大量用水，资金投入和技术要求都很高，对大面积的土地修复实施比较困难。如何降低成本，使高效的改良剂能尽快运用到实际中是今后有待解决的问题。综合现有的治理措施不难发现，植物修复是盐渍化土地恢复的最经济有效的措施，而且盐渍地修复最终目标也是实现植被的恢复与重建，有关抗盐碱植物耐盐碱基因的分离、提取、克隆已有所研究，以后还需要不断深入研究转基因技术和其他技术手段的结合，建立完善的植物耐盐体系，尽快运用到实际当中。

五、治理实例

下面以宁夏回族自治区为例，介绍盐渍土的治理。

（一）宁夏盐渍土分布现状

新中国成立以来，宁夏引黄灌区土壤盐渍化调查共进行了 4 次，即 1957—1958 年、1962 年、1978—1983 年和 1985 年。从这 4 次土壤盐渍化调查情况看，灌区土壤盐渍化程度呈下降趋势，盐渍土的面积也在减少。1985 年全灌区土壤盐渍化减轻，中、重盐渍区由 1962 年的 20.66%和 13.58%减少到 13.1%和 7.5%，减少了 7.56%和 6.08%。2004 年宁夏遥感勘查测绘院应用美国陆地卫星对银川平原 1987 年、1997 年和 2004 年 3 个时段的盐渍化土地面积进行调查表明，银川平原盐渍土主要分布在银北的大部分地区，土壤盐渍化面积从 1987 年的 246 360 hm^2 减至 2004 年的 183 977 hm^2，土壤盐渍化呈缩减趋势。17 年间，银川平原发生显著变化的区域主要在中、重盐渍化区，而轻盐渍化区和碱土的面积仍占其土地总面积的 26%。随着综合应用各种措施，目前土壤含盐量维持在 0.2%左右。虽然全灌区土壤盐渍化面积下降，土壤含盐量降低，但仍是影响本区土地持续生产能力提高的主要障碍因子之一。改造中低产田、防治土壤盐渍化仍是灌区农业发展不容忽视的问题。

（二）宁夏土壤盐渍化成因

宁夏引黄灌区是我国最古老的灌溉农业区之一，有两千多年的灌溉历史，素有“塞上江南”之称。灌溉不仅给土壤输入了水分，也输入了盐分，土壤次生盐渍化与灌溉相伴生，只要有灌溉，就有土壤次生盐渍化发生的可能。

银川平原灌区盐渍土是由气候、地质、外源水的入渗、地形、不合理的水稻布局等因素综合作用的结果。第一，由于气候干燥，强烈的蒸发构成了盐分垂直运动的动力。第二，银北平原第四纪沉积物厚达 1 009～1 609 m，其基底构造不利于地下径流排泄，而潜水层上部岩性为二元结构，即上表层为一厚度不等的亚黏土盖层（一般厚 0～5 m），下表层为岩性单一的深厚砂层。第三，灌溉水的入渗与各级渠系的渗漏补给了地下水，造成水位进一步抬升。第四，由于地形平缓，明沟不能深挖，排水不畅，银川平原地势自南向北下降，上游为 1/2 000，中游为 1/4 000～1/2 000，下游为 1/12 000～1/6 000，地下水的矿化度由南向北递增，由 0.33 g/L 增加到 10 g/L。第五，水稻的不合理布局，如插花种稻、无排水种稻等均对下游盐碱化起到了推波助澜的作用。

（三）宁夏土壤盐渍化防治对策

1. 实行分区治理。银北地区以解决排水为主要措施，渠井结合是银北水资源利用最佳模式，在低洼地，推进种稻改良盐碱的技术措施。银南地区以稳定地下水位，提高土地生产力为主要措施。扬黄灌区以平整土地、缩小灌面为主要措施。

目前宁夏灌区主要有明沟排水和竖井排水两种方式。沟排适宜于地面有一定比例，而且没有流沙危害地区。井排适宜于地形低洼地区。在渠水不足的地区，可采取井渠结合，排灌结合，充分发挥竖井的作用。此外，对夹有黏土层的盐渍土可采用简易暗沟排水脱盐，在夹有黏土层的盐渍土中，先挖深 80 cm 或将黏土层挖透，在沟底顺向铺设厚度为 30 cm 的高粱秆、芦苇或树枝，也可扎成捆，铺设后覆土，平整好地面，即成简易暗沟。暗沟与农沟连通，在数年内均有较好的作用。青铜峡市第二良种繁殖场，1994 年埋设简易暗沟，当年就收到很好的效果。据 2000 年调查，埋设暗沟 7 年后，暗沟水还在流，而且水稻亩产已上千斤。

2. 农艺技术。包括以下 5 种措施。① 增施有机肥和磷肥，推行秸秆还田，扩大绿肥，不但可以减少盐分上升，还可增加土壤有机质，增强土壤对盐碱的缓冲性和作物的抗盐碱能力。② 深耕耙地，不仅可以减少地面蒸发，还可以疏松土层，切断表土毛细管，抑制返盐，具有加强蓄水洗盐的作用。并且，盐碱地耙地要留坷垃，以减少地下水蒸发。夏作物收获后正值伏天，应及时灌水并翻晒土壤。③ 采用稻旱轮作的方式，发展套作间作，提高复播指数，增加地面覆盖，减少蒸发返盐。④ 平整土地和精耕细作是消灭盐斑地和保证出苗的主要措施，播种要适时，秋季适时早播，春季适时晚播，可以避免盐害，保证拿苗。播后适时镇压，可避免盐分上升。有些地区可采用沟种，因为沟内盐少。⑤ 因土种植，合理利用盐碱地，盐碱地上种瓜含糖量高，可实行瓜粮轮作。还可根据土壤含盐碱轻重，选择适宜的耐盐碱作物，如枸杞、红花、向日葵等，以及甘草等中草药，既可以减少地表水分的蒸发、防止土壤表面积盐，又可以降低地下水位和盐分，改良土壤的物理性状，增加有机质和土壤微生物，降低土壤 pH 值，从而彻底改善周围的生态环境。

3. 利用土壤隔层抑制地表返盐碱。依据水盐运行规律，在土壤耕层以下铺一层 5 cm（压实）厚的麦秸或其他易腐熟的作物秸秆，起到隔离地下水上升导致地表返盐碱的作用。经试验证明，实行土壤隔层能显著抑制土壤地表盐分的聚集，比对照土壤含盐量平均降低 49.98%，土壤有机质增加 11.21%，平均增产 18.12%，产投比为 1∶11.42。

4. 化学改良技术。所谓化学改良，就是针对碱性土的化学特性，用化学方法加以改良盐碱土。化学改良的途径：① 在土壤中增加钙离子，以置换出土壤胶体上的钠离子。② 施加酸性化学物质，以氢离子置换交换性钠离子和中和土壤碱性。常用的改良剂有：可溶性钙盐类、酸类和成酸类化学物质，以及一些工业副产品，如磷肥料制造业的副产品磷石膏、煤矿区的煤矸石等。

5. 种植耐盐作物。有机质缺乏、含氧量低，是盐碱地的特点。增施有机肥料或种植绿肥，一方面可增加土壤养分，另一方面可改善土壤结构而有利于脱盐。种植紫花苜蓿等耐盐牧草后将裸露的土壤覆盖起来，以植物蒸腾代替土壤蒸发，减少了土壤蒸发量，降低土壤积累速度，减少了盐分在耕作层的累积。种植紫花苜蓿等耐盐植物后，由于植物根系的穿插作用，土壤容重、总孔隙度、通透性、总团聚体等物理性质得到改善。同时由于植物枯枝落叶及死根茬的腐殖作用，土壤有机质增加，促进了土壤微生物的生长和繁殖，改善了土壤养分状况和化学性状，提高了土壤肥力。

参考文献

[1] 周道玮，李强，宋彦涛，等. 松嫩平原羊草草地盐碱化过程. 应用生态学报，2011，22（6）：1423-1430.

[2] 张建锋. 盐碱地的生态修复研究. 水土保持研究，2008，15（4）：74-78.
[3] 李永智，单凤翔. 土壤盐渍化危害及治理途径浅析. 西部探矿工程，2008（8）：85-86.
[4] 石元春，李保国，等. 区域水盐运动监测预报. 石家庄：河北科学技术出版社，1991：1-7 .
[5] 李海燕. 土壤侵蚀危害及其防治措施研究现状. 宁夏农林科技，2011，52（1）：71-72.
[6] 管孝艳，王少丽，高占义，等. 盐渍化灌区土壤盐分的时空变异特征及其与地下水埋深的关系. 生态学报，2012，32（4）：1202-1210.
[7] 娄溥礼. 土壤积盐与地下水的关系. 水利学报，1964（3）：1-12.
[8] 宋长春，邓伟. 吉林西部地下水特征及其与土壤盐渍化的关系. 地理科学，2000，6（3）：246-250.
[9] 薛彦东，杨培岭，任树梅，等. 再生水灌溉对土壤主要盐分离子的分布特征及盐碱化的影响. 水土保持学报，2012，26（4）：234-240.
[10] 汪杰，张晓琴，魏怀东. 河西走廊盐渍化草场土壤水盐动态观测研究. 甘肃林业科技，1999，24（3）：7-12.
[11] 毛任钊，田魁祥. 盐渍土盐分指标及其与化学组成的关系. 土壤，1997（6）：326-330.
[12] 白由路，李保国，胡克林. 黄淮海平原土壤盐分及其组成的空间变异特征研究. 土壤肥料，1999，3：22-26.
[13] 赵可夫，李法曾. 中国盐生植物. 北京：科学出版社，1999.
[14] 平淑珍，林敏，安道昌. 耐盐联合固氮菌在盐渍化土壤改良中的应用. 高技术通讯，1999，9（1）：60-65.
[15] 李海英，彭红春，牛东玲，等. 生物措施对柴达木盆地弃耕盐碱地效应分析. 草地学报，2002，10（1）：63-69.
[16] 罗廷彬，任崴，李彦，等. 新疆盐碱地长期利用盐水灌溉土壤盐分变化. 灌溉排水学报，2004，23（5）：36-41.
[17] 林学政，沈继红，刘克斋，等. 种植盐地碱蓬修复滨海盐渍土效果的研究. 海洋科学进展，2005，23（1）：65-70.
[18] 尹怀宁. 泥炭对沙地、盐碱地土壤改良的影响. 中国煤炭，1999（5）：38-39.
[19] 杜连凤，刘文科，刘建. 三种秸秆有机肥改良土壤次生盐渍化的效果及生物效应. 土壤通报，2005，36（3）：309-313.
[20] 张丽辉，孔东，张艺强. 磷石膏在碱化土壤改良中的应用及效果. 内蒙古农业大学学报，2001，22（2）：81-97.
[21] 王金满，杨培岭，石懿，等. 脱硫副产物对改良碱化土壤的埋化性质与作物生长的影响. 水土保持学报，2005，19（3）：34-37.
[22] 毛学森. 硬覆盖对盐渍土水盐运动及作物生长发育影响的研究. 土壤通报，1998，29（6）：264-266.
[23] 李新举，张志国. 秸秆覆盖对土壤水分蒸发及土壤盐分的影响. 土壤通报，1999，30（6）：257-258.
[24] 刘虎俊，王继和，胡明贵，等. 干旱区盐渍化土地梨园覆草相应研究. 中国沙漠，1999，19（4）：411-415.
[25] 俞仁培，陈德明. 我国盐渍土资源及其开发利用. 土壤通报，1999（4）：158-159.
[26] 王春裕，王汝镛，李建东. 中国东北地区盐渍土的生态分区. 土壤通报，1999，30（5）：193-197.
[27] 张士功，邱建军，张华. 我国盐渍土资源及其综合治理. 中国农业资源与区划，2000，21（1）：52-56.
[28] 杨玉建，杨劲松. 基于 D- S 证据理论的土壤潜在盐渍化研究. 农业工程学报，2005，21（4）：30-34.
[29] 司宗信. 河西走廊灌区低产土壤盐渍化的形成及改良措施. 甘肃农业，1996（12）：37-39.

[30] 赵明范. 世界土地盐渍化现状及研究趋势. 世界林业研究，1994：84-86.

[31] 徐学祖，张立新，刘永智. 甘肃盐渍土及土壤水分改良三环节探讨. 冰川冻土，1998，20（2）：19-25.

[32] 朱庭芸. 灌区土壤盐渍化防治. 北京：农业出版社，1992.

[33] 刘广明. 地下水蒸发规律及其与土壤盐分的关系. 土壤学报，2002，5（3）：384-389.

[34] 赵丹，邵东国，代涛. 干旱灌区水盐动态模拟与实验研究. 灌溉排水学报，2004，23（2）：42-46.

[35] 赵景波. 黄土高原 450ka BP 前后荒漠草原大迁移的初步研究. 土壤学报，2003，40（5）：651-656.

[36] 赵景波，曹军骥，邵天杰，等. 西安东郊 S_5 土壤中 $AgSO_4$ 等矿物的发现与研究. 中国科学，地球科学（D 辑），2011，41（10）：1487-1494.

[37] Florian M Wagner，Marcus Möller，Cornelia Schmidt-Hattenberger，et al. Monitoring freshwater salinization in analog transport models by time-lapse electrical resistivity tomography. Journal of Applied Geophysics，2013，89：84-95.

[38] Giorgio Ghiglieri，Alberto Carletti，Daniele Pittalis，et al. Analysis of salinization processes in the coastal carbonate aquifer of Porto Torres（NW Sardinia，Italy）. Journal of Hydrology，2012，432-433：43-51.

[39] Claude Hammecker，Jean-Luc Maeght，Olivier Grünberger，et al. Quantification and modelling of water flow in rain-fed paddy fields in NE Thailand：Evidence of soil salinization under submerged conditions by artesian groundwater. Journal of Hydrology，2012，456-457：68-78.

[40] Manoranjan K Mondala，Sadiqul I. Bhuiyan，Danielito T. Franco. Soil salinity reduction and prediction of salt dynamics in the coastal rice lands of Bangladesh. Agricultural Water Management，2001，47（1）：9-23.

[41] A Yakirevich，N Weisbrod，M Kuznetsov，et al. modeling the impact of solute recycling on groundwater salinization under irrigated lands：A study of the Alto Piura aquifer，Peru. Journal of Hydrology，2013，482：25-39.

[42] N Warner，Z Lgourna，L Bouchaou，et al. Integration of geochemical and isotopic tracers for elucidating water sources and salinization of shallow aquifers in the sub-Saharan Drâa Basin，Morocco. Applied Geochemistry，2013，34：140-151.

[43] Di Sipio E，Re V，Cavaleri N，et al. Salinization processes in the Venetian coastal plain（Italy）：a general overview. Procedia Earth and Planetary Science，2013，7：215-218.

[44] Geungjoo Lee，Robert N. Carrow，Ronny R，et al. Growth and water relation responses to salinity stress in halophytic seashore paspalum ecotypes. Scientia Horticulturae，2005，104：221-236.

[45] Mark Altaweel，Chikako E. Watanabe，et al. Assessing the resilience of irrigation agriculture：applying a socialeecological model for understanding the mitigation of salinization. Journal of Archaeological Science，2012，39：1160-1171.

[46] M J martínez-Sánchez，C Pérez-Sirvent，J Molina-Ruiz，et al. Monitoring salinization processes in soils by using a chemical degradation indicator. Journal of Geochemical Exploration，2011，109：1-7.

[47] Zhang Jianfeng，Xing Shangjun，Zhang Xudong. Principles and Practice of Forestation in Saline Soil in China. Chinese Forestry Science and Technology，2004，3（2）：66-70.

[48] Fethi Bouksila，Akissa Bahri，Ronny Berndtsson，et al. Assessment of soil salinization risks under irrigation with brackish water in semiarid Tunisia. Environmental and Experimental Botany，2013，92：176-185.

思考题

1. 简述国内外盐渍化的分布地区与分布特点。
2. 叙述盐渍土的形成过程与盐渍来源。
3. 叙述盐渍土形成的动力特点。
4. 论述盐渍化的类型与等级划分指标。
5. 分析盐渍土形成的气候和地形条件。
6. 论述盐渍土治理的洗盐与暗管排盐措施与原理。
7. 分析利用耕作措施改良盐渍土的原理。
8. 利用膨润土、石膏、沸石改良盐渍土的原理是什么？

第六章　石漠化与防治

第一节　石漠化的概念与石漠化分布

我国西南喀斯特地区的石漠化是西部大开发中生态建设所面临的重大地域环境问题，也是西南喀斯特地区可持续发展的主要障碍之一。2001 年 3 月 15 日我国政府在十五大工作报告中明确提出“要加快小流域治理，减少水土流失，推进贵滇黔喀斯特地区石漠化综合治理”。这是“石漠化”一词首次出现在国家层面的报告文献中，自此，石漠化的专项研究与治理逐渐成为喀斯特地区研究的热点问题。

一、石漠化概念

石漠化一词一般是指“喀斯特”地区或石灰岩地区的土地退化过程或退化现象。“喀斯特”一词源于原南斯拉夫西北部伊斯特拉半岛上地表崎岖、岩石裸露的石灰岩高原的地名，原名是第纳尔“Kras”高原。近代喀斯特研究因于 19 世纪中叶发源于此地而得名，因此该地区被称为经典喀斯特地区。

喀斯特地区生态环境问题的由来源远流长，我国的历史记载最早可以追溯到明清时期。早在 300 年前，明代地理学家徐霞客对中国西南石漠化就有描述，在《徐霞客游记·黔游日记》中记载“1638 年 3 月 29 日，……四里，逾土山西度之脊，其西石峰特兀，至此北尽。逾脊西北行一里半，岭头石脊，复夹成隘门，两旁石骨嶙峋。4 月 15 日，……从西入山峡，两山密树深箐，与贵阳四面童山迥异。自入贵省，山皆童然无木，而贵阳尤甚……”明嘉靖年间《贵州通志·风土》也记载：“风土艰于禾稼，惟耕山而食……”清雍正年间《世宗皇帝实录》记载：“有本来似田而难必其成熟者，如山田泥面而石骨，土气本薄，初种一二年，尚可收获，数年之后，虽种籽粒，难以发生。且山形高峻之处，骤雨瀑流，冲去天中浮土，仅存石骨……”可见在明清时期不仅对地貌有“土山”“石山”之分，而且对石漠化“童山”也有认识。

19 世纪以来，我国喀斯特地区的生态环境遭到了 3 次严重的人为破坏，第一次是 1840 年以来长达 1 个世纪的战乱破坏，第二次是 20 世纪 50—70 年代在“向山要粮”等一系列错误政策指引下对环境的毁灭性破坏，第三次是 1978 年开始的农村经济体制改革中承包到户的承包地和承包荒山的破坏。

作为一个严重的生态地质环境问题，石漠化的概念正是在喀斯特地区经历3次破坏、生态环境日益严重的背景下提出来的。袁道先院士1981年首先采用石漠化（Rock Desertification）概念来表征植被、土壤覆盖的喀斯特地区转变为岩石裸露的喀斯特景观的过程，并指出石漠化是中国南方亚热带喀斯特地区严峻的生态问题，导致了喀斯特风化残积层土壤的迅速贫瘠化，是我国四大地质生态灾难中最难整治、最难摆脱贫困的灾害。热带和亚热带地区喀斯特生态系统的脆弱性是石漠化的形成基础，但包括人口压力、土地利用规划和实践的不合理、大气污染等的人类活动触发了这一事件的所有过程。

屠玉麟1996年提出石漠化是在喀斯特的自然背景下，受人为活动干扰破坏造成土壤严重侵蚀、基岩大面积裸露、土地生产力下降的土地退化过程，在这一退化过程中所形成的土地称石漠化土地。这一定义指明了石漠化的成因和实质，但没有明确石漠化发生的气候环境。

张殿发对石漠化的概念进行了补充，认为石漠化是指在亚热带地区岩溶极其发育的自然环境背景下，受人为活动的干扰破坏，造成土壤严重侵蚀，基岩大面积出露，生产力严重下降的土地退化现象。

关于石漠化的概念，不同学者有不同的认识。罗中康1999年提出，喀斯特地区的森林植被一旦遭受破坏，不仅难以恢复，而且必然造成大量的水土流失、土层变薄、土地退化、基岩出露、形成奇特的石漠化景观，简称石漠化。

熊康宁等2002年认为，石漠化是在喀斯特脆弱生态环境下，人类不合理的社会经济活动，造成人地矛盾突出、植被破坏、水土流失、岩石逐渐裸露、土地生产力衰退丧失，地表在视觉上呈现类似于荒漠景观的演变过程。

王世杰认为，喀斯特石漠化（Karst Rocky Desertification）是指在亚热带脆弱的喀斯特环境背景下，受人类不合理社会经济活动的干扰破坏，造成土壤严重侵蚀，基岩大面积出露，土地生产力严重下降，地表出现类似荒漠景观的土地退化过程。并总结出喀斯特石漠化是以脆弱的生态地质环境为基础，以强烈的人类活动为驱动力，以土地生产力退化为本质，以出现类似荒漠景观为标志的土地荒漠化的主要类型之一。

从以上概念中可以看出，目前关于石漠化的定义存在两种不同的认识，第一种认为石漠化是一种退化土地或土地退化现象。第二种概念则认为石漠化是一种土地退化过程，所形成的土地称为石漠化土地。这两类定义都认识到石漠化的本质是土地退化，但第二种定义更利于人们从形成机制等角度认识石漠化，使石漠化的研究突破水土流失研究的桎梏而上升到一个新的高度，因而为越来越多的人接受。

将石漠化概念界定的分歧归纳起来包括为：发生区域的分歧，发生原因的分歧，过程与现象的分歧。发生区域界定的分歧已经基本解决，根据发生区域的不同，石漠化可分为广义和狭义的石漠化。一般将发生在喀斯特和非喀斯特地区的石漠化称为广义石漠化，它包括了南方湿热地区人类活动和自然因素所导致的地表出现岩石裸露的过程和景观，既包括喀斯特地区的石漠化，还包括花岗岩石漠化、红色岩系石漠化、紫色砂页岩石漠化等。本章研究的内容是狭义的石漠化。

石漠化定义的前两个分歧已经形成比较一致的看法，而“现象”论或“过程”论是目前石漠化定义的主要分歧。“现象”论者认为，石漠化是在热带亚热带湿润半湿润气候条件和岩溶极其发育的自然背景下，受人为活动干扰，使地表植被遭受破坏，导致土坡严重流失，基岩大面积裸露或砾石堆积的土地退化现象，是岩溶地区土地退化的极端形式。“过程”论者将石漠化概念限定为狭义的范围，即喀斯特石漠化，指在热带亚热带脆弱的喀斯特环境背景下，受人类不合理社会经济活动的干扰破坏，造成土壤严重侵蚀，基岩大面积出露，土地生产力严重下降，地表出现类似荒漠景观的土地退化过程。“现象”定义和“过程”定义关于石漠化形成的时空范围和发生机理有着共同的认识，他们的分歧主要在于石漠化是过程还是现象。第一种概念是从静态的角度定义石漠化，它过分强调石漠化的现象属性，而忽略石漠化作为动态过程的一面，使研究者对石漠化的认识不易深入到更本质的层面。从它的内涵来分析，其外延最主要是石漠化问题引起的土地退化景观。第二种概念则从动态的角度抓住石漠化问题的实质，着重从发生机制的角度将石漠化定义为一种过程，但却不够重视石漠化作为景观现象的一面，忽略了石漠化过程寓于现象的客观性。从概念的内涵分析，其外延是各种石漠化过程，这种定义不利于石漠化的表达。实质上，“过程”和“现象”是石漠化定义中一对不可分割的有机体，二者缺一不可，“过程”定义有利于从本质上认识和研究石漠化，而“现象”是石漠化过程在景观变化上的反映。我们不能直接感知“过程”本身，只能通过研究这些现象，由感性认识上升到理性认识，找到隐藏在背后的石漠化发生和演化规律。

因此，石漠化的概念应是在热带亚热带暖温带湿润半湿润气候条件的喀斯特环境背景下，由于人类活动和自然因素，造成地表植被遭受破坏，土壤严重侵蚀，基岩大面积裸露或砾石堆积，土地生产力严重下降，地表出现类似荒漠景观的土地退化现象和过程。

二、石漠化的分布

（一）石漠化的全球分布

全世界陆地上岩溶分布面积近 2 200 万 km^2，约占地球陆地表面积的 15%，居住着约 10 亿人口，主要集中在低纬度地区，包括东南亚、中国西南、中亚、地中海、南欧、加勒比、北美东海岸、南美西海岸和澳大利亚的边缘地区等。集中连片的喀斯特主要分布在欧洲中南部、北美东部和中国西南地区。

（二）国内石漠化的分布

1. 石漠化分布地区和面积。我国石漠化主要发生在以云贵高原为中心，北起秦岭山脉南麓，南至广西盆地，西至横断山脉，东抵罗霄山脉西侧的岩溶地区，行政范围涉及贵州、云南、广西、四川、重庆、湖南、湖北及广东 8 个省（直辖市、自治区）的 463 个县。该区域是珠江的源头，长江水源的重要补给区，也是南水北调水源区、三峡库区，生态区位十分重要。石漠化是该地区最为严重的生态问题，影响着珠江、长江的生态安全，制约区域经济社会可持续发展。

为全面掌握岩溶地区石漠化现状和动态变化，2011 年初开始，国家林业局组织开展了岩溶地区第二次石漠化监测工作，采用地面调查与遥感技术相结合，以地面调查为主的技术路线，全面应用“3S”技术，取得了客观、可靠的监测数据。结果表明，截至 2011 年底，岩溶地区石漠化土地总面积为 1 200.2 万 hm^2，占岩溶土地面积的 26.5%，占区域国土面积的 11.2%，涉及湖北、湖南、广东、广西、重庆、四川、贵州和云南 8 个省（区、市）463 个县 5 575 个乡。其中，轻度石漠化土地面积为 431.5 万 hm^2，占石漠化土地总面积的 36.0%。中度石漠化土地面积为 518.9 万 hm^2，占 43.1%。重度石漠化土地面积为 217.7 万 hm^2，占 18.2%。极重度石漠化土地面积为 32.0 万 hm^2，占 2.7%。

按省份分布面积，贵州省石漠化土地面积最大，为 302.4 万 hm^2，占石漠化土地总面积的 25.2%；云南、广西、湖南、湖北、重庆、四川和广东石漠化土地面积分别为 284.0 万 hm^2、192.6 万 hm^2、143.1 万 hm^2、109.1 万 hm^2、89.5 万 hm^2、73.2 万 hm^2 和 6.4 万 hm^2，分别占石漠化土地总面积的 23.7%、16.0%、11.9%、9.1%、7.5%、6.1%和 0.5%（表 6-1）。虽然西南岩溶石山地区 8 省（直辖市、自治区）均有不同程度的石漠化发生，但石漠化主要发生在黔、滇、桂 3 省（区），占石漠化总面积的 64.9%。其中，贵州省石漠化主要分布在黔西、黔西北、黔西南，重点沿北盘江、乌江上游的三岔河及六冲河分布。云南省石漠化集中连片分布，主要发生在滇南、滇西南，省内自北向南石漠化发生逐渐增多，程度加重，海拔 1 300～2 200 m 的峰丛洼地和广大岩溶缓丘地区、盆地边缘分布最广。广西壮族自治区石漠化分布较分散，主要分布在桂西、桂中等地。

表 6-1 我国主要省份岩溶与石漠化分布面积与比例（国家林业局，2011）

省（自治区、直辖市）	岩溶面积/ km^2	石漠化面积/万 hm^2	石漠化发生/%
贵州	112 238	302.4	25.2
云南	79 122	284.0	23.7
广西	83 296	192.6	16.0
湖南	54 362	143.1	11.9
湖北	50 955	109.1	9.1
重庆市	32 722	89.5	7.5
四川	27 643	73.2	6.1
广东	10 631	6.4	0.5
合计	451 009	1 200.3	—

依流域划分，石漠化地区主要分布于长江流域和珠江流域。其中，长江流域分布面积最大，石漠化土地面积为 695.6 万 hm^2，占石漠化土地总面积的 58.0%。珠江流域次之，为 426.2 万 hm^2，占 35.5%。其他依次为红河流域 57.0 万 hm^2，怒江流域 14.7 万 hm^2，澜沧江流域 6.7 万 hm^2，分别占石漠化总面积的 4.8%、1.2%和 0,5%。

总之，我国石漠化分布表现出以下 4 个特征。① 分布相对比较集中，以云贵高原为中心的 81 个县，国土面积仅占岩溶地区的 27.1%，而石漠化面积却占石漠化总面积的 53.4%。② 主要发生于坡度较大的坡面上，发生在 16°以上坡面上的石漠化面积达 1 100 万 hm^2，占石漠化土地总面积的 84.9%。③ 以轻度、中度石漠化为主，轻度、中度石漠化土地占石漠化总面积的 79.1%（图 6-1）。④ 石漠化发生率与贫困状况密切相关，监测区的平均石漠化发生率为 28.7%，而县财政收入低于 2 000 万元的 18 个县，石漠化发生率为 40.7%，高出监测区平均值 12%；在农民年均纯收入低于 800 元的 5 个县，石漠化发生率高达 52.8%，比监测区平均值高出 24.1%。

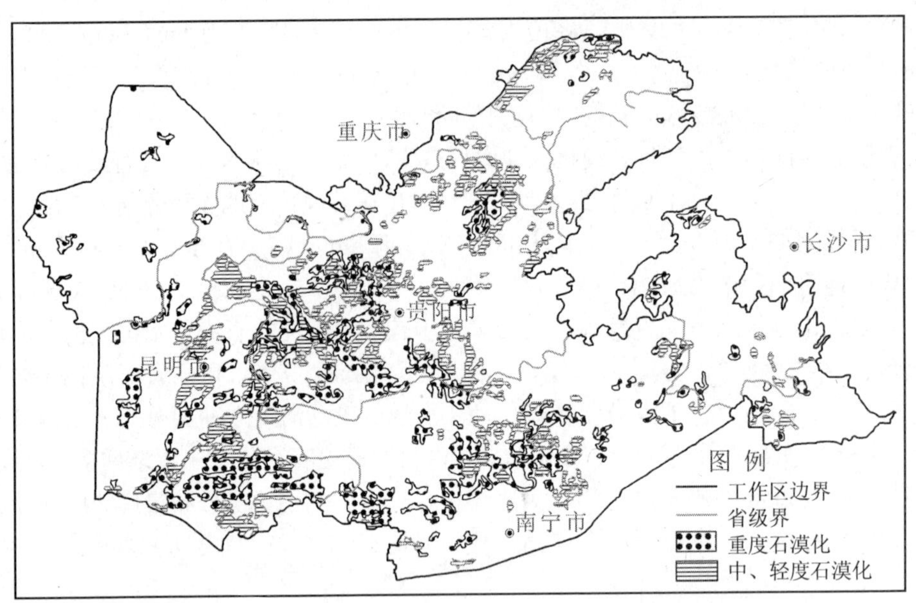

1. 重度石漠化；2. 中度石漠化；3. 轻度石漠化；4. 无石漠化；5. 工作界区；6. 省界；7. 碳酸盐岩界线

图 6-1 我国西南地区石漠化分布与等级（王宇，2003）

2. 潜在石漠化分布地区和面积。截至 2011 年年底，岩溶地区潜在石漠化土地总面积为 1 331.8 万 hm^2，占岩溶土地面积的 29.4%，占区域国土面积的 12.4%，涉及湖北、湖南、广东、广西、重庆、四川、贵州和云南 8 个省（区、市）463 个县 5 609 个乡。

贵州省潜在石漠化土地面积最大，为 325.6 万 hm^2，占潜在石漠化土地总面积的 24.5%。湖北、广西、云南、湖南、重庆、四川和广东，分别为 237.8 万 hm^2、229.4 万 hm^2、177.1 万 hm^2、156.4 万 hm^2、87.1 万 hm^2、76.9 万 hm^2 和 41.5 万 hm^2，各占潜在石漠化土地总面积的 17.9%、17.2%、13.3%、11.7%、6.5%、5.8%和 3.1%。

从流域看，长江流域潜在石漠化土地面积最大，为 870.7 万 hm^2，占潜在石漠化土地总面积的 65.4%。珠江流域 405.5 万 hm^2，占 30.5%。红河流域 26.9 万 hm^2，占 2.0%。澜沧江流域和怒江流域为 15.0 万 hm^2 和 13.6 万 hm^2，分别占 1.1%和 1.0%。

3. 石漠化的动态变化。监测还显示，截至 2011 年年底，岩溶地区石漠化土地面积与 2005 年（第一次石漠化监测信息基准年）的 1 296.2 万 hm^2 相比减少 96.0 万 hm^2，减少了 7.4%，年均减少面积 16.0 万 hm^2，年均缩减率为 1.27%。

与 2005 年相比，8 省（自治区、直辖市）石漠化土地均有所减少，其中广西石漠化土地减少面积最多，减少面积 45.3 万 hm^2，减少了 19.0%。贵州、湖南、四川、云南、湖北、重庆和广东石漠化土地面积分别减少 29.2 万 hm^2、4.8 万 hm^2、4.3 万 hm^2、4.2 万 hm^2、3.4 万 hm^2、3.0 万 hm^2 和 1.8 万 hm^2，减少率分别为 8.82%、3.26%、5.56%、1.44%、3.02%、3.28%、21.57%。

从石漠化程度的动态变化来看，与 2005 年相比，轻度石漠化土地面积增加 75.2 万 hm^2，增加率为 21.1%；中度石漠化土地面积减少了 73.0 万 hm^2，减少率为 12.3%；重度石漠化土地面积减少 75.7 万 hm^2，减少率为 25.8%；极重度石漠化土地面积减少了 22.5 万 hm^2，减少了 41.3%。轻度、中度、重度与极重度石漠化土地面积占石漠化土地总面积的比重由第一次监测的 27.5∶45.7∶22.6∶4.2 变化为本次监测的 36.0∶43.1∶18.2∶2.7，轻度石漠化土地较 2005 年增加 8.5%。

第二节　石漠化发生动力和条件

石漠化不是一种单纯的自然现象，其形成既有自然因素，也有人为因素。自然因素包括地质、气候、地形、植被等，各因素相互影响、紧密联系，共同塑造了脆弱的喀斯特环境。人为因素是指人类粗放耕作、过度樵采、石山放牧等掠夺式开发利用土地资源。即使在没有人为因素干扰的情况下，石灰岩地区的生态系统也在不断发生一定的变化，但这种变化极为缓慢。但是，如果在脆弱的喀斯特生态系统受到了活跃的人为破坏作用，就会使石漠化的速度发生快速地增加。因此，不合理的人为活动是造成喀斯特石漠化的主要原因。

一、石漠化发生的动力和水蚀类型

（一）石漠化发生的动力

石漠化发生在降水量较多的亚热带湿润地区，年平均降水量一般在 1 000 mm 以上（表 6-2），多者达 2 000 mm 以上。在这样的降水条件下，地表径流发育，是地表土壤侵蚀的主要动力。加上石漠化地区地形坡度较大，径流速度较大，土壤侵蚀动力较强。因此，流水是石漠化发生的主要动力。我国西南石灰岩地区水蚀动力与黄土高原有相似之处，具体包括面状流水动力和沟谷流水动力等。但是由于西南地区降水和地表物质组成与黄土高原不同，水力侵蚀与黄土高原也有一定差别。

石漠化地区最大日雨量可超过 150 mm，1 h 最大雨量普遍超过 30 mm。因而地面径流较大，年径流深在 500 mm 以上，最大达 1 800 mm，径流系数为 40%～70%，侵蚀力强，为土壤侵蚀提供了强大的动力。

表 6-2　中国西南地区的气候（袁道先等，1988）

地区	海拔/m	年均温/℃	年降水量/mm	地区	海拔/m	年均温/℃	年降水量/mm
南宁	72	21.6	1 280.9	重庆	200	18.3	1 075.2
桂林	140	18.8	1 873.6	成都	505	16.3	976.0
贵阳	1 071	15.3	1 162.5	昆明	1 891	14.8	991.7

亚热带岩溶地区年均降雨量季节分布不均，集中在春季（约占 40%）和夏季（占 50% 以上），容易形成暴雨，特别在夏季易形成特大暴雨并引发洪涝灾害。而春季和初夏季正是大面积坡耕地的中耕播种季节，农作物（玉米、油菜、绿肥等）正处于幼苗阶段，疏松的坡土得不到很好的覆盖，利于水流对地表土壤的侵蚀，从而造成严重的水土流失，所以春季和初夏季暴雨加剧了土地石漠化的发展。

（二）石漠化的水蚀类型

1. 溅蚀和片蚀。溅蚀广布于喀斯特峰坡上部至顶部、分布于石芽之间或石头缝隙的浅土旱地，这是为云南、贵州、广西等省（自治区）喀斯特峰丛地区特有的一种耕地。虽喀斯特土黏重、凝聚力较强，但遇到暴雨时，降雨强度和溅击粒动能均较大，溅蚀作用显著，使坡面大量土颗粒流失，是广大峰坡顶部地带少土、裸岩遍布的主要原因。

片蚀主要分布峰丛稀疏灌草荒坡、顺坡旱地、失修的台梯地等部位，侵蚀分布较广，侵蚀强度可使土地发生中度和严重退化。

2. 沟蚀。主要发生于峰坡下部与坡麓地带土层相对较厚的部位，侵蚀强度多属极强度、剧烈级。受峰丛地形与土层厚度等因素影响，形态上主要有浅沟和切沟，冲沟较少发育。其中浅沟侵蚀通常在峰丛山坡下部、坡麓土层较厚的荒坡面与顺坡耕地上，由大股水流冲刷形成的宽浅槽形沟，多呈数沟并列。一般沟宽 1～2 m，沟深小于 1 m，沟底冲积有砾石块。切沟侵蚀是由浅沟进一步发展而成，形态上沟壁近直立，沟底已切达基岩，可见石芽出露。切沟分布数量和范围均较浅沟少，但是侵蚀轻度增至剧烈等级。

3. 漏失。水土地下漏失是指喀斯特地下水与土壤下面的岩石发生化学反应形成空隙、裂隙和管道，被上覆土壤通过蠕滑和错落等重力侵蚀方式填充，造成坡地地面土壤、土壤母质等沿溶沟、溶槽、洼地和岩石缝隙进入岩溶地下含水层。土壤漏失是岩溶研究人员近几年取得的重要新认识，关于漏失量研究的还存在分歧，有的认为岩溶区的土壤漏失占侵蚀量的 50%以上，有的认为不足 50%，具体占有多少，有待进一步研究。

4. 石隙刷蚀。是喀斯特山地特有的一种侵蚀形式，主要发生在石芽广泛出露的坡地。其裸坡经长期剥蚀，残存的少量土充填在石芽间隙和石旮旯中，受石芽与块石的挡截，一般中小降水以下渗水为主，侵蚀较少，大雨时也只局部形成轻度冲蚀。当暴雨和大暴雨出现时，山坡产生的大量径流，汇集后曲折奔流于石芽石块间隙，以涡流和湍流方式对石芽间的土层进行冲刷侵蚀。这种侵蚀形式称之为“石隙刷蚀”，其侵蚀强度多属轻度和中度级，常不易引起重视，但是此类侵蚀危害性很大。

5. 潜蚀。是喀斯特区常见的侵蚀类型。在土层较厚的缓坡地、台地和洼地底部，由地表水沿土体缝隙下渗，以及地下水的渗流与掏蚀等作用，形成地下土体中的土洞、盲沟和陷穴形态，多在暴雨后发生，直接破坏农地及水利道路等设施，危害很大。

二、石漠化发生的条件和影响因素

（一）地质条件

1. 岩石条件。石漠化发生于碳酸盐分布地区，即发育在石灰岩和白云岩分布区，并以石灰岩分布区为主。较纯的碳酸盐分布区是石漠化主要发育地区（表 6-3），碳酸盐属于可溶盐，在亚热带湿润气候条件下碳酸盐发生的变化主要是化学溶解作用，这是石漠化最重要的自然条件。在雨水的作用下，$CaCO_3$ 发生化学溶解，溶解后的 $CaCO_3$ 以 Ca^{2+}和 HCO_3^- 离子的形式随着地表径流和地下水流失。这种 $CaCO_3$ 溶解和流失几乎不能为土壤形成提供物质，非常不利于土壤的发育。特别是在化学成分较纯而含黏土成分很少的碳酸盐分布地区，岩石条件对土壤的形成是很不利的。土壤的形成需要的主要是不可溶的硅酸盐和铁、铝及硅的氧化物。较纯的石灰岩，缺少硅酸盐和铁、铝和硅的氧化物，也就是缺少土壤形成的主要物质，不利于土壤的形成。因此，石灰岩地区土壤厚度通常很小，容易侵蚀导致岩石裸露。

$$H_2O+CO_2+CaCO_3^{+}=Ca^{2+}+2\text{（}HCO_3\text{）}^{-}$$

表 6-3　西南喀斯特地区各类碳酸盐岩中石漠化面积（钱铭杰等，2008）

岩石类型	纯石灰岩地层	灰岩与白云岩互层	碳酸盐岩夹碎屑岩	纯白云岩	碎屑岩类碳酸盐岩	碳酸盐岩与碎屑岩互层	合计
石漠化面积/km^2	5.21	2.13	1.46	0.63	0.62	0.46	10.51
所占比例/%	49.63	20.22	13.85	6.04	5.86	4.40	100

此外，碳酸盐岩孔隙度小，孔隙度一般不到 4%，含水性低，加之该区内新生代地壳大幅度抬升，雨水既能在地表也能在地下进行强烈的溶蚀，形成了特殊的二元结构和破碎的地形地貌，保土保水性能极差。这样的环境背景决定了喀斯特地区脆弱的生态环境，主要表现在生态敏感度高，环境容量、环境系统自组织能力低，稳定性差，森林植被遭受破坏后极易造成水土流失和基岩裸露等。碳酸盐岩系的抗物理风蚀能力强，物理风化极其缓慢，风化物的聚集非常缓慢，成土速度几乎是所有基岩类型中最缓慢的，因此也是最容易石漠化的山地类型。据对贵州典型喀斯特山区 133 个样点分析，本区的石灰岩每千年风化剥蚀速率仅为 23.7～110.7 $mm/10^3a$，每形成 1 cm 厚的风化土层平均需要 4 000 余年，慢者需要 8 500 年，较非岩溶山区慢 10～80 倍，且厚度分配不均。并且石灰土富含有机质的表层土壤一旦流失，良好的土壤结构将遭到迅速破坏，土壤抗蚀抗冲能力明显下降，土壤侵蚀加剧。这些是西南喀斯特山区土层浅薄且分布不连续、土地易发生石漠化的背景和基本原因之一。

2. 构造条件。在世界上具有不同生态地质环境背景的喀斯特地区，喀斯特系统与人类活动相互作用的环境效应是极不相同的。在中国西南喀斯特地区，特定的地质演化过程奠定了脆弱的环境背景。以挤压为主的中生代燕山构造运动使西南地区普遍发生褶皱作用，形成高低起伏的古老碳酸盐岩基岩面；以升降为主、叠加在此之上的新生代燕山构造运动塑造了现代陡峻而破碎的喀斯特高原地貌景观，由此产生较大的地表切割度和地形坡度，为水土流失提供了动力潜能。从震旦纪到三叠纪，在该区沉积了巨厚的碳酸盐岩地层，为喀斯特石漠化的发生提供了物质基础，特别是纯碳酸盐岩的大面积出露，为石漠化的形成奠定了物质条件。

岩溶山区特殊的土体剖面结构加剧了斜坡上的水土流失和石漠化。一是喀斯特山区土壤剖面中通常缺乏风化母质的过渡层（C 层），在基质碳酸盐母岩和上层土壤之间，存在着软硬明显不同的界面，而且岩石表面光滑，使岩土之间的黏着力与亲和力极低，强烈的降水下渗以后，很容易在岩石—土壤界面上产生侧向径流，使得土层根基松散，极易发生土壤侵蚀，激发水土流失和土地石漠化。二是在热带、亚热带湿热气候条件下，经过长期强烈的化学淋溶作用，黏粒垂直下移，形成上松下黏的物理性状差异显著的土层界面，在径流的冲蚀下极易被侵蚀。

（二）地形与地貌条件

峰林洼地、峰丛洼地和岩溶断盆地带的石漠化发生率在所有地貌类型中最高（图 6-2），分别为 42%、35%和 44%，在轻度、中度和严重石漠化发生率中这种现象也普遍存在。岩溶峡谷、岩溶丘陵和低山区的石漠化发生率也高（图 6-2），发生率为 20%左右，但主要以轻度石漠化为主，严重石漠化很少。岩溶槽谷、岩溶山地和岩溶平原的石漠化发生率相对较低（图 6-2），以轻、中度为主。无论是总石漠化发生率还是轻度、中度和严重石漠化发生率，除丘陵地区外石漠化发生率都随切割度增大而增大，而且在同一地貌单元中随相对高差的增大有增大的趋势。

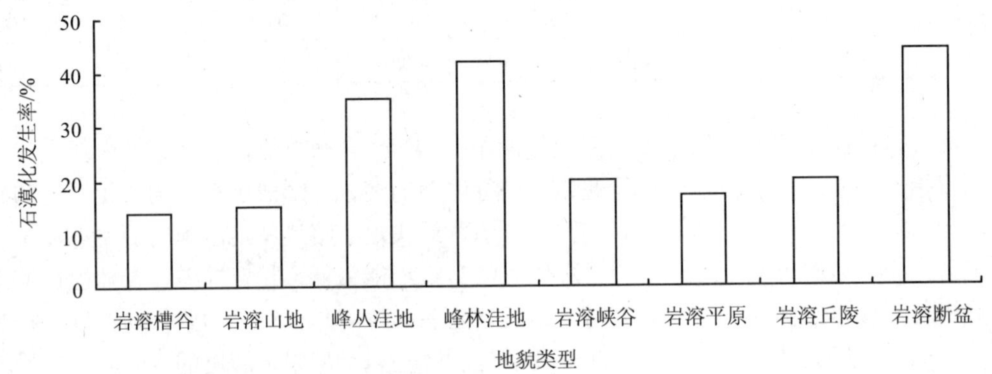

图 6-2 不同地貌类型的石漠化发生率对比（钱铭杰等，2008）

西南喀斯特地区地表崎岖破碎，地形复杂，盆地、丘陵、山地并存，其中山地面积大，而且坡度陡。该区石漠化主要发生在以下 3 大地形区。① 平坝地形区，包括平川（云南较多）、山间小盆地（在黔中、桂西、湘西等分布较多）及其周边的平台地等。② 丘陵地形区，其基岩类型多样化，地势起伏有大有小，表土层有厚有薄，是较易石漠化的区域。③ 山地地形区，山地地势起伏很大，多数地方土层较薄且很不均匀，是石漠化潜势很高的区域。西南山地区又分为岩溶地貌和非岩溶地貌两大类型。岩溶地貌指以碳酸岩、盐岩为主体的地域。非岩溶地貌指没有岩溶地貌分布或岩溶地貌面积占总面积 20%以下的地域。由于岩溶地貌的风化极其缓慢，风化物淀积非常困难，成土速度几乎是所有基岩类型中最缓慢的，因此是山地类型中最容易石漠化的类型。而非岩溶地区虽比岩溶地区的风化、风化物淀积、成土的速度要快一些，但因为其中大部分地区表土层并不是很厚，特别是植被稀疏的高山、高中山区，表层甚至很薄，也是易石漠化的类型。

以贵州为例，全省山地面积占 87%，丘陵占 10%，平川坝地仅占 3%。地表平均坡度达 17.78°，其中＞25°的陡坡地占全省总面积的 34.5%，15°～25°的占 34.9%，两者合计占 69.4%。山多坡陡的地表结构不利于水土资源的保存，加剧了斜坡体上水、土、肥的流失，在人类不合理活动的扰动激发下，使大片岩溶山地变成石漠化土地。

地貌与地形条件对石漠化的影响主要是通过地形坡度表现出来的，通常坡度大的地区地段石漠化严重，坡度小的地区石漠化较轻。地貌与地形条件对石漠化的影响与不同地形条件下人类活动强弱不同有关，人类的农业生产活动强的地区石漠化严重，人类活动弱的地区石漠化轻。

（三）气候条件

西南岩溶地区位于青藏高原的东南翼斜坡，处在太平洋季风与印度洋季风交汇影响的边缘地带，为温暖湿润的亚热带季风气候，降水丰富，年降雨量通常达 1 000～2 000 mm。在这样降水量多的地区，植被生长茂盛，不利于发生荒漠化。虽然该区降水主要集中在春夏季节，但降水量的季节分布不均是亚热带季风气候区的共同特点，所以这也不是该区出现石漠化的原因。总体来讲，亚热带湿润季风气候不是导致石漠化的原因。在石灰岩分布地区，亚热带湿润气候不利于发生土地退化。

（四）植被条件

喀斯特山区是一种典型的钙生性环境，组成其生态环境基底的化学元素主要为 Ca、Mg、Si、Al、Mn、Fe 等富钙亲石元素，而且风化淋溶的成土速率极慢，而植被生长所需的 N、P、K、Na、I、B、F 等营养型元素则相对匮乏，尤其是钾含量非常低，且容易溶解流失，因而这种钙生性环境对植物具有强烈的选择性。并且该区域土层浅薄，岩体裂隙、漏斗发育，地表严重干旱，环境严酷，对植物生长有极大的限制作用，只有在生理上表现出耐旱、喜钙、抗酸、抗瘠及石生特点，根属能攀附岩石、在裂缝中求得生存所需营养物质的种群才能在喀斯特山区生长发育。而许多喜酸、喜湿、喜肥的植物在这里难以生长，即使能生长也多为长势不良的“小老头树”。因此，我国喀斯特地区适应生存的物种较其他地区少，存在的主要是一类耐瘠嗜钙的岩生性植物群落，群落结构相对简单，生态系统稳定性差，容易遭受破坏。

该区植被遭到破坏后，适应的物种种源都较远，部分大粒种子需要通过鸟类等动物的搬运才能侵入，大大延长了植被恢复的时间，易导致土地石漠化。

（五）人类活动

不合理的人类活动是土地退化发生和迅速发展的重要外在因素。人为因素造成土地退化主要表现在以下几方面。

1. 人口增长快。西南喀斯特山区人口多（超过 1 亿）、农业人口比重大（平均在 70%以上）、增长快，对土地压力大。如新中国成立初期贵州的总人口是 1 403 万，到 2001 年达到了 3 707 万，人口自然增长率过快，目前仍在 14‰以上，比全国高 5‰，全省喀斯特山区的人口平均密度已达 220 人/km^2，远远超过当前生产力水平下的合理人口容量约 150 人/km^2 的限度，人口超载率在 40%以上。此外，西南喀斯特山区还是我国少数民族聚居区，少数民族人口约 4 000 万，因经济的贫困和山区的闭塞，科技文化落后，人口素质较低。这些原因导致大规模的平面垦殖，田尽而地、地尽而山，造成严重的水土流失，使不少喀斯特山区陷入“人口增加—过度开垦—土壤退化—石漠化扩展—经济贫困”的恶性循环中。

2. 对土地掠夺式经营。地形崎岖、交通和通讯不便、经济落后、地区封闭等客观因素使该区民众的思想意识深深地印上贫困文化的烙印，自觉或不自觉地以破坏环境和掠夺自然资源为代价，来维持不断增长的人口需要。乱砍滥伐、乱垦滥耕、铲草皮、挖树根、烧秸秆等在喀斯特山区经常发生，不少地区尤其是交通不便的偏远山区在 1990 年以前普遍存在着“刀耕火种，烧山种地”的现象。乱砍滥伐与樵采活动使乔木和大灌木林被破坏，使适宜在荫蔽环境下生活的苔藓、地衣等底层部位植物种群失去生存条件而很快死亡，攀缘植物因失去攀缘条件而减少。导致植被毁坏，首先是植被退变，仅有小灌木丛与草本植物留存下来，植被退变的结果是使山体表层储水能力降低、成土速度减慢、水土流失加剧。然后是植被的生存条件恶化，造成植被进一步退化，使原来在原始森林覆盖下的地区逐步石漠化。

同时，这些地区也经常诱发森林火灾。据统计，仅黔南州 1977—1981 年由于烧灰积肥、烧荒开垦等生产性火源引起的火灾占 80.5%，部分火灾严重的县，森林火灾烧毁面积远远超过造林面积，使岩溶山区的生态系统遭到严重破坏，导致生态破坏与贫困恶性循环，最终使居住条件越来越恶化，耕地更加贫瘠。

3. 耕种方式与作物布局不合理。在贵州 36 920 km^2 的总耕地面积中，旱耕地占 69%，而在旱坡耕地中，实现梯土化的或等高耕作的不到 1/3，而占耕地总面积 46.2%以上的耕地实施的仍是传统的顺坡耕种。同时在作物布局上也不合理，多单一种植，不同作物之间的间作、混作、套种较少。同时片面地认为玉米、小麦等耗地作物是高产作物，而豆类、花生等养地作物是低产作物，导致用、养地植物比失调，地力逐渐衰退，作物长势差，覆盖度低，增加了降雨时的坡面径流而加剧土壤退化。

4. 开矿筑路与乱弃废土。随着经济的不断发展，开矿、筑路、建厂、搞开发区等基建工程逐年增多。在修建大型建设项目时，大多数施工方在规划设计中没有专项的水土保持、恢复生态的环保措施，而是为了取材方便随意开采，即使有些项目列有水土保持工程方案，但施工单位废料乱弃现象普遍存在。如近几年进行的“村村通公路”工程，由于资金不足和技术监督管理不到位等原因，基本上没有采取防止水土流失的措施，使得成百上千条的乡间公路也成为造成水土流失和加剧石漠化灾害的根源。并且群众乱采矿造成水土流失也很严重，使石山地区的环境破坏严重。

（六）政策因素

执行政策偏差也是喀斯特山区土壤侵蚀性退化的重要原因。政策因素加剧土地石漠化发展，并直接导致其发生突变，主要体现在以下 4 个方面。

1. 历史上特别的工业活动。1958 年前后砍伐了大量的树木，代替焦炭作为炼钢材料，是迄今为止对喀斯特地区石漠化影响最严重的行为。之后森林的砍伐破坏也不断发生。据监测，仅 1978—1980 年喀斯特地区就减少杂木林面积 26.4 万 hm^2，导致水土流失区域和石漠化区域不断扩大。

2. 人口政策。新中国成立初期鼓励生育的国家政策导致石山地区人口猛增，大大超过自然生态系统的承载能力，加快了石山地区生态恶化和土地石漠化过程。虽然近 30 多年来实行计划生育政策，但由于以前超生数量大，加上人们的生育观念落后，政社分开和市场经济发展过程中人口的频繁流动等增加了计划生育的管理难度，因此人口仍以较快的速度增长。在异地搬迁和劳务输出有限的情况下，即使封山育林使被封地区的环境恢复逆转，而未封的地区由于人畜压力加大而导致植被破坏更加严重，从而使石漠化继续加剧。

3. 国家财政体制变化。改革开放以后国家财政体制发生变化，中央与地方“分灶吃饭”。尚未脱贫的石山地区地方财政原本就较为困难，中央又缺乏足够的财政转移支付，为了经济需要，当地居民便对自然资源进行掠夺式开发，使生态环境遭受严重破坏。由此看来，国家需要增加经济落后地区的财政扶持，特别是要拨款治理石漠化问题。

4. 经济发展考核指标。虽然以 GNP 为核心的国民经济发展考核指标有利于促进经济增长，但在强化经济增长速度的进程中，缺乏对石山地区森林覆盖率、水土流失、石漠化等的考核指标，忽视了生态保护，成为岩溶地区生态环境治理的不利因素。因此，在加强经济考核的同时，还要重视对生态环境治理指标的考核，促进石漠化的治理。

第三节 石漠化的等级与景观

一、石漠化等级划分指标

1. 植被覆盖率。植被是喀斯特自然生态系统的关键成分，它维系着整个生态系统的环境优劣和水分平衡，是石漠化景观表现的重要指标。正是由于植被遭到破坏，才出现土壤强烈侵蚀，基岩裸露，进而形成石漠化。因此，从石漠化的科学内涵出发，植被覆盖率是石漠化辨识的关键指标。对植被盖度与水土保持关系的研究也表明，要稳定地减少土壤侵蚀，植被覆盖不得低于 50%。可将植被覆盖在 50%以上的地区作为无明显石漠化的地区。从土地利用的角度来说，若植被覆盖率低于 20%，在土地利用上属于低覆盖地区，土地难以利用，基岩大部分出露，景观已经接近于裸露石山状态。

2. 植被类型。土壤遭受侵蚀后土层变薄，肥力下降，不仅植被覆盖率降低，植被类型也相应发生变化，因此植被类型变化可间接地反映土地生产力退化的状况。石漠化从形成初期阶段到演化的后期，植被类型的演替序列为，次生乔灌林—灌木林—稀灌草坡—草坡，可结合实际情况通过不同的植被类型反映石漠化的发展程度。

3. 岩石裸露率。岩石裸露率是石漠化景观最明显的表现。各等级之间的界线可以结合植被覆盖率来划分。当土地利用为低覆盖草地时，土地已不能利用，景观近于裸露石山，裸岩率达 80%以上。在典型喀斯特地区，林地下裸岩率较草地和耕地高，因此可以林地不适宜级的裸岩率作为不宜利用的界线。对贵州息烽县土地适宜性评价研究显示，林地不适宜级裸岩率大于 70%，可以作为中度石漠化的界线。

4. 土层厚度。西南喀斯特地区具有独特的水热条件，有土层存在的地方基本就会有植被的良好生长，土层厚度是反映石漠化分布规律的一个重要指征。据大量野外实地调查，典型裸露型喀斯特山地土体厚度一般为 30 cm 左右，参照对山区丘陵区土地适宜性评价的研究成果，林业和牧业土层厚度小于 10 cm 就难以利用，可作为中度石漠化的界线。土层在 20 cm 以上则林、灌、草都可利用，可近似地作为无明显石漠化的地区，具体指标体系见表 6-4。

5. 土壤平均侵蚀模数。土壤侵蚀模数也能够反映石漠化的强弱，不过侵蚀模数随着石漠化由弱到较强再到最强，呈现由小到大再到小的变化。在石漠化最强时，由于土壤大部分已被侵蚀完毕，所以侵蚀模数反而变小。

二、石漠化的等级

根据上述植被覆盖率、植被类型、基岩裸露率、平均土壤厚度和平均侵蚀模各项指标，可将荒漠化强弱等级分为轻度石漠化、中度石漠化、重度石漠化和极重度石漠化 4 个等级（表 6-4）。另外，根据这些指标的数值，还可以确定潜在石漠化（表 6-4）。我国的石漠化以轻度、中度石漠化为主，轻度和中度石漠化土地占石漠化总面积的 79.1%（图 6-1）。

表 6-4 喀斯特土地石漠化现状评价指标体系（王宇等，2003）

石漠化程度分级	植被覆盖率/%	植被类型	基岩裸露率/%	平均土厚/cm	土壤平均侵蚀模数/[t/（km·a）]
无明显石漠化	≥70	乔灌草	＜20	＞20	＜1 000
潜在石漠化	50～70	乔灌草	20～30	＜20	1 000～2500
轻度石漠化	35～50	乔草+灌木	30～50	＜15	2 500～5 000
中度石漠化	20～35	疏草+疏灌	50～70	＜10	5 000～8 000
重度石漠化	10～20	疏草	70～90	＜5	＞8 000
极重度石漠化	＜10	稀少	≥90	＜3	＜1 000

调查表明，我国西南地区以轻度石漠化为主，一般占土地总面积的 10%～20%，中度石漠化和严重石漠化面积占土地面积的 5%以下（表 6-5）。虽然重度和严重石漠化面积所占比例不高，但面积还是较大的，应当引起充分的重视。

表 6-5 西南地区土地退化等级（张建平，2001）

地区	土地总面积/km^2	轻度退化/km^2	占总面积比例/%	中度退化/km^2	占总面积比例/%	严重退化/km^2	占总面积比例/%
广西	236 660.00	9 968.99	4.2	3 796.39	1.6	9 786.81	4.1
贵州	176 128.00	20 681.10	11.7	14 962.60	3.5	3 119.90	1.8
云南	383 390.11	51 611.78	13.5	7 845.71	2.0	821.25	0.2
四川	565 707.51	106 586.5	18.8	21 523.06	3.8	2 665.99	0.5
合计	1361 885.6	188 852.5	14.3	48 128.81	3.5	16 393.62	1.1

三、石漠化的景观特点

石漠化属于水蚀荒漠化类型，侵蚀动力较强，造成的地表景观变化较大。石漠化主要发生在丘陵和山区，地形起伏本来较大，原来的地表景观以较茂密的植被和红土分布为主。在强烈的石漠化发生之后，土壤受到侵蚀殆尽（图 6-3），或仅有少量残存（图 6-4），植被变得稀疏，石灰岩裸露于地表。土壤的侵蚀也使得地表起伏进一步加大，沟谷发育，沟谷密度和规模加大，并出现了更多侵蚀沟。

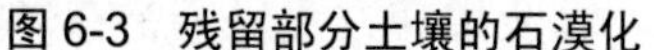

图 6-3　残留部分土壤的石漠化

图 6-4　云南石林发育的石漠化（赵景波摄）

由于在石漠化之后红色土壤很少存在，严重石漠化地区总体呈现浅灰色或灰白色石灰岩裸露的丘陵和山地景观，或浅色石灰岩与少数红色土相间的斑块状景观。由于差异风化等原因，石漠化地区的地表很破碎，地表凸凹明显，极为不平，呈现石灰岩裸露的水蚀劣地或石质坡地。

第四节　石漠化的危害

“乱石旮旯地，牛都进不去。春耕一大坡，秋收几小箩”。这正是我国南方石漠化山区农民恶劣的生产与生活条件的真实写照。石漠化地区，缺水少土，旱涝灾害频繁，生态环境恶劣，土地生产力下降，人民群众只能在“碗一块、瓢一窝”的石缝地里种粮食，农业、畜牧业发展均受到限制，生活十分贫困。在石漠化特别严重的地区，“一方水土养不活一方人”，许多地方不得不考虑“生态移民”。石漠化对人们赖以生存环境产生了极大的危害，主要体现在以下几个方面。

一、加剧水土流失

石漠化与水土流失是互为因果的关系，即水土流失会产生石漠化，而石漠化的出现又会加剧水土流失。如贵州省随着石漠化的加剧，该区水土流失面积 20 世纪 50 年代为 2.5 万 km^2，到了 60 年代，扩大到 3.5 万 km^2，70 年代末为 5.0 万 km^2，1995 年则高达 7.67 万 km^2，占全省总面积的 43.5%，而目前已经接近 50%。水土流失造成水库、河道淤积，严重危及流域水利工程设施各项效能的正常发挥。据测定，红水河流域水土流失面积占土地总面积的 25%以上，河水含沙量为 0.726 kg/m^3，流域土壤年均侵蚀模数为 1 622 t/km^2。贵州最大的乌江渡水电站，库区 5 年淤积泥沙 2 亿 m^3，是原预计 50 年的淤积量，严重影响了电站安全运行与寿命，降低了泄洪能力，直接威胁到长江、珠江下游地区的生态安全。

二、造成土地资源丧失

土地石漠化加剧了水土流失，导致岩溶地区极其珍贵的土壤大量流失，土层逐渐变薄，岩石裸露率加大（图 6-3、图 6-4）。以广西为例，该区在 2001 年有坡耕地 99.3 万 hm^2，占总耕地面积的 38.4%，这些坡耕地水土流失极其严重，按每年每公顷侵蚀模数 45 t 计算，全区坡耕地流失耕作土壤 4 480 万 t，相当于每年流失表土层 4.5 mm。表土流失的同时也携带走土壤中的大量养分，使得土壤肥力下降、保墒能力变差，可耕作土地资源逐年减少，粮食产量低而不稳。在大部分喀斯特石漠化山区，土地呈盆景状零星分布在裸露岩石中间，人们只能在石缝中点种包谷等旱作物，普遍是广种薄收，农业生产方式仍停留在“刀耕火种”状态。这里种植的玉米单产只有 750 kg/hm^2，仅相当于平原地区的 1/10，维持不了群众基本口粮，严重阻碍当地经济的发展，因而成为一个非常紧迫又极为严峻的社会问题。

三、加剧生态系统退化

石漠化导致喀斯特水、土环境要素缺损，环境与生态之间的物质能量受阻，植物生境严酷。不仅导致了喀斯特生态系统多样性类型正在减少或逐步消失，而且使喀斯特植被发生变异以适应环境，造成喀斯特山区的森林退化，区域植物的种属减少，群落结构趋于简单化，甚至发生变异。在喀斯特石漠化山区，森林覆盖率不超过 10%，且多为旱生植物群落，如藤本刺灌木丛、旱生性禾本灌草丛和肉质多浆灌丛等。

四、加剧岩溶区的旱涝灾害

石漠化生态系统的承灾阈值弹性小，缺乏森林植被来调节缓冲地表径流，致使这类地区一遇中到大雨，地表径流便快速汇聚于岩溶洼地、谷地等低洼处，造成暂时局域性涝灾。如云南省西畴县岩溶洼地，因水土流失导致落水洞堵塞，地表水排水不畅，常年就有 375 个易涝洼地，雨季常被淹没，淹期达 3～15 天，长则 1～5 个月不等。另一方面，石漠化地区的岩溶漏斗、裂隙及地下河网发育，是峰丛洼地、谷地的主要泄水通道，当降雨量较小时，地表径流较快地渗入地下河系而流走，就会导致地表干旱。长江和珠江近年来频繁发生的旱涝灾害与西南岩溶石漠化区严重的水土流失也有密切关系。

由于石漠化破坏了生态环境，导致旱涝灾害不断，人民的生命财产遭受重大损失。据报道，1999 年贵州、云南、广西 3 个省（自治区）的 200 多个县（市）因遭受干旱、洪涝等自然灾害的直接经济损失 121 亿元。2000 年 6 月，贵州省有 49 个县（市）发生洪涝灾害，548 万人受灾，破坏房屋 7.72 万间，造成直接经济损失 14.1 亿元。贵州省紫云县麻山等石漠化程度特别严重的地区，已丧失了人们生存的基本条件，只能采取移民搬迁措施。可见，石漠化对石山区环境、经济、社会的可持续发展都是非常有害的。

五、激化人水矛盾

土地石漠化地区的一个显著生态特征就是缺水少土。岩溶地貌本身是一个脆弱的生态系统，由于人类长期不合理的经济活动，导致植被稀少，失去了森林水文效应，发挥不了森林调蓄地表水和地下水的能力，生态环境失衡，水土流失逐年加剧，水资源紧缺。加之岩溶地区地表、地下景观的双重地质结构，渗漏严重，其入渗系数较高，一般为 0.3～0.5 mm/min，裸露峰丛洼地区可高达 0.5～0.6 mm/min。这导致地表水源涵养能力更低，保水能力更差，使河溪径流减少，井泉干枯，土地出现非地带性干旱和人畜饮水困难，正所谓“地下水滚滚流，地表水贵如油”。目前贵州喀斯特山区尚有 355.81 万人和 254.81 万头牲畜的饮水问题亟待解决。

六、加剧区域贫困

在西南岩溶石漠化区，贫困县与岩溶县、石漠化严重县具有很大的一致性。在桂、滇、黔岩溶石漠化集中分布区，国家级贫困县 102 个，其中贫困县与岩溶县吻合的有 85 个县，贵州省的 50 个贫困县中，48 个为岩溶县。2008 年国务院扶贫办公布的国家扶贫工作重点县 592 个，其中 246 个县分布在西南 8 省（区、市）。西南岩溶山区农民人均纯收入远低于非岩溶区农民的人均水平，如广西岩溶石漠化区 20 多个县 1998 年人均财政收入仅为 165 元，只有广西同期平均值 399 元的 40%。“八七”扶贫攻坚计划以后，西南岩溶石漠化地区还有约 1 000 万人没有越过温饱线，800 万人的饮水问题没有解决。而且，在已经脱贫的人口中，返贫现象很突出。其贫困的根源为自然环境恶劣导致石漠化，使赖以生产、生活的水土资源和人地关系等处于恶性循环之中，这意味着与其他地区相比，西南岩溶石漠化区的扶贫攻坚难度更大。

第五节　石漠化治理技术与措施

石漠化导致植被减少，土壤流失。据对贵州和广西的典型调查显示，每年因石漠化减少的耕地约占耕地总面积的 0.5%。我国西南是水多土少，石漠化导致本来就很尖锐的“人地矛盾”更加突出，缩小了人类的生存空间。西南地区地处长江、珠江等大江大河的源头和上游，这一地区大量的水土流失又直接影响到长江与珠江两大流域中下游地区的生态安全。因此，开展石漠化综合治理，是维护人类美好家园和生存空间、维护国土生态安全的迫切需要。

一、工程措施与技术

（一）生态修复工程

主要是指利用必要的工程措施治理导致石漠化加剧的水土流失和泥石流灾害。对于水土流失，有效的办法是上拦、下堵、中间削、内外绿化。上拦，就是在离崩口上缘 3～4 m 处，开挖水平沟、撇水沟，截拦流入崩口的径流，停止崩口发展；下堵，就是在崩谷内修建土沙谷坊、枝条谷坊，蓄水拦沙，防止沟道下切和扩展，同时当沟谷水分拦蓄较多时，可在谷坊上和谷坊内栽种适宜的树种，条件较好的地区则可发展经济林木；中间削，就是将崩岗陡峻的崩缘、陡壁，从上到下削成台阶，并培上蓄水埂，以蓄水保土，减少冲刷和崩塌；内外绿化就是随着工程的修建，及时在崩岗内外选择适于当地条件的树、草种，在削建的实土台阶上造林种草，绿化围封。例如广东德庆县总土地面积 2 300 km^2 中便有 23 293 个崩岗，崩岗是一种发展速度快、危害大、治理也很困难的侵蚀类型，它不仅使附近的土地遭到破坏，成了荒地，而且从崩岗流来的酸性黄泥水，危害下游的稻田，使产量显著下降。该县曾有七八万亩稻田受黄泥水浸泡而减产，源源不断的石英粗沙，从崩口流出，淤积水库，抬高河床，祸害多端。德庆县采用了“上拦、下堵、中间削、内外绿化”办法，治理了 300 多处崩口，取得了较好的效果。

对泥石流的治理，主要应采取“稳、拦、排”的工程措施。所谓稳，就是在切割破碎的山坡造林种草和修建谷坊、石埂，使地表植被增加，涵养水分，削弱暴雨径流对地表的冲刷，并与改造坡耕地为台地等方法相结合，以增强山坡的稳定性，减弱冲刷和侵蚀；拦就是在主沟道中修建拦挡坝，用以截阻山坡或上游沟床下泄的固体物质，防止沟床下切，抬高沟床局部侵蚀基准点，加快回淤速度，稳住滑坡坡脚，减缓沟床纵坡，拓宽河面，抑制泥石流的发展；排，乃是指在有利的地形部位建立排道，以排泄泥沙，保护下游村庄农田的安全。

（二）水土资源保护与高效利用工程

石漠化区水土资源俱缺，出现一方水土养活不了一方人的困境。必须依靠先进技术，高效合理利用有限的水土资源。根据表层喀斯特水的分布规律，配套发展小水塘、小水池、小水窖等微型集雨工程，把生物节水（如培植推广耐旱作物品种等）、农艺节水（如地膜覆盖、聚拢耕作等）、工程节水（修建鱼鳞坑等）和管理节水结合起来，基本解决旱地浇灌和人畜饮水问题。以土地整理和水土保持为中心，通过实施“沃土工程”、坡改梯等培土培肥工程和间作套种、错季节种植、立体种植等措施来提高石漠化区基本农田的单产和复种指数。通过对有限水土资源的高效利用，稳步解决石漠化区人民的温饱问题，确保退耕还林成果。如普定县后寨河流域经过实施“水土资源保护与高效利用工程”，现已成为具有省际意义的商品粮基地。

（三）小城镇建设和易地扶贫搬迁试点工程

小城镇建设和易地扶贫搬迁可以有效地减轻土地石漠化地区农民对土地及生态的直接压力，并使移民能在较短时间脱贫，效益显著。但小城镇建设及易地移民工程启动资金需求大，各地要根据当地的实际情况，先试点，总结经验，创造条件，分类分期逐步实施。

二、植被措施与技术

建立和恢复森林植被即植物措施，是防治石漠化、优化环境的根本措施和途径。为此需要停止人为对山地丘陵斜坡的过度利用，进行天然封育，把水土保持林、水源涵养林、用材林与薪炭林等逐步恢复和建立起来，换言之也就是把泥石流及流水侵蚀的防治与整个环境保护、国土整治密切结合起来，统一规划作出全面的安排。在此过程中要注意以下 4 个方面的问题。

（一）选择合适的物种

喀斯特地区石漠化治理是一项规模宏大的系统工程，需要大量的优质种苗。但与同纬度相似水热条件下的常态地貌区不同，富钙、缺水、缺土，土被不连续，土层浅薄是喀斯特环境的最主要特征，所有的喀斯特生态系统的物质、能量迁移都带有这种喀斯特环境的"烙印"。针对这一特点，在选择恢复的物种时应该以本地种或是已经驯化了的物种为主，选择速生、防护性能好、抗逆性强、生长稳定的树种，同时适当引进生态、经济效益高的树种。所选树种应具备以下 3 个特点。① 具有喜钙性。由于石漠化地区土壤以富钙和偏碱性为主，喜钙植物才可以茁壮成长。② 具有旱生性。石漠化地区系干旱环境，只有耐旱植物才能适应这种环境。③ 具有岩生性。石漠化地区植物可以生长在岩石上，根系深深的扎进岩石，并穿过岩石的缝隙汲取水分和营养，只有岩生性植物才能适应这种环境。

目前筛选出适合喀斯特石漠化地区生长并值得推广的树种有滇东的滇柏（*Cupressus duclouxiana Hickel*）、华山松（*Pinus armandi*）、云南松（*Pinus yunnanensis Franch*），贵州的楸树（*Catalpa bungei*）、女贞（*Ligustrum lucidum*）、桤木（*Alnus nepalensis*）、花椒（*Zanthoxyhum bungeanum maxim*），桂西的任豆（*Zènia insignis*）、南酸枣（*Choerospondis axillaries*）、香椿（*Var.sinensis*）、大叶栎（*Quercusgriffithiihook.f.eThoms.*）等。

具体到各地区的植被恢复，树种选择要根据不同情况区别对待，要从不同地区的不同海拔和微气候条件及不同的地质和土壤条件等因素考虑选定。由石灰岩、白云质灰岩、灰质白云岩发育的显性石漠化地区，土被总体很薄，但留存于石沟、石缝、石槽、石坑、石洞等负地形中的土壤则较厚，保水性好，含水量也较高，适合速生的阔叶树种有楸树（*Catalpa bungei*）、香椿（*Var.sinensis*）等。纯质白云岩发育的隐性石漠化地区，基岩物理风化大于化学风化，风化壳很厚，很少有负地形的出现，但石砾含量极大，保水性能极差，极不利于植物的繁殖和成活，造林难度最大。这种地区则应该选用极耐旱、蒸腾量小的树种如滇柏（*Cupressus duclouxiana Hickel*）、华山松（*Pinus armandi*）、云南松（*Pinus yunnanensis Franch*）等针叶树种或叶子有一层蜡质层或硬质的如女贞（*Ligustrum lucidum*）、麻栎（*Quercus acutissima Carruth*）等树种。在立地条件较好、地势较平坦的山坡地，可选择当地名、特、优的竹、藤、经济林、果等营造生态经济型林，在实现生态效益的同时，为农民增加收入，从而为石山区人民实现脱贫致富创造条件。

（二）确定合适的苗龄

苗龄与造林成活率关系密切，苗龄太小，苗木过于弱小，抵御恶劣环境的能力差，造林成活率低。苗龄太大，苗木过于高大，不仅加大了造林难度，而且苗木蒸腾作用增加，需要水分多，根系受伤严重，恢复困难，同样导致成活率不高。因此，应针对不同树种的特点，确定合适的苗龄，一般苗龄以 1～1.5 年为宜。

（三）确定合适的造林方法

由于石灰岩溶地区土壤的特殊性，石漠化治理也必须采取特殊的方式。首先，造林整地应尽可能保留石山上的原生植被。原生植被不仅能为新造林遮阴，提高造林成活率，为今后形成多树种立体混交林奠定基础，同时还能避免引起新的水土流失加剧石漠化。其次，要适当控制密度，过密不仅大量破坏原生植被，而且对今后的林木生长也不利，过疏则造林效果慢，甚至起不到造林的效果。因此，造林密度以900～1 050株/hm^2为宜，且密度不能强求一致，在裸石率较大的地段应“见缝插针”，充分利用石沟、石缝、石槽和石坑中残存的土壤密植。裸石率相对较小的地段则可适当密植，以便形成林窗，实现乔、灌、草3层的立体配置。造林苗木最好都能用营养袋苗，如有困难，也应采取营养苗、裸根苗、种子直播并举的技术路线。根据石山土壤情况，在土层相对较厚，并能保持相当水量的地方，采用裸根苗；在土层较薄，保水量少的地段，采用营养袋苗；而在石缝、石隙，采用种子直播。再次，必须掌握好造林时机，2—3月为造林定植的适宜季节，选择在阴雨天且定植坑已经湿透时造林。苗木定植后，在定植坑面盖上杂草、枯枝或小石块，有条件的最好能盖上薄膜，这样能减少土壤水分蒸发，提高造林成活率。最后，造林过程中还要遵循植物互补性原理，选择喜光和耐阴、速生与慢生、落叶与常绿、针叶与阔叶、深根与浅根、吸收根密集型与吸收根分散型以及冠型不同的树种相互搭配，以株间、行状混交，达到最佳的造林效果。

（四）分阶段人为促进封山育林

喀斯特植被的退化是一个渐进的逆向演替过程。推进并加速各退化阶段植被群落的顺向演替进程，使其朝向顶级群落阶段发展符合恢复生态学的最基本原理。对于各退化阶段的现有植被群落，因其物种组成、结构、繁殖体库、土壤基质状况与参照群落之间存在不同的差异，需要采用不同的恢复对策。

1. 草本阶段退化山地的植被恢复。群落处于草本阶段的退化山地，需要大量补充繁殖体，尤其是一些先锋性的固氮物种。在一些退耕地上，可视土壤基质的厚度和肥力状况，适当种植一些当地村民认可的、已经被种植过的、能适应喀斯特山地土壤基质的经济林木。对一些采石、取土后留下的迹地，改良土壤基质是首要任务，禁牧和合理轮牧是保障这些繁殖体成功生长的基础。

2. 草灌阶段退化土地的植被恢复。群落处于草灌阶段的退化土地，繁殖体的补充仍然十分重要，这是加速该类土地恢复的关键。保护已有的灌木丛并进行适当修剪有利于加速植株的生长，缩短其进入种子生产期的时间，尽快恢复植物种群的有性繁殖更新链。

3. 灌丛阶段退化土地的植被恢复。群落处于灌丛阶段的退化土地，适当增加一些演替后期物种的繁殖体，加速群落的演替进程。适当的人工管理，如间伐一些多余灌木丛的茎干而保留主茎干，有利于加速乔木层的形成。

4. 灌乔阶段以上土地的植被恢复。对群落处于灌乔阶段以上的土地，森林的抚育成为主要手段，以使这些森林提供更多的可供采集的种子和提供更多的供应村民使用薪柴，甚至木材，为其他退化阶段土地减轻压力。

（五）按石漠化等级进行造林

不同强度石漠化土地的植被恢复过程中，其树种草种的选择和造林植草技术等方面都不同，应遵循因地制宜、适生适种、生态经济补偿、长短结合、层次与时序结合及市场、社会导向的原则，进行不同等级石漠化土地的植被及生态恢复。

1. 重度石漠化和极重度石漠化土地的植被恢复。重度石漠化地区的岩石裸露率为70%～90%，而极重度石漠化则高达 90%以上，土壤非常稀薄，只在石沟、石缝等处残留部分泥土，且土壤的保水保肥能力极差，已无可耕种性可言。治理上要结合生态移民等手段，采取封山育林措施提高林草覆盖度来抑制水土流失，促进生态恢复，尤其是极严重石漠化地区要杜绝一切人类活动对自然植被恢复的破坏。封山育林时先培育一些耐旱、根系发达和生长速度快的草本植物，固定土壤免受侵蚀，再培育灌木，通过较长时间的封禁治理，逐步发展成灌草或乔灌草相结合的植物群落。在基岩裸露率特别大的地区应采取人工爆破填土造林，或喷洒草种泥浆或人工铺土植草等来恢复植被。在碳酸盐岩与别的岩性互层分布区，土粒的形成速率相对较快，在有土层的地方可以直接栽种灌木，如果石沟中泥土较多，可以适当种植一些耐干旱的乔木树种，如刺槐、香椿、柏木、构树等。

2. 中度石漠化土地的植被恢复。中度石漠化地区的人为活动十分强烈，分布着大量的陡坡耕地。由于土层薄、土壤疏松、土被不连续、植被覆盖度低、岩土结构不良、经营方式落后等，造成水土流失严重、基岩裸露率高、自然灾害频繁发生等脆弱生态环境状态。该地区首先应退耕。在石灰岩分布区，主要实施封山育林防止土壤流失。在白云岩以及碳酸盐岩与别的岩性互层分布区，退耕后的土壤可以种植生长迅速、喜钙、对肥力要求不高且有较高经济价值的灌木林，林下培植草被，固定土壤，提高土壤肥力。在土被连续的地方可以进行立体种植，采取生物梯化技术，在灌草周围种植防护林，但树种要耐瘠、耐旱，且具有适钙性和石生性，有发达的地下根系可以充分利用地下水并防止水土流失，要尽量避免种植经济林和用材林对土壤及植被的破坏。

3. 轻度石漠化土地的植被恢复。轻度石漠化地区，生态系统受损相对较轻，地力条件较好，承载人口的能力稍强，但由于坡度大，应减少农田种植面积，尤其在石灰岩分布区，应主要发展林牧业。在土层薄的地带可以种植牧草，发展养殖业。土层连续且较厚的地区可人工造林，发展经济林、用材林。一方面改善生态条件、维护生态平衡；另一方面要解决农民群众的生存问题，让农民群众通过石漠化治理逐步改善生产生活条件，实现生态与经济同步发展。此外，可以充分利用当地光热条件开展多层种植，在山顶栽种水源涵养林，山腰发展用材林和经济林，林间种植经济效益较高的灌木，林下则种草，且树种和灌木都要多样化，使生态系统向良性方向发展。

4. 潜在石漠化土地的植被恢复。潜在石漠化最大的特点是植被、土被覆盖度较大，水土流失不太明显，但坡度相对较大（一般大于 20°）、土层厚度较薄（一般在 20 cm 左右），生境干燥、缺水、易旱，植被以旱生性、喜钙性的种类为主（如牛毛草、蓑衣草、月月青、化香、小果蔷薇、火棘、油茶、杜鹃、铁籽等），生态脆弱性明显，一旦破坏将难以恢复。其主要治理模式是封山育林与保护区建设、社区建设相结合。通过土地资源的合理开发利用、产业结构的合理调整、能源结构的调整，以及社会公众参与等技术手段，实现脆弱生态系统的恢复与平衡。对一些纯质白云岩、白云质砂岩类潜在石漠化土地，在自然状态下，由于仅有薄层AC剖面的土壤，缺少石沟、石缝等积土条件，较难生长高大的乔木。在实行人促恢复时，可选极耐旱、耐瘠薄、喜钙的树种（如侧柏、柏木、车桑子、饲料桑等），进行大穴整地造林、点播造林或爆破造林，以实现乔灌草的立体配置。

三、开发能源措施

人们为了解决生活燃料，过量砍伐森林以获取薪柴，对植被破坏极大，是造成生态环境恶化的重要原因之一。发展沼气是解决农民的生活原料、减少薪柴消耗量的有效途径。一个8 m^3的沼气池每年产气400 m^3，基本可满足一个4～5口农家的炊事和照明用能需要，等于年保护2亩森林资源，年可节约薪柴2.5t。近年来，广西通过大力发展农村户用沼气池，每年为广大农户提供优质燃料5.36亿 m^3，加上其他农村能源设施建设，年开发和节约薪柴1 000万t，相当于少砍了33万 hm^2的有林地面积。其中，广西的恭城县因推广沼气带动“三农”以及生态的协调发展而被推崇为恭城经验，恭城县多年来由于大力推广普及沼气，沼气池入户率达70%以上，农民解决了生活燃料，减少了砍伐，森林植被得到了有效保护，全县森林覆盖率从1984年的47%提高到1999年的77.02%。恭城河总径流量由1984年的22亿 m^3增加到1999年的33.98亿 m^3，全县连续多年没有出现旱灾。实践证明，大力发展沼气可减少薪柴的过量砍伐，保护森林植被，减少水土流失，涵养水源，是保护森林资源和改善生态环境的切实可行之路。

此外，除了加大在土地石漠化地区沼气工程的实施力度之外，在有条件的地区，亦可多种能源互补，加强沼气、太阳能、节能灶和小水电等农村其他替代能源和节能措施的推广力度。

四、政策措施

（一）政府重视与建立健全的管理机构

各级党委和政府必须对石漠化的治理高度重视，将石漠化防治纳入地方经济和社会发展规划之中，作为政府政务内容之一，并清醒地认识到石漠化治理的长期性、艰巨性、重要性和迫切性，真正把石漠化治理当作是石山区人民生死存亡的头等大事来抓紧抓好。在治理石漠化的过程中，要充分发动群众，群策群力，统筹安排，把石山区人民的思想和行动统一到治理石漠化的工作之中。

由于石漠化治理是一项长期性的工作，政府必须建立健全的监督、保护和管理机构才能保证治理工作不反弹和避免边治理边破坏的现象发生，才能不断巩固治理成果，从而实现石山岩溶地区青山常绿和可持续经营的奋斗目标。同时，防治石漠化是一项庞大的系统工程，不是哪一个部门能独立完成的，需要计划、财政、农业、林业、牧业、水利、土管、环保、交通等部门的通力协作。

（二）加快建立防治石漠化法规

长期以来的乱垦滥伐等生产活动使石漠化迅速扩大，目前这些现象仍较严重，必须依法加强管理，即要制定和完善有关法规体系。一方面从省级的防治条例到乡规村都要进行规范，规定在石漠化地区从事开发活动必须进行环境影响评价；另一方面通过制定和执行有关政策法规，加大执法力度，严禁一切导致生态环境继续恶化的开发性项目开工及陡坡开垦、掘地取薪等人为活动，做到一手抓治理，扩大林草植被，一手抓保护，严格监管，依法保护好现有林草植被，防止产生新的石漠化土地。

（三）严格执行计划生育政策

在石漠化发展进程中，如果能减少人口过度的经济活动，则可增强石漠化过程中的自我逆转能力。因此，必须加大计划生育的执行力度，通过教育与管理相结合，严格控制人口增长，减轻人口对环境的压力。并且在控制人口数量的同时，必须大力发展基础教育，不断推广和普及现代科技，着力提高区域人口素质，增强广大人民保护生态的自觉性，采用科学的养种办法，合理开发资源，恢复生态环境的能力。

（四）制定优惠政策与促进开发治理资金的投入

对石山地区进行石漠化治理，实现生态重建，必须有资金作保证。而石灰岩溶地区基本上都是贫困地区，依靠自身的财力无法对石漠化进行有效的治理，必须要多渠道筹措资金，在争取国家和各级政府支持的同时，应制定优惠政策，积极争取周边省区和其他富裕地区的对口扶持。

此外，石山区可充分挖掘喀斯特景观，利用当地的自然资源合理地开展“生态旅游”，以旅游业的发展带动其他产业的蓬勃发展，带动当地经济的增长，实现石山区人民的脱贫致富，并最终实现生态、经济、社会的协调发展。

参考文献

[1] 袁道先，蔡桂鸿. 岩溶环境学. 重庆：重庆出版社，1988：190-192.

[2] 袁道先. 中国岩溶学. 北京：地质出版社，1993：80-160.

[3] 屠玉麟. 贵州土地石漠化现状及成因分析//李箐. 石灰岩地区开发治理. 贵阳：贵州人民出版社，1996：58-70.

[4] 王世杰. 喀斯特石漠化概念演绎及其科学内涵的探讨. 中国岩溶，2002，21（2）：101-105.

[5] 熊康宁，李晋，龙明忠. 典型喀斯特石漠化治理区水土流失特征与关键问题. 地理学报，2012，67（7）：878-888.

[6] 蒋忠诚，曹建华，杨德生，等. 西南岩溶石漠化区水十流失现状与综合防治对策. 中国水土保持科学，2008，6（1）：37-42.

[7] 罗为群，蒋忠诚，韩清延，等. 岩溶峰丛洼地不同地貌部位土壤分布及其侵蚀特点. 中国水土保持，2008（12）：46-49.

[8] 李生，任华东，姚晓华，等. 典型石漠化地区不同植被类型地表水土流失特征研究. 水土保持学报，2009，23（2）：1-6.

[9] 张信宝，王世杰，贺秀斌，等. 碳酸盐岩风化壳中的土壤蠕滑与岩溶坡地的土壤地下漏失. 地球与环境，2007，35（3）：202-206.

[10] 蔡秋，陈梅琳. 贵州喀斯特山区环境特征与生态系统的恢复和重建. 农业系统科学与综合研究，2001，17（1）：49-53.

[11] 徐杰，邓湘雯，方晰. 湘西南石漠化地区不同植被恢复模式的土壤有机碳研究. 水土保持学，2012，26（6）：171-179.

[12] 郑合英. 山区丘陵区土地适宜性评价探讨. 山西水土保持科技，1994（1）：42-45.

[13] 陈法扬. 不同坡度对土壤冲刷量影响的实验. 中国水土保持，1965（2）：18-19.

[14] 王德炉，朱守谦，黄宝龙. 贵州喀斯特石漠化类型及程度评价. 生态学报，2005，25（5）：1057-1063.

[15] 王宇. 断陷盆地岩溶水赋存规律. 昆明：云南科技出版社，2003.

[16] 赵景波，岳应利，袁道先. 岩溶发育的物理化学模式. 西安工程学院学报，1999，21（3）：24-27.

[17] 赵景波. 细粒松散沉积地层中垂直循环带岩溶划分. 中国岩溶，1999，18（2）：116-122.

[18] 夏卫生，雷廷武，潘英华，等. 南方坡耕地石漠化现状及防治的初步研究. 水土保持通报，2001，21（4）：47-49.

[19] 尹辉，蒋忠诚，罗为群. 西南岩溶区水土流失与石漠化动态评价研究. 水土保持研究，2011，18（1）：66-70.

[20] 龙健，廖洪凯，李娟. 基于冗余分析的典型喀斯特山区土壤-石漠化关系研究. 环境科学，2012，33（6）：2131-2138.

[21] 沈有信，江洁，陈国胜，等. 滇东喀斯特山地植被退化及其恢复对策. 山地学报，2005，23（4）：425-430.

[22] 裴建国，李庆松. 生态环境破坏对岩溶洼地内涝的影响. 中国岩溶，2001，20（4）：297-300.

[23] 张建平. 西南地区山地不同土地退化类型特征及调控途径. 地理科学，2001，21（3）：236-241.

[24] 李瑞玲，王世杰，熊康宁，等. 喀斯特地区石漠化评价指标体系——以贵州省为例. 热带地理，2004，24（2）：145-149.

[25] 陈晓平. 喀斯特山区环境土壤侵蚀特性的分析研究. 土壤侵蚀与水土保持学报，1997，3（4）：31-36.

[26] 刘玉，李林立，赵柯，等. 岩溶山地石漠化地区不同土地利用方式下的土壤物理性状分析. 水土保持学报，2004，18（5）：142-145.

[27] 李瑞玲，王世杰，熊康宁，等. 贵州省岩溶地区坡度与土地石漠化空间相关性分析. 水土保持通报，2006，26（4）：82-86.

[28] 傅伟，陈红松，王克林. 喀斯特坡地不同土地利用类型土壤水分差异研究. 中国生态农业学报，2007，15（5）：59-62.

[29] 赵中秋，后立胜，蔡云龙. 西南卡斯特地区土壤退化过程与机理探讨. 地学前缘，2006，13（3）：185-189.

[30] 苏维词. 贵州喀斯特山区的土壤侵蚀性退化及其防治. 中国岩溶，2001，20（3）：217-223.

[31] 张殿发，王世杰，周德全，等. 贵州省喀斯特地区土地石漠化的内动力作用机制. 水土保持通报，2001，21（4）：1-5.

[32] 李瑞，李勇，刘云芳. 贵州喀斯特地区降雨与坡面土壤侵蚀关系研究. 水土保持研究，2012，19（3）：7-11.

[33] 张光辉，梁一民. 植被盖度对水土保持功效影响的研究综述. 水土保持研究，1996，3（2）：104-110.

[34] 高贵龙，邓自民，等. 喀斯特的呼唤与希望. 贵阳：贵州科技出版社，2003.

[35] 陆冠尧，李森，魏兴琥，等. 粤北石漠化地区土壤退化过程研究. 水土保持学报，2013，27（2）：20-25.

[36] 何腾兵. 贵州喀斯特山区水土流失状况及生态农业建设途径探讨. 水土保持学报，2000，15（4）：

28-34.

[37] Ilan Stavi，Rattan Lal. Variability of soil physical quality and erodibility in a water-eroded cropland. Catena，2011，84（3）：148-155.

[38] Massimo Conforti，Gabriele Buttafuoco，Antonio P. Leone，et al. Studying the relationship between water-induced soil erosion and soil organic matter using Vis–NIR spectroscopy and geomorphological analysis：A case study in southern Italy. Catena，2013，110：44-58.

[39] Lihua Yang，Jianguo Wu. Knowledge-driven institutional change：An empirical study on combating desertification in northern china from 1949 to 2004. Journal of Environmental Management，2012，110：254-266.

[40] Luca Salvati，Sofia Bajocco. Land sensitivity to desertification across Italy：Past，present，and future. Applied Geography，2011，31：223-231.

[41] Paolo Dorico，Abinash Bhattachan，Kyle F Davis，et al. Global desertification：Drivers and feedbacks. Advances in Water Resources，2013，51：326-344.

[42] Farshad Amiraslani，Deirdre Dragovich. Combating desertification in Iran over the last 50 years：An overview of changing approaches. Journal of Environmental Management，2011，92：1-13.

[43] Maruxa C Malvar，Martinho A S Martins，João P Nunes，et al. Assessing the role of pre-fire ground preparation operations and soil water repellency in post-fire runoff and inter-rill erosion by repeated rainfall simulation experiments in Portuguese eucalypt plantations. Catena，2013，108：69-83.

[44] Tal Svoray，Peter M Atkinson. Geoinformatics and water-erosion processes. Geomorphology，2013，183（1）：1-4.

[45] Alguo Dai Kevin E，Trenberth，Taotao Qian. A global dataset of palmer drought severity index for 1870—2002：Relationship with soil moisture and effects of surface warming. American Meteorological Society，2004，12：1117-1130.

[46] Wolfgang Wagner，Klaus Scipal. Evaluation of the agreement between the first global remotely sensed soil moisture data with model and precipitation data. Journal of Geophysical Research，2003，108（15）：4611-4615.

[47] Jirka Stefan，McDonald Andrew J. Relationship between soil hydrology and forest structure and composition in the southern Brazilian Amazon. Journal of Vegetation Science，2007，18：183-194.

思考题

1. 简述国内外石漠化的概念与石漠化分布特点。
2. 试述石漠化分布区的地形与岩石条件。
3. 试述石漠化等级划分依据指标和分级。
4. 论述石漠化发生的动力特点和地表景观。
5. 论述石漠化治理的植被技术。
6. 分析石漠化生态修复的工程措施及原理。

第七章　亚热带湿润红土区的土地退化与防治

国内外以往对荒漠化的理解和研究一般偏重于北方以风力作用为主的干旱、半干旱地区，对水蚀荒漠化的研究主要集中在水蚀强烈的黄土高原地区，对发生在我国西南石灰岩地区的石漠化研究也较多，而发生在我国南方湿润非石灰岩地区水蚀土地退化问题尚未引起足够的重视。在我国南方的花岗岩丘陵地区、红色砂页岩地区和第四纪红色土层沉积分布的丘陵与山区，地表起伏较大，由于地形的不利影响，生态环境也较易退化，加上人类不合理的经济活动，造成了以水力作用为主的红土的强烈侵蚀，土地退化在有的地区也较严重，并且发展成为侵蚀劣地，出现类似荒漠的景观。由于亚热带湿润地区的水蚀红土退化与黄土高原的黄土水蚀退化存在多方面的明显不同，为了促进这一地区红土退化的防治，将亚热带湿润地区红土退化单独列为一章进行介绍。按照国际上的通常认识，湿润地区的生态系统退化不能称为荒漠化，可称之为土地退化，实际上相当于干旱、半干旱与半湿润地区的荒漠化。

第一节　湿润红土区土地退化的分布与类型

一、湿润红土区土地退化的分布

我国亚热带湿润红土退化主要分布在秦岭和淮河以南，青藏高原以东的广大地区。包括云南红色丘陵性高原、四川紫色丘陵性盆地以及广泛的江南红色丘陵区。其下伏地表组成物质包括红色花岗岩风化壳、第三纪红层和第四纪网纹红土。该区平均气温在14～20℃，除横断山脉的干旱河谷和海南岛西南为半干旱地带外，年降水量一般在800～2 000 mm（表7-1），降水强度大。在我国南方亚热带地区，由于受东亚季风的影响，没有形成世界同纬度地区那样的亚热带干旱、半干旱气候和草原荒漠景观，而是形成了高温多雨的亚热带湿润季风气候和常绿阔叶林景观。在高温多雨的季风气候条件下，岩石和土壤的化学风化作用和淋溶作用强烈，红色风化壳和红色土壤系列广泛发育，外营力中流水侵蚀作用普遍。

表 7-1　中国南方湿润区的气温和降水

地区	海拔/m	年均温/℃	年降水/mm	地区	海拔/m	年均温/℃	年降水/mm
广州	6	21.8	1 680.5	贵阳	1 071	15.3	1 162.5
长沙	44	17.2	1 422.4	宜昌	131	16.9	1 198.8
武汉	23	16.3	1 260.1	昆明	1 891	14.8	991.7
南宁	72	21.6	1 280.9	城都	505	16.3	1 075.2
桂林	140	18.8	1 873.6	重庆	200	18.3	976.0

分布区地貌以山地丘陵为主，生态环境也较脆弱，而在良好的气候环境下，人类活动历史悠久，人口密度大，人类活动强烈。在这样的环境背景下，由于长期的人类活动和不合理的利用土地，我国南方广大的红壤丘陵区植被破坏和水土流失严重，以致不少地方的土地质量下降甚至完全丧失其生产力，并出现了以侵蚀劣地为标志的土地退化景观。这一现象通常被称作“红色荒漠”或“红色荒漠化”。可以认为，发生于亚热带非石灰岩湿润红土地区，在人类不合理经济活动和脆弱生态环境相互作用背景下，以流水侵蚀为主导作用而形成、以地表出现沟谷劣地为标志的土地退化景观，均可以称之为湿润地区的土地退化。

二、湿润红土区土地退化的类型

虽然亚热带湿润区自然条件比较优越，但由于地表起伏较大，加之干季与湿季的截然分异，地表物质疏松，土壤厚度较小，暴雨相对集中，这些都是该区生态系统较脆弱的原因。再加上高密度的人口，经济活动频繁，高强度不合理的土地开发利用，坡地开垦破坏植被，都加速和扩大了该区生态系统的脆弱性，导致强烈的水土流失，加快了土地退化的进程，严重地段出现了类似荒漠的景观。

（一）第四纪红色沉积丘陵岗地区的水蚀劣地

在具有多雨季节且暴雨强度很大的覆盖着红色风化壳及红色土状堆积物的丘陵环境下，在土地退化较为严重的情况下，呈现地表裸露、水蚀切割破碎、沟谷密集的退化土地称之为水蚀劣地。水蚀劣地一般发育在第四纪红色沉积物上，地形为丘陵岗地，主要分布于江西、湖南、湖北西部及浙江、广西、福建等局部地区的主要河流两侧丘陵岗地及沿海台地上。

分布在第四纪红色沉积物上的风化壳厚度只有数米，最大可达 10～20 m，常发育有质地不均的红色黏土层和网纹红土层。土地退化的进程首先从斜坡面状流水开始，继而发生沟蚀。由于流水侵蚀，表层均质红色黏土剥蚀严重，网纹状红色黏土大量出露，在坡中下部还可见成片砾石层出露。长期的流水作用使得红色黏土剥离，当网纹红土出露时，流水渗透速率急剧减小，侵蚀由纵向切割向横向切割发展，形成了地表起伏不平、浅沟和切沟密布的劣地，呈现典型红色荒漠的景观。如浙江兰溪第四纪红色黏土丘陵岗地集流面典型区，沟谷密度可达 200 km/km^2 以上，劣地已从 20 世纪 70 年代占代表区域面积的 9.4%发展到 80 年代的 10.5%。退化土地质地比较黏重，小于 0.01 mm 的物理性黏粒含量均大于 60%，离子交换量普遍较低，土壤通气透水能力变差，有机质含量普遍不足 1%，全氮、全磷均低于 0.05%，除速效钾含量超过 4%以外，其他速效成分含量均很低。在低丘岗地退化土地上能见到的植被是人工栽植的稀疏的马尾松，其中胸高直径大于 7.5 cm 的成年立木比例不足 4%。灌草丛样方调查显示，退化土地分布区植物种类减少，植物在群落中的分布也极为不均，这与南方较丰富的降水和较高的温度条件极不相适应。

（二）紫色砂页岩丘陵地区的石质坡地

在由紫色砂页岩分布的丘陵区，红色地层上发生土地退化严重时表现为石质坡地。因为薄层砂岩层承压力小，页岩不透水，两者结合形成易被冲刷的坡面，使大片丘陵台地形成“红色荒漠”。紫色砂岩和页岩主要分布于四川盆地和湘中、浙西的丘陵和谷地区。其中红砂岩类成土作用缓慢，土层较薄，一般仅为 30～50 cm，易于发生土地退化。页岩不透水，降水过程中易于产生地表径流，利于流水侵蚀动力产生和加强。当植被破坏后，流水作用极易产生面蚀，甚至在短期内即可出露基岩。紫色砂页岩类形成的风化壳，由于含有膨胀性强的黏土矿物蒙脱石，常因干湿变化表层迅速崩解，形成 1～5 m 厚的碎屑层，极易形成强烈的面蚀和沟蚀，使地表呈现寸草不生的石质坡地景观。

四川盆地紫色砂页岩丘陵分布区有水蚀面积 7.7 万 km^2，平均土壤侵蚀量达 5.6 万 t，其中 2.9 万 km^2 占水蚀面积 3.7%的土地表土丧失。有的地段大于 3 mm 的颗粒含量达 32.7%，有机质含量不足 0.7%，全氮含量仅为 0.037%，土壤覆盖减少，成为基岩裸露的石质坡地。

（三）花岗岩风化壳丘陵与山区的崩岗

亚热带湿润地区的花岗岩风化壳主要分布于广东、福建、湖南及广西东南部、江西南部一带。花岗岩风化壳丘陵的土地退化分布是我国南方丘陵与山区土壤侵蚀分布面积最大、程度最为严重的地区，其水土流失的特点是以片蚀、沟蚀和重力崩岗侵蚀为主。严重的面状侵蚀使得众多花岗岩丘陵与山地土壤层剥蚀殆尽，沙土层和砾石层出露，地表粗化，形成“白沙岗”景观。有的地段有球状风化产物出露，形成了所谓“石蛋地形”。在花岗岩沟蚀发育区，土地资源遭到的破坏作用更为严重，常形成沟壑纵横、岗壁高悬、地表呈现类似荒漠的景观。

该区花岗岩风化壳较厚，通常达 10～20 m 甚至 50 m。这种巨厚的风化壳继承了原岩体易崩解、多裂隙的特性，使其土地退化发展过程独具特色。① 土地退化发展速度的非渐进性。完整的花岗岩风化壳由明显的土壤层、红土层、沙土层、碎屑层和球状风化层组成。风化壳上部的红色黏土层质地黏重，并被铁铝氧化物胶结，与下部深厚的沙土层、碎屑层相比具有较强的抗冲性能。据测定，当风化壳保留红土层时，侵蚀强度多在 5 000～8 000 t/（km^2 •a）以下，沙土层、碎屑层出露的地表侵蚀强度则在 1.0 万 t/（km^2 •a）以上，有的甚至高达 2.0×10^5 t/（km^2 • a）。随着土壤层的丧失，土地退化发展速度呈现非渐进性的突变特点。② 花岗岩风化壳上的土地退化具有发育强烈、危害大的特点，这主要是花岗岩的崩岗侵蚀所造成的。

由于崩岗侵蚀，花岗岩风化壳丘陵与山地地形往往很破碎。广东五华县一典型地区崩岗密度达 249 个/km^2，侵蚀强度在 1.0 万 t/（km^2 • a）以上。严重退化土地上生长的马尾松林相当于成年立木胸高直径 7.5 cm 的立木比例仅占 3.03%，树高不足 3 m 的占 81.8%，充分说明了土地退化对植物生长的制约作用。五华县新一村土地退化最为严重，计有 6.36 km^2，占该村土地面积的 62.1%，其中正在发展的退化土地为 3.29 km^2，强烈发展的退化土地为 1.64 km^2，严重发展的退化土地为 1.43 km^2，有大小崩岗 273 处。

第二节　湿润红土区土地退化动力及影响因素

一、湿润红土区土地退化的动力

亚热带湿润地区土地退化的主要动力为水动力，水动力通过侵蚀土壤引起土地退化。虽然我国南方以流水侵蚀作用为主的一些丘陵与山区处于亚热带，自然条件远比北方干旱及半干旱地区优越，但由于地形多为起伏丘陵和山地，加上土壤厚度较小，降水量多而较为集中，利于产生水蚀退化。

虽然亚热带湿润地区的土地退化的动力与黄土高原半干旱地区的水蚀荒漠化动力都是水动力，但湿润地区与半干旱地区的水动力作用强度和方式、持续时间以及侵蚀条件都存在明显差别或不同。① 由于南方亚热带湿润地区年降水量（一般在 900 mm 以上）比半干旱地区年降水量（一般在 400～500 mm）多近 1 倍，使得南方湿润区水蚀动力比黄土高原大很多。② 南方湿润地区土壤中的细粒黏土成分含量高，土壤渗透性弱，利于流水汇集形成较强的动力，造成水蚀形式中沟谷流水侵蚀更为重要，面状侵蚀微弱。③ 湿润区雨季持续时间长，水蚀发生过程持续时间比黄土高原长，发生季节早于北方。

亚热带湿润区水蚀动力侵蚀类型与黄土高原也类似，主要有面状流水侵蚀和沟谷侵蚀，此外也有重力侵蚀。关于该区水蚀侵蚀类型的具体研究较少。

二、湿润红土区土地退化的影响因素

影响我国南方丘陵与山地土地退化的主要因素有气候、地质与地貌、地表土壤的性质和人类的生产与生活，各因素的具体影响作用在下面介绍。

（一）气候条件

南方红土区的土地退化发生地区绝大部分属于亚热带季风气候区。在季风的影响下，盛行海洋气团的夏秋季多形成暴雨和台风大降雨，其降水量可占全年的 70%～80%，而冬春季节大都干燥少雨。不少地区由于特殊的地形条件，形成了干热河谷的气候类型，具有明显的干湿季特征。在这种气候条件下，如果人类的经济活动不合理，就会导致生态环境的恶化。因为强大的暴雨和台风降雨是造成地表强烈侵蚀和水土流失的重要原因，冬春季的干旱少雨使植被生长受到一定的制约，而植被一旦遭到破坏，就很难恢复。不仅如此，由于大气环境的不稳定性，一些灾害性天气，如持续干旱、暴雨洪水和冰雹焚风等，都会对已经恶化了的生态环境起到加剧作用。1981 年四川发生的特大洪水，一方面由于地表植

被遭到破坏加剧地表径流和加大了洪峰流量，从而增加了破坏强度；另一方面，这种洪灾也在一定程度上加重了山地与丘陵的土地退化和谷地砂石化的程度。

（二）地质地貌因素

湿润地区土地退化主要发生在南方丘陵地区和山区，丘陵和山区面积约占90%。广大山区主要以古老的变质岩分布最广，如石英片岩、板岩和千枚岩，还有碳酸岩类岩石、玄武岩和花岗岩等。对大部分低山丘陵来说则多为红色砂页岩，各地质时期的花岗岩亦有广泛出露。这些岩石都比较古老，在湿润和较高气温的条件下，生物和化学分解作用都十分强烈。因此，大多分布有较厚的松散堆积物。特别是红土化发育的丘陵区，表层是砂页岩和花岗岩红土化壳，虽然基岩风化程度大且深，但土层较薄，透水性差，肥力亦较贫瘠，森林植被一旦遭到破坏，不仅侵蚀作用极易引起严重的水土流失，而且在自然条件下植被很难恢复。由于这些地区处在新构造运动的上升地区，形成了山高谷深和坡陡流急的青年期地貌景观，在失去植被保护或在人类不合理经济活动严重影响下，很快发展成为退化十分明显的土地。

在我国西南高原高山边缘的川、滇、黔丘陵山区和横断山脉中的干热及干旱河谷地区，自第四纪以来，随着印度板块与欧亚板块的碰撞，青藏高原及其周边地区急剧抬升，地势由西向东下降，山脉呈南北走向，阻碍了印度洋暖湿气流的进入，使气候由湿润向半干旱过渡，生态环境变得脆弱。由于山体的抬升，山地斜坡具有复杂的不规则形态，加之构造应力和自重应力场的作用，使山地的物流和能流的动态难以稳定，在自然力和人为的干扰下极易发生变化，山体容易失稳，泻溜、崩塌和滑坡随之而来。研究表明，在湿润条件下当斜坡度大于25°时，坡面松散沙石物质可自然下滑；在干燥条件下当坡度大于35°时，沙石物质自然滚落，尤其在海拔1 600 m以下河谷区沙石下滑和滚落现象十分明显。据调查，云南小江流域大于25°的土地面积占总面积的60.5%，其中大于35°的土地面积达29.1%，为土地退化提供了条件。小江断裂带断层交错，褶皱发育，岩性软弱破碎。除有大量的第四纪沉积地层外，还有较多的变质岩类，例如元古界昆阳群黑色、灰色和紫色板岩、千枚岩，由于节理发育，抗风化能力差，易被风化、崩解成碎屑物质，从而为土壤侵蚀、滑坡和泥石流的形成提供了地质基础和物质条件。

（三）土壤厚度和物质组成

受成土过程、地形及后期侵蚀等因素的制约，中国南方亚热带湿润丘陵区和山区土层浅薄，土层厚度一般不超过100 cm，在侵蚀严重地区，多为10 cm左右甚至在10 cm以下。该区土壤年侵蚀厚度为0.2～0.7 cm，最大可达为1.0～2.0 cm，年均成土速率仅为0.01～0.002 5 cm，相对侵蚀强度远远超过黄土高原。因此，一旦植被受到破坏，在强烈的暴雨冲刷下，地表土层很快即会侵蚀殆尽。

土壤及地面组成物质的性质是影响水蚀的重要因素，其中包括渗透性、抗蚀性、抗冲性以及与这些特性相联系的其他理化特性。以有机物质胶结的土壤，具有较好的水稳性，而以黏粒和铁铝氧化物胶结的土壤，则具有较大的抗冲性。但在花岗岩发育的红壤区，下部即为深厚的疏松风化层和半风化层，这些层次的有机质和黏粒含量均很少，水稳性指数和抗冲指数分别为0.05和0.22左右，抗蚀抗冲性均差，成为红壤区流失量大、土壤退化最快的土壤。相反，由变质岩母质发育的红壤及黄壤，土壤表层有机质含量较高，母质比较黏重，具有较高的抗蚀性和抗冲性，即使在自然植被遭到破坏以后，土壤退化速度亦较缓慢。以紫色土和第四纪红土作为母质发育的红壤则介于二者之间。因此，在红黄壤区退化程度基本上与它们的抗蚀性及流冲性的强弱呈反相关，其退化程度的顺序为：花岗岩母质红壤＞紫色土＞第四纪红土母质红壤＞变质岩母质红壤。

（四）人为因素

土地退化一般是脆弱生态条件下生态系统的一种重要形式，在水热条件较好的亚热带湿润山地与丘陵区也有较为严重的土地退化存在，这是人类活动造成的。虽然湿润地带的丘陵和山区在水热条件和植被等方面较干旱与半干旱地区优越，但人口众多的压力和资源环境不协调的矛盾导致坡地开垦，加上降水丰沛而降雨集中，加快了水土流失，造成了土地退化景观在湿润地带山区与丘陵地区的出现。

人类不合理地利用土地，是加速土壤退化的主导因素。陡坡毁林开荒、不合理的烧山造林，铲草皮积肥、不合理的垦植经济林、过度放牧以及采薪等，均加速了土壤侵蚀和土壤退化的进程。尤其人为地破坏森林植被是湿润丘陵与山区土地退化的主要原因。由于南方的土地退化是发生在水热条件均较优越的湿润地区，这种土地退化反映了人为活动对自然破坏的突出作用。根据安徽、湖南和江西等省丘陵与山区的若干典型资料，南方以水蚀为主的土地退化地区因过度采伐森林造成的劣地约占水蚀退化土地面积的37%，陡坡开垦退化面积约占35%，全垦整地造林或顺坡全垦挖山抚育占18%，工矿开发、道路建设和环境污染造成土地的退化约占10%。在亚热带湿润地区土地退化形成的人为因素中，除了人为不合理的经营活动外，人口压力也是一个重要的因素，在某些地方两者关系极为密切。人口的迅速增长加大了对土地资源利用的压力，于是需进一步开垦草地或坡地，导致土地退化的蔓延。人类活动破坏自然平衡后发生的土壤侵蚀（加速侵蚀）是导致土壤退化的主要因素。

第三节　湿润红土区土地退化的等级和景观

一、土地退化引起的土壤和水文变化

（一）土壤的退化

湿润地区成土母质主要由第四纪红色黏土、花岗岩、红色砂页岩和紫色泥岩的风化壳组成。这些母质上发育的土壤在未受人类干扰的地带性植被条件下，一般土层较厚，有机质含量较高，土壤结构也较好。一旦不合理开垦或破坏植被，就会引起土壤退化，主要表现为土层浅薄化、质地粗化、土壤养分贫瘠化，以及水分不调、保水性差、抗蚀能力低、土壤酸化等。而随着植被消失、地表侵蚀和土壤退化的加剧，地面物质掩体和地表侵蚀形态也相应发生变化。在土壤表层有机质层消失之后，地表相继出露红色心土层和作为成土

母质的第四纪网纹红土、第三纪红层或红色花岗岩风化壳。

1. 土壤成分的变化。土壤成分的退化主要表现在以下两个方面。① 土壤粗骨沙化。由于侵蚀作用使得土壤中细分散相淋失，粗颗粒或沙粒含量增高，如四川盆地发育于飞仙关页岩母质上的紫色土大于 0.2 mm 的粗颗粒达 22.5%～55.6%。② 土壤贫瘠化。湿润地区淋溶作用强，有机质矿化速度快，土壤养分损耗多，耕垦后施肥不足，即可造成土壤有机质、氮、磷、钾等的过度消耗而贫瘠化。研究表明，成土母质和强烈侵蚀土壤的有机质含量较无明显侵蚀的土壤一般要小数倍至十数倍，甚至几十倍。氮、磷、钾含量也小数倍至十数倍（表 7-2）。

表 7-2 不同地面组成物质在不同植被和不同侵蚀条件下土壤营养成分变化（卢进发，1999）

地点和岩性	地面物质类型	侵蚀状况	植被类型	有机质/%	速效氮/（mg/100g）	速效磷/（g/100g）	速效钾/（mg/100g）
安徽溪绩花岗岩	堆积砂土	中度面蚀	裸地	2.2	7.00	0.37	12.22
安徽溪绩花岗岩	堆积砂土	轻度面蚀	草地	8.2	21.00	0.52	14.28
安徽溪绩花岗岩	堆积砂土	强烈面蚀	裸地	1.3	2.52	0.26	8.63
安徽溪绩花岗岩	堆积砂土	微度侵蚀	灌草林	16.9	30.10	0.92	17.79
广东五华花岗岩	砂土层	强烈面蚀	裸地	0.19	0.56	0.04	5.31
广东五华花岗岩	砂土层	强烈面蚀	裸地	0.86	2.52	0.07	8.43
广东五华花岗岩	堆积砂土	中度面蚀	疏林地	1.13	2.94	0.13	7.46
广东五华花岗岩	堆积砂土	微度侵蚀	灌草林	5.55	16.24	0.70	15.82
浙江第四纪红土	红黏土层	微度侵蚀	草地	1.30	14.00	0.56	5.72
浙江第四纪红土	堆积红壤	强度片蚀	裸地	0.34	6.00	0.83	4.69
浙江第四纪红土	堆积红壤	中度片蚀	草地	0.60	17.00	0.45	4.16
浙江第四纪红土	堆积红壤	微度片蚀	草地	1.76	23.00	0.05	4.94

2. 土壤持水性变化。土地退化的结果是使得土壤保水性差。虽然湿润地区降水较丰沛，但由于降水季节分配不均及地貌不同类型或部位的影响，土壤水分差异很大。若土壤性状退化，水分不调（干旱或积涝）便十分突出。受土层理化性质的制约，成土母质和侵蚀土壤的保水性普遍较差。以第四纪红土为例，由于其有机质含量低、黏粒含量高和铁铝氧化物富集，不易形成团粒结构，土壤孔隙少，易板结和坚实，土壤入渗率低，而径流系数高，从而导致土壤水分奇缺。夏季降透雨后 7～8 天表层土壤含水量即可达到凋萎点。花岗岩地区的砂土层和碎石层，由于有机质含量很少，而砂粒成分含量很高，土壤保水性极差，伏旱时地表土层的含水量常接近凋萎点。

此外，土地退化还造成土层厚度变薄，活土层或全土层浅薄化，使得障碍层高位化。障碍层是指阻碍水分运移、根系生长的特殊土层，如沙姜层、盘层、砾石层等。土壤侵蚀的结果导致障碍层出现深度小于 50 cm。

在土壤退化的同时，也造成了植被的严重退化。植被退化是土地退化的初始阶段和基本表现。在土地退化地区，地带性天然植被常绿阔叶林遭到破坏，植被覆盖降低，并出现植被类型的逆向演替，导致群落简单、种类单一、耐旱耐脊的次生稀树灌丛草坡甚至荒丘裸地广泛出现。这不仅是植被退化的表现，而且直接决定了土壤退化程度和地表状况恶化的程度。植被类型由当地适生顶极植被向次生低等植被演替的长期变化，往往是由于环境状况恶化所致，因而是植被退化的另一重要表现。中国南方东部地区的天然植被为常绿阔叶林，然而由于人类长期不合理的社会经济活动，天然植被几乎破坏殆尽，代之出现的是耐旱耐瘠的次生稀树灌丛草被。林地仅见于水分条件较好的山凹部分，低山丘陵的山脊部位多为裸地、稀疏草地或疏林。

（二）河流水文退化的表现

南方土地退化和砂石化地区的土壤侵蚀非常严重，最大侵蚀模数可达 2.0×10^5t/（$km^2\cdot a$），平均在 1.5 万～2.0 万 t/（$km^2\cdot a$）。因此，使河流含沙量大大增加。如 20 世纪 70—80 年代以来小江含沙量增加 150%，岷江上游含沙量增加 125%，湘江上游和赣江上游含沙量最大亦增加 110%。对数以万计而没有测站的众多中小河流来说，含沙量实际上是成倍增长。即使长江在 20 年内的含沙量也几乎增加了 1 倍，含沙量迅速增加的直接危害是湖泊和水库被泥沙淤积。如洞庭湖 30 年淤积的泥沙为约 1 亿 m^3，湖底淤高 2～7 m，湖面由 1949 年的 4 350 km^2 减少至 1980 年的 2 000 km^2。鄱阳湖的泥沙淤积量也很严重，现代淤积量比 1950 年增加了两倍。水库的淤积更为严重，云南以礼河水库现已淤满。泥沙对河流本身的淤积不仅阻碍航道，而且增加洪水灾害的危险性。大渡河中游的汉源县城已被高出街道 10 m 的地上河所包围，这可以说明其潜在的威胁不容忽视。除此之外，一些河谷由于崩塌、滑坡和泥石流的不断发生发展，大量泥沙石块倾入河床，一些区段泥石流堆积扇毗连成片，扇缘串联成裙或叠置成洪积台阶。如小江河谷所形成的洪积台阶面积由几公顷到上百公顷不等，左右两岸堆积扇对峙，形成犬牙交错之态势，迫使水流忽而呈辫状游荡在宽展的河滩上，忽而缩成急流迂回曲折地穿行在扇群之间。到了雨季，众多泥石流泻入小江，使其几乎成为“泥石流河”，淤塞河道，危害农田和村庄，水冲沙压一片荒，砾石累累通河床。

二、土地退化的等级

南方亚热带润湿地区的土地退化与干旱、半干旱地区荒漠化存在显著差异，不仅退化性质存在差异，而且退化的特点、方式、结果差异都较大。在南方一些花岗岩及红色岩系分布地区的土地退化以坡面侵蚀和沟谷切割为特征，水蚀作用愈烈，地表割切愈破碎。因此，南方亚热带湿润区的土地退化等级划分标准一般是以沟谷密度为依据。沟谷密度越大，表明可利用土地资源的丧失越多。当然这一指标也反映了人为开垦、樵柴等的活动对土地破坏的程度和植被覆盖度的大小。朱震达根据湿润地区水蚀劣地所占面积将水蚀荒漠化划分为轻度、中度和重度荒漠化 3 个等级（表 7-3）。陈隆亨根据沟蚀面积等多个指标提出了亚热带湿润地区土地退化的评价标准（表 7-4），将退化土地划分为轻度、中度、重度和严重退化 4 个等级。可以根据实际情况，结合表 7-3 和表 7-4 的标准划分湿润地区土地退化的强弱，可以分为 3 个等级，分为 4 个等级更好。

表 7-3 湿润地区水蚀土地退化等级划分指标（据朱震达修改，1996）

等级	劣地或石质坡地占地面积/%	沟蚀占地面积/%	植被覆盖度/%	地表景观综合特征	生物量较荒漠化前下降/%
轻度	≤10	≤10	51～70	劣地或石质坡地呈斑点状分布，裸露的沙石地表零星分布，沟谷切割深度在 1 m 以下，片蚀及细沟发育	30
中度	11～30	11～30	31～50	有较大面积的劣地或石质坡地分布，裸露沙石地表分布较广泛，沟谷切割深度在 1～3 m	31～50
重度	≥31	≥31	≤30	劣地或石质坡地密集分布，沟谷切割深度 3 m 以上，地表切割破碎	51 以上

表 7-4 湿润地区土壤退化的评价标准（陈隆亨，1996）

标准	轻度退化	中度退化	重度退化	严重退化
多年生植被盖度减低/%	<10	10～25	25～50	>50
有用生物生产量降低/%	10～25	25～50	50～70	>75
沟蚀占面积/%	<10	10～30	30～50	>50
土壤流失/[t/（hm^2・a）]	10～25	25～50	50～200	>200
生物生产量降低/%	10～25	25～50	50～75	>75
生物生产量降低/%	10～25	25～50	50～75	>75

三、土地退化的景观

如前所述，我国湿润地区土地退化的地表景观存在差异，不同岩石或沉积层分布区，退化的景观不同。在第四纪红色土状沉积层分布的丘陵地区，水蚀退化的结果是呈现地表裸露、水蚀切割破碎、沟谷密集的水蚀劣地景观。在古老紫色砂页岩组成的丘陵区，土地水蚀退化严重时主要表现为地表裸露的石质坡地与沟谷景观。在花岗岩丘陵和山区，水蚀退化常形成沟壑纵横、地形破碎、花岗岩裸露、岗壁高悬的崩岗景观。

四、土地退化的发展

土地退化是一个动态的生态环境变化过程，这一过程可以通过其本身的景观特征来表示，而景观特征中具有直观性且最易于操作的标志是在流水侵蚀作用下形成的劣地与石质坡地。上述这些景观标志本身便是植被、地貌外营力、人为活动与地表组成物质等因素相互作用的具体表现。利用不同时期航空相片或卫星影像中各种土地退化景观标志的时空分布变化，可以揭示土地退化的发展趋势。虽然在中国南方未全面利用航空照片与卫星照片对土地退化进行系统的研究，但根据若干省区的资料表明，20 世纪 50 年代到 80 年代水蚀土地面积明显增加。水土流失的调查资料也可反映其发展趋势（表 7-5）。

表 7-5 我国南方土地水蚀发展趋势表（朱震达，1996）

省（自治区）	20 世纪 50 年代水蚀面积占区域面积的%	20 世纪 80 年代水蚀面积占区域面积%	省（自治区）	20 世纪 50 年代水蚀面积占区域面积%	20 世纪 80 年代水蚀面积占区域面积%
安徽	4.3	20.6	福建	3.8	11.2
浙江	1.9	3.0	广东	4.1	7.4
江西	6.6	27.7	广西	5.2	12.2
湖南	8.9	30.4	贵州	20.3	43.5

注：贵州数据为 20 世纪 60 年代及 80 年代资料。

另外，在南方丘陵与山区以劣地出现为主要特征的土地退化面积的扩大更说明了该地区土地退化还在发展和蔓延中（表 7-5）。然而，在局部地区经过治理后有所好转，如江西兴国县 1964 年、1980 年、1982 年、1990 年的调查资料显示，这 4 年土地水蚀面积依次为 1 679.9 km^2、1 899.07 km^2、1 711.4 km^2 和 813.26 km^2，表明 20 世纪 60 年代至 80 年代有显著的增加趋势；而在 80 年代初期以后由于开展了大规模的治理，土地退化面积则呈下降的趋势。浙江常山土地退化的发展也有类似的情况。浙江常山 80 年代前土地退化较严重，但在采取措施以后，其侵蚀较强的土地面积有所减少。1986 年全县轻度水蚀面积虽有所增加，但中强度以上的水蚀面积比 1981 年减少了 40%以上。在安徽东南绩溪县伏岑乡的花岗岩丘陵地区，由于强烈的水蚀，导致土地退化的发展，在 80 年代中期以劣地为主的土地退化面积占该地总面积的 56.6%，从 1985 年开始经过 7 年的治理到 90 年代初期当地水蚀土地面积已减少到占该地区面积的 7.7%。皖西大别山地区岳西县巍岭小流域经治理以后，以劣地为主的退化土地从治理前 1984 年的占该地面积 49.4%减少到 1988 年治理后的占 8.4%。在岳阳以东的花岗岩丘陵区，80 年代以前水蚀面积占该地总面积的 92.5%，到 80 年代中期经过治理以后，水蚀面积仅占该地总面积的 14.1%。

所有上述这些实例说明在中国南方水分热量条件较好的条件下，只要采取措施，一般经过 3～5 年的治理，土地退化加剧的发展趋势就可改变为逆转的趋势。因而可以认为，中国南方地区的土地退化总的趋势虽也有扩大的趋向，但局部地区在逆转，只要各有关部门高度重视，并采取有效措施，就能够改变土地退化的发展趋势。

第四节 湿润红土区土地退化防治措施

亚热带湿润地区的土地退化造成了南方山地每年流失耕地 3.7 万 km^2，土地退化还造成动植物资源的丧失，植被呈现出森林向灌丛发展的趋势。土地退化引起了地区自然灾害频繁发生，水资源匮乏，不少中小型河流几乎常年断流，许多居民的生活用水也得不到保证。土地退化使人类立足生存的最基本的资源遭到了破坏，引起了局部地区社会、经济条件的恶化。根据中国南方土地退化发生和发展的特点，在治理土地退化时，第一要建立一个既防治土地退化又能促进经济发展的治理方案，制订这个方案要遵守保护环境、适度开发和节约资源的 3 个原则；第二要采取因地制宜的治理措施；第三要建立一个包括决策部门、科技部门和基层群众相结合的能够实施治理的管理体制。

一、小流域综合治理

新中国成立以来，我国采取预防为主、因地制宜、防治结合的方针，以小流域为单元，统一规划综合治理水土流失，取得了较好的效果，为湿润地区土地退化防治积累了丰富的经验。采取以小流域为单元，统一规划，综合治理是防治的基本途径。它既可以防治水蚀，又可以改善农业生产条件，合理开发水土资源，促进农林牧副渔等发展，以逐步实现发展经济、改善生态环境的目的。江西兴国与泰和、广东的五华与电白、浙江的兰溪与常山、安徽的绩溪、湖南的常宁、云南的元谋、四川的逐宁等地的有效治理便是实例（表 7-6）。

表 7-6　不同岩性地区土地退化发展趋势（朱震达，1996）

典型地区	地表组成物质	20 世纪 50 年代末劣地占该地区面积%	20 世纪 90 年代初期劣地占该地区面积%
兰溪上华	第四纪红色黏土	9.3	10.5
建德唐村	紫红色砂页岩	9.2	14.3
绩溪北村	花岗岩	27.8	33.8

注：兰溪县为 20 世纪 70 年代、80 年代的资料；绩溪县为 20 世纪 70 年代、90 年代的资料。

（一）建立综合防治体系

在上游地区的治理主要是“防”，以封山育林和植树造林为主，达到恢复自然植被、建设好水源涵养林的目的。在中游地区主要是“治”，做好坡度大于 25°的坡耕地的退耕还林工作；在 20°～25°的坡地发展经济林和果茶园；在 10°～20°的坡耕地上注意积肥改土，修建灌排沟渠，推广等高耕作和间种套种等技术。对于劣地、石质坡地、崩岗等采取相应的工程措施和生物措施，自上而下层层设防，节节拦蓄，具体治理可以参考第四章黄土高原水蚀荒漠化防治的有关技术。在下游地区主要是管护好农田和水利设施，实现高产稳产。

（二）恢复植被

植被破坏是导致土地退化的主要原因，因此恢复植被、增加退化土地抗蚀能力、强化降水就地入渗是防治土地退化的首选途径。① 对于正在发展的退化土地，其上植被、土壤等变化尚处于初期发展阶段，可采取自然恢复和人工造林相结合的措施，以封山育林和植树造林为主，达到控制土地退化发展的目的。② 对于强烈和严重发展的退化土地，则需采取适当的工程措施，如建谷坊、平整土地等，再定向培育乔、灌、草结合的针阔混交防护林、用材林、经济林、薪炭林，做好坡度大于 25°坡耕地的退耕还林工作。福建省长汀县河田镇通过试验区研究推出了水蚀退化治理的多种植被恢复与重建模式，包括乔灌混交模式、黑荆树水土保持林模式、多层次立体种植体系模式、茶果场开发性治理模式、封禁治理模式等。针对表土已被冲刷的石质坡地，采取多树种（如合欢、胡枝子、紫穗槐、刺槐等）、乔灌混交、快速覆盖的模式进行治理。河田镇经过 5～7 年的治理，治理区土壤侵蚀模数降低了 94.8%，土壤的物理状态得到了明显改善，土壤变得疏松，坚实度降低了 56%～72%，容重低，孔隙度高，有机质含量比治理前提高近 5 倍。治理区小气候条件也明显改善，使林内温差变化减小，湿度提高。经济效益评估表明，投入和产出的费用比为 1∶3.5，经济效益显著。促进了农、牧、渔业生产的发展，经济效益也十分可观，不仅为社会提供了物质财富，而且为类似水土流失区的治理树立了样板。封禁治理后，植被得到迅速恢复，水土流失程度明显减轻，流失面积减少，而且促进了原有的马尾松生长，增加了马尾松的密度，保存了有效的分枝轮数，提高了林木郁闭度，从而也使生态环境得到了改善。江西南部兴国县塘背河流域土地退化的治理也取得了良好效果。该地区为花岗岩丘陵，水土流失面积占丘陵地区面积的 90%，其中严重侵蚀的土地已占流域面积的 82.4%。针对不同侵蚀强度采取不同治理措施，对严重侵蚀的地区采用工程与植物相结合的措施，封育与造林相结合（针阔叶、常绿和落叶混交），对中度侵蚀地区在坡腰以上营造栎、枫香、胡枝子等针阔叶混交林，坡麓营造黄檀、板栗以及马尾松等，并与封育相结合。对那些崩岗侵蚀作用强烈的地方采取修建谷坊，上截下堵，内外绿化等方式以抑止其侵蚀作用的发展。兴国县塘背河流域经过十年的治理，流域内植被覆盖度从原来的 10%增加到 53%，粮食总产增加 32%，人均年收入也比原来增加了 8 倍。

（三）调整产业结构

丘陵山区的土地退化在很大程度上与土地资源利用不合理有很大关系。实施预防为主的方针，对现有不合理的人类活动，尤其是调整农业生产活动的方式，优化配置产业结构，是防治土地退化的重要措施。在许多退化地区农业产业结构中，种植业所占的比重过大，林、牧、副、渔业比重很小，使得有限的耕地资源负载越来越重。因此，调整产业结构，合理利用土地资源，使小流域从过去单一粮食生产的沟谷型农业向多种经营、立体开发型农业生产模式转变，使山丘与沟谷的开发形成一个互补型体系。

（1）应合理利用土地资源，退耕还牧、还林。另外，对那些严重退化的耕地应进行适当的耕作制度改革，改过去的一年三熟制为一年二熟、一年一熟，必要时还可多年一熟，其间再轮种绿肥，以使退化土地得以休养，最终达到恢复地力、使土地资源得到永续利用和保持高产的目的。

（2）充分利用现代生态农业技术，最大限度地提高一个坡面或小流域的坡地持续生产力。① 建设好高产的沟谷农田。② 根据坡地的不同情况，因地制宜采取林果结合发展果园，或采取林草结合发展牧业。③ 利用农林果产品发展粮油加工、水果食品加工或土特产加工等乡镇企业。④ 充分利用小流域自然和人工水面发展水产养殖业，有条件的地区还可兴办小水电。例如，安徽绩溪县伏岭乡的花岗岩丘陵地区退化土地面积从 1985 年占该地区面积的 56.6%降至 20 世纪 90 年代初期的 7.7%；皖西大别山岳西县巍岭小流域经治理以后，以劣地为主的退化土地面积也从治理前的 49.4%降低到治理后的 8.4%；广东五华县在进行花岗岩丘陵土地退化的防治时，首先调整原来不合理的土地利用结构，然后以一个集流面为基本单位，在丘顶上部营造水土保持林，在集流面中部发展薪炭林和经济林，在下部则采取果蔬间种方式，谷地形成种、养结合的多层结构，初步形成了以林保农、农牧并举、副业兴旺、土地利用合理与生产全面发展的新局面。

二、土地退化防治的政策措施

根据多年的政策实施取得的成效，可采取以下政策措施。

（1）对土壤退化严重的地区要强化管理和经济扶持，要由政府部门对其加强有关森林、土地等的政策法规的执行。强制实施生态恢复重建的措施，同时国家也应对这类地区逐年给予较多的经济扶持，促使其尽快改变面貌。

（2）制定和推行补偿和惩戒政策。对退化严重的重点治理地区，要以恢复生态、避免土地过度利用。政府和有关部门不应再以提倡开荒、提高复种指数、增施化肥等措施增加产量，而应加强资源保护，实施对土壤用养结合永续利用措施。必要时可仿效国际上某些发达国家制定和采取经济补偿和惩戒政策。

（3）适度规模的移民措施。人为干扰、破坏生态带来的土壤退化问题是普遍的。封山育林是保护生态的行之有效的措施，但是对居住在封山地区的农民仍然难以约束和控制。因此，在必要时要采取适度规模的移民措施，安置他们到沟谷平地，从事种植养殖，这对于保护生态环境及扶贫都是有利的。

参考文献

[1] 朱震达，陈广庭. 中国土地沙质荒漠化. 北京：科学出版社，1994.

[2] 朱震达. 中国沙漠及其治理. 中国科学，1976（19）：4-5.

[3] 陈永宗，景柯. 黄土高原现代侵蚀与治理. 北京：科学出版社，1988.

[4] 中国科学院黄土高原综合科学考察队. 黄土高原地区土壤侵蚀区域特征及其治理途径. 北京：中国科学技术出版社，1990.

[5] 陈志清. 福建省长汀县河田镇的水蚀荒漠化及其治理. 地理科学进展，1998，17（2）：65-70.

[6] 张宏，慈龙骏，孙保平，等. 对荒漠化几个理论问题的初步探讨. 地理科学，1999，19（5）：446-450.

[7] 赵济. 中国自然地理（第三版）. 北京：高等教育出版社，1995.

[8] 朱震达. 土地荒漠化研究现状与展望. 地理研究，1994，13（1）：105-111.

[9] 田亚平，彭补拙，谢庭生. 红色荒漠化雏议. 长江流域资源与环境，2001，10（4）：280-284.

[10] 朱震达，吴焕忠，崔书红，等. 中国土地荒漠化/土地退化的防治与环境保护. 农村生态环境，1996，12（3）：1-6.

[11] 朱震达. 湿润及半湿润地带的土地风沙化问题. 中国沙漠，1986，6（4）：1-12.

[12] 朱震达，崔书红. 中国南方的土地荒漠化问题. 中国沙漠，1996，16（4）：331-337.

[13] 朱震达. 中国的脆弱生态带与土地荒漠化. 中国沙漠，1991，11（4）：11-22.

[14] 田亚平. 关于荒漠化几个理论问题的讨论. 南京大学学报（自然科学版），2003，39（3）：433-439.

[15] 何毓蓉. 我国南方山区土壤退化及其防治. 山地研究，1996，14（2）：110-116.

[16] 卢进发. 中国东部亚热带丘陵山地土地退化评价指标体系研究. 地理研究，1998，17（4）：345-350.

[17] 李槭. 我国南方山地和丘陵的荒漠化问题. 中国沙漠，1988，8（4）：1-10.

[18] 陈循谦. 浅谈小江河谷土地荒漠化与区域可持续发展. 云南环境科学，1998，17（2）：38-40.

[19] 陈隆亨. 我国土地荒漠化的治理. 自然灾害学报，1996，5（1）：105-111.

[20] 卢金发. 中国东部亚热带丘陵山区土地退化坡面分带性的成因. 山地学报，1999，17（3）：218-223.

[21] 卢金发，崔书红，黄秀华. 金衢盆地丘陵荒山土地退化评价及其时空分异特征. 地理学报，1997，52（4）：339-344.

[22] 曾昭璇，我国南部红土区的水土流失问题. 第四纪研究，1991，11（1）：14-15.

[23] 钟祥浩. 干热河谷区生态系统退化及恢复与重建途径. 长江流域资源与环境，2000，9（3）：376-382.

[24] 史德明. 我国红壤区侵蚀土壤的退化及其防治. 中国水土保持，1987（12）：2-5.

[25] 赵景波，贺秀斌，邵天杰. 重庆地区紫色土和紫色泥岩的物质组成与微结构研究. 土壤学报，2012，49（2）：212-219.

[26] UNCOD. Desertification：Its causes and consequences . Oxford：Pergamon Press，1977.

[27] Charmaine Mchunu，Vincent Chaplot. Land degradation impact on soil carbon losses through water erosion and CO_2 emissions. Geoderma，2012，177-178：72-79.

[28] Ilan Stavi，Rattan Lal. Variability of soil physical quality and erodibility in a water-eroded cropland. Catena，2011，84（3）：148-155.

[29] Mvanmaercke，J Poesen，W Maetens. Sediment yield as desertification risk indicator. Science of The Total Environment，2011，409：1715-1725.

[30] Massimo Conforti，Gabriele Buttafuoco，Antonio P. Leone，et al. Studying the relationship between water-induced soil erosion and soil organic matter using Vis–NIR spectroscopy and geomorphological analysis：A case study in southern Italy. Catena，2013，110：44-58.

[31] Rubab F. Bangash，Ana Passuello，María Sanchez-Canales，et al. Ecosystem services in Mediterranean river basin：Climate change impact on water provisioning and erosion control.Science of the Total Environment，2013，458–460（1）：246-255.

[32] X Zhou，M Al-Kaisi，M J Helmers. Cost effectiveness of conservation practices in controlling water erosion in Iowa. Soil and Tillage Research，2009，106（1）：71-78.

[33] V Chaplot，C N Mchunu，A Manson，et al. Water erosion-induced CO_2 emissions from tilled and no-tilled soils and sediments. Agriculture，Ecosystems & Environment，2012，159（15）：62-69.

[34] Farshad Amiraslani，Deirdre Dragovich. Combating desertification in Iran over the last 50 years：An over of changing approaches. Journal of Environment Management，2011，92：1-13.

[35] Monia Santini，Gabriele Caccamo，Alberto Laurenti，et al. A muti-component GIS framework for desertification risk assessment by an integrated index. Applied Geography，2010，30：394-415.

[36] B Venkatesh，Nandagiri Lakshman，B K Purandara. Analysis of observed soil moisture patterns under different land covers in Western Ghats，India. Journal of Hydrology，2011，397：281-294.

[37] Zhang Y，Liu J S，Xu X. The response of soil moisture content to rainfall events in semi-arid area of Inner Mongolia . Procedia Environmental Sciences，2010（2）：1970-1978.

思考题

1. 试述亚热带红土区土地退化的影响因素和动力特点。
2. 叙述亚热带红土区土地退化类型划分依据与特点。
3. 论述亚热带红土区土地退化景观和黄土高原退化的差别。
4. 试述亚热带红土区土地退化等级划分依据与指标。
5. 分析亚热带红土区土地退化治理的植被技术与黄土高原的异同。
6. 论述亚热带红土区土地退化工程治理措施与黄土高原治理措施的不同。

第八章　冻融荒漠化与防治

第一节　冻融荒漠化分布和影响因素

一、冻融荒漠化的分布

冻融荒漠化是指由于气候变化或人为活动等种种因素使多年冻土季节融化厚度加大，或通过强化冻融作用导致多年冻土退化、地表形态改变、植被发生退化的一系列过程和荒漠化景观。受这一过程影响而显著退化的土地称为冻融荒漠化土地。冻融荒漠化是高海拔地区特有的荒漠化类型。1996 年发布的《中国荒漠化报告》中提出这一概念，并认为这是中国冷高原特有的荒漠化类型。虽然该类型的土地生物生产力很低，但却是当地夏季的重要牧场。

全国冻融荒漠化土地面积为 36.3 万 km^2，占荒漠化土地总面积的 13.6%。冻融荒漠化土地主要分布在半干旱地区，占冻融荒漠化地区土地总面积的 44.8%。这类荒漠化主要分布在西藏、新疆、青海、四川 4 省、自治区的高寒地区，其中以西藏分布最广，约占冻融荒漠化土地总面积的 81.8%。在面积为 160 万 km^2 的青藏高原冻土区，冻融荒漠化土地多呈片状分散分布和斑块状零星分布。据调查统计，仅在西藏高原的藏北—藏南—藏西冻土区，现有冻融荒漠化土地就达 47 895.59 km^2，占该区土地面积的 9.22%。

二、自然因素的影响

（一）自然气候与植被因素

冻融荒漠化发生地区多属高寒干旱与半干旱气候区，空气稀薄，太阳辐射强，气温低，气温日较差大。分布区年均气温−4～8℃，≥0℃的活动积温为 1 500～2 900℃·d，≥10℃的活动积温为 500～2 100℃·d，无霜期为 70～150 d，多数地区最热月平均气温仅为 10～17℃。由于冻融荒漠化发生在多年冻土分布地区，这种荒漠化受自然气温的影响很大，一般分布在年平均气温为零度或略低于零度的地区。在年平均气温高于零度的地区，没有多年冻土的发育，也就没有冻融荒漠化的发生。在年平均气温很低的条件下，多年冻土不容易发生融化，也不利于冻融荒漠化的发生。

冻融荒漠化发生区的多年平均降水量为 484.4 mm，年内降水主要集中于夏季、秋季，夏季和秋季平均降水量分别为 287.4 mm 和 105.4 mm。冬季降水最少，平均降水量仅有 10 mm 左右。青藏高原降水由高原东南低地向西北逐渐减少，且大部地区偏旱。降水主要来自印度洋西南季风，干湿季分明。冻融荒漠化发生与降水量也有一定关系，总体来讲发生在年均降水量较少的半干旱气候区。在年降水量较多的条件下，利于冰川的发育而不利于多年冻土的发育，也就不会发生冻融荒漠化。

冻融荒漠化分布区植被类型较为单一，具有独特的高原动植物区系和生态适应特点。主要植被为高山草甸和高山草原两大类，包括高寒沼泽草甸、高寒草甸、高山草原化草甸及局部高山部位分布的垫状植被和流石滩稀疏植被，自然植被一般比较矮小稀疏。植被稀疏矮小是生态系统脆弱的表现，这种脆弱的态系统易出现不平衡的生态环境问题，在外界因素的影响下，易发生退化并使得多年冻土发生冻融荒漠化。

（二）地貌与土壤因素

青藏高原区，海拔高度大，地势西高东低，整体由北西向南东倾斜，海拔在 4 000 m 以上。多年冻土在空间分布上受海拔高度的影响较大，由东向西随海拔高度升高，多年冻土的连续性增强。在查拉坪、巴颜喀拉山和布青山、布尔汗布达山等高山山顶多年冻土最为发育，为连续片状分布。在鄂陵湖、扎陵湖、黄河谷地等海拔较低的河湖低洼区，岛状多年冻土被占优势的季节冻土所分割包围。

冻融荒漠化分布区土壤以高山草甸土为主，低洼湿地、山前缓坡、山间盆地等则主要发育为沼泽化草甸土。广布于高原上的高山草甸土、高山寒漠土等土壤类型，一般质地粗、土层薄、成土作用缓慢、发育较差。土壤质地较粗是土壤性质不良的显示，不利于土壤水分的保持，容易引起植被的退化。多年冻土和冻融荒漠化的发生对土壤质地也有较严格的要求，在粒度粗的沙质土和碎石分布区，由于土层含水量很低，不利于冻土发育，也没有冻融荒漠化的发生。土层较薄指示土壤蓄水量较少，土壤的调蓄水分的功能较差，不利于生态系统抵抗外界因素的干扰。土壤厚度越小，生态系统越不稳定，越容易发生冻融荒漠化。

（三）气候暖干化因素

过去 40 年中，西藏高原年平均气温、夏季、冬季平均气温均呈增温趋势，年平均气温以 0.26℃·10a^{-1} 的增长率上升。20 世纪 90 年代增温幅度较大，年平均气温比前 30 年增高 0.5℃，比 20 世纪 60 年代增高 0.8℃，明显高于我国和全球平均气温的增长率。大部分地区夏季和冬季平均气温分别以 0.1～0.2℃·10a^{-1}、0.06～0.15℃·10a^{-1} 的增长率上升，季节和平均气温的变化趋势也是高海拔地区比低海拔地区升温大，尤其是 4 000 m 以上的地区升温最大。由于冻土是一种对温度敏感而易变的自然土体，其温度变化一般在−0.5～−4.2℃，局地气温和地温上升产生的微小变化都会对高原冻土退化产生明显的影响。

温度升高的作用一是使冻土中冰融水的径流量增大，通过地下水渗透的热流交换又在冻土的融冻界面产生消融作用，导致多年冻土变薄、融化，从而引起冻融荒漠化。二是多年冻土季节融化层增厚，冻土变薄、融化后，使得地下水位下降，地表土壤干燥化，植被衰退，导致草甸草原向冻融荒漠化土地退化。三是加强了冻融风化作用、冻融交替作用、冻融蠕流作用、热融作用和积雪、积沙作用等冻土地质地貌过程，加速冻融荒漠化的过程。

三、人为因素的影响

人为活动是冻融荒漠化形成的主要原因之一。其中草地过度放牧与人类不合理的开发工程影响最大，这会引起地温升高，冻土退化，土壤干燥化，造成山地、缓坡、漫岗地带的地表破碎化、裸露化。过度放牧严重时，直接造成了冻融荒漠化地区脆弱生态系统的破坏，成为发生荒漠化的直接动力。在过度放牧不太严重的情况下，也会通过改变地表温度，影响冻土层的埋深变化，导致荒漠化的发生。

人为的工程建和挖土及取土会破坏了土层结构，引起冻土层出露地表，并使得细粒土减少，粗粒层裸露，季节融化层加深，促使荒漠化的发生。

第二节　冻融荒漠化发生的动力

一、冻融动力

近几十年来，在气候暖干化、不合理的人为活动的驱动以及鼠害的作用下，多年冻土呈退化趋势，荒漠化地区形成了较大面积的冻融荒漠化土地。冻融荒漠化发生动力特别，具有复杂性，可分为以下几种。

冻融作用是形成冻土地貌的动力，也是形成冻融荒漠化的主要动力。虽然冻融作用的变化取决于气候的变化，但是气候变化还是要通过冻结与融化来起作用，显然冻融作用是直接动力，气候变化是原因。冻融荒漠化发生过程中有时也有其他动力的作用，但其他动力一般是次要的。如果其他动力是起了主要作用，那么冻融荒漠化就向其他动力类型的荒漠化转变了。如在冻融荒漠化发生之后，受到了强烈的风蚀作用，结果就会转变成为风蚀沙漠化，青藏高原常有这样的风蚀沙漠化发生。

（一）永久冻土层的部分融化

气候变暖引起隔水作用的永冻层的上部融化，使季节性冻土层变厚，导致永冻层之上的水位下降，造成土壤干燥化，是形成冻融荒漠化土地的主要动力。

多年冻土层本身是隔水层，在干旱、半干旱地区，冻土作为不透水层使土壤水分和营养物质得以保持，为植物的生长发育提供了较好的条件。在湿润和半湿润地区，冻土由于不透水或弱透水，容易形成沼泽。冻土地温一般变化在−0.5～−4.2℃，当地温由负温升至零度再转向正温后，冻土中部分地下冰消融，季节融化层逐渐变厚，多年冻土变薄（图 8-1）。随着季节融化层深度的增加，土壤水分向活动层底部迁移，地下水位下降，土壤逐渐干燥化，植被也难以吸取到有效的水分。土壤—植物水分的亏缺削弱了植物的光合作用，植物体内碳水化合物代谢朝着分解方向发展，合成受到抑制，从而使植物生长凋萎甚至死亡。

这就会造成植被盖度降低，群落退化，土壤退化，这是冻土区大气—土壤（冻土）—植物连续系统的作用过程，其结果使冻土区的草甸、草原出现冻融泻溜、秃斑、裸地、流沙等。植被就会发生由高寒草甸向高寒草原→干草原→半荒漠草原→荒漠草原退化，从而形成不同程度的冻融荒漠化土地。

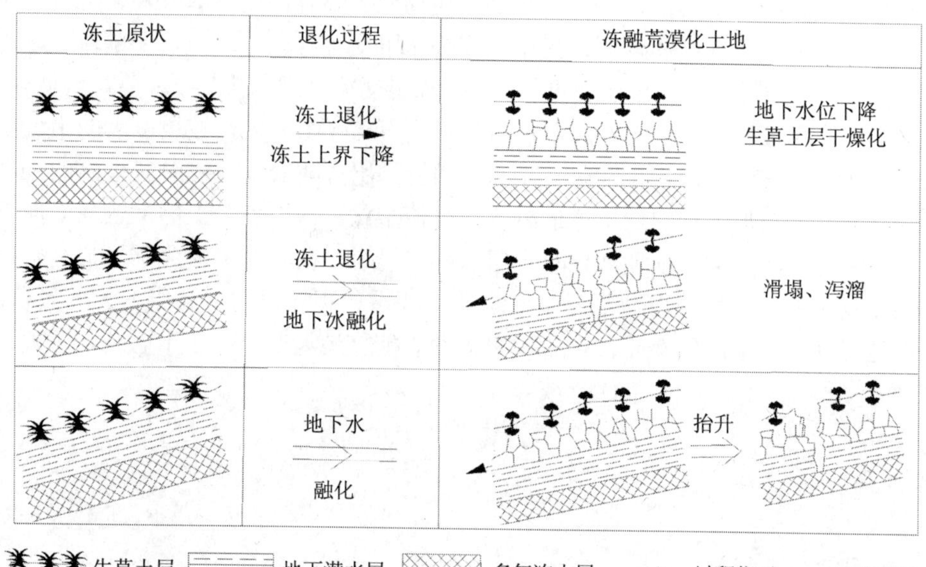

图 8-1　冻融荒漠化过程中的冻土层变化（慈龙骏等，2005）

（二）冻土融冻界面的热融

在气候变暖引起气温—地温升高的条件下，局地降水、地表水及冰川融水的入渗深度加大，地下水径流量和冻土中冰融水量随之增大。借助地下水、冰融水的渗透和热流交换可使冻土的融冻界面上的热融作用加强，发生消融，进而导致多年冻土上限发生热融（图 8-2）。一般来说，融冻界面层上的热流交换过程较为缓慢，但热流交换的结果常使融冻界面层产生消融作用，可使多年冻土变薄、融化，冻土岛消失，形成蠕流滑塌等类型的冻融荒漠化土地（图 8-2）。

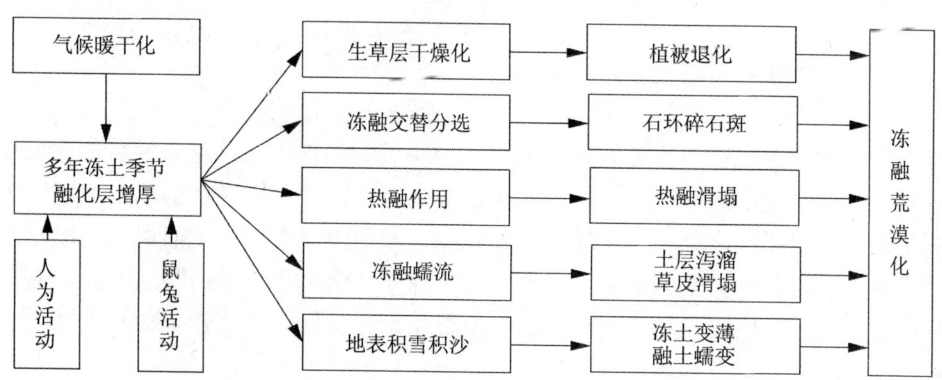

图 8-2　冻融荒漠化形成过程（慈龙骏等，2005）

（三）冻融作用的加强

① 冻融风化是一种地貌过程，但在气候变暖的条件下，月、日温差加大，正负温交替频繁，使冻融循环加速，尤其在冰雪侵蚀区岩石的冻融风化过程更为充分，堆积成流石坡，埋压草场，形成碎石荒漠。② 冻融交替作用。当局地气温升高后，季节融化层将在频繁的正负温波动下反复发生冻结和融化，其差异冻胀作用使含有充足水分、土壤粒度不均匀的季节融化层的物质产生分异、分选和重新组合。冻融交替作用加快后，主要在斜坡中下部、冲洪积扇前缘、雪蚀洼地等平缓、潮湿的地带形成石环（图 8-3），在坡度大的山坡上形成流石坡（图 8-4）等冻融荒漠化土地。③ 冻融蠕流作用。随着局地气温—地温的升高，季节融化层达到一定厚度后，因地下冰的融化而呈流塑状，使地表岩土沿冻融界面向下方坡蠕动，形成融冻泥流运动，使地表生草土层剥落、滑塌，在坡面上形成砾石或基岩裸露的冻融泻溜土坎、草皮坡坎等冻融荒漠化土地。④ 积雪、积沙作用。高原上的雪盖和积沙，具有升高地温和降低地温的双重性。积雪覆盖地表能使地温升高，季节融化层增厚。

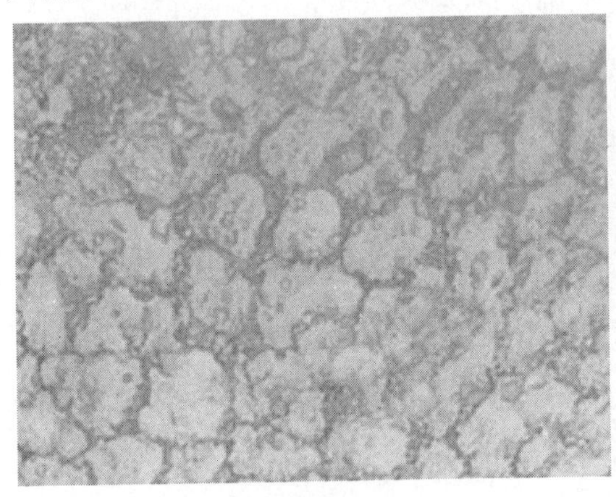

图 8-3 青藏高原冻融地区的石环

图 8-4 青藏高原冻融地区流石坡

在透水性较好的融土层上，雪水融化、下渗，能使冻土上限下降或形成蠕变，或使融土沿融冻界面顺坡下滑形成滑塌、泻溜，形成地表裸露的荒漠化。同样，地表积沙层也具有与植被、雪盖相同的作用，厚沙层长期覆盖区的地温高于无沙区，薄沙层覆盖区的地温反而低于无沙区。

二、生物动力

不合理的放牧形式和过度放牧是造成山地、缓坡、漫岗地带冻融荒漠化的主要原因。牲畜过度啃食、践踏草地甚至刨食草根，会造成山地、缓坡、漫岗地的草皮层破碎化、裸露地面加大。在裸露地表处土壤干燥、地温升高，冻土因得不到保护而退化，形成冻融滑塌、草皮脱落、泻溜等类型的冻融荒漠化土地。此外，建筑物与道路路面因吸收太阳辐射或采暖提高了地温形成融化盘，使周围的冻土退化，并会使路基与建筑物基础发生不均匀沉降，产生裂缝、变形、破坏等冻害。

高原鼠兔（*Ochotona curzoniae*）、鼢鼠（*Myospalax baileyi*）和高原田鼠（*Pitymys irene*）

的猖獗活动是冻融荒漠化发生的动力之一。据调查，高原鼠类的活动尤以鼠兔危害最大，约 60 只高原鼠兔年消耗的牧草就相当于一只绵羊一年的消耗量，在部分地区鼠类的牧草消耗量甚至超过了家畜的采食量。鼠类不仅大量啃食牧草，与家畜争食，进一步加剧了畜草矛盾，而且密布的鼠洞破坏了致密的草根层和土壤结构，使土地发生退化。另外，鼠兔在挖洞作穴时，将下伏沙砾、土壤推出洞外堆积在草地上，大量裸土作为吸收热能的介质，提高了浅层地温，导致冻土退化而形成冻融荒漠化。鼠类的作用与不合理的人为活动相似，起到了直接产生荒漠化动力的作用（图 8-5）。

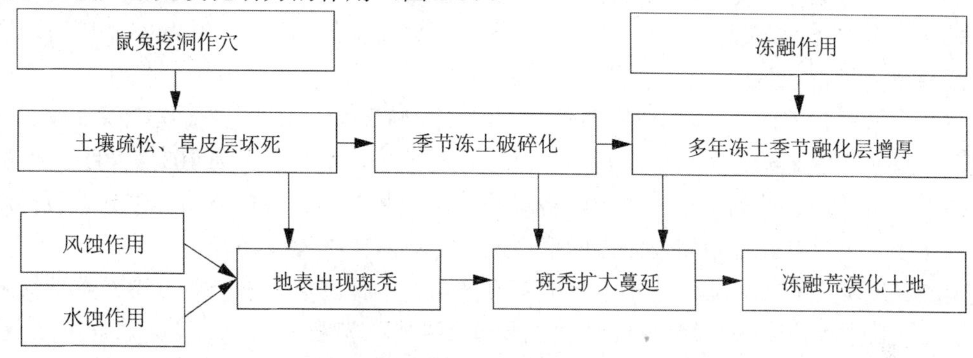

图 8-5　高原鼠兔导致的荒漠化过程（慈龙骏等，2005）

需要指出的是，牲畜的作用和野生动物的作用在冻融荒漠化形成过程中一般仅起到了次要作用，如果牲畜的作用和野生动物的作用是主要的，那么这种荒漠化就是第九章讲述的生物动力荒漠化了。

综上所述，在冻融荒漠化的各种动力的共同作用下，高原上形成了半荒漠草原、荒漠草原、蠕流滑塌、泥流坡坎、草皮坡坎、热融洼地、石环、流石坡、碎石斑和沙地、裸土地等不同等级、多种形态的冻融荒漠化土地。还需指出的是，冻融荒漠化土地经风力吹蚀的充分改造出现沙漠化，就不是冻融荒漠化了。

第三节　冻融荒漠化的等级与危害

一、冻融荒漠化的等级

建立冻融荒漠化土地分级体系是研究冻融荒漠化的前提与基础。生态基准面的概念是高原冻融荒漠化土地分级的理论依据，理论生态基准面包括冻融荒漠化的初始面与终级面。初始面是冻融荒漠化发生前生物气候带的本底状况，终级面则是在气候变异和人为活动的作用下土地演变为荒漠或类似荒漠的顶级退化状态。恢复与确定生态基准面是划分荒漠化程度等级的关键，当生态系统的稳定性超出自动调节界限（阈值），初始面就会向终极面演变，导致地表形态演变、物质流与能量流迁移、土地生产潜力衰退，从而形成不同程度的冻融荒漠化土地。冻融荒漠化土地分级指标研究还不够，目前以定性评价为主，依据生态基准面的理论设计了高原冻融荒漠化土地分级体系，以冻融荒漠化的代表性因子反映的综合景观评判值作为等级判定的指标，本书编者将其划分为极重度、重度、中度和轻度4个等级，各等级的主要景观标示特征如下。

（1）极重度冻融荒漠化土地：地表形态为冻融泻溜土坎、干涸沼泽、片状流沙和很严重的冻融侵蚀等，所占面积大于40%。植被类型为垫状高山荒漠植被或高山草甸植被，覆盖度为10%～20%。土壤为石质土或寒漠土，呈荒漠景观。

（2）重度冻融荒漠化土地：地表形态为石海、石环、冻融泻溜土坎、干涸沼泽、片状黑土滩、片状流失和严重的冻融侵蚀等，所占面积为20%～40%。植被类型为高山垫状草甸、羊茅草甸、蒿草草原、针茅草原等，分布稀疏，覆盖度为20%～30%。土壤为干燥的高山寒漠土，呈荒漠景观。

（3）中度冻融荒漠化土地：地表形成石环、冻融泻溜土坎、草皮坡坎、裸露坡面、干涸沼泽、斑块状黑土滩、斑块状流沙和中度冻融侵蚀等，所占面积为10%～20%。植被类型为高山蒿草草原和草甸、针芧草原、青藏苔草草原和草甸、苔草草甸等，分布较稀疏，覆盖度在30%～40%。土壤为较干燥的草原土，呈草原化荒漠景观。

（4）轻度冻融荒漠化土地：地表形成草皮坡坎、半裸露坡面、干涸沼泽、秃斑状黑土滩、斑点状流沙和轻度冻融侵蚀等，所占面积低于10%。植被类型同中度冻融荒漠化土地，覆盖度为40%～50%。土壤为稍湿的草甸土或草原土，呈荒漠化草原或荒漠化草甸景观。

在西藏高原的藏北—藏南—藏西冻土区，现有冻融荒漠化土地就达47 895.59 km^2，占该区土地面积的 9.22%。其中，极重度、重度、中度和轻度荒漠化土地面积分别为101.11 km^2、1 840.16 km^2、25 412.16 km^2和20 542.17 km^2，分别占冻融荒漠化土地面积的0.21%、3.84%、53.06%和42.89%。冻融荒漠化等级类型构成以中度和轻度为主，极重度和重度荒漠化类型很少，其构成比例反映了在区域气候暖干化和人为活动不断增强的背景下，西藏高原的冻融荒漠化正处在发展过程中。冻融荒漠化主要分布于高原山地的丘陵缓坡漫岗、山前冲洪积平原、湖积平原，以及高山冰雪侵蚀区前缘等地貌部位，分别与盐渍化、沙质荒漠化、水蚀荒漠化构成沿河流走向立体分布、沿湖盆地环带状分布和沿山体坡面垂直分布的形式。随着自然地带的更迭和干旱程度的加重，冻融荒漠化由零星分布、带状分布向片状分布过渡、发展，程度也随之加重。

二、冻融荒漠化对农牧业生产的危害

冻融荒漠化造成可利用的农田、草场面积不断缩小，如西藏高原极重度、重度荒漠化土地达 1 941.26 km^2，这些土地基本上丧失了生物生产力，一般很难恢复为农牧业用地。中度和轻度荒漠化土地面积达45 954.33 km^2，丧失了一定的生物生产力，甚至弃耕。因此，冻融荒漠化的发生发展使这一地区可利用土地面积不断减少，农牧业发展空间大大缩小。在冻融和水蚀等作用下，荒漠化地区地表土层中的氮、磷、钾等营养元素和土壤养分遭受到侵蚀流失，改变了土壤化学、物理性质，降低了土壤质量，导致土壤贫瘠化。同时，荒漠化和贫困是一对孪生子，荒漠化的最终结果导致受荒漠化危害的农牧民贫困化。荒漠化是导致西藏农牧民致贫的重要原因之一，严重制约了荒漠化地区农牧民脱贫致富奔小康的步伐和进程。

三、冻融荒漠化对自然环境的危害

气候变暖造成部分区域地表多年冻土融化加速，部分沼泽地变干，地表盐渍化加重。冻融荒漠化发生之后，也可能会受到风力的侵蚀作用，这就会使土壤物质变粗，出现沙漠化，指示冻融荒漠化向风蚀沙漠化转变。青藏高原沙漠化也较严重，有的风蚀沙漠化就是在冻融荒漠化基础上发展形成的。

伴随着冻土升温、退化、消失，高寒环境显著退化，主要表现为高寒沼泽湿地和湖泊萎缩、高寒草地沙漠化和荒漠化加剧等。多年冻土环境的改变使植被根系层土壤水分和养分减少，沼泽湿地变干，向草甸转变，阳坡草甸向草原转变。沼泽湿地与河湖为代表的下垫面条件改变导致地表比辐射率增大，反射率减小，吸收热量增多，用于蒸发和融化消耗的相变潜热却减小，地面辐射平衡受到破坏。地表蓄水能力减弱导致含水量减小及地表疏干，使蒸发和融化过程中冰水、水汽相变耗热减少，在很大程度上又反过来增加地表热量吸收，加速多年冻土退化。多年冻土退化引起江河源区水文水资源变化，引起河湖及地下水位下降，进一步引起高原湖泊和沼泽湿地的萎缩，而高寒沼泽、河湖的减少又反作用于多年冻土退化。尤其江河源区脆弱的生态环境对气候的响应强烈，冰川退缩和多年冻土消融加剧了大范围高寒草地的退化。如黄河源区 1976 年原有沼泽湿地面积 8 264 km^2，1990 年减少到了 8 005 km^2，2000 年沼泽面积仅剩下 5 743 km^2。近 20 年来黄河源区多年冻土表层融化，部分地带完全融化，土壤含水量减少，植被物种出现更替。气温升高不仅引起了冻土退化，同时也增加了流域蒸发量，使得地下水位下降和径流量减小，导致区域生态和高寒环境恶化。

四、冻融荒漠化引起的自然灾害

不同自然灾害之间常有相互联系，一种自然灾害的发生常会引发多种自然灾害的发生，形成灾害链。冻融荒漠化的发生发展常引起沙尘暴、干旱、滑坡、泥石流、病虫及鼠害等多种自然灾害。青藏高寒牧区是世界中、低纬度面积最大的多年冻土区，高原上的山地海洋性冰川十分发育，这里冰川活动强烈，消融量大，易引起崩塌、滑坡、泥石流等地质灾害，同时也会有冻胀融沉等危害。滑坡伴随泥石流和局部洪水会冲毁农田、草地和林地，堵塞道路，严重时还会造成重大事故，给高原上的交通以及人身、财产安全带来很大危害。另外，冻土区内由于表层季节性融化与冻结交替进行，常形成冻胀丘、冰锥、冻胀裂缝、多边形土、冻融滑塌、热融沉陷等特殊地貌现象，对交通、工程建设等有很大不利影响。

由于气候变暖、变干，生态环境发生变化，加上人为的狩猎，使生态系统失去平衡，高原鼠类、虫类的天敌大量减少，致使鼠、虫数量大量增加，危害日趋严重。青藏高寒牧区是我国鼠害发生较为严重的地区之一，其中以果洛藏族自治州的达日和甘德两县最为突出。1970 年达日县草场鼠害面积达 46 万 hm^2，占该县可利用草场面积的 32%。1978 年甘德县草原发生鼠害面积达 20 万 hm^2，严重致灾 7 万 hm^2，有的地区平均每公顷鼠洞可超过 1 200 个。波密、林芝、昌都等地区农作物病虫害较为严重，主要有蝗虫、地老虎、蚜虫、蛴螬等，平均每 3～5 年就发生一次。那曲地区以及玉树藏族自治州南部草原毛虫的危害非常大，其中那曲的安多、聂荣两县最为严重。聂荣县 1998—2002 年连续五年发生严重草原毛虫灾害，每年成灾面积都在 20 万 hm^2 以上，其中 2001 年达到 59 万 hm^2，平均虫口密度 200～500 头/m^2，其中一些村庄达 1 000 头/m^2 以上，大片返青牧草被吞食精光，呈现一片灰茫。

第四节　冻融荒漠化的防治措施

关于冻融荒漠化防治研究开展的较少，目前采取的措施主要有以下 3 方面。

一、工程与植被措施

（一）工程措施

在冻融荒漠化发生之后，由于地表裸露，易于产生风蚀沙漠化。对于风蚀荒漠化可参考第三章中风蚀沙漠化防治的技术和措施进行防治。采用工程措施时也应有生物措施，要按照统筹兼顾、分类处理的原则。在冻土区要合理布局开发工程，尽量避免在容易发生冻融荒漠化的地区布设开发工程，遵循冻土区工程建筑设计原则，保护和改善冻土环境，防止发生新的冻融荒漠化。对交通线、采矿场区、建筑场地的冻融荒漠化，应因地制宜地采用抛石路基、基土换填、强夯、防渗隔水、石砌护坡、补植草皮等工程与生物措施，保护冻土环境，控制地基土的融沉与胀冻，防止工程冻害和冻融荒漠化的发生。

（二）植被措施

恢复草地植被，减轻草场压力。要采取自然恢复为主、人工培育为辅的措施恢复草地植被，保护和合理利用天然草场资源，开展天然草地改良和人工草地建设，促进草地植被的恢复。同时，要控制牲畜头数，减轻草地压力，促进草地植被的恢复。在冻融荒漠化集中连片分布区或受其威胁较大的区域要实施生态建设工程，减少放牧或禁牧。

二、灭鼠与政策措施

（一）灭鼠措施

要在尊重、理解藏族人民“不杀生”的宗教传统的同时，做好宣传与科普教育，动员更多的人参与草原鼠害的防治工作。要采用饵料引诱、飞机投饵、鹰架灭鼠、物理防治（弓箭、铁铗、鼠笼捕捉）与生物毒素等多种方法灭鼠，开展生物控制鼠兔试验和鼠害动态监测，集中力量，连片防治，减轻鼠害，恢复草地植被。

（二）政策措施

防治冻融荒漠化，保护和建设生态环境，是一项长期和艰巨的任务。要切实把这项工作开展起来，力求早见成效，必须采取有力的政策措施，加大投资力度，而且要有广大干部群众的积极参与，这是基本的必要条件。其中，最为关键的有以下3条。

（1）要制订切实可行的政策措施。防治冻融荒漠化是西部高寒地区生态保护和建设的主要任务，无疑也是实施西部地区大开发战略的重要组成部分。因此，国家在制订西部地区大开发规划中，要把防治冻融荒漠化列为青藏高原高寒地区生态建设的重点，纳入规划，统筹安排，与实施西部地区大开发同时起步，结合进行。同时，国家和地方政府还要依据冻融荒漠化的特点，制订特殊的政策措施，给予优惠和鼓励。要建立健全责任制，明确权益，实行个体承包，责任和任务落实到户、到人，谁治理、谁所有、谁受益，做到责权利相统一。

（2）要加大投资力度。防治荒漠化是一项浩大的系统工程，必须有相应的投入作保证。目前，最大的问题是投入严重不足。荒漠化地区由于经济发展落后，地方财力非常有限，投入资金非常困难，缺口较大。防治荒漠化，改善生态环境，是历史赋予我们的责任，是为子孙后代创建生存与发展的基础，必须付出一定的代价。国家应该把治理荒漠化作为基本建设和改善生态环境的重点给予支持，地方政府也要尽全力增加这方面的投入，坚持国家、集体、个人共同投资的方针，加大投资力度。

（3）要充分调动西部地区各族群众的积极性。防治荒漠化，建设生态环境，荒漠化地区群众是工程实施的主力军，所以开展大规模的防治荒漠化工作，广大群众的积极参与非常重要。要通过深入广泛的宣传教育和典型示范，动员这些地区的各族人民行动起来，积极支持和参与，使广大干部群众把防治荒漠化能变成实实在在的行动，才能取得预期的成效。

参考文献

[1] 慈龙骏，等. 中国的荒漠化及其防治. 北京：高等教育出版社，2005.

[2] 慈龙骏，吴波. 中国荒漠化气候类型划分与潜在发生范围的确定. 中国沙漠，1997，17（2）：111-117.

[3] 王苏民. 环境演变对中国西部发展的影响及对策//秦大河. 中国西部环境演变评估，第三卷. 北京：科学出版社，2002：87-91.

[4] 杜军. 西藏高原近40年的气温变化. 地理学报，2001，56（6）：682-690.

[5] 梁四海，万力，李志明，等. 黄河源区冻土对植被的影响. 冰川冻土，2007，29（1）：45-52.

[6] 罗栋梁，金会军，林琳，等. 青海高原中、东部多年冻土及寒区环境退化. 冰川冻土，2012，34（3）：538-546.

[7] 罗栋梁，金会军，杨思忠，等. 青藏高原东北部冬给措纳湖湖区冰缘环境探讨. 冰川冻土，2010，32（5）：935-940.

[8] 秦大河，罗勇，陈振林，等. 气候变化科学的最新进展：IPCC第四次评估综合报告解析. 气候变化研究进展，2007，3（6）：311-314.

[9] 王根绪，郭晓寅，程国栋. 黄河源区景观格局与生态功能的动态变化. 生态学报，2002，22（10）：

1587-1598.

[10] 李森，杨萍，高尚玉，等. 近10年西藏高原土地沙漠化动态变化与发展态势. 地球科学进展，2004，19（1）：63-70.

[11] 李森，高尚玉，杨萍，等. 青藏高原冻融荒漠化的若干问题——以藏西—藏北荒漠化区为例. 冰川冻土，2005，27（4）：476-484.

[12] 李森，董玉祥，董光荣，等. 青藏高原沙漠化问题与可持续发展. 北京：中国藏学出版社，2001：33-58.

[13] 王根绪，程国栋. 江河源区的草地资源特征与草地生态变化. 中国沙漠，2001，21（2）：101-107.

[14] 王绍令，赵林，李述训. 青藏高原沙漠化与冻土相互作用的研究. 中国沙漠，2002，22（1）：33-39.

[15] 王兮之，何巧如，李森，等. 青藏高原土地退化类型及其退化程度评价. 水土保持研究，2009，16（4）：14-18.

[16] 王燕，赵志中，乔彦松，等. 若尔盖45年来的气候变化特征及其对当地生态环境的影响. 地质力学学报，2005，11（4）：328-332.

[17] 周幼吾，郭东信，丘国庆，等. 中国冻土. 北京：科学出版社，2000.

[18] 曾永年，冯兆东. 黄河源区土地沙漠化时空变化遥感分析. 地理学报，2007，62（5）：529-536.

[19] 张伟民，杨泰运，屈建军，等. 我国沙漠化灾害的发展及其危害. 自然灾害学报，1994，3（3）：23-30.

[20] 蔡英，李栋梁，汤懋苍，等. 青藏高原近50年来气温的年代际变化. 高原气象，2003，22（5）：464-470.

[21] 吴青柏，沈永平，施斌. 青藏高原冻土及水热过程与寒区生态环境的关系. 冰川冻土，2003，25（3）：250-255.

[22] 丁一汇. 中国西部环境变化的预测//秦大河. 中国西部环境演变评估，第二卷. 北京：科学出版社，2002：16-178.

[23] 张森琦，王永贵，赵永真，等. 黄河源区多年冻土退化及其环境反映. 冰川冻土，2004，26（1）：1-6.

[24] 萧运峰，谢文忠，梁杰荣，等. 高寒草甸放牧退化演替及其与鼠害的关系. 自然资源，1982（1）：76-84.

[25] 张生合，任程，陈国民，等. 青海省草地鼠害防治及今后设想. 青海草业，2001，10（2）：22-24.

[26] Jin H J, He R X, Cheng G D, et al. Changes in frozen ground in the source area of the Yellow River on the Qinghai-Tibet Plateau, China, and their eco-environmental impacts. Environmental research letters, 2009, 4：195-206.

[27] Mvanmaercke, J Poesen, W Maetens, et al. Sediment yield as desertification risk indicator. Science of the Total Environment，2011，409：1715-1725.

[28] Monia Santini，Gabriele Caccamo，Alberto Laurenti，et al. A muti-component GIS framework for desertification risk assessment by an integrated index. Applied Geography，2010，30：394-415.

[29] Mouat D，Lancaster J，Wade T，et al. Desertification evaluated using an integrated environmental assessment model. Environmental Monitoring and Assessment，1997，48：139-156.

[30] De Soyza A G，Whitford W G，Herrick J E，et al. Early warning indicators of desertification assessment and mapping in the Chihuahuan Desert. Journal of Arid Environmental，1998，39：101-112.

[31] Luca Salvati，Sofia Bajocco. Land sensitivity to desertification across Italy：Past，present，and future. Applied Geography，2011，31：223-231.

[32] Anne Holsten，Tobias Vetter，Katrin Vohland，et al. Impact of climate change on soil moisture dynamics in Brandenburg with a focus on nature conservation areas. Ecological Modelling，2009：2076-2087.

[33] Patricio Grassini，Jinsheng You，Kenneth G Hubbard，et al. Soil water recharge in a semi-arid temperate climate of the Central U.S. Great Plains. Agricultural Water Management 2010，97：1063-1069.

思考题

1. 简述冻融荒漠化发生的条件和动力。
2. 叙述冻融荒漠化发生地区的地表景观特点。
3. 论述气候变暖对冻融荒漠化发生的影响。
4. 分析人类活动对冻融荒漠化发生的影响。
5. 试述冻融荒漠化等级和划分指标。
6. 论述如何利用植被措施防治冻融荒漠化。

第九章　生物动力荒漠化与防治

在过去的荒漠化教材和论著中，有较多关于过度放牧和人为因素造成的荒漠化的论述，但很少见生物动力荒漠化的提法和相关的解释。本章中的生物动力与过去认识到的过度放牧荒漠化和人为因素造成的荒漠化有直接联系，但也有明显的不同。过去所说的过度放牧引起的荒漠化通常是把过度放牧作为影响的因素，没有认识到是直接作用的动力。而且过去认识到的过度放牧引起荒漠化多数是风蚀沙漠化，只有少部分内容是本章所论述的生物动力荒漠化。过去认识到的矿产资源开发造成的荒漠化也只有一部分是本章论述的生物动力荒漠化，另一部分则是风蚀沙漠化。因此，区分生物动力荒漠化和自然动力荒漠化有利于查明荒漠化的动力类型，能够大大加深对荒漠化发生原因、影响因素和发生动力的认识，还能够使我们认识和区分到荒漠化发生的第一动力和第二动力。生物动力荒漠化是生物直接作用导致的荒漠化，生物动力包括两个方面，一是牛羊作为造成荒漠化的直接动力，一般形成土质荒漠化；二是人或人造机器作为导致的荒漠化的直接动力，一般形成碎石和岩石荒漠化。虽然生物动力直接造成的荒漠化面积不大，但作为一个独立类型，非常有必要介绍这一种荒漠化发生的条件、动力、过程与防治措施。

第一节　放牧生物动力土质荒漠化

本节的生物动力指的是牛、羊所产生的动力，生物动力荒漠化是指牛、羊作为直接动力而造成的荒漠化，不包括过度放牧之后的风蚀荒漠化。

一、放牧生物动力土质荒漠化分布和发生的自然条件

（一）放牧生物动力土质荒漠化分布

过度放牧生物动力引起的土质荒漠化主要分布在草甸草原区。草甸草原是疏林草原与干草原之间的过渡类型，我国草甸草原的面积约 6 亿亩，约占全国草原总面积的 11.3%。草甸草原地区属半干旱气候，年降水量 350～500 mm，是草原地区降水较多的地区。这里牧草生长茂密，一般草高达 60～80 cm，覆盖度为 60%～85%；畜草产量高，质量好，亩产青草 225～400 kg，优质牧草可占 50%～80%。草甸草原主要分布在平坦的洼地和北向的坡地上，如内蒙古东北部森林草原带的下部，东北北部广阔平坦的冲积平原、坡地、河

谷低地和丘陵地区的淡黑钙土、黑钙土和草甸土地区都有分布。我国的生物动力造成的土质荒漠化主要分布在内蒙古草甸草原分布区，西北地区因过度放牧产生的一般是风蚀沙漠化，这一沙漠化不是生物动力荒漠化。

（二）放牧生物动力土质荒漠化发生的自然条件

放牧生物动力引起的土质荒漠化主要分布在降水偏多的内蒙古草原区。受地貌、气候、土壤等自然因素的影响，内蒙古草地的水平分布自东北向西南地带性变化明显，从东向西分别为温性草甸草原、温性典型草原、温性荒漠草原、温性草原化荒漠和温性荒漠 5 大类地带性草地，非地带性草地主要有低平地草甸、山地草甸和沼泽类，其中以低平地草甸最为普遍。由上可知，在内蒙古草原地区，温性草甸草原是 5 大类地带性草地之一，分布在内蒙古的东部地区。另在东北地区也有部分草甸草原分布。内蒙古草甸草原类分布在半干旱气候区，面积约为 862.9 万 hm^2，占内蒙古草地总面积的 10.95%（表 9-1），是内蒙古自治区最优良的天然草原植被。该类草原土质良好，主要土壤为黑钙土和暗栗钙土，土质肥沃。草甸草原植物种类丰富，发育茂盛，是重要的天然草场。草甸草原主要建群牧草以禾草和杂草为主。低平地草甸是非地带性的草地植被，但分布也较广泛，面积约为 926.4 万 hm^2，占草地总面积的 11.7%，亦是内蒙古草地的重要组成部分。

表 9-1　内蒙古各类草地分布面积与占总面积的百分比（《内蒙古草地资源》，1991）

草地类型	面积/hm^2	百分比/%	可用面积/hm^2	可用面积比例/%	草地类型	面积/hm^2	百分比/%	可用面积/hm^2	可用面积比例/%
温性草甸草原	862.87	10.95	760.49	11.96	温性荒漠	1 692.31	21.47	941.71	14.80
温性典型草原	2 762.35	35.12	2 422.52	38.09	低平地草甸	926.41	11.76	776.74	12.21
温性荒漠草原	842	10.68	765.29	12.04	山地草甸	148.63	1.89	130.56	2.05
温性草原化荒漠	538.65	6.84	479.28	7.54	沼泽与其他	102.23	1.30	80.12	1.30

牛、羊动力造成的土质荒漠化与风力作用造成的沙质荒漠化发生地区的自然条件存在明显差别。牛、羊动力导致的土质荒漠化发生在降水较多的半干旱草甸草原分布区和低地草甸分布区，这样的地区风力作用较弱。风力作用造成的草原沙质荒漠化一般分布在降水少的典型干草原区和荒漠草原区，分布地区的风力作用较强。由于草甸草原区降水可达 400 余毫米，土壤湿度较高，加之风力作用较弱，所以在过度放牧导致草原退化之后，地表裸露的主要是较细粒的土壤物质。与风力作用造成的沙质荒漠化的地表物质主要有细砂和中砂相比，生物动力直接造成的土质荒漠化的地表主要由构成土壤的粉砂和少量黏土物质组成。

二、放牧土质荒漠化生物动力作用方式

生物动力导致的土质荒漠化的动力与沙漠化不同，沙漠化是风动力作用的结果，而土质荒漠化与风动力无关，是生物动力直接作用造成的，作用方式表现为两个方面，一是牛羊的直接啃食，二是牛羊的践踏。牛羊过度的啃食会造成草原植物生长缓慢，严重时会导致草原植物死亡，使得地表裸露，出现类似荒漠化的景观。牛羊过度的啃食是生物动力造成荒漠化的主要方式。过多牛羊的践踏会直接破坏草原植物，对草原植物生长带来不利影响，还会使得地表土壤紧实，入渗率降低，土壤水分减少，引起草原退化。在大多数过度放牧地区，由于风力作用较强，出现的是沙漠化，沙漠化是草原在生物作为动力破坏草原的基础上，又经过了风力作用的改造形成的。而过度放牧生物动力产生的土质荒漠化是由生物动力直接形成的，没有经过其他外动力的再次作用。

三、放牧生物动力土质荒漠化过程中的草地变化

放牧生物动力土质荒漠化的结果是草地生物组成与植被退化、土壤退化、水文循环系统的恶化、近地表小气候环境的恶化等。具体表现为草群的植物种类减少，高度变低，覆盖度变小，结构简单。草群中原有优势植物的生长发育减弱，数量减少，产量降低，并逐渐衰退或消失。适应性强、适口性差的植物种类和不可食的、有毒、有害的植物逐渐增加和侵入。草地鼠、虫害增加，而相应的天敌减少。土壤有机质较少，土壤结构变得密实，入渗率降低，含水空间减少。土壤蒸发加强，土壤水分散失强烈，近地表小气候旱化。

连续持久的过度放牧，造成植物被频繁而又严重地啃食，其叶量减少，光合作用能力降低。多年生牧草的营养物质消耗大于贮存，引起牧草生活力变弱，发育受阻，生长不良，结实率下降，种子不饱满。由于牧草地上的芽、花序、花、果实和种子被吃掉，导致再生能力和种子密殖能力降低，甚至完全丧失。土壤的结构、质地、多孔性和水分含量等特性结合在一起，使土壤对外界压力具有了一定的支撑力或抗变形能力。当牛羊行走或奔跑时，如果单位面积承受的重量超过土壤的支撑力，就会使干燥的土壤表面碎裂、微湿的土壤坚实、潮湿的土壤变形。被压实的土壤孔隙变小，土壤密度增加，从而土壤的渗水能力、蓄水能力、通气性、根的穿透深度和土壤微生物的活动大大减弱，还可能增强径流和土壤的侵蚀。过度放牧生物动力对植物和土壤综合作用的结果可导致草原植被发生变化或演变。开始时植被发生盖度变小、草层变矮，可食产草量降低，然后逐渐发生群落种类成分的变化，即放牧演替。

内蒙古草甸草原退化演替模式为：贝加尔针茅草甸草原-贝加尔针茅＋克氏针茅-冷蒿＋糙隐子草变形-贝加尔针茅＋寸薹草-寸薹草变形羊草＋杂草草原-羊草＋寸薹草-寸薹草变形。

四、放牧生物动力土质荒漠化等级

按照通常的草地荒漠化等级划分标准，可将过度放牧生物动力造成的草甸草原和低地

草甸土质荒漠化分为轻度土质荒漠化、中度土质荒漠化和重度土质荒漠化 3 个等级。

（一）草甸草原和低地草甸轻度土质荒漠化

草地土质荒漠化在地表土壤粒度等物质与厚度组成方面变化很少，所以土壤的变化不能作为草地退化强度的划分指标。划分草甸草原和低地草甸草地退化强度的指标主要是草地生物量降低的多少。轻度土质荒漠化的草地草群结构和外貌无明显的变化，但草地生物量明显下降，草地总产量下降 25%～30%，原有优势植物产量占草地总产量的 30%～50%，地表土壤比较干燥。如果草地总产量下降不足 25%，就是草地退化而未达到轻度土质荒漠化的退化强度。随着草甸草原和低地草甸草地生物量的减少，植被盖度也会降低，根据植被盖度减少的多少，也能够划分荒漠化的等级。目前还缺少草甸草原盖度与低地草甸草地盖度变化与退化等级之间关系的研究，可以按照干旱草原植被盖度、土壤退化指标与荒漠化等级的关系，划分草甸草原和低地草甸草地荒漠化的等级。

（二）草甸草原和低地草甸中度土质荒漠化

草甸草原和低地草甸中度土质荒漠化的表现是草群结构和外貌发生了明显变化，原有优势植物衰退。在内蒙古地区出现的退化指示植物主要有阿尔泰狗娃花、星毛委陵菜、茵陈蒿、黄金蒿等。草地总产量下降了 30%～60%，原有优势植物产量占草地总产量的 10%～30%，各种退化指示植物产量占草地总产量的 15%～40%。地表干燥，土壤紧实。

（三）草甸草原和低地草甸重度土质荒漠化

草甸草原和低地草甸重度土质荒漠化的表现草群组成发生根本性改变，在内蒙古地区退化指示植物有狼毒、星毛委陵菜，一年生杂类草大量出现。草地总产量下降 60%以上，原有优势植物产量占草地总产量的 10%以下，各种退化指示植物产量占草地总产量的 40%以上。地表土壤坚实，出现部分裸斑。

五、草地土质荒漠化对土壤水的影响

一般说来，沙质荒漠化会导致土壤水分的显著减少，这是沙化土壤或沙层持水性很低造成的。草地土质荒漠化发生后，植被盖度大大减少了，但是土壤的粒度成分基本未变，土壤的持水性降低不大。由于植物消耗的水分减少了，所以土壤中的水分一般会有所增加。据研究，在内蒙古草甸草原土质荒漠化之后，土壤水分有所增加。如轻度退化的草地在 0～20 cm 深度范围土壤含水量为 4.4%，中度退化草地 0～20 cm 深度范围土壤含水量为 4.5%，重度退化草地 0～20 cm 深度范围土壤含水量为 6.5%。

第二节　人为动力荒漠化

人为动力荒漠化是人的直接作用作为动力造成的荒漠化，如矿产资源开发、工程建设和人为割草直接引起的荒漠化，都属于人为动力荒漠化。如果在人为动力之后自然外动力又起到了主要的作用，改变了地表的物质组成而产生了荒漠化，那么这样的荒漠化就不是人为动力荒漠化。

一、人为动力作用的方式

（一）割草与对草地的火烧

干草是冷季草食牲畜必备的饲草料，草原畜牧业发达国家都非常重视干草的生产，因而割草是人类利用草地的另一种主要方式。适度的割草可以抑制一年、两年生的高大杂草，因为割草使靠种子繁殖的杂草失去了结实的可能。高大杂草和灌木的减少和衰退，使牧草得到充分的光照，为禾草的分蘖创造了有利条件，使轴根性豆科牧草的发育得到加强，还可以防止土壤有机质积聚过多。长期不割草，反而对草地的更新不利。研究表明，6 年不割草的羊草草地，可积累达 15 cm 厚的死地被物，影响了种子的更新、多年生牧草的发芽和地下茎的生长，而且粗硬的禾草和杂草增多。过度割草则会引起草地退化。过度割草会使草地的枯枝落叶层减少，地表裸露，地温增高，土壤变干，土壤营养得不到补给而日益瘠薄。研究结果表明，反复用大型机械不断割取羊草调制成干草，致使优质羊草再生困难，进而使植被退化，甚至成为引起草原荒漠化的重要原因。近年来，牧民大都使用打草机、搂草机和捆草机等对草场进行机械化作业，这些机械对草地具有压实作用，导致草原土壤和植被的损伤。据调查，近年来，一部分人以租用牧民草场打草为主要的经济收入来源，为了获取更多收益，对草场进行掠夺式的打草，加剧了草原的荒漠化。虽然机器的割草是机械动力，但是通过人为操作来实现的，可以认为是人为动力造成的。这种动力造成的荒漠化也常有土质荒漠化出现。如果在割草造成荒漠化之后又经过了风力的侵蚀而形成的沙质荒漠化，就不是人为动力荒漠化了，而是风力作用荒漠化。

（二）矿产资源开发

人为开矿土地荒漠化的分布地区。我国是世界上矿产资源总量丰富，矿种比较齐全的少数几个资源大国之一。已探明的矿产资源总量约占世界总量的 12%，仅次于美国和俄罗斯，居世界第 3 位。但人均占有量仅为世界人均占有量的 58%，居世界第 53 位。我国矿产资源开发利用历史久远，是世界上最早开发利用矿产资源的国家之一。新中国成立以后，矿业获得前所未有的大发展，逐步成为世界上第二矿业大国。

人为动力直接造成的荒漠化主要是通过人为开采矿产资源造成的。过去所称的工矿型荒漠化的一部分就属于人为动力荒漠化，另有一部分属于风蚀沙漠化。虽然人为开发矿产资源作为动力导致的荒漠化土地面积所占比例较小，但其发展速度快，影响大，危害严重，值得重视加以防治。我国工矿型人为动力荒漠化土地分布与矿产资源分布有密切联系。矿业开发人为动力造成的荒漠化发生在干旱、半干旱和半湿润地区，有的也在湿润地区。

矿产开发人为动力荒漠化分布与矿产资源的分布密切相关。我国能源矿产中煤炭在地域分布上呈现西多东少，北多南少的格局。以大兴安岭—太行山—雪峰山为界，以西地区查明资源储量约占全国的 87%，以昆仑山—秦岭—大别山为界，以北地区查明的资源量约占全国的 90.5%。石油天然气的富集受沉积岩和沉积盆地的控制，根据我国大地构造位置的特征，主要的含油气区分为北部、中部、南方、西南和海域 5 个部分。

当然，有些煤矿开发早期是人为动力荒漠化，后期又被风力侵蚀就成了风蚀沙漠化。在进行矿产开发人为动力荒漠化面积统计时，不能包括后期风力改造而成的风蚀沙漠化面积。

在全国开采的 5 大露天煤矿中，内蒙古境内有 4 个。露天开采要进行大量的表土剥离，因而对地表植被与地貌景观造成严重破坏，形成土地荒芜、岩石裸露、乱石遍地的荒漠化。

我国南方矿产开发人为动力造成的土地退化也较严重。如川、滇、黔接壤地区的叙永、毕节和威信、镇雄等县，鄂西南的建始磺厂坪，赣南的大余、寻乌等。由于矿区集中在山区河谷内，人口和耕地集中，污染物危害很大。以川南叙永大树区硫矿为例，矿区附近有30.6%的耕地丧失生产力不能耕种，有 26.6%的耕地生产力急剧下降（收成仅为 10%），有42.8%的耕地仅收成 30%～50%。土地明显退化，周围林木也枯萎死亡，地表荒芜。这种人为动力荒漠化土地分布的特点是常常以工矿区污染源或开采区为中心，其土地退化程度呈同心圆向外逐渐减弱，影响范围视污染源的严重程度，往往在 5～12 km 不等。毕节何官屯、大方猫场硫黄矿区土地退化影响范围在 10 km 左右，严重地段植被退化枯死，山岭光秃，岩石或风化产物的砂和碎石层遍布地表。有时伴随水蚀切割，形成劣地，更加剧了土地荒漠化的过程。

建材资源开发所造成的土地退化也是值得重视的环境问题，如著名的庐山风景区东南的星子县 20 世纪 80 年代以来开采花岗岩、钾长石和瓷土等建材已使邻近庐山的一些海拔 550 m 以下的低山丘陵产生明显的土地退化，流水侵蚀在采石破坏植被的基础上扩大了以劣地为标志的土地退化的发展（图 9-1）。根据 1982 年、1994 年两期卫星相片的对比分析，1982 年由于开采建材所造成的退化土地为 54.1 km^2，占全县土地面积的 7.7%，1994 年退化土地已扩大到 130.7 km^2，占全县土地面积的 17.7%，平均每年扩大 6.38 km^2。

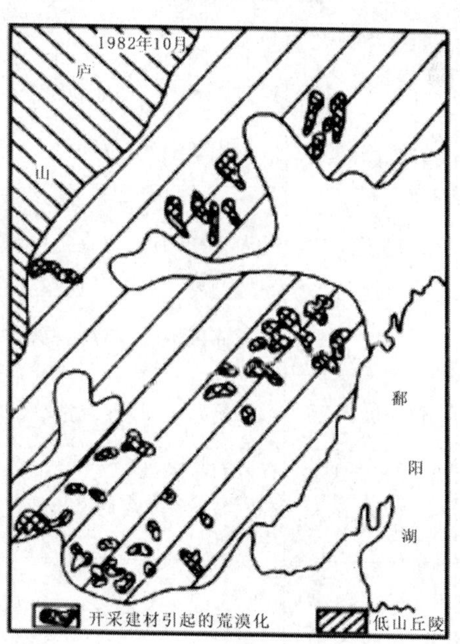

图 9-1 江西庐山星子县开采建材引起的土地退化的发展

二、矿产开发人为动力造成的荒漠化类型

虽然矿产开发荒漠化是人为动力造成的，但如后来经历了风力和水力等外动力充分作用而形成的荒漠化就不是人为动力荒漠化了，只有人为动力直接起主导作用造成的荒漠化才是人为动力荒漠化。有时荒漠化是多种外动力造成的，要根据最后起主导作用的动力来确定荒漠化的动力类型。如果荒漠化先后存在两种或更多种动力，只有最后起主要作用的动力才是确定荒漠化类型的动力。

矿产开发人为动力造成的荒漠化有 3 种类型，分别为采空区地面塌陷、地表挖损破坏、固体废物压占。张成梁等在研究山西省各类煤矿土地退化的现状和类型时，对矿区土地退化进行了详细分类（表 9-2）。山西煤炭资源丰富，在 1949—2004 年山西省采煤破坏土地总面积为 1 152 km^2，其中采煤塌陷面积为 1 113.8 km^2，废弃物占面积为 15.2 km^2，露天开采破坏面积为 23.0 km^2。

表 9-2 山西省煤矿区土地退化类型（张成梁等，2006）

名称	立地类型	特点	成因
井工采区	积水垂直沉陷区	沉陷深度 3.5～7.2 m，可能形成季节性积水或永久性积水，多发生在平原或盆地地区	平坦或盆地地区的井工开采
	轻度不积水垂直沉陷区	塌陷明显，裂缝宽度小于 10 cm，分布稀疏，间距超过 50 m，出现裂缝后每年填缝加工整治后，土地能够正常利用	山地丘陵区的井工开采
	中度不积水垂直沉陷区	地表出现轻度塌陷，塌陷最大深度部超过 50 cm，裂缝宽度在 10～30 cm，间距在 50～30 m，土地耕作受到一定影响，经过及时整治加工后耕地基本上还可以利用，但产量稍有影响	山地丘陵区的井工开采
	重度不积水垂直沉陷	地表呈现明显塌陷，塌陷深度大于 50 cm，裂缝宽度在 30 cm 以上，间距小于 30 m，并伴有垂直位移，形成明显的阶梯状裂缝和塌陷，土地利用受到严重影响，农业减产十分明显	山地丘陵区的井工开采
	开挖破碎区	地表扰动剧烈，发生井口开挖区，原地貌遭到彻底破坏	建设初期井口开挖
露天开采区	建筑区	生活建设区和生产建设区及其配套设施区，原地貌彻底改变，受人为影响很大，在植被恢复过程及随后的时间内除受到自然条件的影响外还受到人为干扰	生活和生产建设
	开挖区	剥离原来地表，对地表扰动剧烈，使原地貌彻底破坏	露天开采剥离表层土岩体
废弃物区	垃圾场	成分复杂，对环境造成很大污染，影响景观	生活和生产过程产生
	煤矸石堆积区	煤矸石，煤，碎木等混合物，基本没有任何供植物生长的条件和因素，多数煤矸石山发生不同程度的自燃，有大量有毒有害气体	开采排出或洗选煤排出
	挖掘物堆积区	剥离原来地表重新堆积，对原来土岩体的层性彻底扰动破坏	露天开采及井工开采初期剥离表层土岩体

矿产资源开发占用、破坏大量的土地，多为农田。据报道，全国截至 2005 年年底因采矿累计占用土地约 586 万 hm^2，破坏土地 157 万 hm^2，且每年仍以 4 万 hm^2 的速度递增。我国矿区土地复耕率仅为 10%，比发达国家低 50%多。矿业废弃地迅猛扩增，大量耕地被侵占，破坏耕地面积 26.3 万 hm^2。

（一）煤矸石占地荒漠化

煤矸石又称夹矸石，是在成煤过程中与煤伴生的一种含碳量相对较低的黑色坚硬岩石（图 9-2、图 9-3），是在煤炭开采和洗选过程中产生的固体含碳岩石块，其产生量大约相当于煤炭产量的 10%。煤矸石是我国目前最大的固体废弃物，占全国工业废料的 20%以上。根据煤矸石的产生和来源，一般露天矿剥离岩石及采煤岩石巷道掘进排出的矸石称为白矸，约占总矸石排放量的 45%，采煤过程中产生的普通矸石约占总矸石排放量的 35%，选煤厂排出的选矸约占总矸石排放量的 20%。煤矸石作为固体废物被运往排矸场，随着矸石量的增加进而形成了矸石山。在煤炭产量增加的同时，矸石山占用了大量的耕地、林地以及居民用地等，造成了土地资源的损失。

图 9-2　西北煤矸石占地荒漠化

图 9-3　山西煤矸石占地荒漠化

据统计，目前全国历年累计堆放的煤矸石约 50 亿 t，规模较大的矸石山约 1 900 座，占用土地约 1.5 万 hm^2，形成碎石矸石山荒漠化景观。而且堆积量每年还以 1.5 亿～2.0 亿 t 的速度增加。

煤矸石的占地荒漠化和分布与原煤产量有直接的关系（表 9-3）。目前，我国煤矸石年排放量超过 400 万 t 的省、自治区有黑龙江、内蒙古、山东、河北、陕西、山西、安徽、河南、新疆。另外，四川和其他省、自治区也排放有大量的煤矸石。煤矸石排放量比较多的地区主要集中在北方，是煤矸石荒漠化的主要分布地区。煤炭资源丰富的地区，煤矸石产量很大。如鄂尔多斯市是煤炭能源为主的地区，已探明煤炭储量 1 496 亿 t，由此可推算煤矸石的预测产生量为 763 亿 t。到 2020 年，我国煤炭仍占一次性能源的 70%左右，随煤炭开采量逐年增加，煤矸石排放量也将按比例增加，煤矸石占用土地造成的荒漠化面积将会进一步增加。

表 9-3　我国主要煤矿分布

省（自治区）	主要产地	省（自治区）	主要产地
黑龙江	鸡西、鹤岗、双鸭山	辽宁	抚顺、阜新、铁法
河北	开滦、峰峰	河南	平顶山、义马
山东	兖州、新汶、枣庄	山西	大同、平朔、阳泉
江苏	徐州	安徽	淮北、淮南
贵州	六盘水	四川	天府、攀枝花
陕西	神府	内蒙古	伊敏河、霍林河、元宝山、准格尔、东胜
宁夏	石嘴山		

（二）矿渣与尾矿堆放荒漠化

矿业开发为人类的生存与发展提供了所必需的大量资源，但同时也给人类赖以生存的环境造成了日益严重的污染。尾矿是选矿厂在特定经济技术条件下，将矿石磨细，选取有用组分后所排放的固体废料，是矿业开发，特别是金属矿业开发造成环境污染的重要来源。因受选矿技术水平、生产设备的制约，尾矿也是矿业开发造成资源损失的常见途径。尾矿具有二次资源与环境污染双重特性。世界各国矿业开发所产生的尾矿每年达 50 亿 t 以上。目前我国发现的矿产有 150 多种，开发了 8 000 多座矿山，累计生产尾矿 59.7 亿 t，占地 8 万 hm^2 以上，而且每年仍以 3.0 亿 t 的速度在增长。由于植被恢复措施不利，使得尾矿占地造成土地荒漠化。

尾矿与选矿、冶炼过程中排放的污水与废渣，破坏了土地资源及植被资源。长期的矿产资源开采形成了众多采矿点，其废石在采矿点周围随意堆积，无拦挡与防护措施，压埋土地，破坏植被，破坏土壤结构，使土地生产力衰竭，大量土地变成碎石堆积的荒芜地。如因民矿区每年排放尾矿废石主要为白云岩，采矿点周围出现了砂石堆积、寸草不生的荒芜景象。由于矿区地形低相差悬殊，以采矿点为源头，废石在风力、水力及人类活动影响下向下游搬运，在山前谷口堆积，所到之处植被破坏，大量河滩地被压埋，从而出现很多荒漠化沟谷。

我国各类尾矿累计约 25 亿 t，并以每年 3 亿 t 的速度递增，占用了大量土地。尾矿堆存对土地资源的浪费是相当惊人的。随着矿业开发强度增大和矿石品位降低，尾矿堆存年占有土地面积还将继续增大。

（三）地表挖损荒漠化

露天开采要进行大量的表土剥离，因而对地表植被与地貌景观造成严重破坏，形成土地荒芜、岩石裸露、乱石遍地的荒漠化景观。加上因矿产开发产生的“三废”对土地和植被造成的不良影响，更使土地严重破坏。贵州省开采的主要矿产中很多是露天开采，如铝土矿、磷、石灰石、砂石、砖瓦黏土以及锰、铁等。据调查，20 世纪 80 年代初期贵州全省累计有矿业荒漠化土地 450 km^2，到 1994 年增加至 1 290 km^2，约占全省土地国土面积的 0.73%，而且这类土地又主要分布于喀斯特强烈发育的黔中、黔西地区。1983—1994 年这 11 年中，贵州矿业荒漠化土地平均每年增加 76.3 km^2，预计未来 30 年内，贵州矿业荒漠化土地面积仍将以每年 30～50 km^2 的速度增长，将成为严重威胁贵州省农业生态环境的重要问题之一。

（四）采空区地面塌陷荒漠化

塌陷占地面积占矿山开发占地面积的比例很大，据测算，约达 39%。据初步统计，我国因采矿引起的地质塌陷有 180 处，面积达 1 150 km^2，每年因采矿地面塌陷造成的损失达 4 亿元人民币。现阶段我国的煤炭约 94%为井工开采，由此引起的地表塌陷已成为煤炭开采对环境影响的主要方面，我国目前累计沉陷土地总面积约为 28.1 万 hm^2。

三、开发矿产人为动力荒漠化的危害

（一）煤矸石和塌方危害

如前所述，我国目前仅煤矸石就占用土地约 1.5 万 hm^2。随着煤矸石占地的增加，堆高的加大，会引起矸石山塌方，如 2004 年 2 月 28 日，安徽省淮南市新集煤矿矸石山发生塌方，造成 9 人死亡。矸石山的垮塌也可能会随即引起滑坡。此外，煤矸石间接影响着土壤的环境，因为煤矸石中还有一些微量的镉、砷、银及铅等有毒重金属元素，这些元素在雨水的淋溶下会侵入土壤，破坏土壤结构，降低土壤质量，造成土地资源浪费、设施变形或遭到破坏。

（二）露天开采和塌陷破坏土地资源

采矿场、选矿场、排土场占用土地也相当可观。据推算，因露天开采每年破坏土地 0.7 万～1 万 hm^2，露天采矿场占地面积约占矿山破坏土地面积的 27%。尤其是在有色金属，黑色金属和建材矿山的开采中，露天开采是占主要的比例。郑州小关煤矿开采境界内 80%是耕地，矿山占地使相当于 4 500 个农业人口无地可种。露天开采不仅侵占大面积良田，而且对开采区生态环境的人为改变也很大，由于作业方式的需要必须直接剥离大面积的表土层及其表土层上生长的大量植被，在很大程度上破坏了原来稳定的土壤和植被，导致严重的水土易流失。如抚顺西露天煤矿占用土地 40.60 km^2，其中排土场占地 21.3 km^2，占全矿用地的 52%。辽宁阜新海洲露天矿压占土地 16.8 km^2，新丘露天矿压占土地 0.9 km^2，由于外排土场的剥离土石混排复垦种植难度较大，自然植物难以生长，整个排土场呈现一片荒凉的景象。更令人堪忧的是，西部一些矿区露天开采形成的排土场与尾矿场甚至成了沙尘暴的主要沙源地。据初步统计，因露天采矿开挖和各类废渣废石尾矿堆置等直接破坏和侵占土地已达 1.4 万～2.0 万 km^2，并以每年 200 km^2 的速度增加。

矿区塌陷同样是破坏土地资源的一个重要方面。塌陷主要由地下开采造成的，而我国矿山开采中，以地下开采为主，大约占矿业企业的 70%。从地理分布看，几乎遍布南北各省，尤以湘、粤、鄂、桂、赣诸省居多。据不完全统计，我国因采矿业造成的地面塌陷灾害已达 500 万～600 万亩，其中损坏耕地 130 万亩，严重影响农作物产量，并造成房屋倒塌、损坏房屋 3 800 万 m^2。塌陷灾害造成耕地绝产和半绝产，损失巨大。塌陷区的土地赔偿、村镇搬迁等费用，也成为制约矿山生产的沉重负担。采矿塌陷不仅破坏了耕地，影响了农业生产的发展，也破坏了地表与地下水系，形成大面积的低洼区或沼泽地，并对公路、铁路、桥梁、堤坝及城市基础设施构成威胁。

（三）矿产开发的污染造成土地质量下降

由于矿产开采和利用中产生的大量粉尘和有毒物质，这些物质沉积于地表或通过各种途径进入土壤中，破坏土壤的结构和性质，这种破坏是对土地资源的间接破坏。矿产资源开发排出的大量煤矸石、废渣、尾矿堆存经风吹雨淋、风化侵蚀，导致大量微量元素污染周围的土地、农田。其中包括有毒有害物质汞、镉、镍、砷等元素沉积于土壤、农田，造成土壤污染，危害植被和农作物。矿业废弃物是持久而且严重的污染源，根据一些模型推算表明，一些伴硫矿物矿石堆的酸性排水及重金属污染可持续 500 年之久，其尾矿的污染也会持续百年以上。

（四）矿产资源的开发造成植被破坏

前人研究结果显示，截至 2005 年我国矿山开采导致面积达 1.34 亿 hm^2 的森林被破坏，面积达 $2.63\times10^5 hm^2$ 的草地破坏。有关资料显示，截至 2009 年，我国有大中型国有矿山逾 8 800 座，集体、个体矿山约 28 万座，大中型矿山每个矿占地 18～20 hm^2，小型矿山约占地 10 hm^2。特别是在露天开采过程中，矿山占用了大面积的森林、草地、农田等，破坏了大量天然植被。当植被遭到破坏后，由于未及时对破坏的植被区域进行恢复保护、复垦还田等措施，或复垦还田等恢复措施程度较低，使得植被破坏面积进一步扩大，在具有一定坡度的地区，开矿后由于未及时采取保护措施，还会导致水土流失，严重威胁着生态系统的平衡。

（五）污染大气环境

煤矸石的长期大量堆存还会污染大气，严重影响了当地居民的身体健康。煤矸石运输和堆放过程中产生大量的粉尘，风速达到 4 m/s 以上时颗粒就会飞起并悬浮于大气中，粉尘中含有很多对人体有害的元素汞、铬、镉、铜、砷等，颗粒小的会被人体吸入肺部，久而久之产生病变。煤矸石中混有残留煤，富含有机质和可燃硫，长期堆放产生大量有害气体，影响矿区空气质量，影响工人及附近居民的身体健康，严重时可导致中毒等事故的发生。目前，煤矸石在堆放时一般没有充分压实，矸石颗粒之间有较大的空隙，具有较高的透气和透水性，具有发生自燃的条件，存在很大的隐患。煤矸石中所含的黄铁矿（FeS_2）易被空气氧化，放出的热量可以促使煤矸石中所含煤炭风化以至自燃崩塌。如 1975 年，甘肃上窑塌陷区发生矸石山爆炸事故，蘑菇云高达百米，200 m 范围内温度达 50℃，造成 20 人死亡，40 余人重伤，2 km^2 内的树木都被烧焦，12 km^2 的空气环境被严重污染，产生的烟尘数日不散。

（六）煤矸石与尾矿污染地表水和地下水

煤矸石和尾矿中的有毒重金属元素在雨水的淋溶作用下，会浸入地表水及地下水体，从而造成水体污染，会危及人类及其他生物的健康。从煤矸石中淋溶出的水成分复杂，其酸碱性也会造成水体质量变差。

尾矿堆存直接造成环境污染，如放射性元素及其他有害组分的污染，选矿过程中使用的化学药剂残存于尾矿中会产生新的污染源，尾矿发生氧化、水解和风化等表生变化，使原本无污染的组分转变成污染组分。流经尾矿堆放场所的地表水，通过与尾矿相互作用，溶解某些有害组分并携带转移，造成地下水水质污染。干旱地区尾矿经风力携带造成大面积污染，某些矿山尾矿直接排泄于湖泊、河流，污染水体，堵塞河道，引发大灾害。

（七）尾矿堆存造成资源浪费

我国有色金属矿山尾矿堆存量已达近 20 亿 t。如此巨大的尾矿堆存量所造成的资源浪费是颇为惊人的。选矿技术和设备条件的限制，或选矿工艺流程不尽合理，或原矿工艺性质研究不透彻等，造成选矿回收率低。这种形式的资源浪费，在多数老选厂的尾矿和许多新、老地方矿山的尾矿中尤为突出。以采选回收率而论，铁矿约为 67%，有色金属为 50%～60%，非金属矿为 20%～60%，目前，我国尾矿的综合利用率约为 7%。除在采矿过程中不可避免地要造成一些损失外，如此低的采选回收率不能说不是矿产资源浪费的重要原因。此外，还常出现原矿有益伴生组分浪费。

（八）尾矿堆存造成经济负担

由于尾矿堆存，需要维护尾矿库，进行日常管理，加上突发性原因造成毁坏农田或造成环境破坏需要赔偿等，尾矿堆存给国家和矿山企业造成沉重的经济负担。我国目前有近 9 000 座国有矿山和 26 万多个地方（含个体）矿山，仅金属矿山积存的尾矿就达 50 亿 t 左右，现以每年约 5 亿 t 的尾矿量增加。正常情况下，堆放 1 t 尾矿的平均需要费用 3 元以上（1～10 元/t），1 t 尾矿平均每年需要治理费用 3 元以上（2～8 元），每万吨尾矿需占地 1 亩。若按我国现在每年约 5 亿 t 尾矿计算，仅用于正常堆存和治理尾矿的年费用就至少达 30 亿元左右，所占土地达 50 万亩，若征地费用最低按每亩 1 万元计算，年征地费用也达 50 亿元，数字很惊人。

尾矿堆存常常引发突发性灾害，特别是以尾矿坝拦截堆存者，因溃泄引发突然灾害者屡屡可见，由此造成的经济损失也是十分惊人的。例如，其中 1988 年 4 月 13 日陕西省金堆成钼业公司栗西尾矿库排洪隧洞塌陷，136 万 m^3 尾矿砂和水泄漏，使陕西、河南两省 16 个县市水资源严重污染，直接经济损失 3 200 万元。尾矿堆存造成环境污染是相当普遍的。这里且不讨论环境污染本身，对矿山企业来说，又因污染赔款就遭受严重的直接经济损失。云锡公司的许多尾矿主要排入个旧湖，连年赔款，目前已达近千万元。上述情形在许多矿山都不同程度的存在，部分中小矿山因不堪重负而被迫停产。

第三节　生物动力荒漠化治理技术与措施

一、放牧生物动力土质荒漠化治理措施

过度放牧造成的土质荒漠化主要是草原生物量减少和盖度降低，土壤物质组成和土壤厚度变化很小，适于植被生长的土壤水分含量还有所增加，所以土质荒漠化的治理相对容

易。一般说来，采取自然恢复的措施能够节省人力和物力，并能够恢复适于在当地生长的稳定植被，采取自然恢复植被的措施是值得采取的。因此，应该采取封育措施，禁止放牧，经过数年时间，草甸草原植被就能够恢复。在植被恢复之后，可以在不超过草原牲畜量的条件下进行放牧。

二、煤矸石占地荒漠化治理技术与措施

煤矸石占地荒漠化治理包括对土壤恢复和煤矸石利用两个方面，煤矸石的利用好了就解决了煤矸石占用土地资源的问题，也就从根本上解决了煤矸石带来的荒漠化问题。

（一）煤矸石复垦与矿井采空区回填

利用煤矸石作为复垦采煤塌陷区的填充材料，既可以使土地得到恢复，又能减少煤矸石占地及其带来的一些污染。对于多年风化的煤矸石，复垦后可针对具体情况进行绿化，但在种植之前需查明矸石中有害元素的含量。煤矸石作为填筑材料主要适用于填充沟谷、采煤塌陷区、回填采空区、废矿井、填筑公路路基等。

（二）煤矸石用作发电燃料

煤矸石具有热值性能，其中有些煤矸石的热值为 3 352～6 285 kJ/kg，而煤的热值为 29.271 MJ/kg。经过计算可知，若利用 50 万 t 的煤矸石就能够节省 15 万 t 的煤炭资源。截至 2008 年年底，全国煤矸石综合利用电厂 312 座，装机容量超过 2 000 万 kW，发电量 800 多亿 kW • h，共利用煤矸石 1.5 亿 t。煤矸石用于发电就减少或避免了其占地造成的土地荒漠化。

（三）煤矸石用于生产建筑材料

在煤矸石生产建筑材料及制品前，要对所用矸石的化学成分、矿物成分、发热量等指标进行综合测试和评价。通常煤矸石可用于制砖、水泥以及其他建材产品。在用煤矸石制作砖原料时，可以利用煤矸石具有一定热值很容易发生自燃这一特性，将烧砖窑体内的温度提高到煤矸石的燃点，以利于煤矸石的自燃，利用其自燃来烧制砖、瓷砖等建筑材料。此外，煤矸石的化学组成和黏土极为相似，而且能够释放一定的热量，其配料的活化能比黏土配料的低，用煤矸石生产水泥比用黏土耗能低，可以节省大量的煤炭资源。煤矸石用于生产建筑材料就减少了或消除了煤矸石占地造成荒漠化。

（四）煤矸石中有用矿产的回收

回收煤矸石中的有效矿物组分，如回收煤炭资源、黄铁矿、镓等稀有稀土元素。煤矸石中含有大量的煤系高岭岩，可制取氯化铝、聚合氯化铝、氢氧化铝及硫酸铝。含硫量大于 6%的煤矸石，其中的硫以黄铁矿的形式存在且呈结核状或块状，可回收其中的硫铁矿。用煤矸石还可以提取五氧化二钡及其他稀有元素。

煤矸石可以制取化工产品，这一用途取决于煤矸石的矿物组成，煤矸石中含有大量的可利用矿物，可用作生产化工产品的原料。例如用煤矸石来制备铝盐、冶炼硅铝铁合金、

铸造型砂和造型粉、橡胶补强填充剂、吸声泡沫玻璃、多孔陶瓷、多相材料、超细料等化工产品。

煤矸石中含有较多的 SiO_2，可利用煤矸石来制造硅系列产品，如陶瓷、白炭黑、水玻璃等。煤矸石含有 0.9%～4.0%的 TiO_2，可利用其来生产钛白粉。此外，也可利用在用煤矸石生产白炭黑或水玻璃过程中残留的渣料来生产钛白粉，这样不仅节约了成本，而且达到了废物的资源化利用。煤矸石中因含 16%～36%的 Al_2O_3，可利用其来制造铝盐系列产品。传统工艺中硫酸铝的制取主要是利用铝矾土与硫酸反应，这便造成了铝矾土的开采过量，而利用煤矸石作为制取硫酸铝的原料，不仅可以缓解铝矾土资源紧张问题，而且也解决了煤矸石的处理问题，实现了既环保又经济的目标。

（五）煤矸石生产农用化肥或改良土壤

煤矸石的矿物组成中有机质含量在 15%～25%范围内，利用特殊的生产工艺将煤矸石生产成有机肥料，施于农作物，促进其生长和增产。此外，煤矸石还具有一定的酸碱性，能够有效地调节土壤的酸碱度，而且可以提高土壤的疏松度，避免了传统肥料造成土壤板结的问题。用煤矸石和廉价的磷矿粉为原料基质，可制作煤矸石微生物肥料用于种植业。

三、矿渣与尾矿占地荒漠化治理技术

（一）利用尾矿复垦植被

国外许多国家尽管人少地多，但对土地复垦十分重视。如德国、加拿大、美国、俄罗斯、澳大利亚等国家矿山的土地复垦率高达 80%。我国矿山的土地复垦工作起步于 20 世纪 60 年代，在 80 年代后期至 90 年代进展较快。1988 年 11 月，国务院颁布了《土地复垦规定》，规定了“谁破坏，谁复垦”的原则。这一规定的出台，引起了有关部门的重视，有力地加快了矿山土地复垦工作的步伐，并且在尾矿库的复垦植被方面已取得了较大的进展。

（二）用尾矿作采空区充填

采用充填法的矿山每开采 1t 矿石需回填 0.25～0.4 m^3 或更多的充填料，尾矿是一种较好的充填料，可以就地取材、废物利用，免除采集、破碎、运输等生产充填料碎石的费用。一般情况下，用尾矿作充填材料，其充填费用较低，仅为碎石充填费用的 1/10～1/4。例如尾矿胶结充填法在山东省某金矿应用后，不仅使采矿安全可靠，减少贫化损失，减轻了工人的劳动强度，而且生产能力提高 34.7%，同时因外排尾矿量的减少也降低了对环境的污染。

（三）尾矿用于生产建筑材料

我国利用尾矿作建筑材料的研究起于 20 世纪 80 年代。马钢姑山铁矿是我国较早利用尾矿作建筑材料的矿山，该矿每年排出的强磁尾矿结构致密坚硬，可作混凝土骨料。强磁尾矿的主要成分是 SiO_2 和 Al_2O_3，其中粗粒级尾矿质均、洁净，不含云母、硫酸盐和硫化物等有害杂质，用它制作砂浆，其抗折、抗压强度均高于黄沙，从而备受青睐。目前，国内外利用尾矿作混凝土骨料、铁路和公路的筑路碎石以及建筑用砂、砖的成功例子较多。

其特点是利用量较大，且附加值较低。另外，可以利用尾矿制作烧结空心砌块和高档广场砖，成本低廉，市场效益较好。利用铁尾矿为原料成功地研制了建筑用地板砖和墙砖，该砖比普通砖具有更高的强度和硬度，并且制作成本低，其前景极其可观。

（四）尾矿用作土壤改良剂及微量元素肥料

有的尾矿中含有 Zn、Mn、Cu、Mo、V、B、Fe、P 等常量与微量元素，这正是维持植物生长和发育的必需元素。如“七五”期间，马鞍山矿山研究院在国内率先进行了利用磁化铁尾矿作为土壤改良剂的研究工作。用特定设计的磁化机对磁选厂铁尾矿进行磁化处理，生产出磁化尾矿，施入土壤。研究表明，磁化尾矿施入土壤后，可提高土壤的磁性，引起土壤中磁团粒结构的变化，尤其是导致土壤中铁磁性物质活化，使土壤的结构性、空隙度、透气性均得到改善。

（五）尾矿植物修复技术

传统尾矿土壤修复方法有土壤清洗、化学氧化、稳定固化等，但所需成本非常高。随着植物修复技术研究的不断深入，人们发现植物修复是一种成本低、环境友好且能有效解决尾矿重金属污染的方法，并逐渐引起人们的关注。植物修复主要分为植物萃取和植物稳定两种方法。植物萃取技术是指用植物消除或降低矿区周围土壤中的重金属污染。在生长过程中植物通过积累或过积累作用逐渐将土壤中重金属物质转移到植物的茎叶等地上组织中，达到一定浓度后收割这些作物，可以将它们作为危险品处理掉或是回收重新利用。植物稳定方法指利用耐性植物将重金属吸收、累积到根部或迁移到根际，从而固定重金属的一种方法。

参考文献

[1] 内蒙古草地资源编委会. 内蒙古草地资源. 呼和浩特：内蒙古人民出版社，1990.

[2] 朱震达，崔书红. 中国南方的土地荒漠化问题. 中国沙漠，1996，16（4）：331-337.

[3] 杜玉龙，方维萱，柳玉龙. 东川铜矿因民矿区非污染型环境地质问题类型分析. 地球科学与环境学报，2010，32（4）：404-408.

[4] 张祥华，刘勤. 贵州省矿业开发引起的环境问题及其成因探讨. 地质灾害与环境保护，2001，12（4）：21-25.

[5] 郭峰濂，廖进中，蔡德荣. 中国矿产资源可持续发展研究. 中国国土资源经济，2004，17：8-12.

[6] 孙仕敏，吴尚昆，强真. 我国矿产资源重点开发区的布局. 资源经济，2006（7）：3-6.

[7] 张瑜，韩军青. 山西荒漠化类型与动态演变研究. 科技情报开发与经济，2010，20（18）：138-141.

[8] 国家环境保护局自然保护司.中国生态问题报告. 北京：中国环境科学出版社，1999.

[9] 卞正富. 我国煤矿区土地复垦与生态重建研究. 资源·产业，2005（2）：18-24.

[10] 张成梁，黄艺. 山西省煤矿区土地退化成因分析及生态恢复对策. 农业环境科学学报，2006，25（增刊）：711-715.

[11] 李国东. 矿产资源开发对环境的影响及保护对策. 现代农业科技，2012（19）：216-217.

[12] 伊彩文. 矿产资源开发对环境的影响与对策. 中山大学研究生学刊（自然科学、医学版），2010，

31（4）：73-80.

[13] 王成端. 矿山环境污染及矿业可持续发展对策研究. 四川冶金，1997（3）：73-80.

[14] 董光荣，吴波，慈龙骏. 等. 我国荒漠化现状、成因与防治对策. 中国沙漠，1999，19（4）：318-332.

[15] 楚泽涵，李艳华. 矿产资源开发和生态环境问题. 古地理学报，2003，5（4）：508-516.

[16] 袁嘉祖. 我国荒漠化的形成原因和分布特征. 河北林果研究，2003，18（4）：305-310.

[17] 吴波. 我国荒漠化现状、动态与成因. 林业科学研究，2001，14（2）：195-202.

[18] 李雪梅，张小雷，杜宏茹，等. 矿产资源开发对干旱区区域发展影响的动态计量分析——以新疆为例. 自然资源学报，2010，25（11）：1823-1833.

[19] 王军生，李佳. 我国西部矿产资源开发的生态补偿机制研究. 西安财经学院学报，2012，25（3）：101-104.

[20] 王志宏，肖兴田. 矿产资源开发对环境破坏和污染现状分析. 辽宁工程技术大学学报（自然科学版），2001，20（3）：369-372.

[21] 李秋元，郑敏，王永生. 我国矿产资源开发对环境的影响. 中国矿业，2002，11（2）：47-51.

[22] 张贤平，胡海祥. 我国矿产资源开发对生态环境的影响与防治对策. 煤矿开采，2011，16（6）：1-5.

[23] 王关区，陈晓燕. 牧区矿产资源开发引起的生态经济问题探析. 生态经济，2013（2）：89-93.

[24] 冯培忠，曲选辉，吴小飞. 关于我国矿产资源利用现状及未来发展的战略思考. 中国矿业，2004，13（6）：12-16.

[25] 李博. 中国北方草地退化及其防治对策. 中国农业科学，1997，30（6）：1-9

[26] 陈循谦. 云南小江流域土地荒漠化及其防治对策. 中国地质灾害与防治学报，1999，10（4）：56-60.

[27] 于淑萍. 土地荒漠化的成因、危害及防治对策. 环境科学与管理，2006（2）：16-17.

[28] 董建林. 内蒙古自治区的荒漠化土地. 干旱区资源与环境，2004，18（3）：231-236.

[29] 田玲玲. 煤矸石的环境危害与综合利用途径. 北方环境，2011，23（7）：174-175.

[30] 曹小梅. 我国煤矸石的综合利用现状. 山东煤炭科技，2005（2）：8-9.

[31] 张满满，杨先伟，陈龙雨，等. 煤矸石现状及其资源化前景. 科技信息：社会科学版，2010（21）：162-163.

[32] 杜玉龙，方维萱，柳玉龙. 东川铜矿因民矿区非污染型环境地质问题类型分析. 地球科学与环境学报，2010，32（4）：404-408.

[33] 朱胜元. 尾矿综合利用是实现我国矿业可持续发展的重要途径. 铜陵财经专科学校学报，2002（1）：38-40.

[34] 李毅，谢文兵，董志明，等. 尾矿整体利用和环境综合治理对策研究. 矿产与地质，2003，17（4）：552-555.

[35] 杨国华，郭建文，王建华. 尾矿综合利用现状调查及其意义. 矿业工程，2010，8（1）：55-57.

[36] 刘劲鸿. 合理开发利用尾矿是矿业经济增长的新途径. 中国地质，2000（1）：21-25.

[37] 袁剑雄，刘维平. 国内尾矿在建筑材料中的应用现状及发展前景. 中国非金属矿工业导刊，2005（1）：13-16.

[38] 章庆和，苏蓉晖. 有色金属矿尾矿的资源化. 矿产综合利用，1996，16（4）：27-30.

[39] 王伟之，张锦瑞，邹汾生. 黄金矿山尾矿的综合利用. 黄金，2004，25（7）：43-45.

[40] 金家康，孙宝臣. 浅谈铁尾矿综合利用的现状和问题. 山西建筑，2008，34（14）：26-27.

[41] 董鹏，刘均洪，张广柱. 尾矿污染区的植物修复研究进展. 矿产综合利用，2009（3）：43-46.

[42] Huang J W，Chen J J，Berti W，et al. Phytoremediation of lead-contaminated soil role of synthetic chelates in lead phytoextraction. Environtal Science &Technology，1997，31：800-805.

[43] Salt D E，Blaylock M，Kumar Npba，et al. Phytoremediation：A novel strategy for removal of toxic metals from the environment using plants. Bio/Technology，1995，13：468-478.

[44] Janet Hooke，Peter Sanderrock. Use of vegetation to combat desertification and land degradation Recommendations and guidelines for spatial strategies in Mediterrannean lands. Landscape and Urban Planning，2012，107：389-400.

[45] Farshad Amiraslani，Deirdre Dragovich. Combating desertification in Iran over the last 50 years：An overview of changing approaches. Journal of Environmental Management，2011，92：1-13.

[46] Tomoo Okayasu，Toshiya Okuro，Undarmaa Jamran，et al. Desertification Emerges through Cross-scale Interaction. Global Environmental Research，2010，14：71-77.

[47] Mvanmaercke，J Poesen，W Maetens，et al. Sediment yield as desertification risk indicator. Science of The Total Environment，2011，409：1715-1725.

[48] Luca Salvate，Sofia Bajocco. Land sensitivity to desertification across Italy：Past，present，and future. Applied Geography，2011，31：223-231.

[49] G Van Luijk，R M Cowling，M J Riksen et al. Hydrological implications of desertification；Degradation of South African semi-arid subtropical ticket. Journal of Arid Environments，2013，91：14-21.

[50] Lihua Yang，Jianguo Wu. Knowledge-driven institutional change：An empirical study on combating desertification in northern China from 1949 to 2004. Journal of Environmental Management，2012，110：254-266.

[51] Paolo D Odorico，Abinash Bhattachan，Kyle F Davis，et al. Global desertification：Drivers and feedbacks. Advances in Water Resources，2013，51：326-344.

[52] A C Costa，A Soares. Local spatiotemporal dynamics of a simple aridity index in a region susceptible to desertification. Journal of Arid Environments，2012，87：8-18.

[53] C Barbero-Sierra，M J marques，M Ruia-perez. The case of urban sprawl in Spain as an active and irreversible driving force for desertification. Journal of Arid Environments，2013，90：95-102.

思考题

1. 简述放牧生物动力荒漠化的含义和动力作用方式。
2. 叙述人为动力荒漠化的动力作用方式和类型。
3. 分析生物动力荒漠化和自然动力荒漠化的联系。
4. 论述人为动力造成的荒漠化现状与危害。
5. 简述煤矸石占地荒漠化治理措施与技术。
6. 简述尾矿占地荒漠化治理措施与技术。

第十章　荒漠化监测与评价

第一节　荒漠化监测

荒漠化监测是人类对全球或某一地区的干旱、半干旱及半湿润地区因气候变动、人类活动及其他因素引发的土地退化现象，采取某些技术手段对可以反映土地退化现象的某些指标进行定期、不定期观测，并以某种媒介形式进行公布的活动，是进行环境质量评估和土地管理的一个重要部分。当然，对湿润地区的土地退化也可以进行监测，但一般主要监测的是干旱、半干旱与半湿润地区的土地荒漠化。对荒漠化土地治理来说，荒漠化监测工作是制定防治荒漠化方针措施的基础，可用来衡量防治效果如何，并对可能产生的副作用进行早期预警。就国家或某一地区来说，荒漠化监测工作可为国家、省、市、区防治荒漠化及防沙治沙制定和调整政策，计划和规划，保护、改良和合理利用国土资源，实现可持续发展战略提供参考数据。

一、监测目的

荒漠化监测是20世纪90年代中期随着《联合国防治荒漠化公约》的签署而兴起的一个新兴领域，进行荒漠化监测的目的主要是通过定期调查，及时把握荒漠化的动态变化过程及控制其发展所必需的信息，及时、准确地把握荒漠化对生态、经济、社会的影响，适时地调整国民生产活动，为保护、改良和合理利用国土资源，实现可持续发展战略提供基础资料，为防治荒漠化防治提出对策与建议。

二、监测对象与内容

荒漠化监测的对象取决于监测目的，为此，荒漠化监测的对象就应该包括荒漠化本身和荒漠化防治工程，以及与此相联系的生态、经济和社会各个方面。或者说是监测荒漠化的正（逆）过程、影响因素和综合效应。

荒漠化是由于气候变异与人类活动等种种因素作用下造成的干旱、半干旱和半湿润区的土地退化，而土地是由土壤、植被、其他生物区系和在该系统中发挥作用的生态和水文过程组成的陆地生物生产力系统。因此，荒漠化监测是对整个土地系统的监测，其监测内容包含自然因子和社会经济因子两个方面，具体包括下列几个因子。

（一）自然因子

1. 地质地貌。包括地貌类型、基岩出露与类型、沉积物质类型、海拔高度、坡度、坡向、坡长、坡位、侵蚀与切割程度、侵蚀沟面积比例、沟壑密度、盐碱斑占地率、沙丘高度、间距等。

2. 土壤。包括土壤类型、土壤含水量、有效土层厚度、土壤质地、土壤结构、土壤结皮、土壤含盐量、土壤 pH 值、土壤氮磷钾等营养元素含量、土壤有机质含量、土壤风蚀量、土壤砾石含量、土壤覆沙厚度等。

3. 气候及气象要素。包括日照时数、辐射强度、无霜期、温度（平均温度、极端温度、积温）、湿度、最大冻土层、风（平均风速、起沙风速、沙尘暴、主风向）、降水（平均降水量、降水变率、降水强度）、蒸发量、最长连续无降水日数等。

4. 植被。包括植被类型、群落种类组成与结构、覆盖度、生产力、生物量、指示性植物（盐生植物、沙生植物、毒性植物、地带性植物）、生物多样性指数等。

5. 水文。包括水源补给、水质、矿化度、地下水水位埋深、土壤含水量、地表水域面积、沼泽化程度、排水能力等。

（二）社会经济因子

包括土地利用状况（农林牧比例、灌溉方式、耕作方式、城市化、开矿、旅游、工程项目）、土地利用强度（土地利用率、土地生产力、人口密度、牲畜密度、土地垦殖率、防护措施）、能源条件、交通条件、人民生活水平、受教育程度等。

三、监测理论与技术

（一）地球形状

经过 100 多年来的努力，特别是人造卫星等先进技术的应用，使人们对地球形状的认识更加准确可靠。地球非常接近于一个旋转椭球，其长半轴为 6 378 136 m，扁率为 1∶298.257。

严格来讲，地球形状应该是指地球表面的几何形状，但是地球自然表面极其复杂，既有海拔 8 000 多 m 的山峰又有深愈万米的海沟，认识和表述地球的形状确实不易。所以人们都把平均海水面及其延伸到大陆内部所构成的大地水准面作为地球形状的研究对象。但是大地水准面还不是一个简单的数字曲面，无法在这样的面上直接进行测量和数据处理。而从力学角度看，如果地球是一个旋转的均质流体，那么其平衡形状应该是一个旋转椭球体。于是人们进一步设想用一个合适的旋转椭球面来逼近大地水准面。要确定这一椭球，只需知道其形状参数（长半轴 a，扁率α）和物理参数（地心引力常数 GM 和旋转角速度ω）即可。同大地水准面最为接近的椭球面称为平均地球椭球面。如果能确定大地水准面与该椭球面之间的偏差，亦即大地水准面与椭球面之间的差距（大地水准面差距 N）和倾斜（垂线偏差θ），则大地水准面的形状可完全确定（图 10-1）。

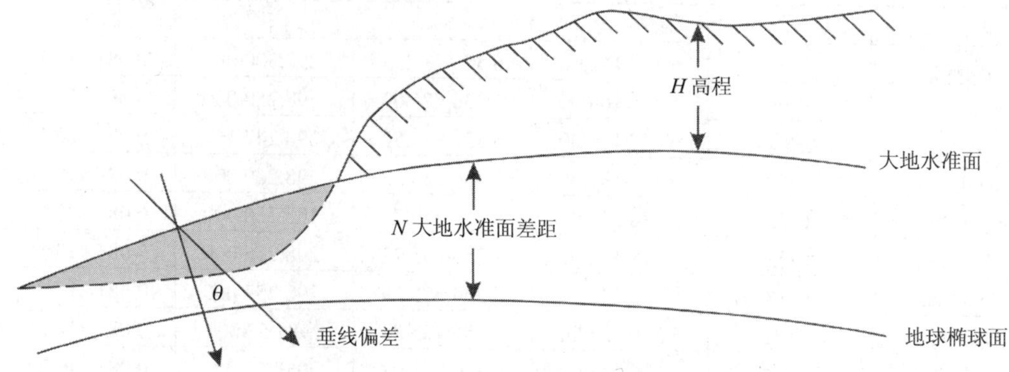

图 10-1 大地水准面差距 N 和垂线偏差 θ 示意（据祝国瑞修改，2004）

实际测量结果表明，虽然大地水准面很不规则，甚至南北两半球也不对称，北极略凸出，南极则偏平，夸张地说近似一梨形。但大地水准面同一个与它最相逼近的旋转椭球相比，最大偏离 N 值为 100 m 左右，θ 值一般在 10″之内。因此，可分两步确定大地水准面的形状：① 确定一个同它最逼近的旋转椭球面，即平均地球椭球；② 确定大地水准面同这个椭球的偏离指标。这是地球形状学研究中的两个主要课题。

利用地面观测来研究地球形状的经典方法是弧度测量，即根据地面上丈量的子午线弧长，推算出地球椭球的扁率。后来人们广泛地用建立天文大地网的方法确定同局部大地水准面最相吻合的参考椭球。对地球形状的正确认识是我们进行荒漠化监测的基础。

（二）地球参数

在近似地确认了地球形状之后，就可以用地球参数（长半轴 a，短半轴 b，离心率 e，扁平率 f）来描述地球形状了。一般说来，世界各国都是以自己的国家为中心测定和计算地球的参数，迄今为止的地球参数见表 10-1。

表 10-1 各种地球椭圆体的形状参数（孙保平，2000）

测算者	发表年代	长半轴 δ/m	短半轴 b/m	扁平率 f	离心率 e
Delambre	1800	6 375 563.00	6 356 103.00	327.623 998	0.078 072 03
Ebereslo	1810	6 377 304.00	6 356 103.00	300.802 038	0.081 472 94
Ebereslo	1830	6 377 276.35	6 356 075.41	300.801 700	0.081 472 98
Bessel	1841	6 377 397.16	6 356 078.96	299.152 813	0.081 696 83
Clarke	1866	6 378 206.40	6 356 584.00	294.981 427	0.082 271 47
Clarke	1880	6 378 249.15	6 356 515.00	293.466 300	0.082 483 15
Harkness	1891	6 377 972.00	6 356 727.00	300.200 000	0.081 553 03
Helmerl	1901	6 378 200.00	6 356 818.00	298.300 000	0.081 813 66
Hayford	1906	6 378 388.00	6 356 912.00	297. 000 745	0.081 991 79
Willisch	1915	6 378 372.00	6 356 896.00	297. 000 000	0.081 991 89
国际基准椭圆	1942	6 378 388.00	6 356 912.00	279. 000 000	0.081 991 79
Heiskanen	1926	6 378 397.00	6 356 912.00	297. 000 000	0.081 991 73
Krassowskij	1940.1942	6 378 245.00	6 356 863.00	298.299 738	0.081 813 37

测算者	发表年代	长半轴δ/m	短半轴 b/m	扁平率 f	离心率 e
Fisher	1960	6 378 163.00	6 356 781.29	298.300 000	0.081 813 33
IAU-64	1964	6 378 160.00	6 356 775.00	298.250 000	0.081 819 64
IAU-67	1967	6 378 160.00	6 356 774.52	298.247 167	0.081 820 57
WGS-72	1972	6 378 135.00	6 356 750.52	298.260 000	0.081 818 81
NWL-9D	1973	6 378 145.00	6 356 759.77	298.250 000	0.081 820 18
SAO-SE3	1973	6 378 140.00	6 356 755.22	298.256 000	0.081 819 36
IAU-76	1976	6 378 140.00	6 366 755.29	298.257 000	0.081 819 22
GRS-80	1980	6 378 137.00	6 356 755.00	298.257 000	0.081 814 06
GRS-80 改订	1984	6 378 136.00	6 356 751.03	298.257 000	0.081 819 74
WGS-84	1986	6 378 137.00	6 356 752.31	298.257 223	0.081 819 19

在荒漠化监测、资源调查等涉及制图工作中，一般是按下面的原则考虑和选择地球的形状和参数。

（1）绘制世界地图、各大洲地图等以广泛地域为对象区域的小比例尺地图时，可视地球为半径 6 370 km 球体。

（2）绘制 100 km^2 以内地域的单幅地图时，可将地表面做平面处理。

（3）绘制中、大比例尺地图时，虽然一张图幅的对象地域狭小，但如果需要对广大地区进行地图拼接时就要把地球作为椭球体考虑。对于必须保证精度的小比例尺地图，也须这样处理。

（三）地图投影

地球椭球体表面是个曲面，而地图通常是二维平面，因此在制图时首先要考虑把曲面转化成平面。然而，从几何意义上说，球面是不可展平的曲面，要把它展成平面，必然会产生破裂与褶皱。就像把一个乒乓球破开、压平时必然会产生破裂或褶皱一样，而不连续的、破裂的平面使得地球的形状、大小和相互关系无法得以正确表示，必然产生许多误差，所以必须采取特殊的方法来实现球形曲面到平面的转换。

球面上任何一点的位置是用地理坐标（λ，φ）表示的，而平面上的点的位置是用直角坐标（x，y）表示的，所以要将地球表面上的点转移到平面上，必须采用一定的方法确定地理坐标与平面直角坐标之间的关系。这种通过球面和平面之间建立点与点之间函数关系的数学方法，就是地图投影方法。

因此，地图投影就是研究将地球椭球体面上的经纬网按照一定的数学法则转移到平面上的方法及其变形问题，其数学公式表达为：

$$x = f_1(\lambda,\varphi)$$
$$y = f_2(\lambda,\varphi)$$

根据上述公式，只要知道地面点的经纬度（λ，φ），便可以在投影平面上找到相应的平面位置（x，y），这样就可以按照一定的制图需要，将一定间隔的经纬网交点的平面直角坐标计算出来，并展绘成经纬网，构成地图的“骨架”。

1. 地图投影的基本方法。地图投影的方法可分为几何透视法和数学解析法两种。

几何透视法是利用透视的关系，将地球体面上的点投影到投影面（借助的几何面）上的投影方法。此种投影方法是将地球按比例缩小成一个透明的地球仪般的球体，在其球心或球面、球外安置一个光源，将球面上的经纬线投影到球外的一个投影平面上，即将球面经纬线转换成了平面上的经纬线，这是一种比较原始的投影方法，精度较低，有很大的局限性，难以纠正投影变形。

数学解析法是在球面与投影面之间建立点与点的函数关系，通过数学的方法确定经纬线交点位置的一种投影方法。其实质是将地球椭球面上地理坐标（λ，φ）转化为平面直角坐标（x，y）。大多数的数学解析法往往是在透视投影的基础上，发展建立球面与投影面之间点与点的函数关系的，因此两种投影方法有一定联系。当前绝大多数地图投影普遍采用数学解析法。

2. 地图投影变形。在地图投影时，将不可展的地球椭球面展开成平面，并且不能有断裂，图形必将在某些地方有拉伸，转换后的地图上的经纬线网格必然产生变形，这种变形称为地图投影变形。这种变形主要反映在 3 个方面，即长度变形、面积变形和角度变形。

长度变形指投影后地图上不同地点和不同方位上的地球表面实际距离与相应图面距离的比值（比例）各不相同，从而无法从地图上量算和比较不同地点和不同方位景物之间的距离的变形。在地球仪上，经纬线的长度具有下列特点。① 各纬线长度不同，赤道最长，纬度越高纬线越短，极地纬线长度为零。② 在同一条纬线上，经差相同的纬线弧长相等。③ 所有的经线长度相等，同一条经线上，纬差相同的经线弧长相同。而在地图上，各纬线长度相等，各经线长度也相等。这表明各纬线不是按同一比例缩小的，而经线却是按同一比例缩小的。在同一条纬线上，经差相同的纬线弧长不等，中央的一条经线最短，从中央向两边经线逐渐增长。这说明在同一条纬线上，由于经差的不同，比例发生了变化，从中央向两边比例逐渐变小，各条经线不是按同一比例缩小的，它们的变化，是从中央向两边比例逐渐增大。由上可知，地图上的经纬线长度和地球仪上经纬线长度不完全相似，表明地图上具有长度变形。

面积变形指投影所得地图上的面积比例尺随地点而改变，其结果是导致不能在地图上量算和比较景物所占的面积。在地球仪上，同一纬度带内经差相同的梯形网格面积相等，同一经度带内纬度越高，梯形面积越小。而在地图上，同一经度带内纬差相同的网格面积相等，这表明面积不是按照同一比例缩小的，纬度越高，面积比例越大，且同一纬度带内经差相同的网格面积不等，这说明面积比例随经度的变化而发生了变化，表明地图上具有面积变形。面积变形因投影不同而异。在同一投影上，面积变形因地点而变。面积变形也是衡量投影变形大小的一个数量指标，要根据面积比来计算。

角度变形是指地图上两条线所夹的角度，不等于球面上相应的角度，例如在地图上，只有中央经线和各纬线相交成直角，其余的经线和纬线均不成直角相交。而在地球仪上，经线和纬线处处都呈直角相交，这表明地图上有角度变形。角度变形因投影而异，在同一投影上，角度变形因地点和方向而变。

角度变形是指要完全消除投影变形是不可能的。投影时只能根据地图的应用目的，牺牲上述 3 个变形中某个方面的精度要求，设计、开发或选择可保证地图应用精度要求的地图投影方法。为此，目前的地图投影法已多达千种以上。一般来讲，大型地理信息系统软件都能支持几种常用的地图投影法，市面上也有专门进行地图投影转换的软件出售。

3. 地图投影分类。地图投影的产生已有 2 000 余年的历史，在这期间，人们根据对地图的各种要求，设计了数百种地图投影。随着数字制图技术、地理信息系统以及数字地球技术的发展，地图投影的种类还在不断推陈出新，地图投影方法的分类主要有以下两种。

（1）按变形性质可分为等角投影、等积投影和任意投影3类。

① 等角投影。投影前后投影面上任意两方向线间的夹角与椭球体面上相应方向线的夹角相等，即角度变形为零。在小范围内，投影前后的形状不变，所以等角投影又称为正形投影。由于这类投影没有角度变形，便于测量方向，所以常用于编制航海图、洋流图和风向图等。但等角投影地图上面积变形较大。

② 等积投影。在投影面上任意一块图形的面积与椭球体面上相应的图形面积相等，即面积变形等于零。由于等积投影没有面积变形，能够在地图上进行面积的对比和量算，所以常用于编制对面积精度要求较高的自然地图和社会经济地图，如地质图、土壤分布图、行政区划图等。

③ 任意投影。是一种既不等角也不等积，长度、角度和面积3种变形并存但变形都不大的投影类型。投影前后各种变形比较均衡，角度变形比等积投影小，面积变形比等角投影小，多用于对投影变形要求适中或区域范围较大的地图，如教学地图、科学参考图、世界地图等。任意投影中有一种十分常见的投影，即等距投影，指那些在特定方向上没有长度变形的投影。

对等距离、等面积、等角度投影而言，等距离投影要求只能在地图上的一小部分内实现，即使是在等角、等面积图中也可以实现。但等角、等面积条件却不可能在同一张图上实现，等角、等面积要求互相冲突，等面积的获取是以牺牲等角为代价，反之，等角的获取又以牺牲等面积为代价。

（2）按投影的构成方法分类，可分成以下两类。

① 几何投影。它是把椭球体面上的经纬线网直接或附加某种条件投影到借助的几何面上，然后将几何面展为平面而得到的一类投影，包括方位投影、圆柱投影和圆锥投影3大类。

方位投影是以平面为投影面，使平面与地球面相切或相割，将球面上的经纬线网投影到平面上而成。在投影平面上，由投影中心（平面与球面相切的点，或平面与球面相割的割线的圆心）向各个方向的方位角与实地相等，其等变形线是以投影中心为圆心的同心圆，切点或相割的割线无变形。这种投影适合形状大致为圆形的制图区域的地图。按平面与球面的位置又可分为正轴、横轴和斜轴3种类型。正轴方位投影的投影面与地轴垂直，横轴方位投影的投影面和地轴平行，斜轴方位投影的投影面同除地轴和赤道直径以外的任一直径垂直（图10-2a）。

圆柱投影是以圆柱面为投影面，使圆柱面与椭球体相切或相割，根据各种条件将球面上的经纬线网投影到圆柱面上，然后沿柱面的一条母线切开，将其展成平面而得到的投影。按圆柱与球面的位置，又可分为正轴、横轴和斜轴3种类型。正轴圆柱投影的圆柱轴同地轴重合，横轴圆柱投影的圆柱轴同赤道直径重合，斜轴圆柱投影的圆柱轴同地轴和赤道直径以外的任一直径重合。我们所用的高斯-克吕格投影即属于此类（图10-2b）。

圆锥投影是以圆锥面为投影面，使圆锥面与地球体相切或相割，并根据某种条件将球面上的经纬线网投影到圆锥面上，然后沿圆锥的一条母线切开展面而得到的投影。按圆锥与球面的位置又可分为正轴、横轴和斜轴3种类型。正轴圆锥投影的圆锥轴同地轴重合，横轴圆锥投影的圆锥轴同赤道直径重合，斜轴圆锥投影的圆锥轴同地轴和赤道直径以外的任一直径重合（图 10-2c）。

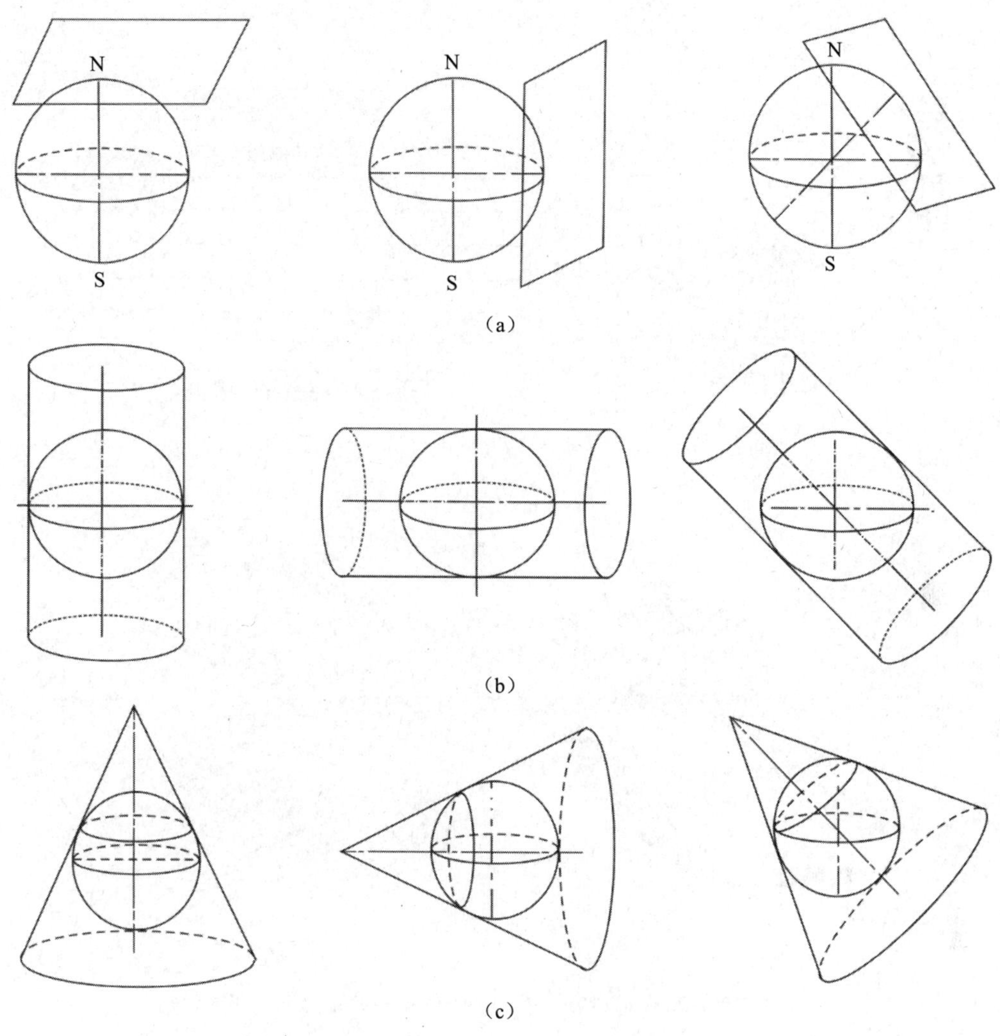

（a）正、横、斜轴方位投影；（b）正、横、斜轴圆柱投影；（c）正、横、斜轴圆锥投影

图 10-2　几何投影（蔡孟裔等，2000）

② 条件投影是根据制图的某些特定要求，选用合适的投影条件，利用数学解析法确定平面与球面之间对应点的函数关系，把球面转化成平面的投影方法，包括伪方位投影、伪圆柱投影、伪圆锥投影和多圆锥投影 4 类。

伪方位投影是据方位投影修改而来，在正轴情况下，纬线仍为同心圆，除中央经线为直线外，其余的经线均改为对称于中央经线的曲线，且相交于纬线的圆心（图 10-3a）。

伪圆柱投影。据圆柱投影修改而来，在正轴圆柱投影的基础上，要求纬线仍为平行直线，除中央经线为直线外，其余的经线均改为对称于中央经线的曲线（图 10-3b）。

伪圆锥投影是由圆锥投影修改而来，在正轴圆锥投影的基础上，要求纬线仍为同心圆弧，除中央经线为直线外，其余的经线均改为对称于中央经线的曲线（图 10-3c）。

多圆锥投影是一种假想借助于多个圆锥表面与球体相切而设计成的投影。纬线为同轴圆弧，其圆心均位于中央经线上，中央经线为直线，其余的经线均为对称于中央经线的曲线（图 10-3d）。

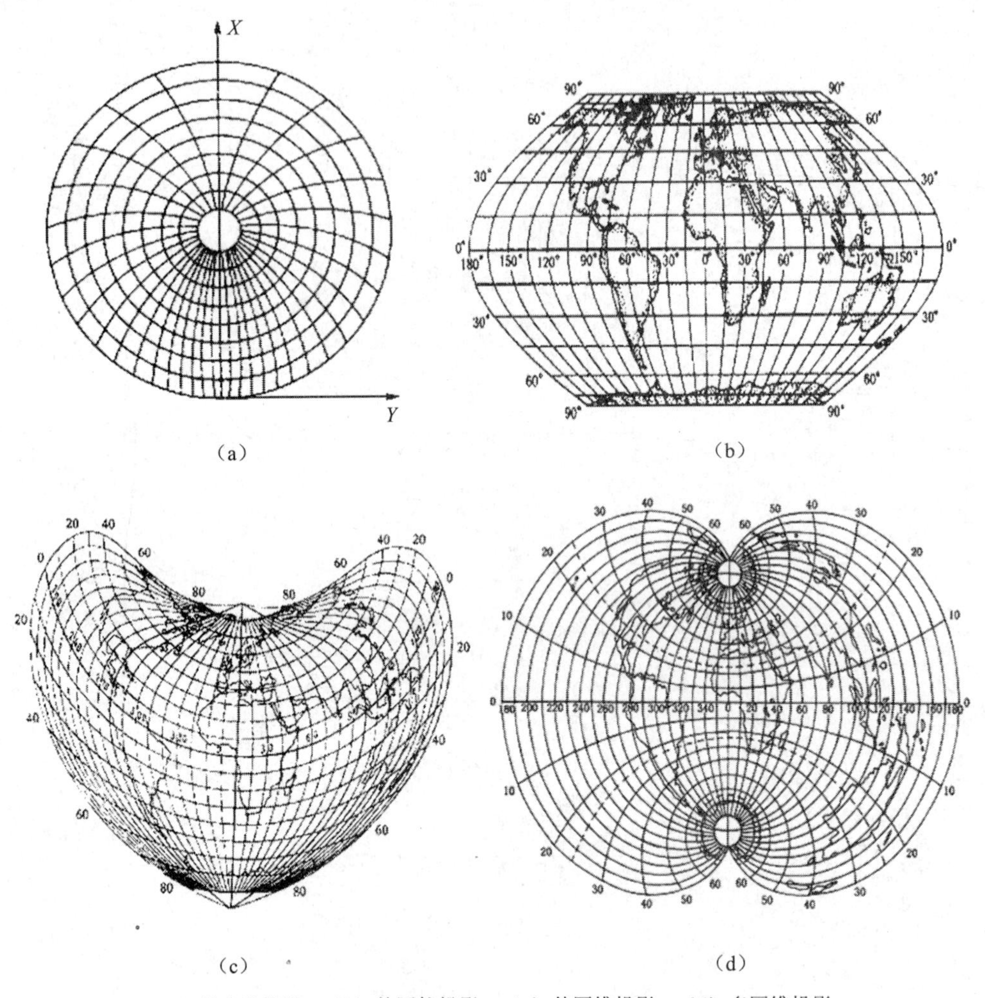

（a）　　（b）

（c）　　（d）

（a）伪方位投影；（b）伪圆柱投影；（c）伪圆锥投影；（d）多圆锥投影

图 10-3　条件投影（蔡孟裔等，2000）

4. 地图投影的选择。地图投影的选择是否恰当，直接影响地图的精度和实用价值。因此在编图以前，要针对所编地图的具体要求，根据经纬线网的形状特征、各种投影的性质等，选择最为适宜的投影。选择地图投影时，需要综合考虑多种因素及其相互影响。下面简要说明选择地图投影的一般原则。

（1）制图区域的形状和地理位置。根据制图区域的轮廓选择投影时，有一条最基本的原则，即投影的无变形点或线应位于制图区域的中心位置，等变形线应尽量与制图区域的形状大体一致，从而保证制图区域的变形分布均匀。因此，对于世界地图，常用的主要是正圆柱、伪圆柱和多圆锥 3 类投影。半球地图常分为东半球、西半球、南半球、北半球、水半球、陆半球地图；东、西半球图常选用横轴方位投影；南、北半球图常用正轴方位投影；水、陆半球图一般选用斜轴方位投影。除了世界图和半球图外，区域范围最大的陆地有七大洲，其次是几个面积大的国家如前苏联、加拿大、中国、美国、巴西、澳大利亚等，其余的国家和地区只能算中等和较小的范围。对于这些区域范围的投影选择，要考虑它的轮廓形状和地理位置。近似圆形的地区宜采用方位投影；在两极附近则采用正轴方位投影；中纬度东西方向伸展的地区，如中国和美国等，一般采用正轴圆锥投影；当制图区域在赤道附近，或沿赤道两侧东西延伸时，选用正轴圆柱投影较好；南北方向延伸的地区，如南美洲的智利和阿根廷，大多采用横轴圆柱投影和多圆锥投影；对于任意方向延伸的地区，可选用斜轴圆柱投影。

由此可见，制图地区域的地理位置和形状，在很大程度上决定了所选地图投影的类型。

（2）制图区域的范围。制图区域范围的大小也影响到地图投影的选择。当制图区域范围不太大时，无论选择什么投影，投影变形的空间分布差异也不会太大。对于大国地图、大洲地图、半球地图和世界地图这样的大范围地图来说，可使用的地图投影很多。但是，由于区域较大，投影变形明显，所以在这种情况下，投影选择的主导因素是区域的地理位置、地图的用途等，这也从另外一个方面说明地图投影的选择必须考虑多种因素的综合影响。

（3）地图的内容和用途。地图表示什么内容、用于解决什么问题，关系到选用按变形性质分类的哪种投影。航空、航海、洋流、天气和军事等方面的地图，一般多采用等角投影，因为它方位正确，在小区域范围内与实地相似。行政区划、自然或经济区划、土地利用、农业、人口密度等方面的地图，要求面积正确，以便在地图上进行面积方面的对比和研究，常采用等积投影。有些地图要求各种变形都不能太大，如宣传地图、教学地图等，可采用任意投影。又如等距方位投影从中心至各方向的任一点，具有保持方位角和距离都正确的特点，因此对于城市防空、雷达站、地震观测站等方面的地图，具有重要意义。

从精度要求上分析，用于精密测量的地图，长度和面积变形通常不应大于±0.2%～±0.4%，角度变形不应大于 15′～30′。用于一般性测量的地图，长度和面积变形应小于±2%～±3%，角度变形小于 2°～3°。不做测量用的地图，只需保持视觉上的相对正确。

（4）出版方式。地图在出版方式上，有单幅地图、系列图和地图集之分。单幅地图的投影选择相对比较简单，只需考虑上述几个因素即可。对于系列地图来说，虽然表现内容较丰富，但由于性质相似，通常需选择同一种类型和变形性质的投影，以利于相关图幅的对比分析。就地图集而言，由于它是一个统一协调的整体，所以投影的选择比较复杂，应该自成体系，尽量采用同一系统的投影，但不同的图组之间在投影的选择上又不能千篇一律，必须结合具体内容予以考虑。

（5）其他特殊要求。有些地图由于有某些特殊的要求，会影响投影的选择。时区图要求经线成平行直线，因此只能选用正轴圆柱投影。绘制中国政区图，不能将南海诸岛作插图，一般则不选用圆锥投影，而需要采用斜方位投影或彭纳投影。另外，编制新图时选择投影需考虑转绘技术问题。由于目前常用的是照相蓝图剪贴法，新编图与基本资料所用的投影经纬线形状要尽可能近似，否则将给工作带来很大的不便。

5. 投影转换。在地图编制过程中，常需要将一种地图投影的制图资料转换到另一种投影的地图上，这种转换称为地图投影的坐标变换，或不同地图投影的转换。

在常规编图作业中，通常采用网格转绘法或蓝图（棕图）镶嵌法来解决投影的转换问题。网格转绘法是将地图资料网格和所编地图的经纬网格用一定的方法加密，然后靠手工在同名网格内逐点逐线进行转绘。蓝图或棕图镶嵌法是将地图资料按一定的比例尺复照后晒成蓝图或棕图，利用纸张湿水后的伸缩性，将蓝（棕）图切块依经纬线网和控制点嵌贴在新编地图投影网格的相应位置上，实现地图投影的转换。

但这些方法在生产中效率太低，并在应用时有一定的局限性。随着计算机制图技术的发展，当前大多数制图软件和专业地理信息系统软件都具备投影转换功能，可把地图资料上的二维点位由计算机自动转换成新编地图投影中的二维点位，这使得地图投影的变换已经成为一个非常简单的问题。

6. 我国主要应用的投影方法。我国主要使用高斯-克吕格投影法（图 10-4、图 10-5），该方法是一种横轴等角切椭圆柱投影。它是假设一个椭圆柱面与地球椭球体面横切于某一条经线上，按照等角条件将中央经线东、西各 3°或 1.5°经线范围内的经纬线网投影到椭圆柱面上，然后将椭圆柱面展开成平面即成。该投影是 19 世纪 20 年代由德国数学家、天文学家、物理学家高斯最先设计，后经德国大地测量学家克吕格补充完善，所以称为高斯-克吕格投影法。高斯-克吕格投影的中央经线和赤道为垂直相交的直线，经线为凹向并对称于中央经线的曲线，纬线为凸向并对称于赤道的曲线，经纬线成直角相交。该投影无角度变形，中央经线长度比等于 1，没有长度变形，其余经线长度比均大于 1，长度变形为正，距中央经线越远，变形越大，最大变形在边缘经线与赤道的交点上，但最大长度、面积变形分别仅为+0.14%和+0.27%，变形极小。为控制投影变形，高斯-克吕格投影采用了 6°带、3°带分带投影的方法（图 10-6），使其变形不超过一定的限度。

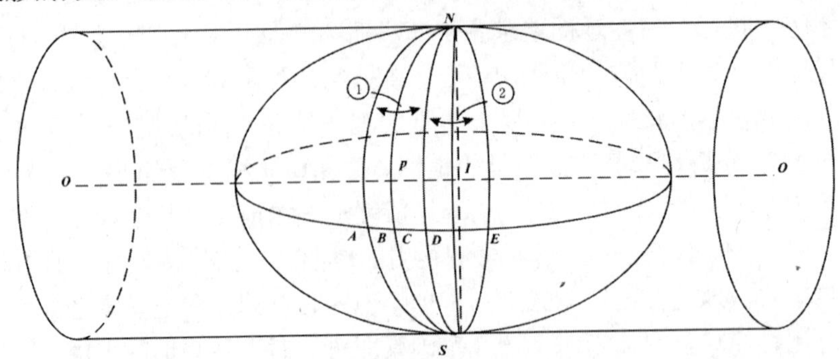

图 10-4　高斯-克吕格投影方法 1（据高永修改，2013）

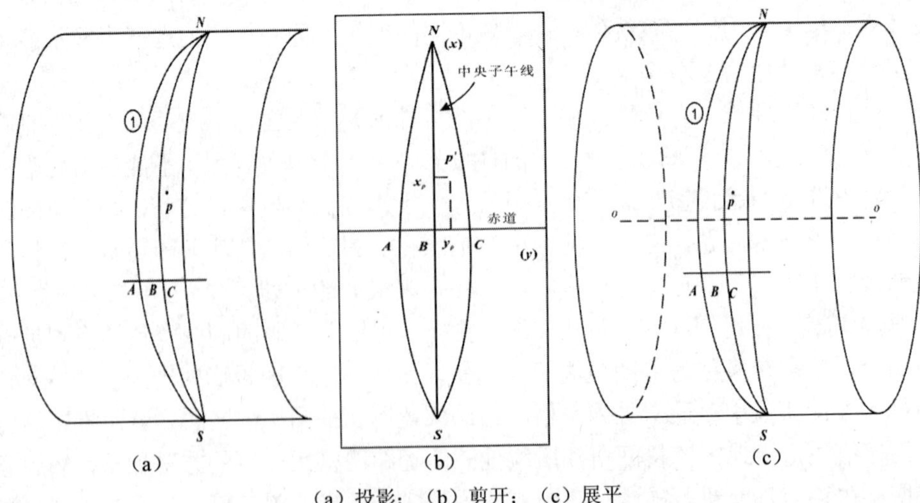

（a）投影；（b）剪开；（c）展平

图 10-5　高斯-克吕格投影方法 2（据高永修改，2013）

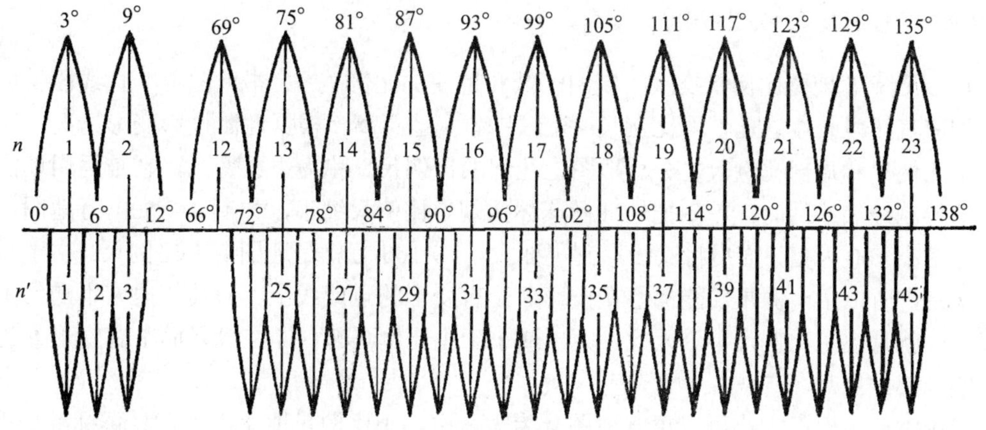

图 10-6　高斯-克吕格投影分带示意图（胡圣武，2008）

该投影的平面直角坐标规定为：每个投影带以中央经线为坐标纵轴即 *X* 轴，以赤道为坐标横轴即 *Y* 轴，组成平面直角坐标系。为避免 *Y* 值出现负值，将 *X* 轴西移 500 km 组成新的直角坐标系，即在原坐标横值上均加上 500 km。60 个投影带构成了 60 个相同的平面直角坐标系，为了区分，在地形图南北的内外图廓间的横坐标注记前，均加注投影带带号。为应用方便，在图上每隔 1 km、2 km 或 10 km 绘出中央经线和赤道的平行线，即坐标纵线或坐标横线，构成了地形图方里网（千米网），见图 10-7。

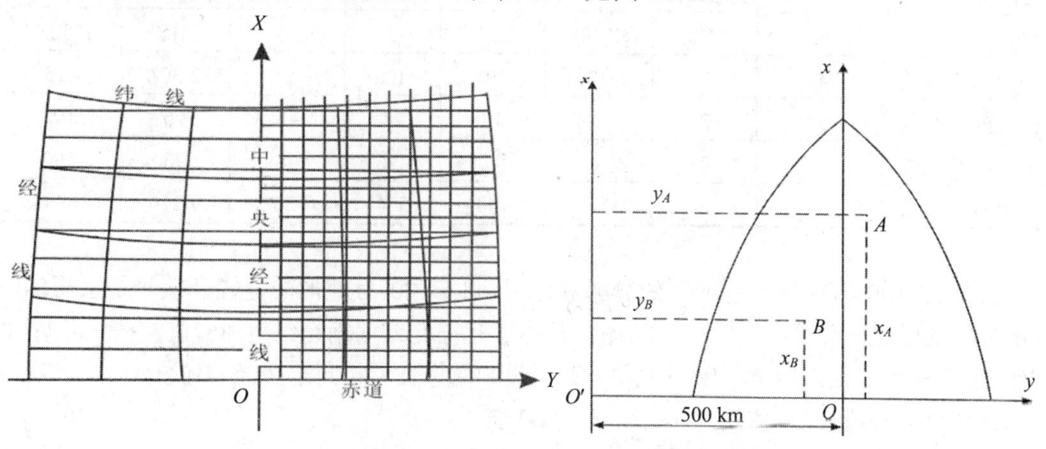

图 10-7　高斯-克吕格投影直角坐标（蔡孟裔等，2000）

高斯-克吕格投影在欧美一些国家也被称为横轴等角墨卡托投影，它与一些国家地形图使用的通用横轴墨卡托投影即 UTM 投影，都属于横轴等角椭圆柱投影的系列，所不同的是 UTM 投影是横轴等角割圆柱投影，在投影带内，有两条长度比等于 1 的标准线，而中央经线的长度比为 0.999 6，因而投影带内变形差异更小，其最大长度变形不超过 0.04%。目前我国各种大中比例尺地形图均采用该投影方法。其中 1/10 000 地形图采用 3°带，1/25 000～1/500 000 地形图采用 6°带。此外，目前世界大多数国家的地形图也都使用此种投影方法。

（四）比例尺与地图分幅

1. 比例尺。地图比例尺反映了制图区域和地图的比例关系，指地图上一直线段长度与地面相应直线段长度之比，即比例尺=图上距离/实地距离。根据地图投影变形情况，比例尺有主比例尺和局部比例尺之分。地图上注记的比例尺，称为主比例尺，它是运用地图投影方法绘制经纬线网时，首先把地球椭球体按规定比例尺缩小，如制 1∶100 万地图，先将地球缩小 100 万倍，而后将其投影到平面上，1∶100 万就是地图的主比例尺。由于投影后有变形，所以主比例尺仅能保留在投影后没有变形的点或线上，而其他地方不是比主比例尺大，就是比主比例尺小。因此，大于或小于主比例尺的，即在投影面上有变形处的比例尺叫局部比例尺。

我国按比例尺的大小可以可将地图分为大、中、小比例尺地图 3 类，具体标准如下。大比例尺地图是比例尺大于或等于 1∶10 万的地图，中比例尺地图是指比例尺在 1∶10 万到 1∶100 万的地图，小比例尺地图是比例尺小于或等于 1∶100 万的地图。

2. 地图的分幅与编号。基本比例尺地形图的分幅均以 1∶100 万地形图为基础图，沿用原分幅各种比例尺地形图的经纬差（表 10-2），全部由 1∶100 万地形图按相应比例尺地形图的经纬差逐次加密划分图幅，以横为行，纵为列。下面据比例尺大小介绍不同地图的分幅与编号。

表 10-2　国家基本比例尺地形图分幅（GB/T 13989—92）

比例尺		1∶100 万	1∶50 万	1∶25 万	1∶10 万	1∶5 万	1∶2.5 万	1∶1 万	1∶5 000
图幅范围	经差	6°	3°	1°30′	30′	15′	7′30″	3′45″	1°52.5″
	纬差	4°	2°	1°	20″	10′	5′	2′30″	1′15″
行列数量关系	行数	1	2	4	12	24	48	96	192
	列数	1	2	4	12	24	48	96	192
图幅数量关系		1	2	16	144	576	2 304	9 216	36 864

（1）1∶100 万比例尺地形图的分幅和编号。1∶100 万地形图分幅和编号是采用国际标准分幅的经差 6°、纬差 4°为 1 幅图。从赤道起向北或向南至纬度 88°止，按纬差每 4°划作 22 个横列，依次用 A、B、…、V 表示。从经度 180°起向东按经差每 6°划作一纵行，全球共划分为 60 纵行，依次用 1、2、…、60 表示。

每幅图的编号由该图幅所在的“列号—行号”组成。例如，北京某地的经度为 116°26′08″、纬度为 39°55′20″，所在 1∶100 万地形图的编号为 J-50。

（2）1∶50 万、1∶25 万、1∶10 万比例尺地形图的分幅和编号。这 3 种比例尺地形图都是在 1∶100 万地形图的基础上进行分幅编号的，1 幅 1∶100 万的图可划分为 4 幅 1∶50 万的图，分别以代码 A、B、C、D 表示。将 1∶100 万图幅的编号加上代码，即为该代码图幅的编号，如 1∶50 万图幅的编号为 J-50-A。

1 幅 1∶100 万的图，可划分出 16 幅 1∶25 万的图，分别用代码[1]、[2]、…、[16]表示。将 1∶100 万图幅的编号加上代码，即为该代码图幅的编号，例 1∶25 万图幅的编号为 J-50-[1]。

1 幅 1∶100 万的图，可划分出 144 幅 1∶10 万的图，分别用代码 1、2、…、144 表示。将 1∶100 万图幅的编号加上代码，即为该代码图幅的编号，如 1∶10 万图幅的编号为 J-50-1。

（3）1∶5 万、1∶2.5 万、1∶1 万地图的分幅与编号。这 3 种比例尺的地图也是在 1∶100 万地图的基础上按一定经差和纬差划分，然后分别在该 1∶100 万地图分幅编号的后面加上各自的分幅编号。

1 幅 1∶10 万的地图，可划分为 4 幅 1∶5 万的地图，然后在该 1∶10 万地图编号的后面缀以 A、B、C、D 等，如 J-50-B。

1 幅 1∶5 万地图，可划分为 4 幅 1∶2.5 万的地图，然后在该 1∶5 万地图编号的后面缀以 1、2、3、4 等，如 J-50-B-4。

1 幅 1∶10 万地图，可划分为 64 幅 1∶1 万的地图，然后在该 1∶100 万地图编号的后面缀以（1）、（2）、（3）、…、（64），如 J-50-5-（15）。

（4）新标准。1992 年 12 月，我国颁布了《国家基本比例尺地形图分幅和编号》（GB/T 13989—92）新标准，1993 年 3 月开始实施。新的分幅与编号方法如下。

① 分幅。1∶100 万地形图的分幅标准仍按国际分幅法进行。其余比例尺的分幅均以 1∶100 万地形图为基础，按照横行数纵列数的多少划分图幅。

② 编号。1∶100 万图幅的编号，由图幅所在的“行号列号”组成。与国际编号基本相同，但行与列的称谓相反。如北京所在 1∶100 万图幅编号为 J50。1∶50 万与 1∶5 000 图幅的编号，由图幅所在的“1∶100 万图行号（字符码）1 位，列号（数字码）1 位，比例尺代码 1 位，该图幅行号（数字码）3 位，列号（数字码）3 位”共 10 位代码组成，如 J50B001001。

四、监测的方法

荒漠化监测是防治荒漠化的一项基础工作，主要是通过定期调查，及时掌握荒漠化土地的现状、动态及控制其发展所必需的信息。在监测方法上，通常采用常规监测方法和基于遥感（RS）、地理信息系统（GIS）和全球定位系统（GPS）技术（统称“3S”技术）的监测方法两大类。

（一）常规监测方法

研究人员对荒漠化所涉及的领域进行的大量资源调查工作多是采用常规监测方法，该方法可为荒漠化研究提供更为详细的土地荒漠化成因、过程、发展动态、治理成效等基础数据，包括要素评价法、Thornthwaite 法和地面抽样法 3 类。

1. 要素评价法。自然要素评价法的基本做法，是将某些自然要素作为荒漠化监测的评价因子，围绕这些因子设计监测技术路线和监测方法，主要目的是对荒漠化程度进行评价与制图。例如胡孟春以景观学为指导进行单要素评价，然后以主导因素法确定土地沙漠化类型，并用模糊综合评判法完成了科尔沁沙地的分类与定量评价。马世威等则以沙丘形态为评价标志，对沙质荒漠化进行了评价。

2. Thornthwaite 法。Thornthwaite 法又称 Thornthwaite 模型，是国际上通用的通过计算

实际蒸散量（蒸发与蒸腾之和）模拟生物生产量的一种方法，广泛应用于对植被-气候关系和气候生产力的研究，在荒漠化监测中也有应用。如慈龙骏等用 Thornthwaite 法计算出湿润指数，据此划分出 3 个荒漠化气候类型，再采用空间插值得到湿润指数等值线图，进而制作了第一张中国荒漠化气候类型分布图，确定了中国荒漠化的潜在发生范围。

3．地面抽样法。地面抽样法的基本做法是通过调查荒漠化自然原因、荒漠化程度及土壤、植被、地形、土地利用类型等因素，并根据建立的数值指标体系进行打分，对荒漠化分布、土地类型、程度、面积、动态变化及荒漠化成因、危害状况、治理效果等进行分析评价，提出荒漠化防治的对策措施。如冯建成在对山西省荒漠化的研究中，利用可能蒸散量计算获得的 1∶100 万全国荒漠化气候类型分布图来确定调查总体，再根据 1994 年山西省沙化土地普查资料，确定样本单元数并布设样线进行调查。其荒漠化监测体系的建立以数理统计方法为基础，即利用成数抽样技术，通过抽样调查，推算山西省的荒漠化土地面积及动态数据。

（二）基于遥感与 GIS 技术的监测方法

最早利用遥感（RS）进行荒漠化监测是在 1975 年联合国和国际自然资源联合会资助下对苏丹南部撒哈拉南缘的沙漠入侵和生态退化状况的评价，该项目通过空间数据和地面调查相结合的方法确定了植被和沙漠的分界线，并将误差控制在 5 km 之内。20 世纪 80 年代，国内外利用遥感对土地荒漠化的监测主要处于目视解译阶段，即通过室内判读航片、卫片与编绘荒漠化草图，结合野外关键地带路线的考察最终成图。目前由联合国有关机构提出的 3 种使用于不同地区的土地退化评价与监测理论，即全球人为作用下的土地退化（GLASOD）、南亚及东南亚人为作用下土地退化（ASSOD）和俄罗斯科学院提出的评价方法，在实践上均以目视解译为主、依靠常规技术支持的经验性指标体系来完成。20 世纪 90 年代以来，SPOT、TM、MSS、NOAA 等多种空间分辨率遥感数据开始广泛用于荒漠化的研究中，遥感图像处理软件 ERMapper、PCI、ERDAS、ENVI 和一些 GIS 软件如 ArcGIS、MAPGIS、GEOSTAR、MGE 也逐步集成使用。“3S”信息技术作为定量化遥感发展的方向，实现了从信息获取、信息处理到信息应用的一体化技术系统，具有获取准确、快速定位的遥感信息的能力。在实现数据库的快速更新和在分析决策模型的支持下，能够快速完成多元、多维复合分析，使遥感对地观测技术跃上了一个新台阶，同时有力地推动了空间技术应用的发展，从而使基于“3S”的荒漠化监测技术路线也得到了快速发展。

在国内，荒漠化监测方法经历了实地考察、遥感调查到抽样与“3S”技术联合调查。1959 年，中国科学院成立治沙队，围绕“查明沙漠情况，寻找治沙方针，制定治沙规划”的任务，连续 3 年对我国沙漠与戈壁进行了多学科考察，基本查明了我国沙漠与戈壁的面积、分布等情况。20 世纪 80 年代初，水利部组织了全国土壤侵蚀调查，采用遥感方法，对全国范围内的包括风蚀、水蚀和冻融在内的土壤侵蚀状况进行了调查，编制了 1∶50 万到 1∶100 万的土壤侵蚀图。80 年代中期，中国科学院自然资源综合考察委员会应用遥感方法对全国土地资源进行评价，查明了全国盐渍化土地、退化土地及土地利用状况，编制了 1∶100 万土地资源图。随后农业部门组织科研人员对中国南、北方草场资源情况进行了调查，此外，还完成了许多与荒漠化有关的资源调查，如全国土地详查、土壤普查和森林资源清查等。90 年代中期，林业部组织科研人员在全国范围内进行了沙漠、戈壁及沙化土地普查，并采用地面调查与最新TM影像核对的方法，首次全面系统地查清了我国的沙漠、戈壁及沙化土地面积、分布现状和最近几年来的发展趋势，为防沙治沙和防治荒漠化提供了非常有用的信息数据。调查方法上的不断进步，使得荒漠化调查周期越来越短，调查数据的现实性更强，数据的精度也更高。

相对而言，基于卫星遥感和GIS技术的荒漠化监测方法更具有优越性。卫星图像的宏观性特点及在同一时间对大面积范围的扫描，可有效地实现面积广阔地区荒漠化类型和特征的识别。卫星图像不受地域限制，可方便地获取偏远地区的荒漠化信息。卫星轨道覆盖的重复周期较短，有利于荒漠化特征的动态监测，不仅可实现荒漠化信息的存储、管理和更新，而且利用其强大的空间分析和数据综合能力，可以方便地实现遥感数据、地面数据的融合，并在相关模型的支持下提供荒漠化决策依据。

GPS是进行荒漠化监测不可缺少的主要技术手段之一，可用于固定样线位置与遥感解译标志的确定及信息采集，遥感技术可提高荒漠化监测的准确性和时效性。但利用遥感与GIS技术进行荒漠化监测也存在一定的不足之处，根据荒漠化监测的发展趋势分析，今后仍需加强遥感图像数据、地面数据和历史资料的融合，应进一步提高荒漠化遥感监测的精度，采用高光谱遥感信息，同时应建立智能化荒漠化监测与预警系统。

五、监测周期

考虑到土地荒漠化是渐变过程这一特点，结合技术及经济因素，一般荒漠化监测以五年左右为一个监测周期，重点地区的监测周期可根据需要、技术和经费状况随时确定。

第二节　荒漠化评价

随着人口的增长，土地资源缺乏的程度日益严重，世界各国都在努力寻求解决土地荒漠化问题的途径。我国荒漠化土地主要分布在中西部地区，随着国家经济建设重点向中西部的转移，保护好这些地区的土地资源和使已经退化的土地逆转是一个十分重要和亟待解决的问题。对荒漠化土地的评价和荒漠化发展的监测，是制定区域经济发展方向、环境质量评估和制定防治荒漠化方针措施的基础，具有特别重要的现实意义。

一、荒漠化评价概念、目的与内容

（一）荒漠化评价概念

荒漠化评价，简单地说就是对分布于干旱、半干旱和半湿润地区的退化土地进行类型的划分与程度的分等定级，查明土地目前的质量状况远离未退化状态的程度。荒漠化评价从根本上属于土地资源评价或土地质量评价的范畴，是为土地利用服务的。荒漠化评价的对象是土地的质量，“质”的界定旨在说明荒漠化的不同，即是说存在类型的差别。“量”的界定旨在说明荒漠化具有相似性，但从退化角度存在程度的差别。

土地评价是按照一定的目的，对土地性状进行估计的过程，它包括对地形、土壤、植被、气候和土地其他方面的调查和分析说明，使所考虑的土地利用与该地区的自然、经济和社会条件相适应，找到最合适的土地利用类型。而荒漠化评价过程是按照一定的评价指标体系，对所利用土地的质量进行分级划等，确定各级退化土地的分布范围，并且说明目前土地利用的合理性，为合理利用土地、提高生产力服务。因此，荒漠化评价在一定意义上是属于土地评价的范围，同时又有区别。

（二）荒漠化评价目的与内容

荒漠化评价的目的在于说明土地荒漠化的发生原因、荒漠化过程和荒漠化发展程度及速率、自然环境的脆弱性等，应满足于预测土地荒漠化的发展和拟定防治荒漠化措施的要求，说明目前土地利用类型和土地特性的适宜程度、土地经营和改良措施的效果等。

荒漠化评价可以说明目前土地的质量优劣、土地利用的适宜程度、经营措施的合理性，为确定土地经营方向、管理措施、可采取的改良方法等提供决策依据。荒漠化评价的另一个目的是要说明土地退化的原因，比如草场退化，不仅要说明草场退化的程度，而且要揭示造成退化的原因是气候干旱，还是放牧的结果，放牧是牲畜超载，还是牲畜结构不合理。只有完成这一任务，荒漠化评价才有真正的生产实践意义，才能为防治荒漠化提供可靠的科学依据。

（三）荒漠化评价内容

1. 荒漠化现状评价。荒漠化现状评价是土地荒漠化评价的核心，是其他评价过程的基础。目前进行的荒漠化评价大部分是荒漠化现状的评价。荒漠化现状评价是指在特定的时间和地域条件下，对土地单元的退化程度进行分等定级。退化程度是指土地质量远离未退化或“基线”状态的程度。荒漠化现状评价的最后结果是荒漠化现状分布图，图上显示目前土地利用类型不同的评价单元（或地块）土地退化的等级（轻度、中度、严重和极严重）。评价过程首先是做出土地单要素的分布图，在一定的荒漠化评价指标体系和模型下，单要素叠加的结果就是荒漠化现状分布图。

2. 荒漠化发展速率评价。荒漠化发展速率是指在一定（单位）时间内荒漠化向同一方向发展的速度，即反映荒漠化发展的快慢程度。作为正过程，它既包括非荒漠化土地的荒漠化，也包括各种荒漠化土地程度的加深；作为逆过程，它主要是指荒漠化程度的逆转。地区之间荒漠化现状也可能相同，但发展速度可能不同，荒漠化的危险性也许不同，预防和治理的措施也就不同。荒漠化发展速率的评价属于动态评估的范畴，一般不能用简单的两次测定的直线来表示，应该由数次测定所判定的连续发展趋势来获得。

3. 荒漠化危险性评价。荒漠化危险性评价是在前两类评价的基础上，对土地荒漠化的综合评价。在荒漠化目前现状和发展速率的基础上，须考虑自然条件的脆弱性、环境压力等。自然条件也叫荒漠化内在危险性，包括土壤的易风蚀性、降水变率等。环境压力主要指人口压力和牲畜压力，用人口超载率和牲畜超载率指标来表示。

4. 荒漠化发展趋势评价。荒漠化发展趋势评价实质上是一种综合评价。它是在综合荒漠化成因、发展规律、目前状况和发展速率的基础上，考虑自然条件的脆弱性和环境压力的大小而进行的预测性评估，包括荒漠化产生的可能性，未来一定时期荒漠化可能达到的程度等。

二、荒漠化评价指标体系

（一）国外荒漠化评价指标体系

早在 20 世纪 30 年代和 50 年代，美国、澳大利亚等国在草场退化评价方面已作了初步尝试。但是真正作为土地荒漠化的评价体系提出的是柏雷（Berry）和福德（Ford）。在 1977 年联合国沙漠化大会之后，他们以气候、土壤、植被、动物和人类影响等为依据，首次提出了适用于全球、地区（跨国家的）、国家和地方的 4 级指标体系框架，指标以气候因子为主体，但未考虑人为活动的因素。

此后，由肯尼亚内罗毕联合国荒漠化会议的一次讲习班发起，Rcining1978 年又把荒漠化的有关指征进一步具体化，考虑到自然因素和人为因素的相互联系，提出由物理、生物、社会 3 方面众多指标组成监测指标体系，涉及到土壤、植被、水、动物与人类活动等众多指标。

Dregne H E 1980 年在总结前人工作的基础上，提出荒漠化的指标在不同土地利用状况下，其内容有所不同。在旱作农业区，植物生长比较差，年降雨波动差异大，土壤裸露，每年有几个月遭受风蚀，因此土壤侵蚀强弱是最重要的荒漠化问题，土壤特点则是最明显的直接指标，土壤搬运和堆积的总量、风蚀沟和沙丘的大小及数量是估算土壤荒漠化程度的指标。在灌溉农业地区，不恰当的水管理是影响作物产量的最大因素，土地荒漠化主要表现在盐渍化和水渍化方面，重要指标是土壤耕层的含盐量、土壤表面吸收性钠的数量、盐结皮状况、植物体氯化物含量等。在畜牧业地区，其主要的指标应放在植物种类的组成、生长势、植物生物量方面，次要指标则以畜群的组成与数量、乳类生产量的变化、植物体内碳水化合物的储量等为内容。此外，在矿区、休憩用地等方面也均有侧重。而且他认为人类影响也是荒漠化评价的重要内容。所以 Dregne 从土地利用的角度提出了一个包括物理、生物和社会经济方面的评价指标体系。

前苏联 1984 年根据与联合国环境规划署达成的协议，编写了“制定防治荒漠化的区域性综合发展纲要指南”，该“指南”提出了与 Rcining 相类似的监测评价指标体系，包括物理（土壤、地球化学和水文）、植物、动物、社会 4 个方面的许多指标。

根据荒漠化评价与制图的需要，1984 年联合国粮农组织（FAO）和联合国环境规划署（UNEP）在《荒漠化评价与制图方案》中，从植被退化、风蚀、水蚀、盐碱化等 4 个方面，提出了荒漠化现状、发展速率、内在危险性评价的具体定量指标，并把荒漠化按其发展程度的不同分为弱、中、强、极强 4 个等级，这可以认为是最全面和最详细的评价指标体系。但 1984 年和 1988 年先后两次对苏丹、马里西部荒漠化过程的评估中发现，实践效果不尽如人意。1992 年“联合国环境与发展大会”后，特别是 1994 年联合国防治荒漠化公约签署后，各国更是竞相进行研究。Kuehl 等 1995 年从土壤、植被和光谱特性方面构建出一个综合荒漠化评价指标体系，并以美国科罗拉多高原的草地、灌丛和针叶林为对象开展动态评估研究。

（二）国内荒漠化评价指标体系

关于我国荒漠化的现状评价指标体系和标准，已在第三章至第九章做了介绍。关于荒漠化的风险评价和发展速率评价，还常常存在不足。

我国荒漠化问题的研究工作开始于20世纪50年代对沙漠的研究，而荒漠化评价研究则是在1978年中国科学院兰州沙漠研究所成立后。由于受荒漠化概念理解的限制，1994年《联合国防治荒漠化公约》签署前，我国荒漠化评价主要针对以风沙活动为主要特点的沙质荒漠化进行了研究。1984年朱震达根据沙漠化土地年扩大率、流沙所占该地区面积比率和地表景观形态组合特征，提出了沙漠化程度评价指标体系（表10-3）。

表10-3 沙漠化程度指标（朱震达等，1984）

沙漠化程度类型	沙漠化土地每年扩大面积占该地区面积的比例/%	流沙面积占该地区面积的比例/%	形态组合特征
潜在的	0.25以下	5以下	大部分土地尚未出现沙漠化，仅有偶见的流沙点
正在发展中	0.26～1.0	6～25	片状流沙，吹扬灌丛沙堆与风蚀相结合
强烈发展中	1.1～2.0	26～50	流沙大面积的区域分布，灌丛沙堆密集，吹扬强烈
严重的	2.1以上	50以上	密集的流动沙丘占绝对优势

朱震达同时认为，在沙漠化过程中随着沙漠化程度的进展，土地滋生潜力、生物生产量以及生态系统能转化效率等都有较明显的变化，这些变化是随着沙漠化进程而产生和发展的。因此，又提出与上述沙漠化程度指征一起共同成为判定沙漠化程度的辅助指征（表10-4）。

表10-4 沙漠化程度的辅助指标（朱震达等，1984）

沙漠化程度类型	植被覆盖度/%	土地滋生潜力/%	农田系统的能量产投比/%	生物生产量/[t/（hm^2·a）]
潜在的	60以上	80以上	80以上	4.5～3
正在发展的	59～30	79～50	79～60	2.9～1.5
强烈发展的	29～10	49～20	59～30	1.4～1.0
严重的	9～0	19～0	29～0	0.9～0

1985年为沙漠化专题图制作的需要，冯毓逊在朱震达的沙漠化程度评价指标体系基础上，提出了以荒漠化土地占该地区的面积比例、一定时期以来荒漠化土地增加的百分率、沙丘类型、沙丘相对高度、沙丘疏密度、沙丘活化程度、分布规律及沙丘上植被盖度为指征的荒漠化程度判读标志。另外，吴正、申建友等也曾提出过一些相类似的标准。但总体上讲，这一时期学术界较为公认的仍然是朱震达的沙漠化程度评价指标体系。

1994年《联合国防治荒漠化公约》签署后，我国更加重视荒漠化评价指标体系的研究工作。“九五”国家科技攻关项目曾列专题——“沙质荒漠化评价指标体系及动态评估研究”进行探讨，国家自然科学基金委员会也投入相当资金资助相关项目开展研究。

1998 年高尚武等结合遥感卫星影像解译，提出由植被盖度、裸沙地占地百分比和土壤质地等 3 个指标构成的沙漠化监测专家评价体系，并在宁夏灵武、内蒙古奈曼旗、内蒙古阿拉善右旗等地进行应用。

关于石灰岩地区石漠化的危险性评价，李瑞玲等 2004 年根据岩性、地貌、坡度、人口密度和陡坡耕地率进行石漠化危险性评价的标准（表 10-5），可以作为评价大参考。

表 10-5 喀斯特土地石漠化危险性评价指标（李瑞玲等，2004）

强度等级	岩性（泥质含量/%）	地貌（切割度/m）	坡度/%	人口密度/（人/km^2）	陡坡耕地率/%
轻度危险性	30～70	＜200	＞18	＞143	＜7.42
中度危险性	10～30	200～500	＞20	＞205	7.42～13.14
极危险性	＜10	＞500	＞25	＞267	＞13.14

（三）荒漠化评价指标的确定原则

荒漠化的实质是土地退化，而土地退化又是在自然和人为多种因素作用下，土地内部各要素物质能量特征及其外部形态的综合反映。归纳起来，影响和决定土地退化的各种直接、间接因子有很多，如果把所有因子均列入评价指标体系，则将会得到庞大的指标体系，这不仅增加评价工作量，而且还会冲淡主要指标，进而导致评价结果不准确。为使评价过程达到预期目的，需要选择最有代表性的主要评价指标，荒漠化评价指标的选取应遵循以下原则。

1. 综合性原则。荒漠化是气候、土壤、植被、水文等自然因素与人为因素相互作用、相互制约下形成的统一体。荒漠化评价的指标体系覆盖面要广，必须能够全面地反映荒漠化的成因、表现及后果，同时又要避免指标间的重叠性。只有选择相互联系而又相互补充的多项指标，才能尽可能全面、客观、准确反映荒漠化的程度特征。因此，在荒漠化评价时，选取的指标应是多因素的，但指标之间不是简单相加，而是有机联系而组成的一个层次分明的系统整体。

2. 主导性原则。荒漠化是一定地域的土地系统退化，其影响因子众多，若全部考虑，限于现有条件，既不现实也没必要，若采用传统的单因子评价势必会影响其精度，因此选择能够反映荒漠化过程最本质方面的评价指标，建立一个科学的、完整的评价指标体系，便可既简便又较准确地对荒漠化类型作出划分。土地退化的本质是土地的生物和经济生产力及其复杂性下降，它包含了自然植被的长期丧失和土地理化性状及生物性状的衰退。因此，就荒漠化现状指标而言，荒漠化土地的植被和土壤的质量性状特征应成为荒漠化综合评判的主要指标。

3. 实用性原则。荒漠化评价是为荒漠化监测和荒漠化治理服务的，选取的评价指标不但应具有典型性、代表性，更重要的是要具有可操作性，易于地面观测和适于应用遥感和计算机进行监测，能在信息不完备的情况下对荒漠化进行评价。指标的设置要尽可能利用现有统计指标，尽量与统计指标一致或存在一定的关联，以便纳入国民经济统计指标中。

数据采集应尽量节省成本，用最小的投入获得最大的信息量。同时，选取的指标应充分考虑时间分布和空间分布问题，要注意指标体系在不同区域应用的可操作性，要有统一的方法采集数据，这样才能进行不同区域之间的对比。要多采用直接指标，少采用间接指标，多采用定量指标，少采用定性指标，而且指标的名称也应通俗易懂。

4. 动态性原则。土地荒漠化是发展变化的，客观上需要动态性的评价指标体系。指标体系必须具有一定的弹性，能够适应不同时期不同荒漠化生态系统的特点。在动态过程中较为灵活地反映荒漠化的现状，并能对未来的情况作出预测。

5. 地带性原则。我国荒漠化地区分布跨度大，地理分异规律复杂，因此在进行荒漠化评价时，选取的指标体系应是多样的，而不是唯一的，所建立的指标体系要随着生物气候带的不同而有差异。

地带性原则的第一个体现是同级别的退化土地在不同的地带度量指标应有不同。如半干旱半湿润地区的科尔沁和干旱地区的阿拉善，如果用同一种指标来衡量荒漠化水平，就可能造成东部范围和等级偏小，西部地区范围扩大、程度加重的现象。中国荒漠化指标体系应在生物气候地带分异的基础上，将半湿润和半干旱地区化为东部地带，干旱地区化为西部地带，青藏地区由于地理环境的独特性而专化独立的一级地带，分 3 个地带单独建立。地带性原则的第二个体现是各地带的分级数量应是多样的，即各地带由于土地退化演替序列的不同，在初始面和终极面之间可辨识出的级别也不同。

6. 层次性原则。层次性原则是指随着评价与监测空间范围的变化，应有不同精度要求的指标体系，这也体现了地带性原则与监测手段对指标体系的约束。我国荒漠化监测范围通常分为国家、区域、地方 3 个层次等级，所以评价指标应与之相对应。全国范围内的监测可用 NOAA、NDVI 和 ALB（反射率）指标，再用水热指数、地形、生物带等 GIS 类指标加以辅助。在地方或重点地区可利用 SPOT 和航片以及详细的 GIS 资料。

（四）荒漠化评价指标体系

本教材采取国际国内普遍采用的等级标准，根据实际情况将生态环境质量分成若干等级，判定荒漠化现状隶属的级别（表 10-6）。由于指标标准的选取具有模糊性，难以准确地定量化，所以采取专家咨询法，充分利用专家的知识和经验，作出科学判断，这样既能保证判断的科学性，也能有效避免制定指标标准的主观性。

表 10-6　荒漠化评价标准体系（据董玉祥修改，1992）

指标			轻度	中度	重度	极重
自然生态环境指标	气候	气候干燥度/（E/R）	＜2.5	2.5～4	4～5.5	＞5.5
		年起沙风日数/d	＜75	75～150	150～300	＞300
		降水变率	＜0.3	0.3～0.4	0.4～0.5	＞0.5
	土壤	裸地占地百分比/%	＜10	10～30	30～50	＞50
		土壤有机质含量/%	＞2.0	2.0～1.4	1.4～0.7	＜0.7
	水文	地下水埋深/m	＞9	9～6	6～3	＜3
		地下水矿化度/（mg/L）	＜0.5	0.5～1.5	1.5～2.5	＞2.5
	生物	植被覆盖率/%	＞60	60～40	40～25	＜25
		牲畜超载率/%	＜50	50～100	100～200	＞200

指标			轻度	中度	重度	极重
社会生态环境指标	农业发展水平	农业产出/投入	＞5	5～3	3～1.5	＜1.5
		粮食单产/带内最高水平/%	＞60	60～40	40～20	＜20
		牧业产出/投入	＞5	5～3	3～1.5	＜1.5
		牧草单产/第一性生产力/%	＞40	40～25	25～10	＜10
	人民生活	农民家庭恩格尔系数	＜50	50～60	60～70	＞70
		职工人均年收入/农民人均年收入	＜2	2～4	4～6	＞6

荒漠化也是客观存在的一个土地退化问题，而且有着明显的景观特征，各类荒漠化等级划分指标与标准见前面各章。

三、荒漠化评价中的基本问题分析

（一）荒漠化评价的“基线”问题

荒漠化是退化过程和退化的结果，所谓退化是相对于过去的状态而言，所以确定一个地区荒漠化的发展程度，一个关键问题是确定其退化的“基线”问题，即什么状态是未退化的状态。“基线”作为荒漠化评价和监测的起点，为确定土地是否发生退化或恢复提供了参考点，同时也为处于不同退化程度的荒漠化土地提供了比较基础，没有了“基线”就无法进行比较，也就难以进行评价。理论上的“基线”是存在的，从生态学的角度可定义是在一定的气候条件下，没有人为干扰的状态下，特定区域土地生态系统所能达到的最大潜在状态，或者说系统生产力所能达到的最大潜在状态，也就是未退化状态，即早期的气候顶极的意义和植物群落学中的潜在的天然植被。而对一定的地域来说，其古地理环境和历史地理中的记录材料，代表了过去在较少的人为干扰下自然所处的状态，就是该地区的“基线”。但是实际应用中“基线”很难确定，因为目前很难发现一个未被人类活动影响的干旱生态系统，而且历史资料中又缺少这方面的详细记载，所以影响了荒漠化的比较评价。

部分学者对“基线”进行了初步探讨。孙武等认为，荒漠化“基线”存在地区差异，在中国可尝试选取 20 世纪 50 年代或 70 年代的现实景观为相对基准，作为衡量是否发生荒漠化的主要依据。刘玉平认为，荒漠化“基线”即未退化状态是一定气候条件下生态系统所能达到的最大潜在状态，或者天然植被演替所能达到的最终稳定状态，可以在目前植被中寻找。陈杰等认为，确定“基线”，一是利用历史资料弄清特定地区草场的未退化状态，二是利用相同自然条件和利用管理方式下未退化草场的现状作为评价的参照基线。

本教材认为，首先“基线”应当是一套指标，它可以描述某种土地类型的未退化状态。“基线”可以通过处于相同气候区和相同自然条件下未发生退化土地的典型区来确定。对于很难找到未发生退化区域的某些土地类型，可以根据已有的研究成果、历史数据和调查资料等来确定其“基线”。其次，不同气候区、不同土地利用类型应该具有不同的“基线”。例如，分布于半干旱区的毛乌素沙地的以木氏针茅为建群种的典型草原和以油蒿为建群种的沙生植被具有不同的基准，同是位于半干旱区的草地和农田也具有不同的基准，分布于干旱区和半干旱区的农田也应当具有不同的基准。在荒漠化监测与评价中状态指标的基准是最主要的，因为土地退化程度的评价是荒漠化评价的核心，并且也是最难确定的。压力指标、影响指标和执行指标也需要基准来确定评价的起点，这三者都涉及社会经济指标，如果社会经济条件不同，基准也将存在差异。

（二）荒漠化评价的时空尺度

尺度通常是指观测和研究的物体或过程的空间分辨率和时间单位，尺度暗示我们对细节了解的水平。从生态学的角度来说，空间尺度是指研究对象生态系统的面积的大小，时间尺度是指所研究生态系统动态的时间间隔。

荒漠化过程在不同的时空尺度上表现形式是不一样的，特别是空间尺度上，差别更明显。例如毛乌素沙区在区域尺度上，荒漠化表现为草场面积的减少，流沙面积的扩大，植被覆盖度的降低等。在低一级的尺度上，则表现为草场内植被类型的变化。在更低一级的尺度上，表现为群落组成的变化、植物生长量的变化、土壤特征变化等。由于在不同的尺度上荒漠化的过程不同，决定了评价荒漠化程度的指标选取和指标阈值存在不同，调查方法手段也有不同。在大尺度下，可以采用卫星遥感的方法获取资料进行评价，中尺度下就要采用航空遥感的方法，较小尺度下则必须结合地面调查、定位调查的技术。

现有的荒漠化评价方法及评价的指标体系，对空间尺度问题重视不够，或没有空间尺度的界定。关于荒漠化评价的尺度研究，国际上比国内要重视。Berry 和 Ford 最先提出的荒漠化的鉴定指标系统就包括了 3 种空间尺度（全球、区域、地区）下的监测指标。前苏联科学家在研究蒙古的土地荒漠化时，编制的荒漠化图就分为 3 种比例尺，即有 3 种空间尺度，大比例尺为 1∶50 000～1∶100 000，中比例尺为 1∶250 000～1∶500 000；小比例尺为 1∶1 000 000～1∶2 500 000。

从时间尺度上分析，如果以地质年代为测度，荒漠化可以看做是一系列的气候地貌过程，表现为若干次大的干湿气候波动上的荒漠的形成与消失。沙漠形成演化的古地理学研究表明，古风沙在中生代的侏罗纪、白垩纪和新生代地层中均有存在，而新生代的古风成沙又有明显的早第三纪古风成沙、晚第三纪古风成沙和第四纪古风成沙之分。这种尺度的荒漠化过程具有地域上的广泛性、时间上的长期性和人为的不可控制性，人类将对其无可奈何，只能坐视生存环境的退化和生存空间的减少。因为有意改变区域气候是不可能的（至少目前如此），所以这种自然的荒漠化与我们现在的荒漠化评价关系不大。如果以人类历史为测度，荒漠化总的趋势仍然是第四纪干旱气候持续的过程，中国现代弧形沙漠带中的一些主要沙漠就是在第四纪初形成的，部分沙漠在晚第三纪甚至早第四纪就已出现，在此尺度下，曾有过数次干湿气候的小幅振荡，左右着荒漠化的正逆进程。例如浑善达克地区在近 5 000 年中存在 3 次沙地扩张与退缩、活化与固定的荒漠化正逆过程，其正过程发生于公元前 20 世纪—公元 5 世纪、公元 10—16 世纪和公元 19 世纪以后；逆过程则发生于公元前 5000—公元前 4000 年、公元 6—9 世纪、公元 17—18 世纪。从地质学的角度分析，3 个正过程分别对应于周汉寒冷期、宋辽寒冷期和清代寒冷期。古地理学和历史地理学的研究还证明，在其他沙区存在着同样的干湿气候轮回以及与之相对应的荒漠化的正逆演替，只是时间序列上有一定差别。同时人类活动的影响也不可忽视，而且总是伴随在每次荒漠化的正向演替过程中，起着加速推进的作用。但是，由于历史的不可重复性，加之目前研究手段的限制，人类活动在荒漠化过程中的作用很难定量地反映出来，所以这种尺度的荒漠化仍旧不是我们评价的重点。如果以现代时期特别是近半个世纪为时间尺度，所有的现象都是在我们眼前实实在在发生的，而且也只有这些与我们的关系最为密切。我们注意到，人类为了生存，破坏了地球的许多方面，破坏了生存环境，目前，很难找到没有被人类影响的生态系统。同样我们也注意到，不论现在的气候处在演替的何种序列上，除极区和副极区外，人类对退化的土地并不是束手无策，植被恢复、绿洲建设、工程治沙取得的许多重要成果使人类有信心与荒漠化作斗争，并使荒漠化发生逆转。更应当欣慰的是，现在没有任何证据证明，干旱气候是在向更加干旱的方向发展。所以，这种尺度的荒漠化又可以认为是气候不变的背景下的人为加速过程。所有这些理由，才使得荒漠化的评价有必要且成为可能。我国荒漠化潜在发生地理范围的界定，恰好采用了这种尺度。当然时间尺度还可细划，如 10 年、5 年，但总体上必须以气候的相对稳定为原则，否则问题将非常复杂。

要评价一地区的荒漠化发展速率，在一定时间间隔内，至少应该进行 2～3 次荒漠化现状的评价，才能确定其发展的速度和趋势。因此，本教材编者根据前人研究成果，结合自身理解，提出不同时空尺度下荒漠化评价的基本框架（表 10-7）。

表 10-7　我国不同尺度下的荒漠化评价基本框架（刘星晨等，1998）

尺度水平	空间尺度	评价、监测的主要内容	主要手段	空间范围/km^2	时间尺度/a
全国	大尺度	荒漠化土地面积、荒漠化程度、植被覆盖率	卫星影像、调查资料汇总	10^5	3～5
区域	中尺度	荒漠化土地面积、荒漠化程度、主要植被类型面积	卫星影像、航片、调查资料	10^3～10^5	2～3
地方	小尺度	荒漠化土地面积、荒漠化程度、主要群落类型的种类和生物量、土壤特性	航片、地面调查	＜10^3	1

参考文献

[1] 朱震达，刘恕. 关于沙漠化概念及其发展程度的判断. 中国沙漠，1984，4（3）：2-8.

[2] 朱震达. 中国土地荒漠化的概念、成因与防治. 第四纪研究，1998，18（2）：145-155.

[3] 胡孟春，王周龙. 土壤风蚀的自然-社会复合系统过程模拟研究. 科学通报，1994，39(12)：1118-1121.

[4] 马世威. 沙漠、沙地与干旱地区相互包容的分类体系及异同特征. 内蒙古林业科技，1997(4)：18-20.

[5] 慈龙骏，杲波. 中国荒漠化气候类型划分与潜在发生范围的确定. 中国沙漠，1997，17(2)：107-111.

[6] 董玉祥，刘毅华. 国外沙漠化监测评价指标与分级标准. 干旱环境监测，1992，6（4）：234-237.

[7] 董玉祥. 中国沙漠化危险度评价与发展趋势分析. 中国沙漠，1996，16（2）：127-131.

[8] 亨利·N. 拉霍鲁. 沙漠化过程及其影响评价的概述. 中国沙漠，1984，4（3）：10-16.

[9] Dregne H E. 沙漠化指征. 世界沙漠研究，1980（3）：1-4.

[10] 陈杰，龚子同，高尚玉. 干旱地区草场荒漠化及其评价. 地理科学，2000，20（2）：176-181.

[11] 关文彬，谢春华，李春平，等. 荒漠化危害原理与评价方法. 北京林业大学学报，2003，25（3）：79-83.

[12] 乔汉. 土地荒漠化的指标. 世界沙漠研究，1994（4）：1-11.

[13] 李清河，孙保平，孙立达. 荒漠化动态监测与评价研究进展. 北京林业大学学报，1998，20（3）：67-73.

[14] 孙保平. 荒漠化防治工程学. 北京：中国林业出版社，2000.

[15] 孙武，南忠仁，李保生，等. 荒漠化指标体系设计原则的研究. 自然资源学报，2000，15（2）：160-163.

[16] 刘玉平. 荒漠化评价的理论框架. 干旱区资源与环境，1998，12（3）：74-82.

[17] 冯毓荪. 沙漠化地图的编绘与表示方法. 中国沙漠，1985，5（2）：15-21.

[18] 申建友，董光荣. 沙漠化指征、等级与区划. 干旱区地理，1988，11（3）：77-80.

[19] 申建友. 沙漠化与土壤物质含量的变化. 中国沙漠，1992，12（1）：26-32.

[20] 高尚武，王葆芳，朱灵益，等. 中国沙质荒漠化土地监测评价指标体系. 林业科学，1998，34（2）：1-10.

[21] 祝国瑞. 地图学. 武汉：武汉大学出版社，2004.

[22] 高永. 荒漠化监测. 北京：气象出版社，2013.

[23] 蔡孟裔，毛赞猷，田德森，等. 新编地图学教程. 北京：高等教育出版社，2000：58-69.

[24] 胡圣武. 地图学. 北京：清华大学出版社，2008：87-88.

[25] 刘星辰，吴波，王葆芳. 荒漠化评价指标体系与动态评估研究进展和展望. 林业科技管理，1998（2）：24-25.

[26] Dregne H E. 沙漠化. 世界沙漠研究，1990（3）：8-12.

[27] Rubio J L，Bochet E. Desertification indicators as diagnosis criteria for desertification risk assessment in Europe. Journal of Arid Environments，1998，39：113-120.

[28] Mouat D，Lancaster J，Wade T，et al. Desertification evaluated using an integrated environmental assessment model. Environmental Monitoring and Assessment，1997，48：139-156.

[29] De Soyza A G，Whitford W G，Herrick J E，et al. Early warning indicators of desertification assessment and mapping in the Chihuahuan Desert. Journal of Arid Environments，1998，39：101-112.

[30] A C Costa，A Soares. Local spatiotemporal dynamics of a simple aridity index in a region susceptible to desertification. Journal of Arid Environments，2012，87：8-18.

[31] Jeremy R Klass，Debra P C Jacqueline，M Trojan，et al. Nematodes as an indicator of plant-soil interactions associated with desertification. Applied Soil Ecology，2012，58：66-77.

[32] Lihua Yang，Jianguo Wu. Knowledge-driven institutional change：An empirical study on combating desertification in northern China from 1949 to 2004. Journal of Environmental Management，2012，110：254-266.

[33] Luca Salvati，Sofia Bajocco. Land sensitivity to desertification across Italy：Past，present，and future. Applied Geography，2011，31：223-231.

[34] Mvanmaercke，J Poesen，W Maetens，et al. Sediment yield as desertification risk indicator. Science of the Total Environment，2011，409：1715-1725.

[35] Monia Santini，Gabriele Caccamo，Alberto Laurenti，et al. A muti-component GIS framework for desertification risk assessment by an integrated index. Applied Geography，2010，30：394-415.

思考题

1. 简述荒漠化监测的主要内容。
2. 叙述荒漠化监测的主要方法。
3. 荒漠化评价的概念和目的是什么？
4. 试述荒漠化评价的类型和内涵。
5. 分析荒漠化评价指标确定的原则。
6. 论述荒漠化评价的指标体系。

教师反馈卡

尊敬的老师：您好！

谢谢您购买本书。为了进一步加强我们与老师之间的联系与沟通，请您协助填妥下表，以便定期向您寄送最新的出版信息，您还有机会获得我们免费寄送的样书及相关的教辅材料；同时我们还会为您的教学工作以及论著或译著的出版提供尽可能的帮助。欢迎您对我们的产品和服务提出宝贵意见，非常感谢您的大力支持与帮助。

姓名：________ 年龄：________ 职务：________ 职称：________

系别：________ 学院：________ 学校：________

通信地址：________ 邮编：________

电话（办）：________（家）________ E-mail ________

学历：________ 毕业学校：________

国外进修或讲学经历：________

	教授课程	学生水平	学生人数/年	开课时间
1.				
2.				
3.				

您的研究领域：________

您现在授课使用的教材名称：________

您使用的教材的出版社：________

您是否已经采用本书作为教材：□是；□没有。

采用人数：________

您使用的教材的购买渠道：□教材科；□出版社；□书店；□其他。

您需要以下教辅：□教师手册；□学生手册；□PPT；□习题集；□其他________

（我们将为选择本教材的老师提供现有教辅产品）

您对本书的意见：________

您是否有翻译意向：□有；□没有。

您的翻译方向：________

您是否计划或正在编著专著：□是；□没有。

您编著的专著的方向：________

您还希望获得的服务：________

填妥后请选择以下任何一种方式将此表返回（如方便请赐名片）：

地址：北京市东城区广渠门内大街 16 号　中国环境出版社教材图书出版中心

邮编：100062　电话（传真）：（010）67113412

E-mail：shenjian1960@126.com　why9702007@sina.com

网址：http://www.cesp.com.cn